Pollution atmosphérique

Des processus à la modélisation

Springer

Paris
Berlin
Heidelberg
New York
Hong Kong
London
Milan
Tokyo

Bruno Sportisse

Pollution atmosphérique

Des processus à la modélisation

Springer

Bruno Sportisse
ENCP, CEREA
6-8, avenue Blaise Pascal
Cité Descartes
77455 Champs sur Marne

ISBN : 978-2-287-74961-2 Springer Paris Berlin Heidelberg New York

Springer-Verlag France est membre du groupe Springer Science + Business Media

Maquette de couverture : Jean-François Montmarché
Photo du pont de Paris : crédit Airparif
Photo de la cheminée : crédit Christian Seigneur

Ingénierie et développement durable

Dirigée par Bruno Sportisse

Le développement durable est devenu en quelques années un enjeu majeur, au cœur de questions économiques, sociales ou politiques posées à nos sociétés.

Dans ce contexte, l'expertise scientifique et technique a toujours joué un rôle clé permettant de diagnostiquer des états ou d'anticiper des évolutions – comme le débat autour du changement climatique en témoigne – ou d'avancer dans la recherche et l'expérimentation de solutions.

Comment estimer les impacts des activités humaines sur l'environnement ? Quelles adaptations économiquement viables sont envisageables pour réduire les impacts négatifs ? L'objet de cette collection est de proposer des ouvrages qui répondent à ces questions.

L'approche peut être scientifique (lorsque les sujets relèvent encore pour partie de la recherche) ou technique. Les transports, l'habitat, la production d'énergie, la gestion urbaine, la gestion de l'eau ou le management des risques sont les domaines privilégiés de ces ouvrages.

Sommaire

Remerciements

Cet ouvrage, écrit de manière largement nocturne, est issu de dix années d'enseignement (1997-2006) à l'École nationale des ponts et chaussées (ENPC), avec le module *Pollution Atmosphérique*. Il s'est également largement nourri de mon activité de recherche académique ou appliquée au sein du CEREA, Centre d'enseignement et de recherche sur l'environnement atmosphérique, laboratoire commun entre l'ENPC et EDF Recherche et Développement que j'ai dirigé de 2002 à 2007.

Ce livre doit aussi à de nombreux collègues qui par leurs discussions et/ou leur relecture attentive m'ont beaucoup aidé. Un grand merci à Vivien Mallet pour sa relecture globale et ses multiples conseils. Merci à Luc Musson-Genon pour sa relecture attentive du chapitre consacré à la couche limite atmosphérique. Merci à Bastien Albriet, Marc Bocquet, Édouard Debry, Irène Korsakissok, Hossein Malakooti, Denis Quélo, Yelva Roustan, Karine Sartelet et Marilyne Tombette pour m'avoir fourni des illustrations de leurs travaux. Merci à Christian Seigneur pour son aide sur les aérosols.

Je tiens également à remercier, pour leur aide et leur support iconographique, Airparif (Stéphanie Fraincart et Philippe Lameloise), Bénédicte Dousset (laboratoire Géomer et université d'Hawaii) et Annie Gaudichet (CNRS et universités Paris-XII et Paris-VII).

Merci enfin à Myriam, Dany, Julien et Lucien pour leur relecture « extérieure » globale.

Introduction

« Le réchauffement de la planète est une conséquence très prévisible des atteintes portées à la couche d'ozone, suscitées par une industrialisation croissante. »

(un journal de la presse régionale française, août 2003)

Effet de serre, trou d'ozone et qualité de l'air

Une certaine confusion existe parfois dans l'utilisation du terme générique de « pollution atmosphérique ». Celui-ci recouvre en réalité plusieurs phénomènes, pilotés par des processus bien distincts, parfois couplés :

- l'effet de serre additionnel provoqué par les gaz à effet de serre (comme le dioxyde de carbone ou le méthane) et ses conséquences sur le climat ;
- la destruction de l'ozone stratosphérique (notamment aux pôles) par des composés comme les chlorofluorocarbures (CFC) ;
- la qualité de l'air avec les problématiques de pollution photochimique (ozone, oxydes d'azote et composés organiques volatils[1]) ou particulaire, de pluies acides (liées au dioxyde de soufre et aux aérosols sulfatés), plus généralement de pollution transfrontière multipolluants ;
- les impacts de rejets accidentels (chimiques, biologiques ou nucléaires) dans l'atmosphère.

Ces thèmes ont en commun leur lien avec la *composition chimique de l'atmosphère* et la *dispersion atmosphérique* de polluants. L'émission d'*espèces traces*, avec de très faibles concentrations, peut, en effet, affecter notablement le fonctionnement de l'atmosphère et les conditions de vie à la surface. La nature des polluants concernés et les échelles de temps et d'espace des processus qui déterminent leur évolution dans l'atmosphère permettent de *classifier* ces thèmes.

Un rapide historique

La mention de la pollution atmosphérique, même si elle n'apparaît évidemment pas sous cette dénomination, est relativement ancienne. Dès l'Antiquité,

[1] Dans la suite, les NO_x désigneront les oxydes d'azote, les COV les composés organiques volatils, SO_2 le dioxyde de soufre et O_3 l'ozone.

des auteurs, comme Lao Tseu, s'inquiètent des impacts de l'activité humaine sur l'environnement (notamment l'air). Un magistrat romain réglemente les émissions liées à un abattoir et à une brasserie à York (Grande-Bretagne) dès le IVe siècle (tableau 1).

La littérature historique fait habituellement débuter aux écrits du physicien et médecin Moses Maimonides (1135-1204) une description documentée de la qualité de l'air : « *the air becomes stagnant, turbid, thick, misty and foggy* » (en reprenant les termes des traductions anglo-saxonnes, [118]).

-500	Lao Tseu décrit l'impact de l'activité humaine sur l'environnement.
300	Régulation locale à York (abattoir et brasserie).
1200	Moses Maimonides décrit la pollution atmosphérique.
1272	Édouard Ier interdit l'usage du charbon à proximité du Palais royal.
1390	Richard II régule l'usage du charbon à Londres.
1648	*Fumifugium* de John Evelyn.
1692	*A general history of the Air* de Robert Boyle.
1727	Stephen Hales observe l'acidité de la rosée (*Vegetable Statics*).
1840	Christian Schönbein identifie l'ozone.
1852	Robert Angus Smith distingue diverses zones de pollution.
1872	Robert Angus Smith écrit *Air and Acid Rain*.
1905	Harold Antoine des Vœux introduit le terme de « *smog* ».
1930	Sidney Chapman propose un cycle pour l'ozone stratosphérique.
50's	Arie Jan Haagen-Smit étudie le *smog* photochimique (Los Angeles).
70's	Mécanismes de l'ozone stratosphérique (Crutzen, Rowland, Molina).
80's	Compréhension du « trou d'ozone » stratosphérique.
90's	Chimie atmosphérique, effet de serre et climat.

Tableau 1 – Un rapide historique.

Des réglementations contre l'usage du charbon à proximité du Palais royal sont édictées par Édouard Ier (« *whosoever shall be found guilty of burning coal shall suffer the loss of his head* »). À plus grande échelle, Richard II réglemente l'usage du charbon à Londres ([139]).

Plus proche de nous, le texte de John Evelyn, *Fumifugium or the Inconveniencie of the Aer and Smoak of London Dissipated* (figure 1), paraît en 1648 (alors que l'Europe et l'Angleterre ont bien d'autres sujets de préoccupation). Il est généralement présenté comme le premier grand texte spécifiquement consacré à la pollution atmosphérique. Le contexte historique anglais est, en réalité, un peu plus complexe (voir la remise en perspective, la restauration de Charles II, qui relativise l'accent environnemental du livre, dans [68, 33]). Néanmoins, ce texte illustre bien les débuts de la « prérévolution » industrielle avec une utilisation croissante du charbon comme combustible pour l'industrie et le chauffage, et les impacts environnementaux qui en résultent (voir le passionnant ouvrage de Peter Brimblecombe, *The Big Smoke : A History of Air Pollution in London*

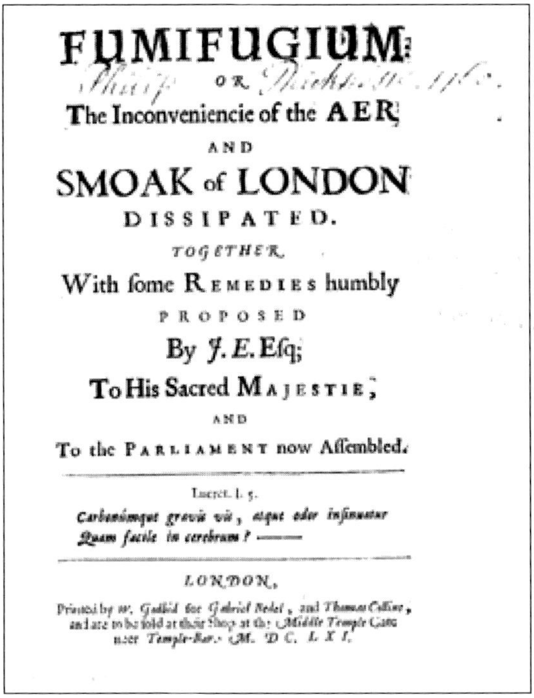
FUMIFUGIUM:
OR,
The Inconveniencie of the AER
AND
SMOAK of LONDON
DISSIPATED.
TOGETHER,
With some REMEDIES humbly
PROPOSED
By *J. E.* Esq;
To His Sacred MAJESTIE;
AND
To the PARLIAMENT now Assembled.

Lucret. l. 5.
Carbonúmque gravis vis, atque odor insinuatur
Quam facile in cerebrum? ——

LONDON,
Printed by *W. Godbid* for *Gabriel Bedel*, and *Thomas Collins*, and are to be sold at their Shop at the *Middle Temple* Gate neer *Temple-Bar*. M. DC. LXI.

Figure 1 – *Fumifugium or the Inconveniencie of the Aer and Smoak of London dissipated together with some remedies humbly proposed by J.Evelyn Esq. to His Sacred Majesty, and to the Parliament now assembled* (1648). La référence incontournable, bien que pour une part fondée sur un malentendu ([68, 33]).

since Medieval Times, [20]).

Alors que les textes étaient jusque-là uniquement cantonnés au domaine de la description et des impacts *sanitaires*, la réflexion sur la composition chimique commence à émerger avec Robert Boyle dans son ouvrage *General history of the Air* (1692), où il évoque le « *nitros et salinos-sulphurus spiritus* ». Stephen Hales (*Vegetables Statics*, 1727) décrit l'acidité de la rosée sur les plantes : « *the air is full of acid and sulphurus particles* ».

Tout au long du XIXe siècle, les brouillards de pollution sont une caractéristique de Londres. Dickens parle dans ses nouvelles de « *London particular* » et de « *pea soupers* » (purée de pois). Claude Monet, au début du XXe siècle, réalise toute une série de peintures à l'huile sur Londres, notamment avec des représentations du Parlement, qui illustrent bien la persistance de ces brouillards. Il s'avère que ces peintures peuvent même fournir des éléments pour reconstituer *a posteriori* les conditions atmosphériques qui prévalaient sur Londres à cette période ([12]).

En 1852, Robert Angus Smith décrit de manière extrêmement documentée, sur la base de mesures, et en des termes particulièrement modernes, la pollution qui affecte la Grande-Bretagne. Il note que la nature de la pollution est différente selon la localisation (et, de fait, selon l'éloignement aux sources d'émissions) :

> « [...] *we may therefore find easily three kinds of air,* [...], *that with carbonate of ammonia in the fields at a distance,* [...], *that with sulfate and ammonia in the suburbs,* [...] *and that with sulphuric acid, or acid sulphate, in the town* » (tiré de [43]).

La notion de « pluie acide » fait l'objet de son ouvrage de 1872, *Air and Acid Rain : the Beginnings of a Chemical Climatology.* Inspecteur général en charge de l'application de l'*Alkaly Act*, il met en place un véritable réseau de mesures, précurseur des réseaux modernes de surveillance.

Le médecin anglais Harold Antoine des Vœux introduit en 1905 le terme de « *smog* » pour décrire « *a fog intensified by smoke* ». Le terme est popularisé après son étude des épisodes de pollution sur Glasgow (automne 1909).

Tout s'accélère ensuite : sur le plan scientifique, la montée en puissance de la physique et de la chimie permet une compréhension de plus en plus fine des processus tandis que l'augmentation des émissions (liées à l'industrialisation croissante et aux débuts de l'automobile) fait émerger peu à peu des préoccupations environnementales.

Alors que l'ozone commence à être mesuré dès la seconde moitié du XIXe siècle (à la suite de son identification, du fait de son odeur caractéristique, par Christian Schönbein), des mécanismes chimiques sont proposés tout au long du XXe siècle pour expliquer la composition chimique de l'atmosphère. Sidney Chapman propose, au début des années 30, un premier mécanisme décrivant l'ozone stratosphérique. Arie Jan Haagen-Smit décrit la composition probable du *smog* photochimique de Los Angeles au début des années 50 : un mélange d'ozone, d'oxydes d'azote et de composés organiques volatils.

Aux thématiques « classiques » (*smog* soufré ou photochimique) s'est ensuite greffé, à partir des années 60, tout un ensemble de nouvelles préoccupations : pluies acides, pollution transfrontière, ozone stratosphérique, effet de serre additionnel, et plus généralement l'étude de la composition chimique de l'atmosphère.

La perception de l'atmosphère comme un milieu chimiquement réactif est définitivement installée par les travaux de P. J. Crutzen, M. J. Molina et F. S. Rowland, parmi d'autres scientifiques, récompensés par le prix Nobel en 1995 « *for their work in atmospheric chemistry, particularly concerning the formation and decomposition of ozone* ».

Accidents, impacts et corpus réglementaire

En parallèle à cette amélioration de la compréhension, les manifestations de la pollution ont parfois été extrêmement violentes (tableau 2). Lorsque les

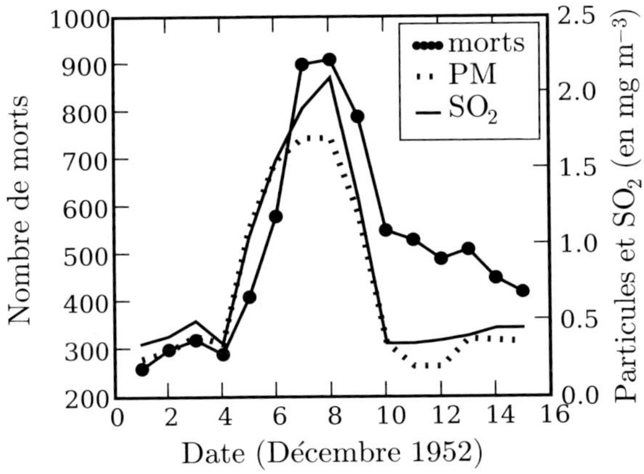

Figure 2 – *Great Smog* (Londres, décembre 1952) : évolution de la mortalité, de la concentration de dioxyde de soufre (SO_2) et des fumées (particules). L'unité des concentrations est le $\mathrm{mg\,m^{-3}}$ (soit un facteur cent par rapport aux concentrations modernes !). Sources : [20] et [152].

conditions d'émission et de météorologie sont réunies, le bilan de certains épisodes de pollution au soufre se chiffre ainsi à plusieurs centaines, voire à plusieurs milliers de morts en quelques jours (« *Great Smog* » ou « *Big Smoke* » de 1952 à Londres : 4000 morts du 5 au 9 décembre, figure 2).

Les impacts de la pollution atmosphérique vont, de plus, bien au-delà des seuls impacts sanitaires. Les travaux d'Arie Jan Haagen-Smit analysent ainsi originellement l'impact du *smog* photochimique sur la baisse des rendements agricoles. Dans les années 60 et 70, les pluies acides vont principalement se manifester par les atteintes aux écosystèmes (dépérissement des forêts et eutrophisation des lacs). Enfin, l'interaction entre le SO_2, les particules et l'eau conduit au noircissement des façades des bâtiments.

Un corpus réglementaire (plus systématique que les initiatives historiques déjà citées) se met en place peu à peu (tableau 4). Des initiatives locales, qui remontent au Moyen Âge, ont pour objet de contraindre les hauteurs de cheminées. En Grande-Bretagne, un mouvement pour réglementer les émissions de fumées (*smoke abatement*) commence à prendre de l'ampleur dans la première moitié du XIXe siècle. Le comité Mackinnon (qui comprend notamment le scientifique M. Faraday) s'intitule ainsi *Committee for Means and Expediency of preventing the Nuisance of Smoke arising form Fires or Furnaces* (1843). Plusieurs textes réglementaires sont proposés mais font l'objet d'une forte opposition des milieux industriels. Une clause timide concernant les émissions de fumées est ajoutée dans le *Public Health Act* de 1846. Il faut attendre 1853 pour

1873	Londres	1000 morts (?)	*smog* soufré
1909	Glasgow	1000 morts	*smog* soufré
1930	Vallée de la Meuse (Belgique)	60 morts	*smog* soufré
1948	Donora (États-Unis)	20 morts	*smog* soufré
1952	Londres : *Great Smog*	4000 morts	*smog* soufré
1962	Londres	750 morts (?)	*smog* soufré
1966	New York (24-30 novembre)	168 morts	*smog* soufré
1984	Bhopal (Inde)	2000 morts	accident chimique
1986	Tchernobyl (URSS)	?	accident nucléaire

Tableau 2 – Quelques « grands accidents » liés à la pollution atmosphérique. Voir, par exemple, [95] pour l'étude du *smog* de la vallée de la Meuse.

avoir un texte spécifique et contraignant (*Smoke Nuisance Abatement Metropolis Act*). Des clauses seront précisées ensuite dans le *Public Health Act* de 1875. Un volet très ciblé s'applique à l'industrie du savon, émettrice de composés chlorés, avec l'*Alkaly Act* de 1863 (qui conduira à une réduction de près de plus de 95 % des émissions de chlore).

Dès 1895, les États-Unis commencent à réglementer les émissions liées à ... l'automobile, afin de diminuer « *the showing of visible vapor as exhaust from steam automobiles* ».

Le caractère répétitif des épisodes de *smog* de Los Angeles conduit à la création du premier réseau de surveillance en 1947 (*Los Angeles Air Pollution Control District*). À la suite de l'épisode de Londres (1952), le *British Clean Air Act* (CAA) est édicté en 1956 ([153] pour une perspective historique). Une réglementation similaire est mise en place en 1963 aux États-Unis, avec un volet spécifique pour les automobiles en 1965. Alors que la surveillance de la pollution était encore essentiellement dévolue aux États, des amendements (CAAA, *Clean Air Act Amendments*) établissent en 1970 le rôle d'une agence fédérale en charge de la protection de l'environnement (US EPA, *Environmental Protection Agency*) et définissent des objectifs fédéraux à atteindre pour six types de polluants (NAAQS, *National Ambient Air Quality Standards*).

La prise de conscience de l'impact des pluies acides en Amérique du Nord conduit à réglementer les émissions de dioxyde de soufre (un volet spécifique est inclus dans les CAAA de 1970). La persistance de l'acidité des pluies sur certains sites (évaluée par le NAPAP, *National Acid Precipitation Assessment Program*) conduit à la mise en place d'un marché des droits à émettre du dioxyde de soufre (titre IV de l'*US Clean Air Act* de 1990 et lancement de l'*Acid Rain Program*). Les producteurs d'électricité, grands consommateurs de charbon (qui peut avoir une teneur en soufre non négligeable), sont les premiers concernés.

En Europe, dès 1967, le scientifique suédois Svante Oden s'alarme des effets des émissions de dioxyde de soufre sur l'acidité des pluies. Après le scepticisme initial face au possible impact à longue distance d'émissions, le caractère transfrontière de la pollution est reconnu dans les années 70 :

> « [...] *air quality in any European country is measurably affected by emissions from other European countries ... [and] if countries find it desirable to reduce substancially the total deposition of sulphur within their borders, individual national control programmes can achieve only a limited success* » (Programme OCDE sur le transport longue distance des polluants atmosphériques, 1977).

1984	Financement long terme d'EMEP.
1985	Réduction des émissions de soufre de 30 %.
1988	Contrôle des émissions ou des flux transfrontières de NO_x.
1991	Contrôle des émissions ou des flux transfrontières de COV.
1994	Réduction supplémentaire des émissions de soufre.
1998	Polluants organiques persistants (POP).
1998	Métaux lourds.
1999	Acidification, eutrophisation et ozone au sol.

Tableau 3 – Les protocoles de la CLRTAP, dont EMEP est le bras armé pour l'évaluation, la mesure et la modélisation (*Co-operative Programme for Monitoring and Evaluation of the Long-range Transmission of Air pollutants in Europe*).

En 1979, la Convention sur le transport à longue distance des polluants (CLRTAP, *Convention on Long-Range Transboundary Air Pollution*, voir le tableau 3) est mise en place sous l'égide des Nations-Unies. C'est dans ce cadre qu'émerge, par exemple, une notion-clé comme celle de *charge critique* définie comme « *a quantitative estimate of an exposure to one or more pollutants below which significant harmful effects on specified sensitive elements of the environment do not occur according to present knowledge* ».

Plusieurs directives de l'Union européenne vont suivre : pour le dioxyde de soufre en 1980 (80/779/EEC), pour les oxydes d'azote en 1985 (85/203/EEC), pour l'ozone en 1992 (92/72/EC), etc. Une politique plus globale de la qualité de l'air commence avec la directive « cadre » de 1996 (96/62/EC) qui génère ensuite plusieurs directives « filles » : particules, soufre, plomb et oxydes d'azote en 1999 (99/30/EC), monoxyde de carbone et benzène en 2000 (2000/69/EC), ozone en 2002 (2002/3/EC), métaux lourds, mercure et HAP (hydrocarbures aromatiques polycycliques) en 2004 (2004/107/EC). En France, la LAURE (loi sur l'air et l'utilisation rationnelle de l'énergie), transcription française de directives européennes, est promulguée en 1996.

Un des résultats les plus tangibles de cette activité réglementaire concerne le plomb. La diminution de plus d'un facteur 2 du contenu autorisé dans les

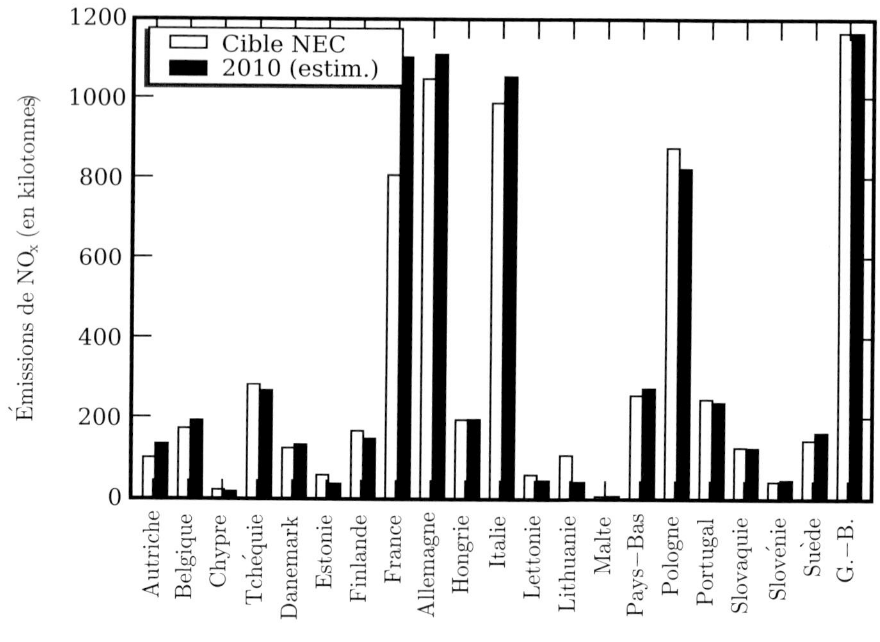

Figure 3 – Comparaison entre, d'une part, les plafonds d'émissions 2010 prévus pour les NO_x par la directive « NEC » et, d'autre part, les estimations (2006) des divers plans nationaux (scénario avec les mesures prévues). Source : [36].

carburants, à la fin de 1985 (directive 85/210/EEC), conduit très rapidement à une diminution comparable des niveaux de concentration dans l'air. L'utilisation dans les carburants sera, par la suite, interdite à partir de l'année 2000.

Dépassant l'approche *fragmentée* qui prévalait jusque-là (une succession de protocoles thématiques a complété la convention de 1979 : tableau 3), le protocole de Göteborg, en 1999, propose d'adopter une approche multipolluants et multimilieux (eau-air-sol). L'Union européenne enclenche alors un processus de réduction de l'ensemble des concentrations réglementées (CAFE, *Clean Air For Europe*). En 2001, la directive « NEC » (*National Emissions Ceilings*, 2001/81/EC) définit, par pays, des plafonnements des émissions à respecter en 2010, pour quatre types de polluants : NO_x, SO_2, COV et ammoniac (NH_3). Pour indication, la figure 3 donne l'évaluation, début 2007, de la capacité des pays à réaliser les objectifs assignés pour les NO_x (le polluant le plus problématique, notamment pour la France).

À l'échelle globale, la compréhension des mécanismes de destruction de l'ozone stratosphérique et la découverte en 1985 du « trou d'ozone » antarctique (une diminution d'un facteur 2 de la colonne d'ozone depuis les années 60) conduisent à l'enclenchement d'un cycle de conférences internationales. Des mesures de restriction des émissions de composés chimiques (parmi lesquels les CFC) sont prises au protocole de Montréal en 1987, que compléteront les protocoles de Londres (1990), Copenhague (1992) et Vienne (1995) avec une extension à d'autres espèces et une accélération des mesures d'arrêt des émissions. Il est à noter que *seulement* une douzaine d'années sépare la compréhension du rôle joué par les émissions de CFC sur la destruction de l'ozone stratosphérique et une traduction réglementaire (l'interdiction progressive des CFC).

Dans le même temps, une forte augmentation des concentrations atmosphériques de CO_2[2] est observée, notamment avec les mesures de Charles Keeling (Hawaïi, Mauna Loa) dans les années 60. Cela fait craindre une perturbation du fonctionnement radiatif de l'atmosphère (« effet de serre additionnel ») et un impact sur le climat. Un cycle de conférences internationales aboutit au protocole de Kyoto en 1997, qui fixe, pour les pays signataires, des objectifs d'émissions. Parallèlement, les travaux de l'IPCC (*Intergovernmental Panel on Climate Change*, par exemple [103]) contribuent à mieux comprendre les processus et à évaluer les impacts possibles sur le climat.

1853	*Smoke Nuisance Abatement Metropolis Act.*
1863	*Alkaly Act* (Grande-Bretagne).
1895	Réglementation sur les fumées d'automobiles (États-Unis).
1947	*Los Angeles Air Pollution Control District.*
1956	*British Clean Air Act.*
1963	*US Clean Air Act (US CAA).*
1965	*Title II US CAA (Motor Vehicle Air Pollution Control Act).*
1970	*Clean Air Act Amendments* et création de l'US EPA (É.-U.).
1979	Convention sur la pollution transfrontière (Genève).
1980	Directive « SO_2 » (Union européenne).
1987	Protocole de Montréal (ozone stratosphérique).
1990	*Title IV US Clean Air Act* (pluies acides).
1992	Directive « ozone » (Union européenne).
1996	Directive « cadre » sur la qualité de l'air (Union européenne).
1996	Loi sur l'air et l'utilisation rationnelle de l'énergie (France).
1997	Protocole de Kyoto.
1999	Protocole de Göteborg (multipolluants, multimilieux).
2001	Directive « NEC » (*National Emissions Ceilings*; U.E.).

Tableau 4 – Un rapide historique du cadre réglementaire.

[2] Plus généralement des gaz à effet de serre, des gaz qui absorbent le rayonnement terrestre (chapitre 2).

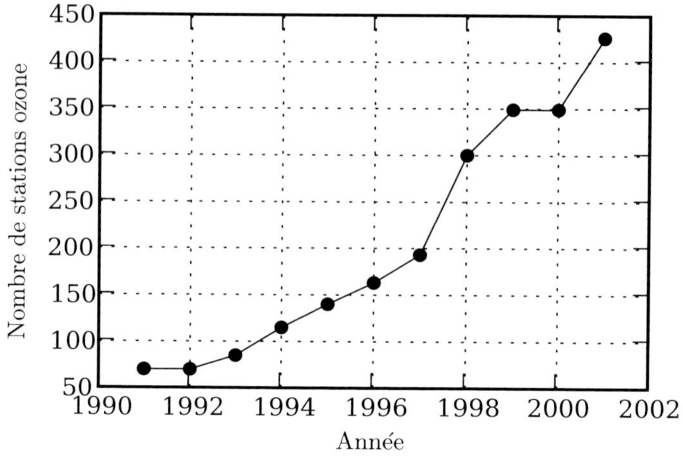

Figure 4 – Évolution de 1991 à 2001 du nombre de stations de mesure de l'ozone en France. Source : ADEME (Agence de l'environnement et de la maîtrise de l'énergie).

Un jeu multiacteurs

Ce contexte détermine les enjeux auxquels sont confrontés les divers acteurs impliqués et la stratégie qu'ils déploient.

Une question-clé pour les *pouvoirs publics* nationaux ou supranationaux est évidemment celle du choix des réductions d'émission : comment plafonner des émissions pour toute pollution non locale, comment les allouer par pays et par secteur émetteur ? Une fois une réglementation mise en place, la question de la *surveillance* (et des réseaux de mesure associés) devient centrale. Quels polluants peuvent et doivent être observés ? Quelle doit être la stratégie d'une surveillance qui a un coût : répartition homogène d'un grand nombre de stations délivrant une mesure *grossière* ou choix d'un petit nombre de *supersites* ? La figure 4 donne, par exemple, l'évolution de 1991 à 2001 du réseau français de mesure de l'ozone, un polluant peu local ; pendant la même période, les stations de mesure de polluants moins classiques restaient en nombre restreint.

Les acteurs économiques sont bien sûr les industriels des secteurs émetteurs. Comment prévenir et puis appliquer une réglementation qui s'est très fortement sévérisée pour de nombreux polluants ? Quelles implications pour les technologies et les investissements ? Le tableau 5 précise ainsi la diminution entre 1980 et 2000 des émissions de SO_2 pour quelques pays européens. Le secteur économique concerné est le secteur industriel, notamment celui de la production

Pays	Évolution (en %)	Pays	Évolution (en %)
Autriche	−90	Pays-Bas	−[85, 90]
Danemark	−90	Pologne	−[60, 65]
France	−80	Suisse	−[80, 85]
Allemagne	−90	Suède	−[85, 90]
Italie	−75	Grande-Bretagne	−90

Tableau 5 – Évolution (en %) des émissions de SO_2 de 1980 à 2000 en Europe. Entre crochets, intervalle des valeurs estimées. Source : [1].

Zone	NO_x	COV	CO
Europe (UE25)	−31	−39	−45
États-Unis	−16	−16	+14

Tableau 6 – Évolution (en %) des émissions de NO_x, COV et CO de 1990 à 2002, en Europe et aux États-Unis. Source : [70].

d'électricité (à près de 80 %). Dans le cas des centrales de production thermique d'électricité, les techniques utilisées sont la FGD (pour *fuel gas desulfurization*) et la SRC (pour *selective reduction catalysis* ; voir, par exemple, [100]), de coûts respectifs de l'ordre de 100 millions d'euros et 50 millions d'euros pour une centrale de 600 mégawatts. Pour illustration, la Pologne a dépensé au cours des années 90 environ 8 milliards d'euros pour réduire respectivement de 800 kT (kilotonnes) et de 300 kT ses émissions annuelles de SO_2 et de NO_x ([69]).

De manière similaire, l'autre secteur fortement impacté (le secteur automobile, pétroliers et constructeurs confondus) a dû faire face à une forte sévérisation des normes réglementant les émissions unitaires d'un véhicule (fonction de la qualité du carburant et de la motorisation). La figure 5 indique l'évolution des normes pour les émissions unitaires d'un véhicule à essence, de la norme Euro 1993 à la norme Euro 2005. Malgré une augmentation du trafic, cela a conduit à une forte réduction des émissions des précurseurs de l'ozone, oxydes d'azote et composés organiques volatils (pour lesquelles le secteur du transport a une contribution importante). On peut se référer au tableau 6, qui indique une réduction de 30 à 40 % entre 1990 et 2002 en Europe.

La réduction des émissions de CO_2 des voitures particulières est un autre exemple. En 1998, l'ACEA (Association des constructeurs européens d'automobiles) s'est engagée auprès de l'Union européenne à atteindre un niveau moyen de CO_2 émis de $140\,\mathrm{g\,km^{-1}}$ à l'horizon 2008. Un tel effort sous-tend de nombreuses implications pour le secteur automobile (« diésélisation du parc », introduction de nouveaux carburants, progrès technologiques) avec par ailleurs des disparités entre les résultats des constructeurs (tableau 7). La cible de la Commission européenne pour 2012 ($130\,\mathrm{g\,km^{-1}}$) n'est ainsi actuellement pas

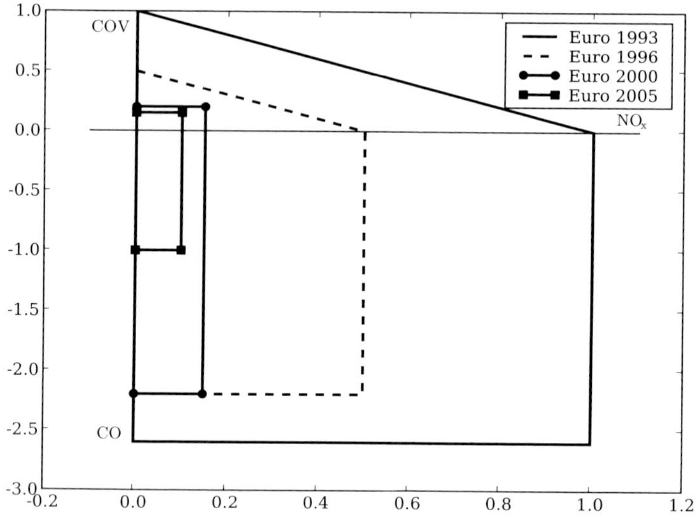

Figure 5 – Évolution de la réglementation pour les émissions unitaires des véhicules à essence en Europe (normes Euro 1993-2005). Les unités sont adimensionnées. Le polygone de « contraintes réglementaires » est défini par les NO_x dans le sens des abscisses positives, par les COV dans le sens des ordonnées positives, par CO dans le sens des ordonnées négatives.

	Global		Essence		Diesel	
	2003	1995-2003	2003	1995-2003	2003	1995-2003
UE-15	164	−11.8 %	171	−9.5 %	157	−12.3 %
ACEA	163	−11.9 %	171	−9.0 %	154	−12.5 %
JAMA	172	−12.2 %	170	−11.0 %	177	−25.9 %
KAMA	179	−9.1 %	171	−12.3 %	201	−35.0 %

Tableau 7 – Valeur en 2003 (en $\text{g}\,\text{km}^{-1}$) et évolution sur la période 1995-2003 des émissions de CO_2 pour les nouveaux véhicules à essence et diesels dans l'Union européenne des Quinze (UE-15), selon l'origine des constructeurs (ACEA pour les européens, JAMA pour les japonais, KAMA pour les coréens). Source : [2].

jugée par l'ACEA comme pouvant être atteinte par les seuls moyens technologiques (position du 7 juin 2007 de l'ACEA, [6]). De même, un élément conflictuel de l'évaluation du respect de l'accord de 1998 porte sur le niveau de prise en compte des *facteurs externes* (modification du marché automobile, législation, conditions économiques).

Un point essentiel est néanmoins la différence entre une réduction d'émission et une réduction de concentration dans l'atmosphère du fait du transport à longue distance des polluants et des processus physiques et chimiques (figure 6).

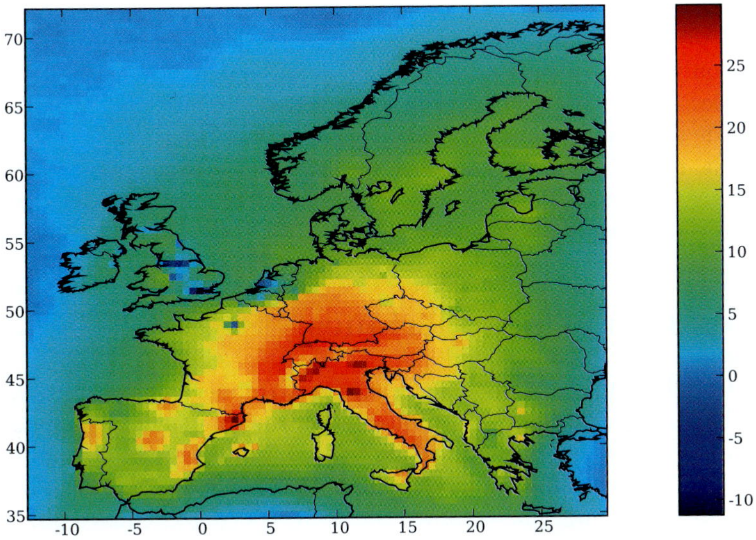

Figure 6 – Contribution (en %) des émissions du trafic routier aux pics d'ozone (Europe, été 2001). L'estimation est effectuée en comparant une simulation avec les émissions connues et une simulation sans les émissions du trafic routier. Elle ne tient donc pas compte des effets non linéaires de la photochimie (chapitre 4). Simulation à l'aide du système POLYPHEMUS. Crédit : Yelva Roustan, CEREA.

Rôle de l'expertise scientifique

Dans un tel contexte, l'expertise technique et scientifique a joué (et continue à jouer) un rôle fondamental. Cela comprend *historiquement* à la fois :

- la compréhension des phénomènes qui mènent à un impact sanitaire ou

environnemental, afin d'évaluer la contribution de l'activité humaine ;
- la définition de moyens de mesures appropriés en support de décisions réglementaires (les réseaux de surveillance de la qualité de l'air) ou pour améliorer la connaissance scientifique (l'observation satellitaire de la composition chimique de l'atmosphère).

Aux côtés de ces composantes *classiques* de l'expertise, la modélisation numérique est devenue un outil central, recoupant de nombreuses utilisations :
- la *compréhension des processus* (on est ici au niveau de la recherche) ;
- la *prévision environnementale* : comment prévoir un épisode de pollution photochimique, comment estimer la dispersion d'un rejet accidentel (figure 7 pour l'évaluation de l'accident de Tchernobyl) ?
- les *études d'impact* : comment évaluer, pour la qualité de l'air, des scénarios de réductions d'émission, que ce soit, par exemple, au niveau européen (plafonnement d'émission par pays et par secteur économique ; figure 6) ou bien au niveau local (Plan de déplacement urbain) ?
- les *études climatiques* sur la composition chimique de l'atmosphère, l'effet de serre additionnel et le changement climatique ;
- la *modélisation inverse des flux d'émission* : comment estimer, à partir de mesures de concentrations dans l'air, des émissions mal connues, éventuellement réglementées ?

Dilemmes atmosphériques

Dans de nombreux cas, les décisions environnementales sont confrontées à des dilemmes, l'amélioration d'un critère environnemental pouvant conduire à la détérioration d'un autre (*disbenefit*). La mise à plat de toutes les conséquences d'une politique de modification des émissions nécessite alors le recours à l'expertise scientifique, comme l'illustrent les trois exemples qui suivent.

La dépendance de l'ozone aux émissions de ses précurseurs (COV et NO_x) est complexe et, selon les régimes chimiques, une réduction des émissions peut conduire à des augmentations des concentrations d'ozone ! Le retour d'expérience des politiques nord-américaines des années 80 en témoigne (chapitre 4).

De même, l'introduction d'une nouvelle motorisation ou d'un nouveau carburant pour le transport routier peut induire des effets « pervers », dont l'évaluation est indispensable *a priori*. Par exemple, la réduction en *masse* des particules *émises* peut conduire à une augmentation du *nombre* des particules fines *formées* dans l'atmosphère, qui sont les plus nocives sur le plan sanitaire (problème 5.4). L'augmentation de la part des biocarburants (éthanol) peut également induire une dégradation de la qualité de l'air (exercice 4.7).

Enfin, la diminution de la pollution particulaire soufrée dans l'hémisphère nord, depuis environ deux décennies, a conduit à diminuer l'effet de refroidissement des particules (chapitre 2), qui masquait partiellement l'impact de l'effet de serre additionnel.

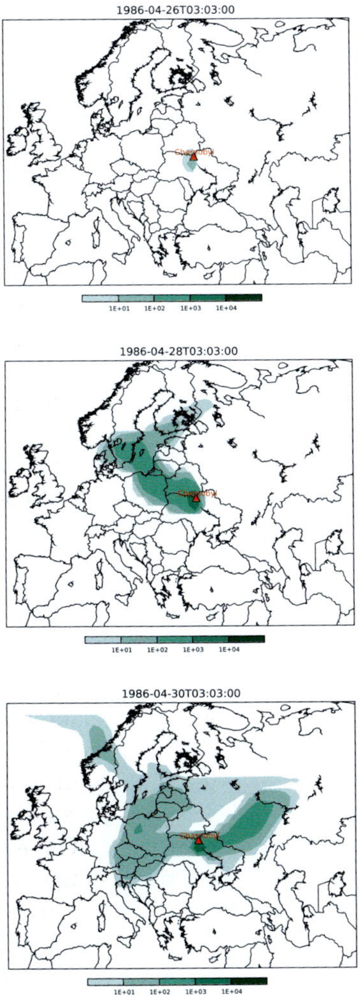

Figure 7 – Simulation de l'évolution du panache radioactif sur l'Europe à la suite de l'accident de Tchernobyl (marqué par un triangle). De gauche à droite et de haut en bas : champ de césium 137 (en becquerel) à 3 h 00 (temps universel) du 26 avril au 1er mai 1986. Simulation à l'aide du système POLYPHEMUS. Crédit : Denis Quélo, CEREA/Institut de radioprotection et de sûreté nucléaire. Source : [111].

Ce dernier exemple fournit un cas typique des liens entre expertise scientifique et aide à la décision, avec le débat autour de l'*ingénierie atmosphérique* (*geo-engineering*). Un cas classique en météorologie (mais controversé quant à ses effets) est l'« ensemencement des nuages » (*cloud seeding*) par des particules afin de déclencher des précipitations (chapitre 5). Dans le contexte de la chimie atmosphérique, le prix Nobel P. J. Crutzen a proposé d'envisager l'injection de particules soufrées dans la stratosphère afin d'augmenter l'albédo planétaire[3] en compensation de la baisse de la pollution particulaire (exercice 2.9) :

> « [...] *this can be achieved by burning S_2 or H_2S, carried into the stratosphere on ballons and by artillery guns to produce SO_2 [... and this has to be viewed] as an escape route against strongly increasing temperatures ...* » ([26]).

Les effets négatifs potentiels de tels projets doivent évidemment être estimés avec soin (par exemple, une destruction possible de l'ozone stratosphérique).

Objectifs et organisation du livre

Ce livre a pour objectif de donner les principaux éléments de compréhension des *pollutions atmosphériques* (tableau 8).

« Pollution »	Historique	Espèces	Échelle	Cadre
London smog	Londres 1952	SO_2	locale	*CAA* (1956)
Photochimie	Los Angeles (40's)	NO_x, COV ozone	locale régionale	Directive « O_3 » (1992)
Pluies acides Pollution transfrontière	É.-U. (60's) Europe (70's)	SO_2 sulfates nitrates	régionale	*US CAA* (70's) CLRTAP (1979) Göteborg (1999)
Ozone stratosphérique	« Trou » (80's)	CFC	globale	Montréal (1987)
Effet de serre et climat	90's	CO_2 CH_4	globale	Kyoto (1997)

Tableau 8 – *Des* pollutions atmosphériques. L'échelle « régionale » est à prendre au sens météorologique du terme (de la région française au continent).

Il est bien entendu hors de question de présenter un panorama complet de questions nécessitant la connaissance de nombreuses disciplines scientifiques (mécanique des fluides, chimie atmosphérique, transfert radiatif, physique des

[3] C'est-à-dire la capacité de la Terre à réfléchir le rayonnement solaire.

aérosols et des nuages, etc.). Des ouvrages de référence, plus ou moins accessibles, existent par ailleurs (voir la bibliographie à la fin de ce chapitre). Ce livre s'en inspire largement, notamment pour les exemples et certains exercices.

À côté de ces monographies en général exhaustives, le but de cette présentation est bien plus de donner quelques *règles du jeu* et de présenter des thématiques scientifiques à un public maîtrisant les « sciences de l'ingénieur », pour aller au-delà d'une connaissance « grand public ».

	Questions traitées
1	Comment classifier les pollutions atmosphériques ? Quels sont les ordres de grandeur à connaître ? *Mots-clés* : bases, émissions, temps de résidence.
2	Quelle incidence a la composition chimique sur les bilans d'énergie ? Quelle est la relation entre pollution atmosphérique et visibilité ? *Mots-clés* : transfert radiatif, effet de serre.
3	Quel impact ont les conditions météorologiques sur la pollution ? Quelles sont les spécificités urbaines ? *Mots-clés* : couche limite atmosphérique.
4	Quels sont les grands cycles de la chimie atmosphérique ? Comment se forme un épisode de pollution photochimique ? Quelle est l'efficacité des mesures de réduction des émissions ? *Mots-clés* : chimie atmosphérique.
5	Quel rôle jouent les particules atmosphériques (aérosols) ? Comment évoluent-elles ? Qu'est-ce qu'une pluie acide ? *Mots-clés* : microphysique, dynamique des aérosols.
6	De quels outils de modélisation dispose-t-on à présent ? Quelles sont leurs utilisations et leurs limites ? *Mots-clés* : modèles de chimie-transport, simulation numérique.

Tableau 9 – Questions posées, disciplines scientifiques et mots-clés par chapitre.

L'organisation du livre est précisée dans le tableau 9.

Les principaux éléments de compréhension sont donnés dans le chapitre 1, en essayant notamment de classifier les différents types de pollution atmosphérique en fonction des échelles d'impact. La composition chimique de l'atmosphère est précisée et les grands cycles biogéochimiques sont brièvement rappelés. Quelques ordres de grandeur sont donnés afin de fixer les idées.

Le chapitre 2 dresse le contexte atmosphérique en termes de bilans d'énergie et d'interaction entre la matière et le rayonnement. Cela permet notamment d'aborder rapidement la problématique de l'effet de serre. La matière scientifique essentielle de ce chapitre est issue de la théorie du transfert radiatif.

Le chapitre 3 résume brièvement la description des écoulements atmosphériques, notamment dans la *couche limite atmosphérique* (le premier kilomètre de l'atmosphère). On utilise ici essentiellement la mécanique des fluides (et sa déclinaison atmosphérique, la météorologie). L'accent est porté sur la stabilité verticale et le rôle joué par les conditions météorologiques dans le développement d'un épisode de pollution photochimique.

Le chapitre 4 présente une (petite) synthèse sur la chimie atmosphérique en phase gazeuse, avec des applications à l'ozone stratosphérique, à la pollution photochimique (« pics d'ozone ») et à la capacité oxydante de l'atmosphère.

Le chapitre 5 traite des phénomènes multiphasiques avec la description des aérosols (les particules), des processus pilotant leur évolution et de leurs interactions avec la phase gazeuse et les nuages. Les applications concernent les pluies acides et la pollution particulaire.

Enfin, le chapitre 6 présente brièvement les outils modernes de simulation numérique, les *modèles de chimie-transport*, qui reprennent les processus décrits auparavant. Des applications et des thématiques actuelles de modélisation sont également données pour illustration.

Chaque chapitre contient de nombreux exercices d'application et des problèmes plus consistants qui permettent d'illustrer une problématique spécifique. Enfin, les principales constantes et un index sont présentés en annexe.

Bibliographie

En termes de présentation générale de la physique et de la chimie atmosphérique, les deux ouvrages incontournables (car extrêmement détaillés) sont :

- J.H. Seinfeld, S.N. Pandis. *Atmospheric Chemistry and Physics*. Wiley-interscience, 1998
- G.P. Brasseur, J.J. Orlando, G.S. Tyndall. *Atmospheric chemistry and Global Change*. Oxford University Press, 1999

Pour le transfert radiatif, des références classiques sont :

- R.M. Goody, Y.L. Yung. *Atmospheric Radiation. A theoretical basis.* Oxford University Press, 1986
- K.N. Liou. *Radiation and cloud processes in the atmosphere*, volume 20. Oxford Monograph on Geology and Geophysics, 1992
- G.E. Thomas, K. Stamnes. *Radiative transfer in the atmosphere and ocean.* Cambridge University Press, 1999

L'étude de la couche limite atmosphérique est très bien décrite dans :

- J.R. Holton. *An introduction to dynamic meteorology.* Academic Press, 1992
- R. Pielke. *Mesoscale Meteorological Modelling.* Academic Press, 1984
- R.B. Stull. *An introduction to Boundary Layer Meteorology.* Kluwer Academic Publishers, 1988
- J.R. Garrat. *The Atmospheric Boundary Layer.* Cambridge University Press, 1992

La simulation numérique est présentée de manière relativement technique dans :

- Mark Z. Jacobson. *Fundamentals of atmospheric modeling.* Cambridge University Press, Oxford, 1999

Enfin, un livre *lumineux* par sa clarté et sa concision est :

- D.J. Jacob. *Introduction to Atmospheric chemistry.* Princeton University Press, 1999

Chapitre 1

Éléments de classifications et ordres de grandeur

Ce chapitre a pour objectif de donner quelques éléments de compréhension, afin notamment de « classifier » les pollutions atmosphériques, de préciser les ordres de grandeur et de fixer la terminologie employée par la suite.

Il est organisé de la manière suivante. La composition chimique de l'atmosphère est abordée en section 1.1, ce qui permet d'introduire la notion d'*espèce trace*. Les principales espèces *primaires* (émises) et *secondaires* (formées) sont présentées, avec quelques inventaires d'émission globaux. La section 1.2 précise la structure verticale de l'atmosphère. Enfin, la question centrale des échelles d'impact des émissions est abordée dans la section 1.3 en comparant les temps de résidence des espèces considérées et les temps de transport atmosphérique.

1.1 Composition chimique de l'atmosphère

1.1.1 Espèces traces

Fraction molaire

La *fraction molaire* du composé X, notée C_{X}, est définie comme le ratio du nombre de moles de X sur le nombre de moles d'air. On parle aussi parfois de *rapport de mélange* (*mixing ratio*).

L'air est principalement composé d'azote moléculaire (N_2) et d'oxygène moléculaire (O_2). Dans l'atmosphère terrestre, on a ainsi $C_{\mathrm{N_2}} = 0.78\,\mathrm{mol\,mol^{-1}}$ et $C_{\mathrm{O_2}} = 0.21\,\mathrm{mol\,mol^{-1}}$. L'argon est le troisième composé par ordre d'importance avec $C_{\mathrm{Ar}} = 0.0093\,\mathrm{mol\,mol^{-1}}$.

Si l'on excepte l'eau (H_2O), dont les fractions molaires sont très variables (de 10^{-6} à 10^{-2} selon l'humidité), les autres espèces peuvent donc être considérées comme des *espèces traces*, selon la terminologie consacrée. Leur fraction molaire est ainsi mesurée en ppmv ($10^{-6}\,\mathrm{mol\,mol^{-1}}$, *part per million of volume*), ppbv

Espèce	Symbole	Fraction molaire
Azote	N_2	780 000 ppmv
Oxygène	O_2	210 000 ppmv
Argon	Ar	9300 ppmv
Dioxyde de carbone	CO_2	365 ppmv
Ozone	O_3	1 ppbv-10 ppmv
Méthane	CH_4	1.8 ppmv
Protoxyde d'azote	N_2O	314 ppbv

Tableau 1.1 – Composition chimique indicative de l'air sec (2000). Pour les unités : 1 ppmv pour $10^{-6}\,\mathrm{mol\,mol^{-1}}$ et 1 ppbv pour $10^{-9}\,\mathrm{mol\,mol^{-1}}$.

($10^{-9}\,\mathrm{mol\,mol^{-1}}$, *part per billion of volume*) ou pptv ($10^{-12}\,\mathrm{mol\,mol^{-1}}$, *part per trillion of volume*). Le v est souvent omis dans les notations.

Le tableau 1.1 indique la composition chimique de l'air sec.

On a, par exemple, $C_{CO_2} \simeq 365$ ppmv (dioxyde de carbone), $C_{O_3} \simeq 5$ ppmv (ozone ; de 10 à 100 ppbv dans la troposphère) et $C_{CH_4} \simeq 1.8$ ppmv (méthane). Les fractions molaires de certains composés ont, par ailleurs, fortement augmenté depuis la période « préindustrielle » (tableau 1.2 et exercice 1.5).

Loi des gaz parfaits

L'air peut être considéré comme un gaz parfait qui satisfait la relation

$$P = NRT\,, \tag{1.1}$$

avec P la pression (en Pa), T la température (en K), $R = 8.314\,\mathrm{J\,mol^{-1}\,K^{-1}}$ (constante des gaz parfaits) et N le nombre de moles par volume d'air. Une formulation alternative est

$$P = nk_BT\,, \tag{1.2}$$

avec n le nombre de molécules par volume d'air et $k_B = 1.38 \times 10^{-23}\,\mathrm{J\,K^{-1}}$ la constante de Boltzmann, définie par $R/\mathcal{A}_v$ où $\mathcal{A}_v$ est le nombre d'Avogadro (6.02×10^{23} molecule $\mathrm{mol^{-1}}$).

Une expression équivalente est également, pour l'air sec,

$$P = \rho r_{air}T\,, \tag{1.3}$$

avec ρ la densité de l'air (en $\mathrm{kg\,m^{-3}}$) et $r_{air} = R/M_{air}$, où M_{air} est la masse molaire de l'air sec (exercice 1.1).

Exercice 1.1 (Masse molaire de l'air)
Combien vaut la masse molaire de l'air sec ?
Données : $M_{N_2} = 28\,\mathrm{g\,mol^{-1}}$, $M_{O_2} = 32\,\mathrm{g\,mol^{-1}}$ et $M_{Ar} = 40\,\mathrm{g\,mol^{-1}}$.

Espèce (unité)	Préindustriel (1750)	1960	1980	1990	1998
CO_2 (ppmv)	278	315	325	352	365
CH_4 (ppmv)	0.7	1.27	1.57	1.68	1.745
N_2O (ppbv)	270	300	303	310	314
CFC-11 (pptv)	0	11	173	275	268
CFC-12 (pptv)	0	33	297	468	533

Tableau 1.2 – Évolution estimée de quelques espèces chimiques (prendre garde aux unités). 1 pptv pour 10^{-12} mol mol^{-1}. Source : [103].

Réponse :
On note M_{X_i} la masse molaire de l'espèce X_i. Avec $M_{air} = \sum_i C_{X_i} M_{X_i}$, en ne gardant que les trois premiers composés, on obtient $M_{air} \simeq 28.9\,\mathrm{g\,mol^{-1}}$.

Enfin, les *conditions thermodynamiques standard* sont définies par la pression $P = 1.013 \times 10^5$ Pa (soit 1013 hPa ou 1 atm, valeur moyenne au niveau de la mer) et la température $T = 273.15$ K (0 °C).

Description de l'air humide

La généralisation à l'air humide est délicate, car la masse molaire dépend alors de la concentration en vapeur d'eau (qui est très variable). La *température virtuelle* T_v est définie comme la température qu'aurait l'air sec pour garder, à pression constante, la densité de l'air humide, soit par

$$P = \rho r_{air} T_v \,. \tag{1.4}$$

L'air humide est caractérisé par la fraction massique de vapeur d'eau par rapport à la masse sèche, w, de l'ordre de 1 à 10 g kg^{-1}. On définit également l'*humidité spécifique*, notée q_s, par la fraction massique de la vapeur d'eau dans l'air humide (bien sûr, $q_s = w/(1+w)$). On a aisément (exercice 1.2) la relation

$$T_v \simeq T(1 + 0.62w) \,. \tag{1.5}$$

Concentration massique

Pour l'espèce X, on note ρ_X la concentration massique (masse de l'espèce par unité de volume d'air) et M_X la masse molaire. Le nombre de moles de X par unité de volume d'air est donc ρ_X / M_X et est relié à la fraction molaire de X par

$$C_X = \frac{\rho_X}{M_X}\frac{1}{N} = \frac{\rho_X}{M_X}\frac{RT}{P} \,. \tag{1.6}$$

Si les unités utilisées sont le µg m^{-3} pour la concentration massique, le ppb pour la fraction molaire et le kg mol^{-1} pour la masse molaire, aucun facteur de conversion n'est nécessaire.

Pour l'ozone ($M_{O_3} = 48\,\mathrm{g\,mol^{-1}}$), on trouve, dans des conditions thermodynamiques standard, ρ_{O_3}(en μg m^{-3})$/C_{O_3}$(en ppb) $\simeq 2$. Pour des valeurs de 50 ppb d'ozone, on a donc des concentrations massiques de l'ordre de 100 μg m^{-3}.

Pour des espèces comme le mercure ou les métaux lourds, les concentrations massiques typiques sont de l'ordre du nanogramme (10^{-9} g) ou du picogramme (10^{-12} g) par mètre cube d'air.

Exercice 1.2 (Température virtuelle)
Montrer la relation (1.5).
Réponse :
Dans la suite, d (*dry*) et v (*vapor*) se rapportent respectivement à l'air sec et à la vapeur d'eau (à l'exception de T_v). Par exemple, $w = m_v/m_d$ avec m_v la masse de vapeur d'eau et m_d la masse d'air sec. On a directement :

$$\begin{aligned} P = (N_d + N_v)RT &= \left(\frac{\rho_d}{M_d} + \frac{\rho_v}{M_v}\right) RT \\ &= (\rho_d + \rho_v)\frac{R}{M_d} T \left(\frac{\rho_d}{\rho_d + \rho_v} + \frac{\rho_v}{\rho_d + \rho_v}\frac{M_d}{M_v}\right) \\ &= \rho r_{air} T \left(\frac{1}{1+w} + \frac{1}{1+1/w}\frac{1}{\varepsilon}\right), \end{aligned}$$

où l'on a noté $\varepsilon = M_v/M_d = 18/29 \simeq 0.62$ (avec $M_d = M_{air}$), soit

$$T_v = T\frac{w+\varepsilon}{\varepsilon(1+w)}.$$

À l'ordre 1 en w, avec $1/(1+w) \simeq 1 - w$, on obtient $T_v \simeq T(1 + w(1-\varepsilon)/\varepsilon)$. On conclut en utilisant la valeur de ε.

Concentration moléculaire

De manière analogue, la concentration moléculaire (nombre de molécules par volume d'air) se calcule avec

$$n_X = \mathcal{A}_v C_X \frac{P}{RT} = C_X \frac{P}{k_B T}. \tag{1.7}$$

Si C_X est en ppmv, n_X est en molecule cm^{-3}.

Exercice 1.3 (Nombre de Loschmidt)
Dans les conditions thermodynamiques standard, combien de molécules contient un mètre cube d'air (nombre de Loschmidt) ?
Réponse :
Avec la loi des gaz parfaits, équation (1.2), on a $P/k_B T = 2.69 \times 10^{25}$ molecule cm^{-3}.

1.1.2 Phases de la matière

La matière atmosphérique est composée de gaz et de matière condensée : eau sous forme liquide (gouttes de nuage, gouttes de pluie) ou solide (glace, neige) et aérosols (liquides ou solides).

La taille des corps atmosphériques joue un rôle important pour les propriétés radiatives et le lessivage par la pluie. Pour fixer les idées, le diamètre d'une molécule de gaz est de l'ordre de l'angström (0.1 nm), celui d'une goutte de nuage d'une à quelques dizaines de micromètres et celui d'une goutte de pluie de l'ordre de 0.1 mm (tableau 1.3).

« Corps »	Taille
Molécule gazeuse	0.1 nm
Aérosol « fin »	1 nm-1 µm
Aérosol « grossier »	10-20 µm
Goutte de nuage	10-50 µm
Goutte de pluie	0.1 mm

Tableau 1.3 – Taille caractéristique des divers « corps » atmosphériques.

En première approximation, un aérosol peut être considéré comme une sphère (voir l'exercice 5.3 pour le cas des suies). Les diamètres vont de quelques nanomètres à plusieurs dizaines de micromètres (pour les aérosols formés à partir de grains de sable). Le diamètre de l'aérosol *urbain* est de l'ordre du micromètre.

1.1.3 Les principales espèces considérées

Les pollutions atmosphériques vont se distinguer selon les espèces considérées. On peut citer notamment :

- le dioxyde de soufre (SO_2), sous forme gazeuse, lié par exemple à la combustion du charbon ou du fuel ;
- les espèces liées à la photochimie : ozone (O_3) et oxydes d'azote (NO et NO_2), composés organiques volatils (COV), sous forme gazeuse ;
- les métaux lourds (plomb, cadmium, zinc) liés à des activités industrielles, sous forme particulaire ;
- le mercure (Hg) sous forme gazeuse ou dissoute ;
- les aérosols (particules) composés d'un mélange de sulfate (SO_4^{2-} particulaire), d'ammonium (NH_4^+ particulaire), de nitrate (NO_3^- particulaire), de composés organiques secondaires, de sable, de sels de mer...
- les radioéléments, d'origine naturelle (comme le radon Rn), liés à des essais nucléaires (radioéléments « militaires » comme le strontium, Sr), à des accidents sur les centrales nucléaires (iode I et césium Cs) ou à des procédures de fonctionnement dans les centrales civiles (krypton Kr) ;

Source	Flux annuel
Combustion fossile	33
Feux de biomasse	7.1
Aviation	0.7
Sols	5.6
Éclairs	5
Total	51.4

Tableau 1.4 – Émissions de NO_x dans la troposphère (2000), en $Tg(N)an^{-1}$ (l'oxygène atomique n'est pas comptabilisé dans les émissions). Le téragramme est défini par $1\,Tg = 10^{12}\,g$. Source : [103].

- les gaz à effet de serre comme le dioxyde de carbone (CO_2), le méthane (CH_4), le protoxyde d'azote N_2O, etc. ;
- le monoxyde de carbone (CO) ;
- les « polluants organiques persistants » (POP), chaînes organiques complexes avec de grands temps de vie (pesticides, dioxine)...

Chaque type de pollution va se caractériser par une classe d'espèces particulières et des propriétés spécifiques : sources d'émission, mécanismes physico-chimiques et temps caractéristiques.

1.1.4 Espèces primaires, espèces secondaires

On distingue habituellement les espèces *primaires* (celles qui sont émises) des espèces *secondaires* (celles qui sont formées dans l'atmosphère à la suite de processus physico-chimiques). Par exemple, pour le cas de la photochimie, les oxydes d'azote sont émis (espèces primaires) contrairement à l'ozone (qui n'est qu'une espèce secondaire).

Parmi les émissions, on distingue :

- les émissions *biogéniques*, liées à l'activité naturelle, comme les émissions induites par des éruptions volcaniques, l'érosion du sable sous l'action du vent, les émissions de sels de mer, les émissions de COV dues à la photosynthèse, etc. ;
- les émissions *anthropiques*, liées à l'activité humaine (transports, production d'énergie, industries, etc.).

Selon les espèces primaires considérées, les sources anthropiques jouent un rôle plus ou moins important. Pour les NO_x, la part anthropique est élevée (tableau 1.4), avec notamment une forte contribution de la combustion fossile (donc du trafic routier). Pour le méthane, on estime que la contribution anthropique compte au moins pour les 3/4.

À l'inverse, les émissions liées à la végétation sont largement majoritaires pour les COV pris *dans leur ensemble* (tableau 1.5). Cela n'exclut pas que pour des espèces spécifiques la part anthropique ne soit pas importante. Selon les secteurs émetteurs, les COV émis peuvent être très différents (tableau 1.6).

Source	Flux annuel
Combustion fossile	161
Feux de biomasse	33
Total biogénique (végétation)	377
dont isoprène (C_5H_8)	220
dont monoterpène ($C_{10}H_{16}$)	127
dont autres	30
Total	571

Tableau 1.5 – Émissions de COV dans la troposphère (2000), en Tg(C) an^{-1}. Les émissions liées à la végétation sont particulièrement incertaines (d'autres estimations donnent deux fois plus d'émission). Source : [103].

1.2 Structure verticale de l'atmosphère

1.2.1 Couches de l'atmosphère

Le profil vertical de température définit la stratification de l'atmosphère (figure 1.1). On distingue ainsi :

- la *troposphère* pour les altitudes inférieures à 8 km au-dessus des pôles, 18 km au-dessus de l'équateur.

  La température y est décroissante jusqu'à 220 K au-dessus des pôles (190 K au-dessus de l'équateur). Le gradient moyen de température est de l'ordre de $-6.5\,\mathrm{K\,km^{-1}}$;
- la *stratosphère* jusqu'à 50 km.

  La température est d'abord constante puis croît jusqu'à environ 270 K, du fait de l'absorption par l'ozone (O_3) et par l'oxygène moléculaire (O_2) du rayonnement solaire ultraviolet (UV ; exercices 2.3 et 4.5). L'existence de cette couche d'inversion est une caractéristique essentielle de la Terre ;
- la *mésosphère* jusqu'à 85-90 km.

  La température décroît jusqu'à 170 K (le point le plus froid de l'atmosphère), du fait de la raréfaction de l'ozone et de l'oxygène ;
- enfin la *thermosphère* puis l'*ionosphère* (jusqu'à environ 150 km).

  La température augmente et devient fortement dépendante de l'activité solaire. Les rayonnements UV dissocient N_2 et O_2 et ionisent les molécules (chapitre 2, section 2.2.1.2). L'air devient un gaz raréfié : la densité est ainsi de l'ordre de 10^{19} molecule m^{-3} à 100 km contre 10^{25} molecule m^{-3} au niveau de la mer (exercice 1.3) ;
- au-delà, la force d'attraction de la Terre est négligeable et dans l'*exosphère* (au-delà de 400 à 500 km), l'hydrogène atomique peut s'échapper vers l'espace (remarque 1.2.1 et exercice 1.7).

L'atmosphère présente donc deux zones d'*inversion* qui correspondent à des gradients positifs de la température : la stratosphère et l'ionosphère. Une forte

Composé	Automobile	Évaporation (essence)	Solvants	Chauffage (gaz)
éthylène	16.4			
toluène	16	2.8	53.3	8.5
méta-para-xylène	9.4	1.1	12.2	
isopentane	8.1	26.3		
benzène	6.9	1.5	0.1	15.3
propène	6.8			
acétylène	6.5			
1,2,4-TMB	4.1		4.8	
ortho-xylène	3.7		8.1	
éthylbenzène	3.2		4.2	
1,3-butadiène	2.5			
éthane	1.9			
n-pentane	1.8	8.6		23.7
n-butane	1.8	35.8		33.9
1-butène	1.6			
1,3,5-TMB	1.2		1.9	
1,2,3-TMB	1.			
n-heptane	0.9		1.6	
trans-2-pentène	0.8			
trans-2-butène	0.8	1.3		
isobutane	0.7	12.3		
isooctane	0.6			
1-pentène	0.6			
cis-2-butène	0.6			
n-hexane	0.6	1.8	12.6	3.4
n-octane	0.5		1.3	
cis-2-pentène	0.5			
isoprène	0.4			
propane	0.1	3.4		15.3
1-hexène	0.1			

Tableau 1.6 – Spéciation standard (en % de la fraction massique) des COV en fonction des secteurs émetteurs. TMB désigne le triméthylbenzène. La contribution la plus importante par secteur est encadrée. Source : [138].

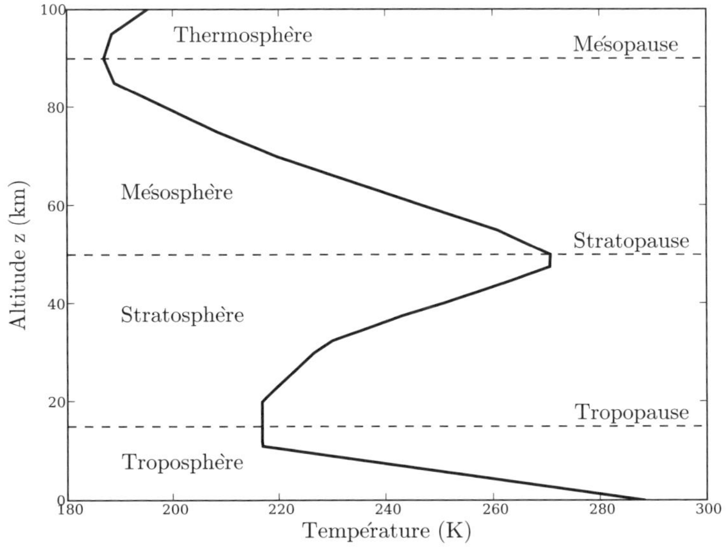

Figure 1.1 – Profil vertical de température (atmosphère standard USA 1976).

absorption du rayonnement solaire se produit dans ces couches, qui jouent *de facto* le rôle de filtre, et conduit à l'augmentation de la température. Le profil vertical des molécules absorbantes détermine celui de la température.

Parallèlement à cette description selon le profil de température, d'autres caractéristiques permettent de différencier les diverses couches de l'atmosphère.

La dynamique de l'atmosphère est ainsi spécifique selon les zones considérées. Dans les zones à gradient positif de température, l'atmosphère est stable. C'est une application directe du principe de la montgolfière : l'air chaud est ascendant et une couche d'air froid est bloquée par une couche d'air chaud placée au-dessus d'elle (chapitre 3).

De même, au-dessus de la mésosphère, les effets de gravité l'emportent sur les effets dynamiques. Les composés se différencient alors par leur masse, les plus légers étant aux altitudes supérieures. Cela définit l'*hétérosphère*, à opposer à l'*homosphère*, aux altitudes inférieures (section 1.2.3).

1.2.2 Pression atmosphérique

La pression P est définie comme la force par unité de surface exercée par l'atmosphère. On note $P(z)$ la pression à l'altitude z. Pour un volume de hauteur $\mathrm{d}z$, de surface horizontale S, à l'altitude z, un bilan des forces exercées

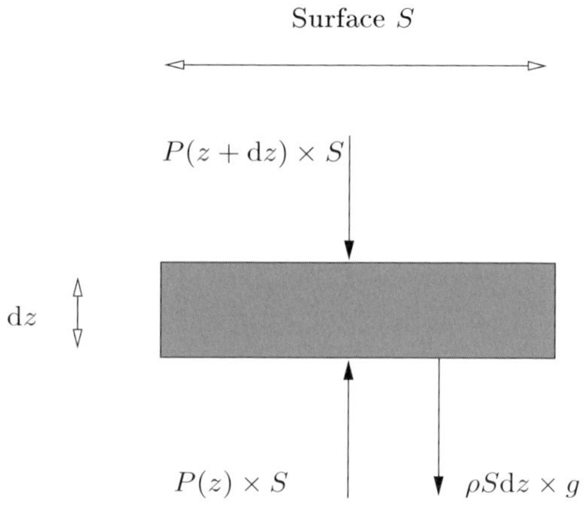

Figure 1.2 – Équilibre des forces de pression et du poids.

donne (figure 1.2)

$$(P(z+\mathrm{d}z) - P(z))\, S + \rho S\, \mathrm{d}z\, g = 0 \tag{1.8}$$

avec g la constante de gravité et ρ la densité de l'air (masse volumique). On rappelle que g est calculé à l'altitude z par

$$g = \left(\frac{R_t}{R_t + z}\right)^2 g_0 \tag{1.9}$$

avec $R_t = 6400\,\mathrm{km}$ le rayon de la Terre et $g_0 = 9.81\,\mathrm{m\,s^{-2}}$ la constante de gravité au sol. On obtient donc finalement l'approximation *hydrostatique*,

$$\frac{\mathrm{d}P}{\mathrm{d}z} = -\rho g\,. \tag{1.10}$$

On a par ailleurs, avec la loi des gaz parfaits, $P = \rho r_{air} T$. En première approximation, la température, la masse molaire de l'air et la constante de gravité peuvent être considérées comme constantes, ce qui donne après intégration

$$P(z) = P(0) \exp\left(-\frac{z}{H}\right) \text{ avec } H = \frac{r_{air}T}{g}\,. \tag{1.11}$$

On appelle communément H la *hauteur d'échelle*. Pour une température moyenne de l'atmosphère de l'ordre de 250 K, on a $H \simeq 7.3\,\mathrm{km}$. La comparaison des profils de pression pour une atmosphère réelle et une atmosphère hydrostatique est donnée dans la figure 1.3.

En toute rigueur, la température, la masse molaire de l'air et la gravité dépendent de l'altitude. Le calcul exact est alors

$$P(z) = P(0) \exp\left(-\int_0^z \frac{\mathrm{d}z'}{H(z')}\right) \text{ avec } H(z) = \frac{RT(z)}{M_{air}(z) g(z)}\,. \tag{1.12}$$

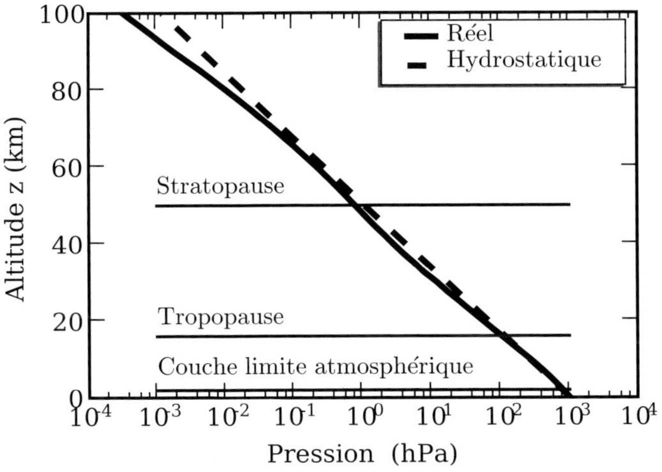

Figure 1.3 – Profil vertical de pression (atmosphère standard USA 1976) *versus* profil hydrostatique (calculé avec une hauteur d'échelle $H = 7.3\,\mathrm{km}$).

Pour une pression au sol de l'ordre de 1000 hPa, on trouve pour indication :

- en haut de la couche limite (chapitre 3) : $P(2\,\mathrm{km}) \simeq 760\,\mathrm{hPa}$;
- à la tropopause : $P(16\,\mathrm{km}) \simeq 110\,\mathrm{hPa}$;
- à la stratopause : $P(50\,\mathrm{km}) \simeq 1\,\mathrm{hPa}$.

La pression décroît donc très rapidement avec l'altitude. Il en est de même pour la distribution verticale de la masse de l'atmosphère (exercice 1.4) : près de 90 % de la masse de l'atmosphère est dans la troposphère, 75 % dans la couche limite (en dessous de 2 km).

Exercice 1.4 (Masse de l'atmosphère)
Quelle est la masse de l'atmosphère ? Quelles proportions représentent respectivement la troposphère et la stratosphère ? À titre de comparaison, la masse de la Terre est de l'ordre de 10^{25} kg, celle des océans de l'ordre de 10^{21} kg.
Données : $P(0) = 1013\,\mathrm{hPa}$ et $R_t = 6400\,\mathrm{km}$.

Réponse :
Au sol, la force exercée par l'atmosphère est $m_{atm}g = 4\pi {R_t}^2 \times P(0)$ avec R_t le rayon de la Terre et m_{atm} la masse de l'atmosphère. On en déduit $m_{atm} \simeq 5 \times 10^{18}$ kg. Avec des notations évidentes, la « force » exercée par le reste de l'atmosphère sur la troposphère est $(m_{atm} - m_{tropo})g = 4\pi {R_t}^2 \times P(16)$, soit $m_{tropo}/m_{atm} = 1 - P(16)/P(0) \simeq 89$ %. De même, on a directement $m_{strato}/m_{atm} = (P(16) - P(50))/P(0) \simeq 11$ %. La masse du reste de l'atmosphère ne représente que 0.1 % du total.

Exercice 1.5 (Masse de CO_2 émise depuis la période préindustrielle)
Quelle est la masse de carbone injectée dans l'atmosphère depuis la période préindustrielle, liée au passage de C_{CO_2} de 278 ppmv à 365 ppmv (tableau 1.2) ? On supposera que la masse molaire de l'air et la masse totale de l'atmosphère n'ont pas été modifiées.
Données : $M_C = 12\,\mathrm{g\,mol^{-1}}$.
Réponse :
La masse totale de carbone associée à CO_2 est $m_C = n^{CO_2} M_C$ où n^{CO_2} est le nombre total de moles de CO_2. Par définition, $n^{CO_2} = C_{CO_2} \times n^{atm}$ avec $n^{atm} = m_{atm}/M_{air}$ le nombre total de moles dans l'atmosphère. Finalement, on trouve

$$\Delta m_C = (M_C/M_{air}) m_{atm} \Delta C_{CO_2} \simeq 1.8 \times 10^{14}\,\mathrm{kg}\,.$$

1.2.3 Distribution verticale des espèces

La distribution verticale typique, dans les 60 premiers kilomètres, est donnée, pour quelques espèces, par la figure 1.4 à la latitude 30° nord, au mois de mars. On peut, par exemple, constater que la majeure partie de l'ozone est contenue dans la stratosphère (exercice 1.6 sur la colonne intégrée d'ozone).

Exercice 1.6 (Colonne d'ozone)
On peut estimer avec les données de la figure 1.4 le contenu intégré de la colonne moyenne d'ozone à $\bar{n}_{O_3} = 7.5 \times 10^{22}\,\mathrm{molecule\,m^{-2}}$. Quelle serait la hauteur de la colonne d'ozone si elle était entièrement ramenée au sol dans des conditions thermodynamiques standard ? La hauteur de cette couche est généralement exprimée en *dobson* (DU pour Dobson Unit), avec 1 DU = 0.01 mm.
Réponse :
Pour une surface unité, la hauteur Δz vérifie $P\Delta z = \bar{n}_{O_3} k_B T$, soit $\Delta z \simeq 2.8\,\mathrm{mm}$ ou encore 280 DU.

Dans la première partie de l'atmosphère (*homosphère*), l'atmosphère est mélangée par la diffusion turbulente. Au-dessus de ce niveau (*hétérosphère*), les espèces vont se répartir en fonction de leur hauteur d'échelle individuelle, définie pour l'espèce X_i par $H_i = RT/(M_i g)$ avec M_i la masse molaire. Les distributions verticales sont alors stratifiées en fonction de la masse, les composés les plus légers, de forte échelle de hauteur, étant au-dessus (figure 1.5).

L'altitude de la base de l'hétérosphère peut être estimée en comparant une valeur du coefficient de diffusion turbulente, K_z (par exemple $10\,\mathrm{m^2\,s^{-1}}$; chapitre 6) avec le coefficient de diffusion moléculaire (dynamique) ν. La théorie cinétique des gaz permet de montrer, pour une espèce trace dans l'air, la rela-

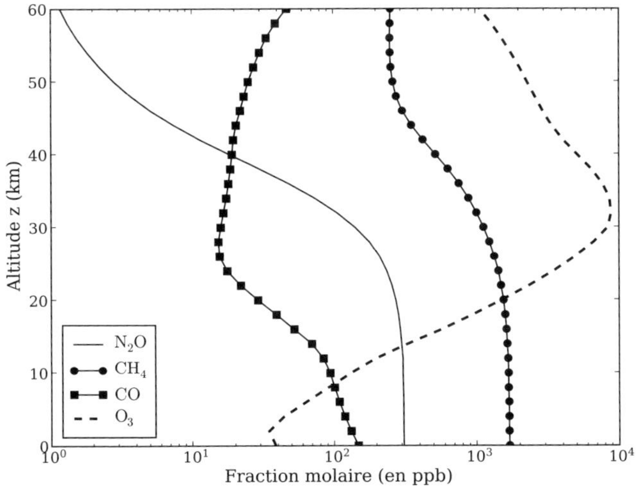

Figure 1.4 – Distribution verticale typique de quelques espèces (fraction molaire en ppb), 30° nord, mois de mars. Source : [18].

tion

$$\nu \propto \frac{\sqrt{T}}{n} \tag{1.13}$$

avec n la densité moléculaire de l'air, le coefficient de proportionnalité ne dépendant que de l'espèce. Avec la loi des gaz parfaits, on a directement $\nu \propto T^{1.5}/P$. Les effets moléculaires vont donc devenir de plus en plus importants avec l'altitude, les variations de température étant « négligeables » au regard de celles de la pression : $\nu(z) \simeq (P(z)/P(0))\nu_{air}$, où, au sol, $\nu_{air} = 1.6 \times 10^{-5}\,\mathrm{m}^2\,\mathrm{s}^{-1}$. Avec le profil hydrostatique de pression, on trouve comme altitude à laquelle les effets moléculaires deviennent importants $H \ln{(K_z/\nu_{air})} \simeq 100\,\mathrm{km}$.

Remarque 1.2.1 (Échappement thermique)
L'échappement thermique, dit parfois de Jeans, se produit en l'absence de collision, dans la partie de l'atmosphère appelée *exosphère*. Il correspond à une perte nette d'espèces chimiques pour le système Terre/atmosphère.

La seule espèce potentiellement concernée est l'hydrogène atomique (exercice 1.7), dont on estime la perte à environ une centaine de tonnes par jour. Cela correspond à l'hydrogène contenu dans 1800 tonnes d'eau. La comparaison avec la masse d'eau de la Terre (1.5×10^{18} tonnes) permet d'être rassuré sur le fait que la Terre garde « son eau » sur une échelle de temps géologique.

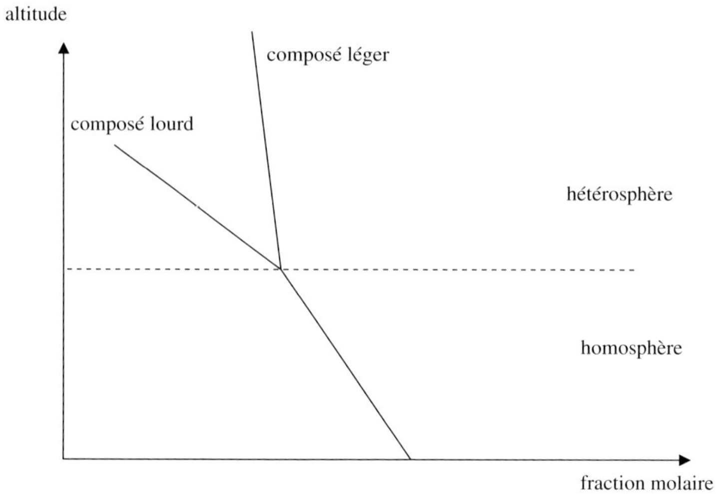

Figure 1.5 – Homosphère *versus* hétérosphère.

Exercice 1.7 (Échappement thermique)

1. La vitesse de libération, u_{lib}, est définie comme la vitesse nécessaire pour échapper à l'attraction gravitationnelle de la Terre. En utilisant la conservation de l'énergie mécanique pour un corps de masse m, de vitesse v à la distance r du centre de la Terre, $mv^2/2 - mM_tG/r$ avec G la constante gravitationnelle universelle et M_t la masse de la Terre, calculer u_{lib}.
2. La libération est réalisée à la base de l'exosphère, l'*exobase*, définie comme l'altitude à laquelle le libre parcours moyen (entre deux collisions) est égal à la hauteur d'échelle. L'altitude est de 400 à 500 km. Que vaut alors u_{lib} ?
3. Le flux d'atomes ou de molécules qui s'échappent va, en revanche, être spécifique à l'espèce. On indicie par i l'atome ou la molécule que l'on considère, et on suppose que sa distribution de vitesse suit une distribution maxwellienne, donnée en coordonnées sphériques dans l'espace des vitesses (v, θ, ϕ) par

$$P_i(v, \theta, \phi)\, \mathrm{d}\theta\, \mathrm{d}\phi\, \mathrm{d}v = \left(\frac{1}{\pi U_i^2}\right)^{3/2} \exp\left(-\frac{v^2}{U_i^2}\right) v^2 \sin\theta\, \mathrm{d}\theta\, \mathrm{d}\phi\, \mathrm{d}v$$

où $U_i = \sqrt{2RT/M_i}$ est la vitesse la plus probable et M_i la masse molaire. Calculer F_i, le flux moyen de molécules ou d'atomes qui s'échappent par unité de surface et par unité de temps. On notera n_i la densité de molécules ou d'atomes. La composante verticale de la vitesse est $v \cos\theta$.

Retrouver la formule de Jeans (1925, [67]),

$$F_i = \frac{n_i U_i}{2\sqrt{\pi}}(1 + Y_i)\exp(-Y_i)\,,$$

avec Y_i, le *paramètre d'échappement*, donné par $r/H_i = (u_{lib}/U_i)^2$.

4. Pour quelles valeurs de Y_i, l'échappement est-il important ? Calculer Y_{H} et Y_{H_2} pour des températures à l'exobase $T \in [800, 1600]$K. Que peut-on en conclure ?

Données : $G = 6.67 \times 10^{-11}\,\mathrm{m^3\,kg^{-1}\,s^{-2}}$, $M_t = 6 \times 10^{24}\,\mathrm{kg}$, $M_{\mathrm{H}} = 1\,\mathrm{g\,mol^{-1}}$ et $M_{\mathrm{H}_2} = 2\,\mathrm{g\,mol^{-1}}$.

Réponse :

1. À l'infini ($r \to \infty$), la vitesse est nulle. On trouve à la distance r à laquelle la libération a lieu
$$u_{lib} = \sqrt{\frac{2M_tG}{r}} = \sqrt{2g(r)r}\,,$$
avec $g(r) = GM_t/r^2$ la constante de gravité de la Terre à cette distance.
2. On trouve $u_{lib} \simeq 11\,\mathrm{km\,s^{-1}}$, une valeur qui ne dépend pas de l'espèce considérée (ne pas oublier qu'il faut rajouter le rayon de la Terre à l'altitude !).
3. Le flux moyen par unité de surface et par unité de temps est obtenu en multipliant la composante verticale $v\cos\theta$ par la densité n_i à l'altitude considérée puis en intégrant sur la partie « utile » de la distribution ($v \geq u_{lib}$), soit
$$F_i = n_i \int_{\theta=0}^{\theta=\pi/2} \int_{\phi=0}^{\phi=2\pi} \int_{v=u_{lib}}^{\infty} P_i(v,\theta,\phi)v\cos\theta\,\mathrm{d}\theta\,\mathrm{d}\phi\,\mathrm{d}v\,.$$
On utilise $\int_{\theta=0}^{\theta=\pi/2}\sin\theta\cos\theta\,\mathrm{d}\theta = [\sin^2\theta]_0^{\pi/2}/2 = 1/2$ et $\int_{\phi=0}^{\phi=2\pi}\mathrm{d}\phi = 2\pi$. Avec le changement de variables $y = v/U_i$, on doit calculer, par intégration par parties,
$$\begin{aligned}\int_{y=\sqrt{Y_i}}^{\infty} y^3\exp(-y^2)\mathrm{d}y &= \left[-\frac{1}{2}\exp(-y^2)y^2\right]_{\sqrt{Y_i}}^{\infty} + \int_{y=\sqrt{Y_i}}^{\infty} y\exp(-y^2)\mathrm{d}y\\ &= \left[-\frac{1}{2}\exp(-y^2)y^2\right]_{\sqrt{Y_i}}^{\infty} + \left[-\frac{1}{2}\exp(-y^2)\right]_{\sqrt{Y_i}}^{\infty}\\ &= \frac{1+Y_i}{2}\exp(-Y_i)\,.\end{aligned}$$
On conclut aisément pour le facteur de proportionnalité.
4. La fonction $(1+Y)\exp(-Y)$ est décroissante, et vaut 5×10^{-2} pour $Y = 5$, 5×10^{-4} pour $Y = 10$ et 5×10^{-6} pour $Y = 15$. On considère donc en général que l'échappement est complètement négligeable pour $Y \leq 10$, voire 15. Les seules espèces concernées sont les espèces de plus faible masse (hydrogène atomique ou moléculaire puis éventuellement hélium). On calcule, sur la plage de variation de T, $Y_{\mathrm{H}} \in [4.5, 9]$ et $Y_{\mathrm{H}_2} \in [9, 18]$. La seule espèce terrestre potentiellement concernée est donc l'hydrogène atomique.

Pour en savoir plus ([128]) :

F. Selsis. Évaporation planétaire. In *Formation planétaire et exoplanètes*, école CNRS de Goutelas XXVIII, 2005. Édité par J.L. Halbwachs, D. Egret et J.M. Hameury

1.3 Quelques échelles de temps

Pour déterminer l'impact d'une espèce chimique émise ou formée dans l'atmosphère, il suffit de comparer le temps de transport atmosphérique et le temps de résidence atmosphérique de l'espèce.

Si le temps de résidence est de l'ordre du temps de transport caractéristique de l'échelle continentale (Europe par exemple), alors l'impact de l'espèce sera *a minima* continental. Si le temps de résidence est comparable au temps de transfert de la troposphère à la stratosphère, alors la pollution touchera aussi la stratosphère, etc.

1.3.1 Temps de transport

Une rapide analyse d'ordre de grandeur permet de donner une estimation des temps caractéristiques de transport. Un outil précieux est également fourni par l'étude des traceurs (des espèces qui ne participent qu'à des processus linéaires), notamment radioactifs (krypton, radon, strontium). Cela permet de quantifier aisément les temps caractéristiques de mélange entre les grands réservoirs atmosphériques (troposphère, stratosphère, hémisphères). Des exemples sont donnés par les problèmes 1.1 et 1.3.

1.3.1.1 Transport horizontal

Le moteur du transport horizontal est le vent. Une vitesse caractéristique du vent *zonal* (ouest/est) est de l'ordre de $U \simeq 10\,\mathrm{m\,s^{-1}}$. Pour le vent *méridional* (sud/nord), la vitesse est plus faible, de l'ordre de $U \simeq 1 - 2\,\mathrm{m\,s^{-1}}$.

Sur cette base, il est aisé de calculer les temps caractéristiques de transport pour une espèce émise à moyenne latitude (typiquement Europe ou Amérique du Nord). En fonction de l'échelle spatiale considérée (L), avec $\tau = L/U$, on obtient :

- pour le transport continental : quelques jours ;
- pour le transport intercontinental (transatlantique, transpacifique) : de 1 à 2 semaines ;
- pour le mélange hémisphérique : de 1 à 2 mois ;
- pour le transport aux pôles ou à l'équateur : de 1 à 2 mois.

Un point-clé est le fonctionnement très disjoint des deux hémisphères (sud et nord), le passage d'un hémisphère à l'autre étant rendu difficile par la zone de convergence tropicale (ITCZ pour *Inter-Tropical Convergence Zone*), qui se caractérise par l'ascendance de masses d'air chaud et humide (figure 1.6). En pratique, le temps de transfert interhémisphérique est de l'ordre de 1 an (problème 1.1), le transfert entre hémisphères s'effectuant *via* des ouragans, *via* les déplacements saisonniers de l'ITCZ ou *via* des ruptures locales de l'ITCZ (liées, par exemple, à la mousson).

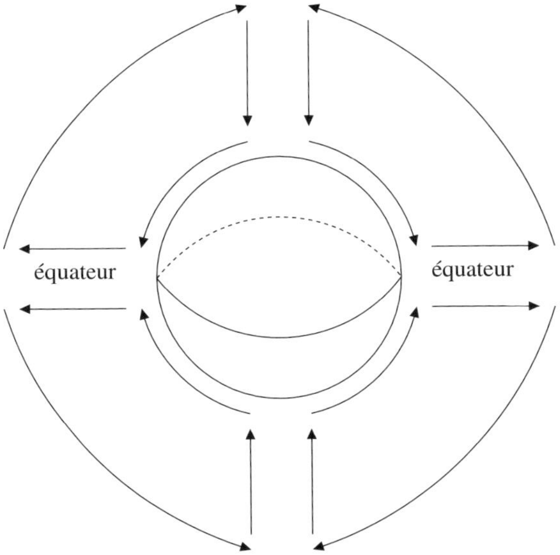

Figure 1.6 – Un modèle simplifié de la circulation générale (la circulation de Hadley, XVIIIe siècle) : ascendance d'air chaud à l'équateur et subsidence aux pôles. En réalité, dans chaque hémisphère, à la cellule de Hadley, entre l'équateur et la latitude 30 °, se rajoutent *la cellule de Ferrel* (entre 30 ° et 60 °) puis la *cellule polaire* (entre 60 ° et 90 °).

1.3.1.2 Transport vertical

Les vents verticaux sont beaucoup plus faibles que les vents horizontaux (de trois à quatre ordres de grandeur). De plus, la diffusion moléculaire dans l'air est trop faible pour jouer un rôle (de l'ordre de $\nu_{air} \simeq 10^{-5}\,\mathrm{m^2\,s^{-1}}$).

Un mécanisme beaucoup plus efficace est lié aux effets de ***flottabilité*** : l'air chaud est plus léger et les gradients de température induisent des mouvements turbulents ascendants. Cela peut être représenté par des mécanismes de diffusion turbulente (chapitre 3). Une valeur moyenne typique de coefficient de diffusion turbulente est $K_z \simeq 10 - 20\,\mathrm{m^2\,s^{-1}}$.

Le temps de transport associé à l'échelle spatiale L est donné par $\tau = L^2/K_z$ et on obtient alors comme ordre de grandeur :

- pour le transport dans la couche limite atmosphérique : de quelques heures à un jour (fonction de la stabilité, chapitre 3) ;
- pour le transport troposphérique (jusqu'à la tropopause) : de l'ordre du mois.

On a vu que le profil de température présentait une inversion au niveau de la tropopause (figure 1.1). Cela rend plus difficile le passage de la troposphère vers la stratosphère (temps caractéristique de l'ordre de 5 à 10 ans) ; le temps de passage de la stratosphère vers la troposphère est de l'ordre de 1 à 2 ans (problème 1.3).

Les temps de transport atmosphérique sont synthétisés dans le tableau 1.7.

Transport	Temps caractéristique
Continental	1 semaine
Intercontinental	2 semaines
Hémisphérique	1 mois
Inter-hémisphérique	1 année
Couche limite atmosphérique	1 heure - 1 journée
Troposphère libre ($\simeq$ 5000 m)	1 semaine
Troposphère	1 mois
Échange troposphère vers stratosphère	de 5 à 10 ans
Échange stratosphère vers troposphère	de 1 à 2 ans

Tableau 1.7 – Temps caractéristiques du transport atmosphérique.

1.3.2 Temps de résidence d'une espèce chimique

Les temps de résidence dans l'atmosphère s'expliquent par les processus de perte qui affectent les espèces chimiques :

- destruction chimique (ou photochimique) ;
- filiation radioactive (pour les radioéléments) ;
- dépôt sec à la surface ;
- lessivage humide pour les espèces solubles (par les précipitations ou à l'intérieur des nuages) ;
- sédimentation gravitationnelle pour les plus gros aérosols (exercice 5.1 et problème 5.3).

Il est à noter que les pertes hors de l'atmosphère (vers l'espace) sont faibles et concernent essentiellement l'hydrogène (remarque 1.2.1). Dans toute la suite, on considère donc le système Terre/atmosphère comme fermé.

L'ensemble de ces processus peut être représenté (de manière exacte ou en première approximation) par des cinétiques du premier ordre, caractérisées par des évolutions de la concentration massique ρ_X de l'espèce X en fonction du temps t selon

$$\frac{\mathrm{d}\rho_X}{\mathrm{d}t} = -k\,\rho_X \tag{1.14}$$

avec k l'analogue d'une constante cinétique du premier ordre (chapitre 4). Cela définit le temps caractéristique $\tau = 1/k$.

Si l'on considère plusieurs processus caractérisés par des constantes k_i (et de manière associée des temps caractéristiques $\tau_i = 1/k_i$), l'évolution est alors donnée par

$$\frac{\mathrm{d}\rho_X}{\mathrm{d}t} = -\left(\sum_i k_i\right)\rho_X\,. \tag{1.15}$$

Espèce	Symbole chimique	Temps de vie (an)
CFC 11	CCl_3F	45
CFC 113	CCl_2FCClF_2	85
CFC 12	CCl_2F_2	100
CFC 114	$CClF_2CClF_2$	300
CFC 13	$CClF_3$	640
CFC 115	CF_3CClF_2	1700

Tableau 1.8 – Temps de vie de quelques CFC. Source : [103].

On peut donc définir un temps caractéristique global par

$$\frac{1}{\tau} = \sum_i \frac{1}{\tau_i} . \tag{1.16}$$

L'ordre de grandeur des temps de résidence des principales espèces atmosphériques peut être trouvé dans la figure 1.7. Les temps de résidence sont déterminés par les processus auxquels participent les espèces.

- Les temps de résidence de la plupart des espèces chimiques sont fixés par la *capacité oxydante de l'atmosphère*, essentiellement associée au radical hydroxyle OH. On reviendra sur ce point dans le chapitre 4 consacré à la chimie atmosphérique (problème 4.3). En première approximation, $k = k_{OH}[OH]$, avec k_{OH} la constante d'oxydation par OH et [OH] la concentration de OH (dans le bon jeu d'unités).
- Le temps caractéristique associé au dépôt sec se calcule à partir de la vitesse de dépôt sec (exercice 1.8).
- Pour une espèce radioactive, la filiation radioactive est donnée par un temps de demi-vie $\tau_{1/2}$ qui correspond au temps au bout duquel la concentration a été divisée par deux du fait de la décroissance radioactive. La relation avec le temps de vie, tel que l'on vient de le définir, est directe : avec $\rho_X(t) = \exp(-t/\tau)\,\rho_X(0)$, on obtient $\tau_{1/2} = \tau \times \ln 2$.

Exercice 1.8 (Temps caractéristique du dépôt sec)
L'objet de cet exercice est de définir le temps de résidence atmosphérique lié au dépôt sec.

1. Le dépôt sec est caractérisé par une vitesse de dépôt sec, v_{dep} (généralement de l'ordre du $\mathrm{cm\,s^{-1}}$). Comment définir un temps caractéristique de dépôt d'un polluant dans une couche de l'atmosphère de hauteur H ?
2. On va retrouver de manière plus rigoureuse le résultat précédent. La diffusion verticale d'un polluant supposé passif dans une colonne $[0, H]$ est donnée par l'équation (chapitre 3)

$$\frac{\partial \rho_X}{\partial t} + \frac{\partial}{\partial z}\left(K(z)\frac{\partial \rho_X}{\partial z}\right) = 0$$

avec $K(z)$ un coefficient de diffusion turbulente.

Au sol ($z = 0$), la condition aux limites est $-K(z)\partial\rho_X/\partial z = E - v_{dep}\rho_X$ avec E un flux d'émission, et en haut de la colonne considérée ($z = H$), $-K(z)\partial\rho_X/\partial z = 0$.

Comment évolue la valeur moyenne de ρ_X en supposant une couche bien mélangée ? Conclure pour le temps de résidence.

Réponse :

1. Par simple argument dimensionnel, on prend $\tau = H/v_{dep}$.
2. On définit $\bar{\rho}_X = 1/H \times \int_0^H \rho_X(z)\,\mathrm{d}z$. Par intégration par parties, on a directement $\mathrm{d}\bar{\rho}_X/\mathrm{d}t = (E - v_{dep}\rho_X(z = 0))/H$. En supposant la couche bien mélangée, $\rho_X(z = 0) = \bar{\rho}_X$ et on retrouve un temps de résidence $\tau = H/v_{dep}$.

Le bilan global en masse d'une espèce X qui est émise avec un taux E_X est

$$\frac{\mathrm{d}m_X}{\mathrm{d}t} = E_X - \frac{m_X}{\tau_X} \tag{1.17}$$

avec m_X la masse totale de l'espèce. Pour une espèce à l'équilibre, on a bien sûr $m_X = \tau_X E_X$ (voir, par exemple, l'exercice 1.9 pour le cas du méthane).

Exercice 1.9 (Temps de résidence du méthane)
L'émission globale annuelle de méthane est estimée ([103]) à 598 Tg par an (dont 70 % d'origine anthropique). En supposant que son bilan global est équilibré (ce qui n'est qu'une approximation, par ailleurs), quel est le temps de résidence atmosphérique du méthane ?

Réponse :
Avec $C_{\mathrm{CH}_4} = 1.7$ ppmv, on estime la masse totale à $1.7 \times 10^{-6} \times (M_{\mathrm{CH}_4}/M_{air})m_{atm}$, soit environ 4700 Tg ($m_{atm}$ est la masse de l'atmosphère, exercice 1.4). Le temps de résidence est donc $4700/535 \simeq 8$ ans.

Sur cette base, il est à présent aisé de classifier les impacts des divers types d'espèces émises :

- les CFC sont extrêmement stables et ont un temps de vie de plusieurs dizaines d'années dans l'atmosphère (tableau 1.8 et problème 1.5) : l'impact sera donc global et stratosphérique ;
- le mercure a un temps de vie de l'ordre de 1 à 2 ans : l'impact sera donc global et troposphérique (problème 1.2 pour distinguer selon les différentes formes du mercure) ;
- l'ozone troposphérique a un temps de vie de quelques jours : l'échelle pertinente de la pollution photochimique est donc *a minima* continentale avec un rôle non négligeable du transport transcontinental (chapitre 4, section 4.3.7) ;

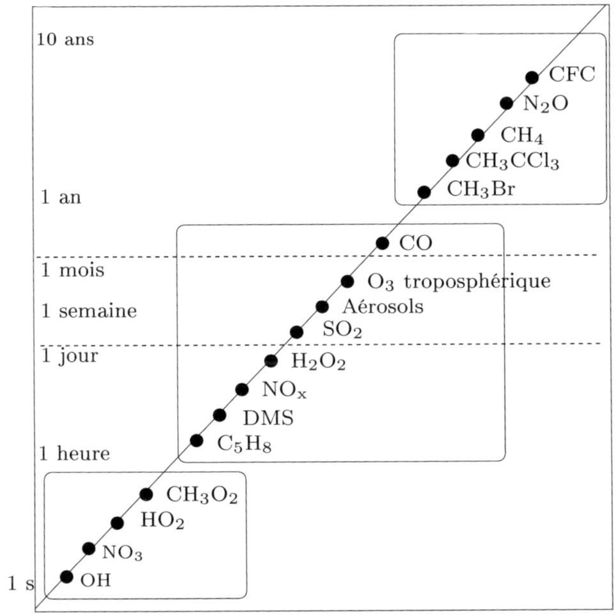

Figure 1.7 – Temps de résidence des principales espèces atmosphériques. Source : [18].

- le temps de vie chimique de SO_2 est de l'ordre de 2 jours (il est oxydé en acide sulfurique H_2SO_4) : l'impact direct de l'émission est donc relativement local. En revanche, le temps de vie de H_2SO_4 (piloté par le lessivage) est de l'ordre de 5 jours : l'échelle typique d'une pluie acide est donc continentale (exercice 5.10) ;
- les aérosols ont un temps de résidence troposphérique de l'ordre de la dizaine de jours (problème 1.4) ;
- les polluants organiques persistants ont, comme leur nom l'indique, un temps de résidence élevé (au moins plusieurs mois), ce qui se traduit par une forte capacité à s'accumuler dans des milieux naturels après dépôt. De plus, comme ils peuvent être réémis dans l'atmosphère, leur transport peut être vu comme une succession de « sauts ». Une des préoccupations les concernant est le niveau élevé observé dans la zone arctique (à la suite d'un processus dit de *condensation froide*, [147, 50]).

Problèmes se rapportant au chapitre 1

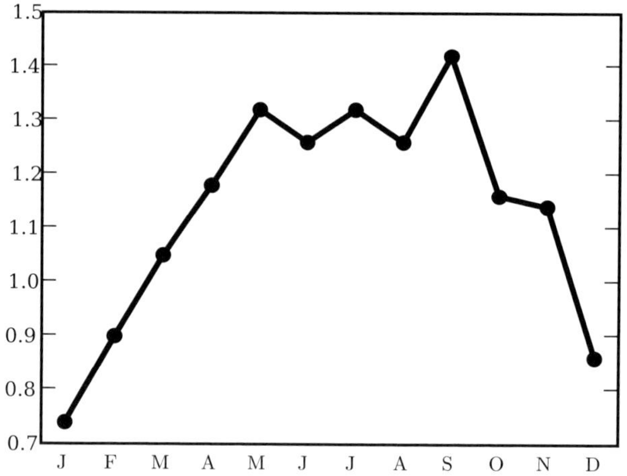

Figure 1.8 – Évolution du temps d'échange interhémisphérique (en année) au cours de l'année (avec le krypton comme traceur, année 1987). Source : [84].

Problème 1.1 (Mélange interhémisphérique)
Le krypton (^{85}Kr) est un gaz noble radioactif qui peut être libéré lors du retraitement du combustible usagé (opération dite de cisaillage). Du fait des pertes liées à la porosité des enceintes, il est émis par l'industrie nucléaire civile, par conséquence dans l'hémisphère nord. Son temps de vie est $\tau = 15.5\,\text{ans}$. On estimait en 1983 à $E = 15\,\text{kg}\,\text{an}^{-1}$ ses émissions annuelles. Les observations indiquaient une masse dans l'hémisphère nord de 93 kg, de 86 kg dans l'hémisphère sud.

En supposant que l'écart entre les masses des deux hémisphères est à l'équilibre, quel est le temps de mélange interhémisphérique ?

Réponse :
Soit m_n et m_s les masses dans les hémisphères nord et sud, respectivement. Soit τ_h le temps de mélange interhémisphérique. L'évolution des masses est donnée par

$$\begin{cases} \dfrac{\mathrm{d}m_n}{\mathrm{d}t} = -\dfrac{m_n - m_s}{\tau_h} - \dfrac{m_n}{\tau} + E \\ \dfrac{\mathrm{d}m_s}{\mathrm{d}t} = \dfrac{m_n - m_s}{\tau_h} - \dfrac{m_s}{\tau} . \end{cases}$$

On a donc directement

$$\frac{\mathrm{d}}{\mathrm{d}t}(m_n - m_s) = -\left(\frac{2}{\tau_h} + \frac{1}{\tau}\right)(m_n - m_s) + E\,.$$

À l'équilibre, $\tau_h = 2\left(E/(m_n - m_s) - 1/\tau\right)^{-1} \simeq 1$ an.

D'autres estimations donnent des valeurs supérieures de quelques mois. D'autres traceurs peuvent être également utilisés, comme le SF_6 (hexafluoride de soufre, de temps de vie supérieur à 800 ans), essentiellement émis par l'industrie de production de l'électricité. Enfin, des approches plus fines (avec des modèles de circulation générale) permettent de préciser la saisonnalité des échanges entre hémisphères (figure 1.8). Les échanges sont plus rapides (de l'ordre d'un facteur deux) lors de la période de novembre à avril, lorsque l'ITCZ se déplace vers le nord, ce qui favorise l'injection de masses d'air avec de fortes concentrations dans l'hémisphère sud.

Pour en savoir plus ([59, 84]) :

D.J. Jacob, M.J. Prather, S.C. Wofsy, M.B. McElroy. Atmospheric distribution of ^{85}Kr simulated with a general circulation model. *J. Geophys. Res.*, 22(D6) :6614–6626, 1987

I. Levin, V. Hesshaimer. Refining of atmospheric transport model entries by the globally observed passive tracer distributions of ^{85}krypton and sulfur hexafluoride (SF_6). *J. Geophys. Res.*, 101(D11) :16745–16755, 1996

	[93]	[125]	[127]
Total des sources (Mg an^{-1})	7000	6107	7000
dont anthropique	4000	2104	2200
Masse totale (Mg)	5000	6900	5360

Tableau 1.9 – Budget atmosphérique du mercure selon trois auteurs. 1 Mg = 10^6 g. Source : [127].

Problème 1.2 (Dispersion du mercure dans l'atmosphère)

Le mercure est un polluant toxique qui a un impact notamment sur les écosystèmes (lacs). Il est émis à près de 30 à 40 % par les activités industrielles. On se réfère au tableau 1.9 pour les principales données globales le concernant.

1. Estimer le temps de résidence atmosphérique du mercure. Quelle est son échelle d'impact ?
2. Le mercure élémentaire, sous forme gazeuse, Hg(0), se dépose et est oxydé par les principaux oxydants atmosphériques en phase gazeuse. Quels sont les processus de perte qui contrôlent la concentration de mercure dans l'atmosphère ? Écrire l'équation d'évolution de la concentration de mercure élémentaire dans l'atmosphère (on supposera dans un premier temps qu'il n'est pas soluble) et préciser le calcul du temps de résidence en fonction des divers processus physiques. Commenter l'hypothèse de non-solubilité.

Données (attention aux unités ! On utilisera avec profit l'exercice 1.8) :
– vitesse de dépôt du mercure élémentaire : $v_{dep} \simeq 0.01\,\mathrm{cm\,s^{-1}}$;
– concentration moyenne de OH dans la troposphère : 10^6 molecule cm^{-3} ;
– rapport de mélange de O_3 dans la troposphère : 40 ppbv ;
– constantes cinétiques d'oxydation par OH et O_3 : $k_{\mathrm{OH}} \simeq 8 \times 10^{-14}$ et $k_{\mathrm{O_3}} \simeq 2.8 \times 10^{-20}$ (en cm^3 $\mathrm{molecule}^{-1}\,\mathrm{s}^{-1}$) ;
– on prendra pour hauteur de couche limite atmosphérique $H \simeq 1\,\mathrm{km}$.

3. On peut trouver dans les écosystèmes proches des lieux d'émission de fortes concentrations en mercure. Commenter.
4. En réalité, le mercure élémentaire peut aussi être émis sous forme oxydée Hg(II) (on parle parfois de mercure particulaire), dont la vitesse de dépôt est de l'ordre de $0.5\,\mathrm{cm\,s^{-1}}$ et qui est lessivable. Estimer le temps de résidence du mercure particulaire puis conclure.

Note : je remercie Christian Seigneur pour m'avoir fourni les bases de ce problème.

Réponse :

1. On note E les émissions annuelles (en masse) et m la masse totale de mercure. Soit τ le temps de résidence atmosphérique. On a comme équation d'évolution

$$\frac{\mathrm{d}m}{\mathrm{d}t} = E - \frac{m}{\tau}.$$

À l'équilibre, $\tau = m/E$. Avec les données, τ est entre 0.71 et 1.13 an. L'échelle d'impact est donc *a minima* hémisphérique. La fourchette supérieure peut indiquer un mélange interhémisphérique.

2. Les processus de perte sont le dépôt sec, le lessivage humide et l'oxydation par les principaux oxydants atmosphériques (OH et O_3). L'équation d'évolution devient alors, avec des notations évidentes,

$$\frac{\mathrm{d}m}{\mathrm{d}t} = E - (\lambda_{dep} + \lambda_{less} + \lambda_{\mathrm{OH}} + \lambda_{\mathrm{O_3}})m,$$

avec comme temps de résidence $\tau = 1/(\lambda_{dep} + \lambda_{less} + \lambda_{\mathrm{OH}} + \lambda_{\mathrm{O_3}})$.

Le temps de résidence lié au dépôt sec est $1/\lambda_{dep} = H/v_{dep} \simeq 115$ jours.

Pour une réaction d'oxydation par un oxydant Ox, on a : $\lambda_{\mathrm{Ox}} = k_{\mathrm{Ox}} \times C_{\mathrm{Ox}}$ avec C_{Ox} exprimée en molecule cm^{-3}. On trouve comme temps caractéristique d'oxydation par OH environ 145 jours et par O_3 400 jours.

Au total, on trouve pour temps de résidence $\tau \simeq 2$ mois, qui est, en ordre de grandeur, cohérent avec ce qui a été obtenu en termes de bilan global.

Si le mercure était soluble, on aurait un temps de résidence beaucoup plus faible (temps de résidence atmosphérique de l'eau de l'ordre de 10 jours).

3. La forte présence de mercure dans les écosystèmes proches des lieux d'émission montre qu'il y a un fort processus de dépôt. Ce ne peut être ni le dépôt sec du mercure élémentaire (de temps caractéristique 115 jours) ni le lessivage humide du mercure élémentaire. C'est donc lié à une forme du mercure qui n'est pas élémentaire, en l'occurrence sa forme oxydée.

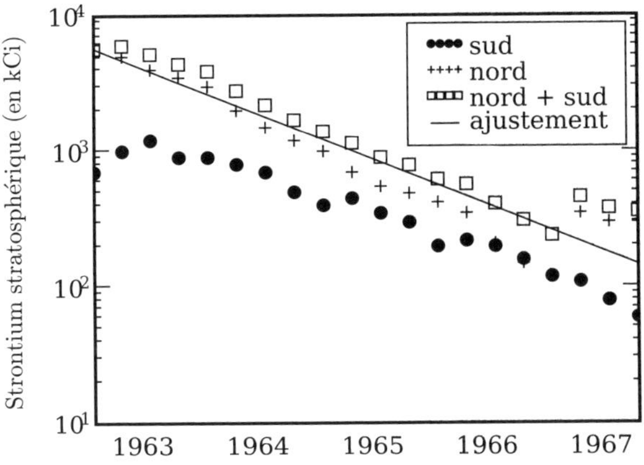

Figure 1.9 – Évolution de la concentration de strontium dans la stratosphère (hémisphères nord et sud), mesurée en kilocivert ($1\,\mathrm{Ci} = 3.7 \times 10^{10}\,\mathrm{Bq}$). La droite d'ajustement est tracée avec une pente de temps caractéristique 1.3 année. Source : [148].

4. Pour le mercure particulaire, le temps de résidence lié au dépôt sec est de l'ordre de 2 jours. Le mercure particulaire est de plus soluble et donc peut être entraîné par lessivage. Cela explique la forte présence de mercure dans les écosystèmes proches des lieux d'émission.

Pour en savoir plus ([127]) :
N.E. Selin, D.J. Jacob, R.J. Park, R.M. Yantosca, S. Strode, L. Jaegle, D. Jaffe. Chemical cycling and deposition of atmospheric mercury : global constraints from observations. *J. Geophys. Res.*, 112(D02308), 2007

Problème 1.3 (Échanges entre la troposphère et la stratosphère)
L'objet de ce problème est de préciser les temps caractéristiques d'échange entre la troposphère et la stratosphère à l'aide d'une étude de traceur, celle du strontium 90 (^{90}Sr), un radioélément émis lors des essais nucléaires militaires atmosphériques dans les années 50 et 60.

1. En supposant que l'évolution de la masse d'air troposphérique est seulement déterminée par les échanges avec la stratosphère, que peut-on dire des temps caractéristiques d'échange entre la troposphère et la stratosphère ?

2. Le temps de demi-vie du strontium est de 28.5 années. Il est par ailleurs lessivé dans la troposphère après s'être combiné à d'autres éléments pour former des sels. Les mesures dans la stratosphère sur la période 1963-1967 ont montré que l'activité radioactive de ^{90}Sr (par rayonnement β, exprimée en becquerel, Bq) décroissait exponentiellement dans la stratosphère avec un temps caractéristique de 1.30 an, et que la différence entre les deux hémisphères (nord et sud) avait un temps caractéristique de 0.76 an (figure 1.9).

   Que peut-on en déduire sur les temps d'échange entre troposphère et stratosphère ?

Réponse :

1. Soit $\tau_{t\to s}$ et $\tau_{s\to t}$ les temps caractéristiques d'échange de la troposphère vers la stratosphère et de la stratosphère vers la troposphère. À l'équilibre, on a, en conservant les notations de l'exercice 1.4 pour les masses de la troposphère et de la stratosphère,
$$m_{tropo}/\tau_{t\to s} = m_{strato}/\tau_{s\to t} \, .$$
   Avec les résultats de l'exercice 1.4, on en déduit $\tau_{t\to s}/\tau_{s\to t} \simeq 8$ (en cohérence avec le tableau 1.7).

2. On travaille directement avec l'activité. Soit a_n et a_s les activités dans les hémisphères nord et sud de la stratosphère, respectivement. Les processus à prendre en compte sont : les échanges de la stratosphère vers la troposphère (avec une constante k_{ST}), les échanges entre hémisphères stratosphériques (avec une constante k_S ; les masses d'air des hémisphères étant supposées égales, il n'y a pas de dissymétrie dans les échanges) et enfin la décroissance radioactive (avec une constante k). Les échanges de la troposphère vers la stratosphère sont négligés du fait du lessivage du strontium dans la troposphère (et de ce qui a été vu dans l'exercice 1.3). On a alors
$$\begin{cases} \dfrac{\mathrm{d}a_s}{\mathrm{d}t} = -k_{ST}a_s - k_S(a_s - a_n) - ka_s \\ \dfrac{\mathrm{d}a_n}{\mathrm{d}t} = -k_{ST}a_n - k_S(a_n - a_s) - ka_n \, . \end{cases}$$
   Pour $\Sigma = a_n + a_s$ et $\Delta = a_n - a_s$, on a directement après intégration
$$\Sigma \sim \exp\left(-(k_{ST} + k)t\right) \ , \quad \Delta \sim \exp\left(-(k_{ST} + 2k_S + k)t\right) \, ,$$
   soit (en an^{-1})
$$k_{ST} = 1/1.30 - \ln 2/28.5 \simeq 0.74 \ , \quad k_S = (1./0.76 - \ln 2/28.5 - 0.74)/2 \simeq 0.28 \, .$$
   Cela définit un temps caractéristique $\tau_{s\to t} \simeq 1.35$ an (1/0.74) cohérent avec le tableau 1.7. Le temps de mélange entre les deux hémisphères stratosphériques est de l'ordre de 3.6 ans (1/0.28).

Pour en savoir plus ([76, 116]) :

P.W. Krey, B. Krajewski. Comparison of atmospheric transport model calculations with observations of radioactive debris. *J. Geophys. Res.*, 75 :2901–2908, 1970

E.R. Reiter. Stratospheric-tropospheric exchange processes. *Rev. Geophys. Space. Phys.*, 13 :459–474, 1975

Problème 1.4 (Temps de résidence des aérosols/filiation du plomb) Une manière d'estimer le temps de vie des aérosols est de considérer des traceurs atmosphériques « attachés » aux aérosols. Leurs processus de perte comprennent donc également les processus de perte des aérosols (représentés par un temps de résidence noté τ). On utilise généralement les radioéléments à long temps de vie qui apparaissent dans la filiation du radon (^{222}Rn), naturellement émis sur les continents (la répartition est très variable).

On note λ_P la constante de filiation du radioélément *Père* P. On rappelle la relation entre constante de filiation λ et temps de demi-vie $\tau_{1/2}$: $\lambda\tau_{1/2} = \ln 2$. Pour la filiation $P \to F$ (F est un radioélément *Fils*), on a pour évolution de la concentration C_P de P (en ne tenant compte que de ce processus) : $\mathrm{d}C_P/\mathrm{d}t = -\lambda_P C_P$. On notera également $X_F = \lambda_F C_F/(\lambda_{\mathrm{Pb}} C_{\mathrm{Pb}})$ le ratio des activités du radioélément F et du plomb.

1. En faisant une hypothèse d'équilibre sur la concentration du radioélément F, établir une équation donnant τ en fonction des ratios isotopiques et des propriétés de filiation.
2. Un premier exemple est donné par la filiation ^{210}Pb→ ^{210}Bi→ ^{210}Po (plomb, bismuth, polonium) de temps de demi-vie 22.3 années et 5.1 jours respectivement pour le plomb et le bismuth. Les mesures indiquent des ratios $X_{\mathrm{Bi}} \in [0.48,\ 0.68]$. Estimer le temps de résidence des aérosols.
3. On considère aussi la filiation ^{210}Po→ ^{206}Pb (qui clôt la filiation, ^{206}Pb étant stable), de temps de demi-vie 138 jours. En supposant un équilibre du polonium, montrer que τ est la solution d'une équation du second degré dont les coefficients dépendent du ratio X_{Po}.
   Estimer τ à partir des mesures $X_{\mathrm{Po}} \in [0.054,\ 0.092]$. Commenter.

Réponse :

1. L'évolution de F est donnée par
$$\frac{\mathrm{d}C_F}{\mathrm{d}t} = \lambda_P C_P - \left(\lambda_F + \frac{1}{\tau}\right) C_F .$$
   À l'équilibre (après un rapide calcul), on obtient
$$\frac{\lambda_F C_F}{\lambda_P C_P} = \frac{1}{1 + \dfrac{1}{\lambda_F \tau}} ,$$
   ce qui permet de calculer τ en fonction du ratio isotopique et des constantes de filiation.
2. Pour la filiation du plomb, on a donc
$$X_{\mathrm{Bi}} = \frac{\lambda_{\mathrm{Bi}} C_{\mathrm{Bi}}}{\lambda_{\mathrm{Pb}} C_{\mathrm{Pb}}} = \frac{1}{1 + \dfrac{1}{\lambda_{\mathrm{Bi}} \tau}} ,$$
   ce qui définit comme équation pour τ :
$$\tau = \frac{1}{\lambda_{\mathrm{Bi}}} \frac{X_{\mathrm{Bi}}}{1 - X_{\mathrm{Bi}}} .$$

Avec les valeurs des mesures, on obtient $\tau \in [6.8, 15.6]$ jours, en cohérence avec la valeur attendue (temps de résidence piloté par le lessivage humide, chapitre 5).

3. Pour la filiation du bismuth, on a de même

$$\frac{\lambda_{\mathrm{Po}} C_{\mathrm{Po}}}{\lambda_{\mathrm{Bi}} C_{\mathrm{Bi}}} = \frac{1}{1 + \frac{1}{\lambda_{\mathrm{Po}} \tau}},$$

et finalement

$$X_{\mathrm{Po}} = \frac{\lambda_{\mathrm{Po}} C_{\mathrm{Po}}}{\lambda_{\mathrm{Pb}} C_{\mathrm{Pb}}} = \frac{1}{1 + \frac{1}{\lambda_{\mathrm{Po}} \tau}} \frac{1}{1 + \frac{1}{\lambda_{\mathrm{Bi}} \tau}}.$$

Cela définit l'équation du second degré demandée :

$$\tau^2 (1 - X_{\mathrm{Po}}) - X_{\mathrm{Po}} \left(\frac{1}{\lambda_{\mathrm{Bi}}} + \frac{1}{\lambda_{\mathrm{Po}}}\right) \tau - \frac{X_{\mathrm{Po}}}{\lambda_{\mathrm{Po}} \lambda_{\mathrm{Bi}}} = 0.$$

Comme les valeurs mesurées donnent $X_{\mathrm{Po}} \in [0, 1]$, il est aisé de montrer qu'il existe une unique racine positive (le produit des racines est négatif).

La résolution de l'équation du second degré conduit à $\tau \in [16.8, 26.5]$ jours. Le temps de résidence trop élevé correspond à une surestimation de la concentration de polonium. Il existe en effet d'autres sources de polonium que la filiation radioactive dans l'atmosphère (émissions volcaniques et aérosol minéral – particules arrachées du sol sous l'effet du vent). En estimant par exemple à 2/3 la part de polonium d'origine terrestre, on obtient ainsi $\tau \in [7.4, 10.8]$ jours.

Pour en savoir plus ([104]) :

C. Papastefanou. Residence time of tropospheric aerosols in association with radioactive nuclides. *Applied Radiation and Isotopes*, 64 :93–100, 2006

Problème 1.5 (Protocole de Montréal)

Le protocole de Montréal (1987) est le premier traité international qui a commencé à réglementer fortement les émissions de CFC. On se focalise ici sur le CFC12 de temps de vie atmosphérique $\tau \simeq 100$ ans. L'objet de ce problème, pour partie inspiré de [57], est de montrer que le report d'une réduction d'émission n'est pas sans conséquence. On renvoie à la section 4.2 pour la description des processus en jeu.

On note $m(t)$ la masse dans l'atmosphère à l'année t. En 1989, le taux d'émission annuelle était $E = 4 \times 10^8$ kg an^{-1} et on estimait $m(1989) = 10^{10}$ kg.

1. Donner l'équation d'évolution de $m(t)$. Quel est l'état stationnaire ?
2. On cherche à étudier deux scénarios de réduction des émissions :
   - le premier scénario est fondé sur une réduction de 50 % des émissions à compter de 1989. Quelle est la valeur stationnaire ? La valeur en 2050 ?
   - le second scénario est lié à un report de la diminution des émissions en 1999. Quelle est la valeur stationnaire ? La valeur en 2050 ?

3. L'objectif de cette question est de généraliser la conclusion de la question précédente quant à l'impact du report d'une réduction d'émission.
   On veut comparer deux scénarios : le premier est une réduction des émissions à $E/2$ à compter de 1989. Le second est une réduction des émissions à $\alpha E/2$ à compter d'une année T ultérieure à 1989 (report de l'application, par exemple à l'année 1999). Dans ce scénario, les émissions sont supposées rester constantes de 1989 à T.
   On veut comparer les concentrations à une date t (par exemple 2050). Quelle est la concentration à t pour les deux scénarios ? Montrer que, pour atteindre la même concentration dans les deux scénarios, on doit avoir une réduction encore plus forte des émissions dans le second cas ($\alpha < 1$). La cible peut-elle toujours être atteinte ?

Réponse :

1. L'évolution de $m(t)$ est donnée par
$$\frac{\mathrm{d}m}{\mathrm{d}t} = -\frac{m}{\tau} + E \;, \quad m(0) = m_0 \,,$$
   dont la valeur stationnaire est $\tau E = 4 \times 10^{10}$ kg. La solution est
$$m(t) = \tau E(1 - e^{-t/\tau}) + m_0 e^{-t/\tau} \,.$$
2. Pour le premier scénario, la valeur stationnaire est $\tau E/2 = 2 \times 10^{10}$ kg ; en 2050, on a $m = 1.46 \times 10^{10}$ kg. Pour le second scénario, la valeur stationnaire est la même. En 1999, $m = 1.29 \times 10^{10}$ kg. En 2050, $m = 1.57 \times 10^{10}$ kg. Il y a donc un impact négatif du report.
3. Pour le premier scénario, la solution est $m(t) = \tau E/2(1-e^{-t/\tau})+m_0 e^{-t/\tau}$. Pour le second scénario, la solution est $m(t) = \tau\alpha E/2(1 - e^{-(t-T)/\tau}) + m_1 e^{-(t-T)/\tau}$ avec la condition initiale $m_1 = \tau E(1-e^{-T/\tau})+m_0 e^{-T/\tau}$. Après un petit calcul, on montre aisément qu'il y a égalité si
$$\alpha = 1 - \frac{e^{T/\tau} - 1}{e^{t/\tau} - e^{T/\tau}} \,.$$
   Il est direct de vérifier que $\alpha < 1$ (avec $t \geq T$). On a $\alpha \geq 0$ si
$$T \leq \tau \ln\left(\frac{e^{t/\tau} + 1}{2}\right) .$$
   Autrement dit, le report se paie toujours et il est risqué : d'une part, la réduction ultérieure des émissions doit être supérieure à la réduction initialement prévue ($\alpha < 1$) ; d'autre part, il ne peut pas être trop longtemps différé sous peine de ne pouvoir atteindre la cible (existence de $\alpha \geq 0$ sous condition).

La figure 1.10 indique l'évolution des fractions molaires de CFC-11 et de CFC-12 de 1955 à 2005 et l'estimation jusqu'en 2100. La figure 1.11 donne l'évolution de 1980 à 2004 des émissions correspondantes (en kilotonne an^{-1}).

Pour en savoir plus ([5]) :

Scientific assessment of ozone depletion : 2006. Chapter 8 : Halocarbon Scenarios, Ozone Depletion Potentials, and Global Warming Potentials, 2007. World Meteorological Organization

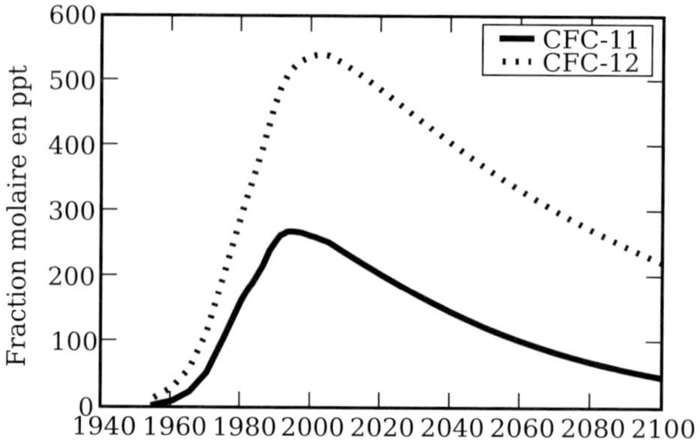

Figure 1.10 – Évolution des fractions molaires de CFC-11 et de CFC-12 (en ppt) de 1955 à 2100. Jusqu'en 2005, les fractions molaires sont estimées à partir d'observations. Source : [5].

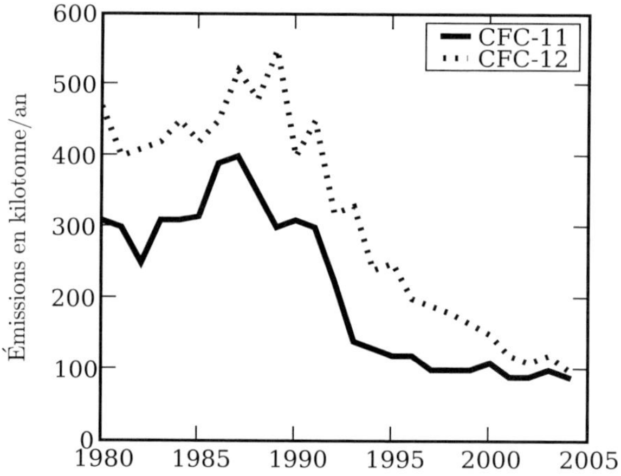

Figure 1.11 – Évolution de 1980 à 2004 des émissions (en kilotonne an^{-1}) de CFC-11 et de CFC-12. Source : [5].

Chapitre 2

Interaction matière/rayonnement

L'interaction entre, d'une part, les rayonnements solaire et terrestre et, d'autre part, l'atmosphère, joue un rôle essentiel pour la détermination des « conditions de vie » à la surface de la Terre :

- l'ozone stratosphérique permet de filtrer le rayonnement solaire ultraviolet ;
- l'absorption par certaines espèces gazeuses (comme l'eau, le méthane ou le dioxyde de carbone) d'une partie du rayonnement terrestre dans la troposphère constitue l'effet de serre, qui, pour sa composante naturelle, permet de maintenir à la surface du globe une température supérieure à la température de fusion de la glace ;
- plus généralement, l'état de l'atmosphère est déterminé par son bilan énergétique qui prend en compte les flux radiatifs (rayonnements solaire et terrestre) et les échanges d'énergie non radiative entre la Terre et l'atmosphère (flux de chaleur latente et sensible[1]).

La nature et les niveaux de concentration des espèces présentes dans l'atmosphère, y compris de celles présentes à l'état de *traces*, déterminent les propriétés radiatives de l'atmosphère. Certaines espèces émises par l'activité humaine jouent ainsi un rôle fondamental pour l'effet de serre *additionnel* (l'amplification de l'absorption du rayonnement terrestre dans la troposphère) ou la *destruction de l'ozone stratosphérique* (qui induit une diminution de la filtration du rayonnement solaire ultraviolet).

Par exemple, en comparaison des $235\,\mathrm{W\,m^{-2}}$ d'énergie solaire qu'absorbent la Terre et l'atmosphère, voire des $0.087\,\mathrm{W\,m^{-2}}$ de flux d'énergie interne, l'énergie produite par l'activité humaine est, en moyenne, négligeable ($0.025\,\mathrm{W\,m^{-2}}$), même si, en milieu urbain, les valeurs peuvent être plus importantes (voir le

[1] La chaleur latente est associée à la condensation (exothermique) de la vapeur d'eau, la chaleur sensible aux flux turbulents de chaleur.

Énergie solaire absorbée par le système Terre/atmosphère	$235\,\mathrm{W\,m^{-2}}$
Flux d'énergie interne (géothermie)	$0.087\,\mathrm{W\,m^{-2}}$
Production humaine d'énergie	
moyenne	$0.025\,\mathrm{W\,m^{-2}}$
milieu urbain	$\simeq 50\,\mathrm{W\,m^{-2}}$
Forçage radiatif lié aux gaz à effet de serre depuis la période préindustrielle	$\simeq 2.5\,\mathrm{W\,m^{-2}}$

Tableau 2.1 – Flux d'énergie pour le système Terre/atmosphère. Source : [25].

tableau 2.1). Cependant, le rejet, dans le même temps, d'espèces chimiques, présentant des propriétés radiatives spécifiques (absorption du rayonnement infrarouge terrestre), va induire des effets beaucoup plus importants (forçage radiatif de l'ordre de $2.5\,\mathrm{W\,m^{-2}}$ pour les gaz à effet de serre depuis la période préindustrielle). Le facteur amplificateur est donc de l'ordre de 100 !

Ce chapitre est organisé de la manière suivante. Des notions de transfert radiatif sont introduites dans la section 2.1, avec la description de l'émission, de l'absorption et de la diffusion d'un rayonnement par un corps. La section 2.2 présente l'application au cas de l'atmosphère terrestre avec notamment l'effet de serre, pour lequel on précise les principales sources d'incertitudes (le rôle des nuages et des aérosols). La relation entre pollution particulaire et visibilité est également brièvement abordée à la fin de ce chapitre.

2.1 Notions de transfert radiatif

L'atmosphère filtre et, de ce fait, contrôle l'énergie reçue du Soleil et l'énergie rayonnée par la Terre. Quelques notions de transfert radiatif sont indispensables pour comprendre l'interaction entre un rayonnement et un corps (gaz ou particules atmosphériques). Un rayonnement peut être :

- *émis* ;
- *absorbé*, l'énergie incidente étant amortie dans une direction fixée ;
- *diffusé*, l'énergie incidente étant redistribuée dans *a priori* toutes les directions de l'espace.

2.1.1 Définitions

2.1.1.1 Rayonnement

Le rayonnement électromagnétique a une nature à la fois particulaire et ondulatoire. D'une part, il est constitué de photons et, d'autre part, il peut être vu comme un ensemble d'ondes se propageant à la vitesse de la lumière ($c \simeq 3 \times 10^8\,\mathrm{m\,s^{-1}}$, dans le vide). Il est alors caractérisé par sa fréquence ν

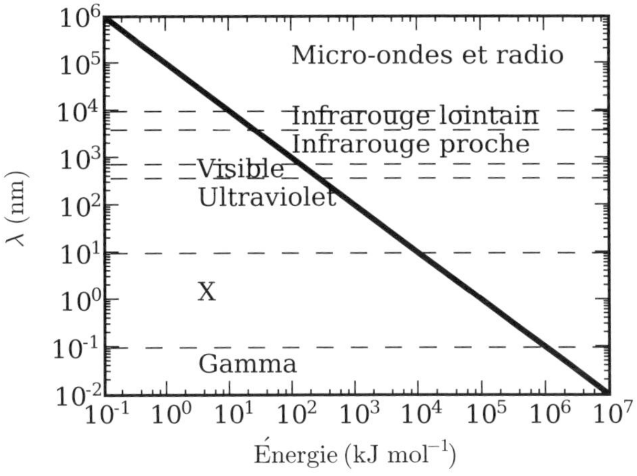

Figure 2.1 – Décomposition du spectre de rayonnement. En abscisse : l'énergie (en $\mathrm{kJ\,mol^{-1}}$) ; en ordonnée : la longueur d'onde (en nm).

(en s^{-1} ou en hertz) ou de manière équivalente par sa longueur d'onde $\lambda = c/\nu$ (généralement en nm ou µm).

Le spectre de rayonnement peut ainsi être décomposé par ordre croissant de longueur d'onde : rayons γ ($\lambda \leq 0.1\,\mathrm{nm}$), rayons X ($0.1\,\mathrm{nm} \leq \lambda \leq 10\,\mathrm{nm}$), ultraviolet ($10\,\mathrm{nm} \leq \lambda \leq 380\,\mathrm{nm}$), visible (du bleu au rouge : $380\,\mathrm{nm} \leq \lambda \leq 750\,\mathrm{nm}$), infrarouge ($750\,\mathrm{nm} \leq \lambda \leq 10\,\mu\mathrm{m}$), radio, etc. La figure 2.1 donne également l'énergie correspondante des photons.

2.1.1.2 Angle solide

Pour quantifier le rayonnement reçu par une surface, une notion utilisée classiquement est celle d'*angle solide*. L'angle solide Ω est défini à partir d'un élément surfacique σ sur une sphère de rayon r centrée autour de l'origine O. Il est égal au rapport de la surface σ sur le carré de r : $\Omega = \sigma/r^2$.

En travaillant en coordonnées sphériques, l'élément différentiel de surface $\mathrm{d}\sigma$ est généré par les variations de l'angle *zénithal* $\mathrm{d}\theta$ et de l'angle *azimutal* $\mathrm{d}\phi$ (figure 2.2). L'élément différentiel d'angle solide est alors donné par

$$\mathrm{d}\Omega = \frac{\mathrm{d}\sigma}{r^2}\,. \tag{2.1}$$

Comme $\mathrm{d}\sigma = r\,\sin\theta\,\mathrm{d}\phi \times r\mathrm{d}\theta$, on obtient

$$\mathrm{d}\Omega = \sin\theta\,\mathrm{d}\phi\,\mathrm{d}\theta\,. \tag{2.2}$$

Un angle solide est mesuré en *stéradian* (sr). Pour une sphère, puisque $\theta \in [0, \pi]$ et $\phi \in [0, 2\pi]$, on obtient après intégration $\Omega = 4\pi$.

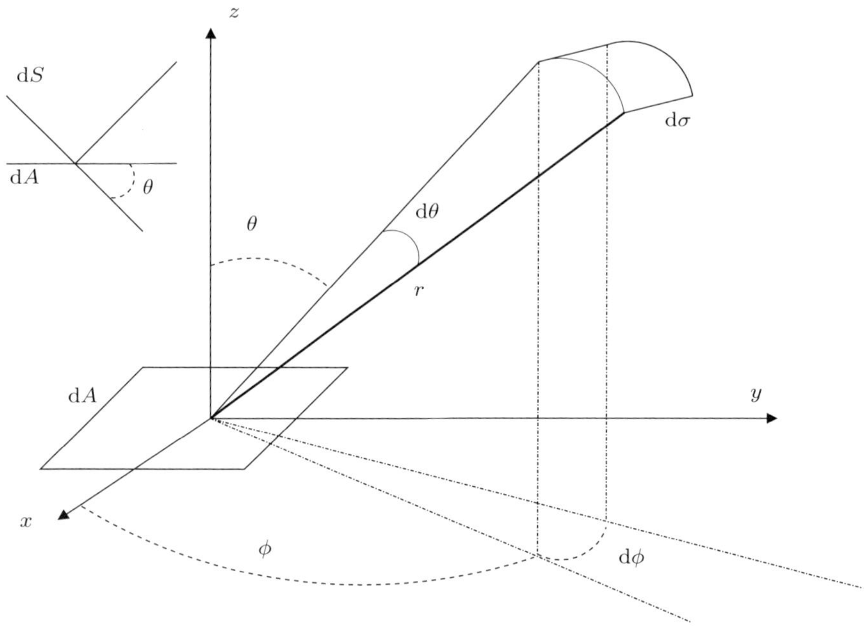

Figure 2.2 – Définition d'un angle solide. Dans la figure de gauche, les éléments de surface dA et dS sont représentés par leur coupe dans le plan vertical.

2.1.1.3 Radiance et irradiance

Considérons à présent une surface d'aire dA (figure 2.2). L'énergie radiative interceptée par dA pour des photons incidents de longueurs d'onde dans $[\lambda, \lambda + \mathrm{d}\lambda[$, pendant un intervalle de temps dt, dans l'angle solide dΩ, est notée dE_λ (mesurée en joules). On définit alors la *radiance monochromatique* (ou *luminance*) à partir de l'énergie qui traverse la surface dS générée par dA perpendiculairement à la direction de l'angle solide ($\mathrm{d}S = \cos\theta \times \mathrm{d}A$),

$$\mathrm{d}I_\lambda = \frac{\mathrm{d}E_\lambda}{\mathrm{d}S\,\mathrm{d}\lambda\,\mathrm{d}t\,\mathrm{d}\Omega}\,. \tag{2.3}$$

Elle est souvent mesurée en $\mathrm{W\,m^{-2}\,nm^{-1}\,sr^{-1}}$ (avec $1\,\mathrm{W}{=}1\,\mathrm{J\,s^{-1}}$).

On définit également l'*irradiance monochromatique* comme la composante normale à dA de la radiance monochromatique intégrée sur l'ensemble de l'angle solide (la direction normale est donnée par l'axe vertical dans la figure 2.2), soit

$$F_\lambda = \int_\Omega \cos\theta\, I_\lambda\, \mathrm{d}\Omega\,. \tag{2.4}$$

Enfin, en intégrant sur l'ensemble des longueurs d'onde, on définit de même l'*irradiance* par $F = \int_\lambda F_\lambda \, \mathrm{d}\lambda$. C'est une puissance reçue par unité de surface (en $\mathrm{W\,m^{-2}}$).

2.1.2 Transitions admises

La mécanique quantique précise les niveaux d'énergie que peut occuper une molécule. Le point essentiel est que ces niveaux d'énergie constituent un spectre *discret* de valeurs : toutes les valeurs d'énergie ne peuvent donc être atteintes.

Pour le lecteur non familier avec la mécanique quantique, l'illustration la plus simple est celle de la particule bloquée dans un puits de potentiel (exercice 2.1).

Exercice 2.1 (Niveaux d'énergie discrets)
On considère une particule « bloquée » dans une « boîte » (un puits de potentiel d'énergie), que l'on prendra monodimensionnelle pour simplifier les calculs. La boîte correspond, par exemple, à l'intervalle $[0, 1]$, paramétré par la coordonnée spatiale x.

L'état de la particule est décrit par une *probabilité de présence*, $f(x)$, qui vérifie l'équation de Schrödinger

$$-\frac{h^2}{2m}\frac{\mathrm{d}^2 f}{\mathrm{d}x^2} + V(x)f = Ef\,,$$

où m est la masse de la particule, $V(x)$ est le potentiel qui définit la boîte, E correspond à l'énergie de la particule et $h = 6.63 \times 10^{-34}\,\mathrm{J\,s}$ est la constante de Planck.

On considère que la particule est libre de son mouvement à l'intérieur de la boîte ($V = 0$) mais qu'elle ne peut en sortir (probabilité de présence nulle aux bords). Quels sont les niveaux d'énergie E admissibles ?

Réponse :
On a à résoudre l'équation

$$\frac{\mathrm{d}^2 f}{\mathrm{d}x^2} = \frac{2mE}{h^2} f\,, \quad f(0) = f(1) = 0\,.$$

Les solutions sont de la forme $f(x) \sim \sin\left(\sqrt{\frac{2mE}{h^2}}x\right)$ où $\sqrt{\frac{2mE}{h^2}} = n\pi$ avec n un entier positif quelconque. On obtient un spectre discret de valeurs possibles pour l'énergie $E_n = n^2 \frac{h^2}{2m}\pi^2$, avec la fonction de probabilité $f_n(x)$ correspondante.

L'émission (respectivement l'absorption) d'un photon par un corps est liée au passage de ce corps à un niveau d'énergie inférieur (respectivement supérieur).

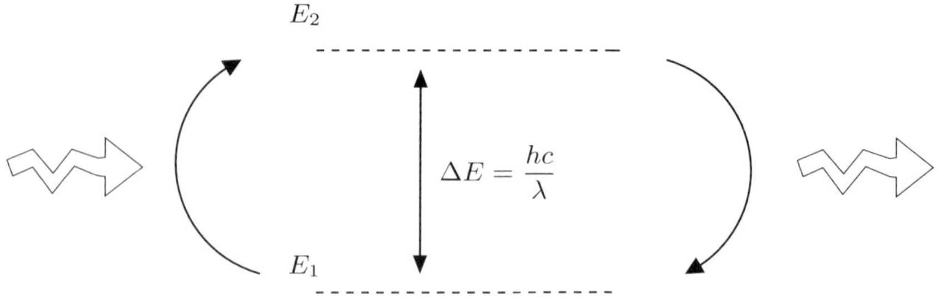

Figure 2.3 – Émission et absorption d'un photon par transition entre les niveaux d'énergie E_1 et E_2 ($E_1 < E_2$). La longueur d'onde est donnée par la loi de Planck, $\lambda = hc/(E_2 - E_1)$.

En fonction de la longueur d'onde λ du rayonnement considéré, la loi de Planck donne le saut d'énergie associé (figure 2.3) selon

$$\Delta E = h\nu = \frac{hc}{\lambda}. \tag{2.5}$$

Un photon ne peut donc être émis ou absorbé que si sa longueur d'onde correspond à un saut d'énergie du corps considéré : tous les sauts ne sont pas admissibles. Pour un corps donné, l'absorption ou l'émission ne sont donc possibles que dans certaines parties du spectre.

Si λ est petit, le saut d'énergie est grand : les rayonnements à courte longueur d'onde (comme le rayonnement ultraviolet) sont très énergétiques (figure 2.1). À l'inverse, si la longueur d'onde est grande, le saut d'énergie est faible (le rayonnement infrarouge est peu énergétique).

2.1.3 Émissions

2.1.3.1 Rayonnement du corps noir

Distribution de Planck

Un corps chauffé rayonne de l'énergie (ce qui est une forme d'adaptation de sa température pour qu'elle ne tende pas vers l'infini). On comprend donc intuitivement que l'énergie radiative émise dépend de sa température.

Le maximum d'énergie qu'un corps puisse émettre par unité de surface et de temps est l'énergie émise par ce que l'on appelle un *corps noir*. Pour une longueur d'onde λ et une température T, la radiance maximale émise est

$$B_\lambda(T) = \frac{2\,hc^2}{\lambda^5} \frac{1}{\exp\left(\dfrac{ch}{\lambda k_B T}\right) - 1}, \tag{2.6}$$

où $k_B = 1.38 \times 10^{-23}\,\mathrm{J\,K^{-1}}$ est la constante de Boltzmann. La notation B_λ est bien entendu à relier à la traduction anglaise de *corps noir* (*black body*). L'unité est le $\mathrm{W\,m^{-2}\,nm^{-1}}$.

Remarque 2.1.1 (Obtention de la distribution de Planck)
Une manière rapide d'obtenir qualitativement la distribution de Planck a été proposée *a posteriori* par A. Einstein.

On envisage un corps noir plongé dans une enceinte isolée radiativement. On suppose qu'il n'y a ni absorption ni émission de la part des parois. Le corps noir reçoit donc un rayonnement incident (noté I) qui est exactement le rayonnement qu'il émet, la réflexion étant supposée parfaite sur les parois.

Soient deux niveaux d'énergie d'une molécule avec $E_1 < E_2$. La probabilité de se trouver au niveau d'énergie E_i ($i = 1,\ 2$) est donnée par la distribution de Maxwell-Boltzmann et vaut, à un facteur de normalisation près, $\exp(-E_i/k_BT)$.

La probabilité $P_{1\to 2}$ que l'absorption du rayonnement fasse passer du niveau d'énergie E_1 au niveau *supérieur* E_2 est proportionnelle au rayonnement et au nombre de molécules à l'état E_1, soit

$$P_{1\to 2} = \alpha I \exp\left(-\frac{E_1}{k_BT}\right) \tag{2.7}$$

avec α une constante de proportionnalité.

La probabilité $P_{2\to 1}$ de passer du niveau d'énergie E_2 au niveau *inférieur* E_1 *via* une émission se décompose en une émission spontanée d'un photon (proportionnelle au nombre de molécules à l'état E_2) et en une émission provoquée par l'absorption du rayonnement incident I,

$$P_{2\to 1} = \underbrace{\beta I \exp\left(\frac{-E_2}{k_BT}\right)}_{\text{émission induite}} + \underbrace{\gamma \exp\left(\frac{-E_2}{k_BT}\right)}_{\text{émission spontanée}}, \tag{2.8}$$

avec β et γ deux constantes de proportionnalité.

À l'équilibre, les deux probabilités sont égales afin que le nombre de molécules par niveau d'énergie reste constant. Le rayonnement incident est exactement le rayonnement émis et vérifie

$$I = \frac{\gamma}{\alpha \exp\left(-\frac{\Delta E}{k_BT}\right) - \beta}, \tag{2.9}$$

avec $\Delta E = E_2 - E_1$ qui correspond à un photon de longueur d'onde λ donnée par $\Delta E = hc/\lambda$.

On retrouve la forme de la loi de Planck (2.6) si $\alpha = \beta$, c'est-à-dire si la probabilité d'absorption est égale à la probabilité d'émission induite.

Loi de déplacement de Wien

La distribution de Planck est croissante en la température T et concave en la longueur d'onde λ. À T fixée, le maximum est atteint pour la longueur d'onde (en nm)

$$\lambda_{max} \simeq \frac{2898 \times 10^3}{T}, \tag{2.10}$$

en laquelle $\partial B_\lambda/\partial\lambda = 0$. Comme λ_{max} est une fonction décroissante de la température (loi de déplacement de Wien), un corps chaud rayonne donc plutôt dans les courtes longueurs d'onde, qui sont les plus énergétiques.

Loi de Stefan-Boltzmann

En intégrant à présent sur toutes les longueurs d'onde, le flux d'énergie radiative totale émis par un corps noir à la température T est

$$B(T) = \int_0^{+\infty} B_\lambda(T)\,\mathrm{d}\lambda = \sigma T^4 . \tag{2.11}$$

Il s'exprime en $\mathrm{W\,m^{-2}}$. En admettant que $\int_0^\infty \nu^3 \mathrm{d}\nu/(e^\nu - 1) = \pi^4/15$, la constante de Stefan[2] $\sigma = 2\pi^5 {k_B}^4/(15c^2h^3)$ vaut $\sigma = 5.67 \times 10^{-8}\,\mathrm{W\,m^{-2}\,K^{-4}}$. Comme on pouvait s'y attendre, un corps chaud rayonne une énergie totale plus élevée qu'un corps froid.

2.1.3.2 Émissivité

Un corps réel ne se comporte pas comme un corps noir. Le rayonnement effectivement émis à la longueur d'onde λ par un corps à la température T est donné par

$$E_\lambda(T) = \varepsilon_\lambda(T) B_\lambda(T) \tag{2.12}$$

où $\varepsilon_\lambda(T)$ est l'émissivité de ce corps pour la longueur d'onde λ à température T. Par définition, ε_λ est inférieur ou égal à 1.

Par exemple, pour le rayonnement infrarouge, la neige fraîche (la plus blanche) se comporte presque comme un corps noir[3], avec $\varepsilon_\lambda \simeq 1$ (tableau 2.2). À l'inverse, une ville a une émissivité beaucoup plus faible, ce qui va influer sur le climat urbain (section 3.6).

2.1.3.3 Application à la Terre et au Soleil

Le spectre d'énergie du Soleil est à peu près celui d'un corps noir à 5800 K. Par application de la loi de Wien, le Soleil émet donc essentiellement dans le domaine du visible (maximum à 500 nm). La Terre est comparable à un corps noir à 288 K. Elle émet donc essentiellement dans l'infrarouge (10 µm).

Par application directe de la loi de Stefan-Boltzmann, le Soleil émet environ 20^4 fois plus d'énergie que la Terre ($5800/288 \simeq 20$).

[2] À ne pas confondre avec la notation utilisée précédemment pour un élément de surface.
[3] Comme quoi la terminologie n'a rien à voir avec la couleur !

Surface	ε_{IR}	Surface	ε_{IR}
Mer	0.95-1	Herbe	0.90-0.95
Neige fraîche	0.99	Désert	0.85-0.90
Neige « âgée »	0.80	Forêt	0.95
Nuages d'eau liquide	0.25-1	Béton	0.70-0.90
Cirrus	0.10-0.90	Ville	0.85

Tableau 2.2 – Valeurs indicatives, en fonction de la surface du sol, de l'émissivité pour un rayonnement infrarouge. Source : [60].

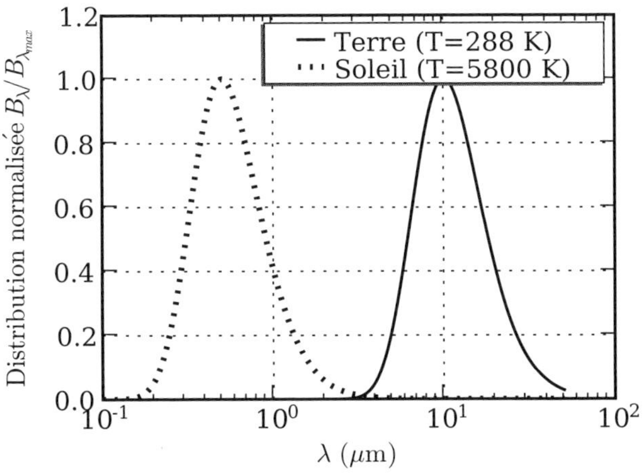

Figure 2.4 – Spectres d'émission normalisés de la Terre (corps noir à $T = 288\,\mathrm{K}$) et du Soleil (corps noir à $T = 5800\,\mathrm{K}$).

Le point essentiel est que ces deux rayonnements sont ***découplés*** (figure 2.4). Selon l'origine du rayonnement, l'atmosphère va donc se comporter de manière différente : elle va absorber le rayonnement infrarouge de la Terre mais laisser passer le rayonnement visible du Soleil.

2.1.4 Absorption

2.1.4.1 Loi de Beer-Lambert

Un rayonnement est altéré lors de la traversée d'un milieu absorbant (par exemple l'atmosphère). La loi de Beer-Lambert (on parle aussi parfois de loi de Beer-Lambert-Bouguer) précise l'affaiblissement d'un rayonnement monochromatique incident d'intensité I_λ lors de la traversée d'un milieu (figure 2.5). L'absorption est fonction de l'abscisse curviligne s, croissante le long du rayonnement

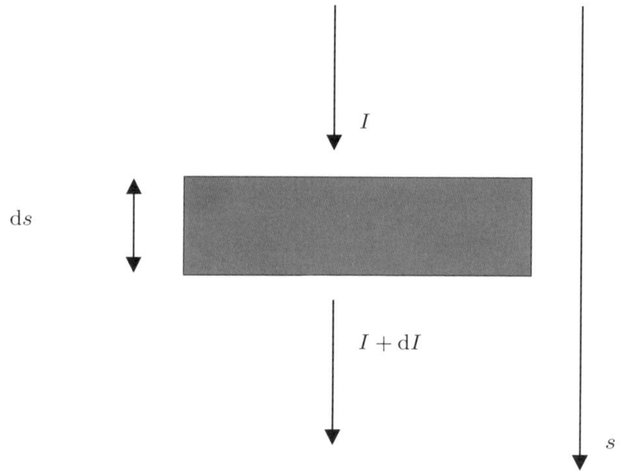

Figure 2.5 – Absorption d'un rayonnement incident par un milieu (zone grisée).

incident, selon

$$\frac{\mathrm{d}I_\lambda}{\mathrm{d}s} = -a_\lambda(s)I_\lambda\,, \tag{2.13}$$

où $a_\lambda(s)$ est le coefficient d'absorption à la longueur d'onde λ (fonction *a priori* du milieu). L'unité de a_λ est, en général, le m^{-1} ou le cm^{-1}. Pour un milieu où ce coefficient est homogène, l'absorption est donc exponentielle :

$$I_\lambda(s) = I_\lambda(0) \times \exp(-sa_\lambda)\,. \tag{2.14}$$

On considère un milieu composé de p espèces absorbantes, de densités respectives n_i ($i = 1, \ldots, p$), exprimées, par exemple, en molecule cm^{-3}. Le coefficient d'absorption tient compte, pour chaque espèce, à la fois de la densité et de la capacité d'absorption donnée par la *section efficace d'absorption* $\sigma_i^a(\lambda, s)$, exprimée, par exemple, en cm^2 :

$$a_\lambda(s) = \sum_{i=1}^{i=p} n_i(s)\sigma_i^a(\lambda, s)\,. \tag{2.15}$$

Une manière de définir la section efficace d'absorption est de considérer un flux incident d'énergie par unité de surface, F (en $\mathrm{W\,cm}^{-2}$, pour être cohérent avec les unités utilisées précédemment), induisant une énergie absorbée, F_a (en W), donnée par $F_a = \sigma_a \times F$.

Enfin, une autre notion classique est celle d'*épaisseur optique* τ_λ, un nombre sans dimension, défini pour un rayonnement monochromatique par

$$\mathrm{d}\tau_\lambda = a_\lambda(s)\mathrm{d}s\,. \tag{2.16}$$

La loi de Beer-Lambert peut être réécrite selon

$$\frac{\mathrm{d}I_\lambda}{\mathrm{d}\tau_\lambda} = -I_\lambda \,. \tag{2.17}$$

2.1.4.2 Loi de Kirchhoff

La première loi de Kirchhoff (1859) relie la capacité d'absorption et l'émissivité d'un corps à l'équilibre thermodynamique local[4], pour un rayonnement de longueur d'onde λ fixé. En notant A_λ, l'***absorptivité*** du corps (définie comme la fraction du rayonnement incident absorbée par ce corps), on a

$$\varepsilon_\lambda = A_\lambda \,. \tag{2.18}$$

Un corps absorbe donc d'autant plus un rayonnement qu'il est capable de l'émettre et les propriétés en émissivité de divers milieux se transposent à l'absorption.

La relation entre a_λ et A_λ est directe. Pour un milieu supposé homogène, d'épaisseur Δz (typiquement un nuage), de coefficient d'absorption a_λ, la fraction absorbée du rayonnement incident vaut $A_\lambda = 1 - \exp(-a_\lambda \Delta z)$.

À l'équilibre thermodynamique local, on a donc, en ne considérant que l'émission thermique,

$$\frac{\mathrm{d}I_\lambda}{\mathrm{d}s} = a_\lambda(s) B_\lambda(T) \,. \tag{2.19}$$

2.1.4.3 Élargissement de bandes

Pour un saut d'énergie fixé ΔE, la loi de Planck n'autorise *a priori* qu'une absorption (ou émission) monochromatique pour une longueur d'onde λ_0 unique, donnée par $|\Delta E| = hc/\lambda_0$. Comme on peut le constater sur les exemples de spectres d'absorption (section 2.2), les spectres d'absorption sont en réalité beaucoup plus « continus ». Plusieurs raisons permettent d'expliquer cette propriété.

Variabilité naturelle des niveaux d'énergie

Elle est liée au principe d'incertitude de la mécanique quantique. Cet effet est négligeable et sa description dépasse le cadre de ce livre.

Effet Doppler

Lorsque les molécules sont en mouvement, l'*effet Doppler* implique que l'absorption ou l'émission a lieu dans une *raie* centrée en λ_0 dont la loi de dispersion est gaussienne en la variable fréquence $\nu = c/\lambda$, donnée par

$$f_D(\nu) = \frac{S_D}{\alpha_D}\sqrt{\frac{\ln 2}{\pi}} \exp\left(-\frac{(\nu-\nu_0)^2}{{\alpha_D}^2}\ln 2\right) , \tag{2.20}$$

[4] Cela signifie en pratique que l'on peut définir une température unique.

où α_D et S_D désignent respectivement la largeur et l'intensité de la raie. La largeur de la raie est liée à la vitesse de déplacement de la molécule dans la direction du rayonnement incident, et est proportionnelle à $\sqrt{T}$.

Une telle loi s'obtient aisément à partir d'une distribution de probabilité des vitesses donnée par une loi maxwellienne (ici monodimensionnelle)

$$P(v) = \sqrt{\frac{m}{2\pi k_B T}} \exp\left(-\frac{mv^2}{2k_B T}\right) \tag{2.21}$$

avec m la masse des molécules étudiées. Il suffit ensuite de « se rappeler » qu'un observateur d'une molécule se déplaçant à la vitesse v et émettant à la fréquence ν verra une fréquence $\tilde{\nu} = \nu(1 \pm v/c)$.

Effet Lorentz (élargissement collisionnel)

Les collisions entre molécules contribuent aussi à élargir la raie. Le profil de dispersion est alors donné par

$$f_L(\nu) = \frac{S_L}{\pi} \frac{\alpha_L}{(\nu - \nu_0)^2 + {\alpha_L}^2} \tag{2.22}$$

où α_L et S_L désignent respectivement la largeur et l'intensité de la raie. La largeur de la raie est liée à la fréquence des chocs et est proportionnelle au produit de la densité moléculaire n par la vitesse (de l'ordre de $\sqrt{T}$). Avec la loi des gaz parfaits, $n \propto P/T$ (P est la pression), et finalement $\alpha_L \propto P/\sqrt{T}$.

L'effet Lorentz diminue donc fortement avec l'altitude. Pour une atmosphère hydrostatique (chapitre 1) et adiabatique (chapitre 3), les profils de pression et de température sont en effet donnés par $P(z) \simeq P_0 \exp(-z/H)$ et $T(z) \simeq T_0 - \Gamma z$.

Les formes typiques des profils de Doppler et de Lorentz sont données dans la figure 2.6. Jusqu'à 40 kilomètres, l'effet collisionnel de Lorentz l'emporte (du fait des densités moléculaires), et puis il faut considérer l'effet Doppler et les interactions entre ces effets : on parle alors de *profil de Voigt*.

2.1.5 Diffusion

Le rayonnement incident interagit également avec les gaz et les particules présents dans l'atmosphère *via* les phénomènes de diffusion. La diffusion correspond à une modification du champ électromagnétique incident par l'objet rencontré.

2.1.5.1 Régimes de diffusion

La diffusion du champ électromagnétique incident, par une particule ou un gaz, dans toutes les directions de l'espace, dépend essentiellement de la comparaison entre la longueur d'onde incidente (λ), qui est la dimension caractéristique de la variabilité spatiale de l'onde, et la dimension de l'objet diffusant (d).

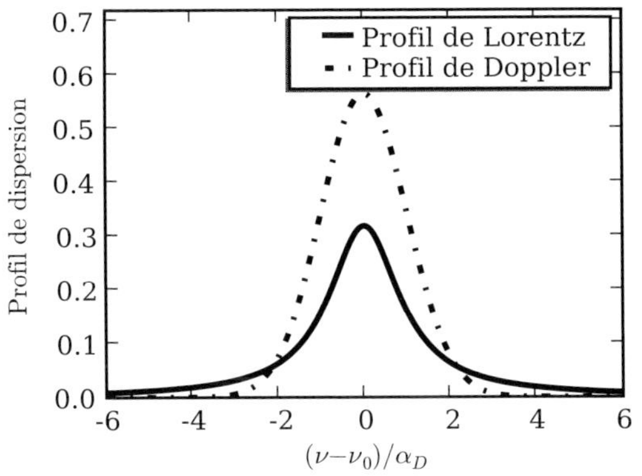

Figure 2.6 – Fonctions de distribution *normalisées* de Lorentz et de Doppler.

On rappelle que $d \simeq 0.1\,\text{nm}$ pour une molécule de gaz, $d \in [10\,\text{nm}, 10\,\mu\text{m}]$ pour un aérosol et $d \in [10, 100]\mu\text{m}$ pour une goutte d'eau (chapitre 1). Cette dispersion des dimensions caractéristiques justifie que le comportement en diffusion est très différent selon la nature du corps considéré.

On distingue ainsi en général trois régimes de diffusion : la diffusion de Rayleigh (typiquement pour les gaz), la diffusion pour laquelle les lois de l'optique géométrique s'appliquent (typiquement les gouttes d'eau liquide) et la diffusion de Mie (pour les aérosols).

Diffusion de Rayleigh

Si $d \ll \lambda$ (c'est le cas pour les gaz), on peut considérer que le champ électromagnétique est homogène sur l'ensemble de la particule. On peut alors faire l'approximation de la *diffusion de Rayleigh* ou *diffusion moléculaire* : la particule se comporte comme un dipôle qui oscille du fait des changements du champ électromagnétique et rayonne alors dans toutes les directions.

L'intensité du champ diffusé dans une direction faisant un angle θ avec la direction incidente, à une distance r (voir la figure 2.7), pour un milieu diffusant de concentration massique C, constitué de sphères de diamètre d et de masse volumique ρ, est alors donnée par ([87])

$$I(\theta, r) = I_0 \frac{8\pi^4}{r^2\lambda^4} \frac{\rho^2 d^6}{C^2} \left(\frac{m^2 - 1}{m^2 + 2} \right)^2 (1 + \cos^2 \theta) \,. \tag{2.23}$$

L'intensité du rayonnement incident est I_0 ; m est l'indice de réfraction de l'objet diffusant (rapport de la vitesse de la lumière dans le vide sur celle dans la particule) qui dépend de sa composition (par exemple, $m = 1.34$ pour l'eau à $\lambda = 450\,\text{nm}$, tableau 2.3).

Cette relation est inversement proportionnelle à λ^4 : la diffusion est donc

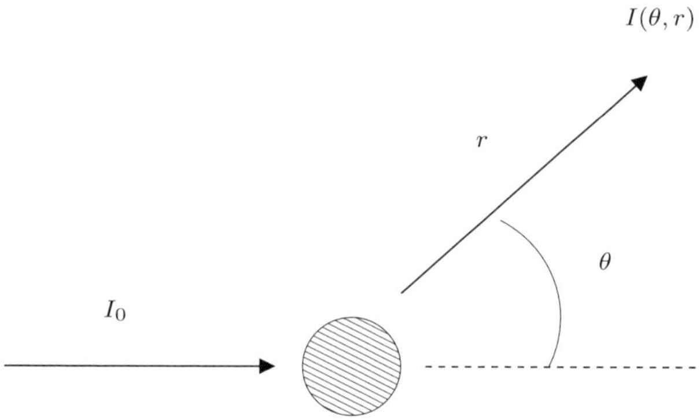

Figure 2.7 – Diffusion d'un rayonnement incident (I_0).

très forte dans les plus faibles longueurs d'onde (remarque 2.1.2 sur la couleur du ciel). Le rayonnement terrestre (dans les grandes longueurs d'onde) est donc très faiblement diffusé. Enfin, la diffusion croît avec la taille de la particule (d) et s'atténue lorsqu'on s'éloigne de la particule.

La diffusion de Rayleigh est symétrique entre l'avant et l'arrière de la particule diffusante : $I(\theta, r) = I(\pi - \theta, r)$.

Optique géométrique

Si $d \gg \lambda$ (c'est le cas des gouttes d'eau dans les nuages pour le rayonnement solaire), les lois de l'optique géométrique s'appliquent, avec de multiples implications (arc-en-ciel, etc). On parle de *milieu diffusant* et la diffusion est indépendante de la longueur d'onde.

Diffusion de Mie

Si $d \simeq \lambda$ (ce qui est le cas pour la majorité des aérosols atmosphériques), les simplifications utilisées pour la diffusion moléculaire ne sont plus vérifiées.

Un calcul complet de l'interaction entre le champ électromagnétique et la particule doit être réalisé : c'est la *théorie de Mie*. La particule est alors représentée par une distribution de dipôles élémentaires.

L'intensité du champ diffusé à une distance r de l'objet diffusant, dans une direction faisant un angle θ avec la direction incidente est ([87])

$$I(\theta, r) = I_0 \frac{\lambda^2(i_1 + i_2)}{4\pi^2 r^2}, \tag{2.24}$$

où i_1 et i_2 sont les paramètres d'intensité de Mie, et sont des fonctions (compliquées) de d/λ, θ et m. Les paramètres i_1 et i_2 présentent un ensemble complexe de *maxima* en fonction de l'angle θ ; en particulier, hormis pour les petites particules, la diffusion de Mie est prédominante vers l'avant de l'objet diffusant (figure 2.8).

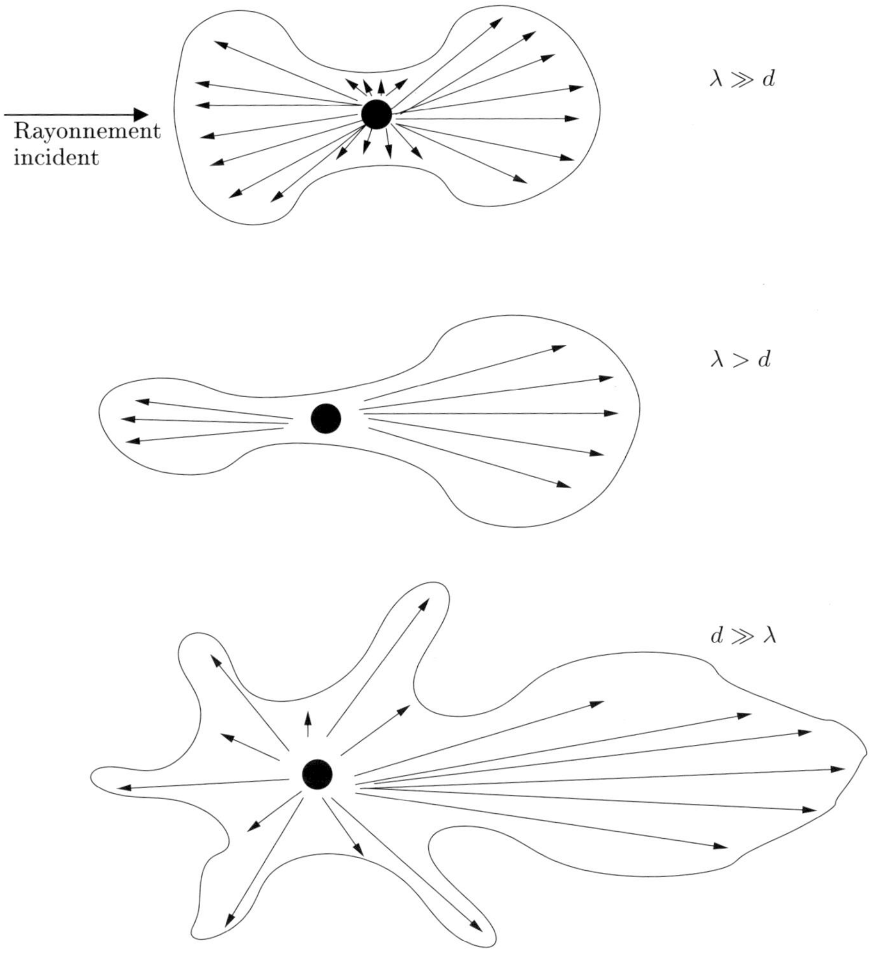

Figure 2.8 – Diffusion d'un rayonnement incident de longueur d'onde λ par une particule (sphère grisée) de diamètre d. La taille des vecteurs issus de la particule indique, par direction, l'intensité du rayonnement diffusé.

Remarque 2.1.2 (Couleur du ciel)
De manière simplifiée, on admet parfois une dépendance moyenne en $\lambda^{-1.3}$ de l'intensité diffusée par les aérosols. Les rayonnements diffusés sont donc peu filtrés en fonction de la longueur d'onde, ce qui explique la couleur grise des ciels pollués, caractérisés par la présence de nombreux aérosols (section 2.2.5).

À l'inverse, pour un ciel non pollué, la théorie de la diffusion de Rayleigh est applicable : on parle d'ailleurs parfois d'atmosphère de Rayleigh. Les corps diffusants sont les molécules N_2 et O_2, dont la taille caractéristique est de l'ordre de l'angström (0.1 nm). Le rayonnement solaire à diffuser commence au visible (les rayons X et UV ont été filtrés dans la ionosphère et la stratosphère). La dépendance très filtrante en λ^{-4} de l'intensité diffusée explique que les longueurs d'onde les « plus diffusées » sont les longueurs d'onde minimales du rayonnement incident (la partie visible du spectre), c'est-à-dire celles qui correspondent au « bleu » du spectre.

2.1.5.2 Modélisation de la diffusion

En termes de modélisation, la prise en compte de la diffusion nécessite de faire dépendre l'intensité à la fois d'une coordonnée curviligne paramétrisant la direction du rayonnement (s) mais également de l'angle solide considéré $\Omega = (\theta, \phi)$, du fait de l'anisotropie éventuelle (en trois dimensions).

L'évolution de l'intensité est donnée par

$$\frac{\mathrm{d}I_\lambda}{\mathrm{d}s} = -d_\lambda(s) I_\lambda + \frac{d_\lambda}{4\pi} \int P(\Omega, \Omega^{'}) I_\lambda(\Omega^{'}) \mathrm{d}\Omega^{'} . \tag{2.25}$$

Le premier terme, analogue à la loi de Beer-Lambert, correspond à une extinction du rayonnement incident par diffusion. Le coefficient de diffusion $d_\lambda(s)$ (par exemple en cm^{-1}) est donné, de manière analogue à l'absorption, par

$$d_\lambda(s) = \sum_{i=1}^{i=p} n_i(s) \sigma_i^d(\lambda, s) , \tag{2.26}$$

avec $\sigma_i^d(\lambda, s)$ la section efficace de diffusion pour l'espèce i (par exemple en cm^{-2}). À l'instar de l'absorption, une manière de définir la section efficace de diffusion est de considérer un flux incident d'énergie par unité de surface (F en $\mathrm{W\,cm}^{-2}$, pour être cohérent avec les unités utilisées précédemment), générant une énergie diffusée (F_d, en W) donnée par

$$F_d = \sigma_d \times F . \tag{2.27}$$

Le second terme dans l'équation (2.25) correspond à la diffusion du rayonnement dans toutes les directions de l'espace. La fonction de probabilité de diffusion du rayonnement incident dans l'angle solide Ω vers l'angle solide $\Omega^{'}$, $P(\Omega, \Omega^{'})$, vérifie bien sûr : $\frac{1}{4\pi} \int P(\Omega, \Omega^{'}) \mathrm{d}\Omega^{'} = 1$.

2.1.6 Équation du transfert radiatif

Les trois processus (émission, absorption, diffusion) sont, en réalité, couplés. L'équation de transfert radiatif s'écrit alors

$$\frac{\mathrm{d}I_\lambda}{\mathrm{d}s} = -\left(a_\lambda(s) + d_\lambda(s)\right) I_\lambda(s) + a_\lambda(s) B_\lambda(T) + \frac{d_\lambda}{4\pi} \int P(\Omega, \Omega^{'}) I_\lambda(\Omega^{'}) \mathrm{d}\Omega^{'} . \tag{2.28}$$

La somme $a_\lambda + d_\lambda$ est le *coefficient d'extinction*, noté en général b_λ^{ext}.

L'épaisseur optique quantifie l'opacité du milieu traversé et est définie, à l'instar de l'équation (2.16), par

$$\mathrm{d}\tau_\lambda = \left(a_\lambda(s) + d_\lambda(s)\right) \mathrm{d}s . \tag{2.29}$$

On obtient alors

$$\frac{\mathrm{d}I_\lambda(\tau)}{\mathrm{d}\tau} = -I_\lambda(\tau) + \omega_a\, B_\lambda(T(\tau)) + \frac{\omega_d}{4\pi} \int P(\Omega, \Omega^{'}) I_\lambda(\Omega^{'}) \mathrm{d}\Omega^{'} , \tag{2.30}$$

où $\omega_a = a_\lambda/(a_\lambda + d_\lambda)$ et $\omega_d = d_\lambda/(a_\lambda + d_\lambda)$ sont respectivement les albédos d'absorption et de diffusion.

Nous considérons à présent deux cas simplifiés : le cas d'un rayonnement infrarouge, pour lequel on peut ne prendre en compte que l'absorption et l'émission, et le cas d'un rayonnement visible qui peut être traité en diffusion pure.

2.1.6.1 Rayonnement infrarouge

Pour le rayonnement infrarouge terrestre, la diffusion est négligeable. De plus, la température T varie le long de la propagation du rayonnement dans le milieu : on note $T(\tau)$ avec τ une fonction croissante de l'altitude (on suit le rayonnement émis par la Terre du bas vers le haut de l'atmosphère).

L'équation (2.30) s'intègre alors aisément selon

$$I_\lambda(\tau) = I_\lambda(0) e^{-\tau} + \int_0^\tau B_\lambda(T(\tau^{'})) e^{(\tau^{'} - \tau)}\, \mathrm{d}\tau^{'} . \tag{2.31}$$

Le premier terme est un terme d'amortissement pur tandis que le second terme modélise le rayonnement propre du milieu traversé. $I_\lambda(0)$ est ici le rayonnement terrestre au sol.

2.1.6.2 Rayonnement visible

Pour les petites longueurs d'onde (spectre visible), on peut négliger l'absorption et l'émission dans l'atmosphère. On a alors

$$\frac{\mathrm{d}I_\lambda(\tau)}{\mathrm{d}\tau} = -I_\lambda(\tau) + \frac{1}{4\pi} \int P(\Omega, \Omega^{'}) I_\lambda(\Omega^{'}) \mathrm{d}\Omega^{'} . \tag{2.32}$$

L'épaisseur optique τ est ici une fonction décroissante de l'altitude (on suit le rayonnement reçu du haut vers le bas de l'atmosphère). La condition aux limites $I_\lambda(0)$ correspond au rayonnement reçu en haute atmosphère.

Il n'existe pas de solution analytique dans le cas général. La résolution de cette équation peut, par exemple, se faire à l'aide de la *méthode des ordres successifs*. La solution est construite itérativement en résolvant successivement les systèmes

$$\frac{\mathrm{d}I_\lambda^{n+1}(\tau)}{\mathrm{d}\tau} = -I_\lambda^{n+1}(\tau) + \frac{1}{4\pi}\int P(\Omega,\Omega')I_\lambda^n(\Omega')\mathrm{d}\Omega' . \tag{2.33}$$

La diffusion est donc appliquée au rayonnement calculé dans l'itération précédente. L'équation du transfert radiatif étant linéaire, on peut appliquer un principe de superposition et la solution est $I_\lambda = \sum_{n=0}^{\infty} I_\lambda^n$.

2.1.7 Compléments pour une particule

Les propriétés d'extinction d'un rayonnement par une particule sont déterminées par son *efficacité d'extinction*, définie par le ratio de la section efficace d'extinction sur la surface (réelle) d'interception du rayonnement. Pour une particule de diamètre d, la surface d'interception du rayonnement est $A = \pi(d/2)^2$. L'extinction comprend une partie relative à l'absorption et une partie relative à la diffusion, et on a

$$Q_\lambda^{ext} = Q_\lambda^a + Q_\lambda^d = \frac{\sigma_\lambda^a + \sigma_\lambda^d}{\pi(d/2)^2} . \tag{2.34}$$

Les efficacités d'absorption et de diffusion, Q_λ^a et Q_λ^d respectivement, sont des fonctions :

- du *paramètre de taille*

$$\alpha_\lambda = \frac{\pi d}{\lambda} , \tag{2.35}$$

  avec d le diamètre de la particule (supposée sphérique) ;
- des propriétés du milieu que définit la particule (du fait de sa composition chimique), *via* son *indice complexe de réfraction*

$$m_\lambda = n_\lambda + jk_\lambda \ , \quad j^2 = -1 . \tag{2.36}$$

La partie réelle n_λ décrit la diffusion, la partie imaginaire k_λ l'absorption. En réalité, m_λ est normalisé à l'égard du milieu « ambiant » (ici l'air, dont l'indice de réfraction est de l'ordre de 1 dans le visible).

Des exemples d'indices de réfraction sont donnés pour plusieurs types de particule (en fonction de leur composition) dans le tableau 2.3. On notera que les particules de suie (on parle aussi de carbone élémentaire, *black carbon*) se caractérisent par leur forte absorption.

Type d'aérosol	n_λ	k_λ
Eau	1.34	0.
Ammonium	1.53	-5×10^{-3}
Sulfate	1.43	0.
Sel de mer	1.5	0.
Suie	1.75	-0.45
Aérosol minéral	1.53	-8.5×10^{-3}
Aérosol organique	1.53	-8.5×10^{-3}

Tableau 2.3 – Valeurs indicatives d'indices de réfraction $(n_\lambda + jk_\lambda)$, pour divers types d'aérosols. La longueur d'onde est $\lambda = 450\,\text{nm}$, ce qui correspond à un rayonnement dans le visible. Source : [51].

Surface	Albédo (visible)	Surface	Albédo (visible)
Eau liquide	0.05-0.20	Herbe	0.15-0.25
Neige fraîche	0.75-0.95	Désert	0.20-0.40
Neige « âgée »	0.40-0.70	Forêt	0.10-0.25
Glace de mer	0.25-0.40	Bitume	0.05-0.20
Nuages	0.20-0.90	Ville	0.10-0.27

Tableau 2.4 – Valeurs indicatives d'albédo en fonction de la surface du sol pour un rayonnement visible. Source : [60].

Le coefficient d'extinction qui correspond à une particule se déduit aisément de l'efficacité d'absorption. Pour une densité de particules n (en nombre de particules par unité de volume d'air), on a donc

$$b_\lambda^{ext} = \sigma_\lambda^{ext} \times n = \frac{\pi d^2}{4} Q_\lambda^{ext} n\,. \tag{2.37}$$

L'efficacité d'extinction est une fonction de l'indice de réfraction (m_λ) et du paramètre de taille (α_λ). Pour des grands paramètres de taille ($d/\lambda \gg 1$, typiquement les gouttes de nuage dans le visible), Q^{ext} vaut environ 2 (figure 2.9), d'où un coefficient d'extinction donné par

$$b_\lambda^{ext} \simeq \frac{\pi d^2}{2} n\,. \tag{2.38}$$

2.1.8 Albédo

Pour une longueur d'onde donnée, on définit l'*albédo* d'une surface, par extension d'une couche de l'atmosphère, comme la fraction du rayonnement diffusé qui est réfléchi vers la direction incidente. Des valeurs d'albédo sont

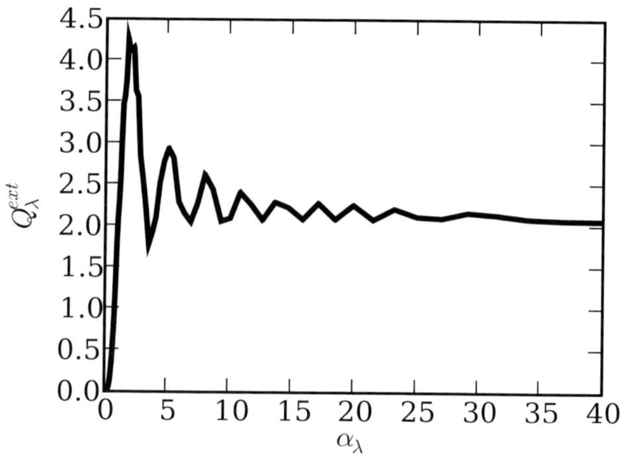

Figure 2.9 – Évolution de l'efficacité d'extinction en fonction du paramètre de taille. Crédit : Marilyne Tombette, CEREA.

données dans le tableau 2.4 pour divers types de surface, relativement à un rayonnement dans le visible.

On renvoie à l'exercice 2.2 pour le calcul de l'albédo d'une atmosphère multicouches.

Exercice 2.2 (Couches d'albédos)
Soit une atmosphère avec une couche d'albédo A_0 à l'égard du rayonnement solaire. Elle est typiquement définie par les nuages et la vapeur d'eau. On considère au-dessus une seconde couche d'albédo A_1 (typiquement les aérosols sulfatés ; figure 2.10). On suppose qu'elle est une perturbation de la première couche ($A_0 \gg A_1$). Quel est l'albédo global (tenir compte des « rebonds multiples » entre couches) ?

Réponse :
Soit I le rayonnement solaire incident. On note R_n le rayonnement réfléchi vers l'espace, D_n le rayonnement transmis vers le bas entre les deux couches et U_n le rayonnement réfléchi vers le haut entre les deux couches, à la suite de n couples de rebonds entre couches.

Avant le premier rebond, on a $R_0 = A_1 \times I$, $D_0 = (1 - A_1) \times I$, $U_0 = A_0 \times D_0$. Les relations de récurrence sont ensuite directement

$$U_n = A_0 \times D_n \ , \quad D_{n+1} = A_1 \times U_n = A_0 A_1 \times D_n \ , \quad R_{n+1} = (1 - A_1) \times U_n \ .$$

On a finalement, pour $n \geq 0$,

$$R_{n+1} = A_0 (1 - A_1)^2 (A_0 A_1)^n \times I \ .$$

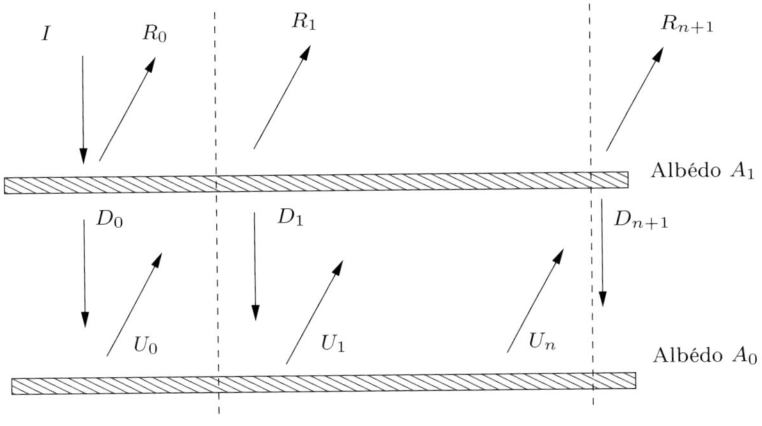

Figure 2.10 – Atmosphère avec deux couches d'albédos différents.

En sommant toutes les contributions réfléchies, on obtient

$$R_0 + \sum_{n=0}^{n=\infty} R_{n+1} = \underbrace{\left(A_1 + \frac{A_0(1 - A_1)^2}{1 - A_0 A_1} \right)}_{A} \times I \, .$$

On a par développement limité, en ne conservant que les termes d'ordre 1 en A_1,

$$A \simeq A_1 + A_0(1 - 2A_1)(1 + A_0 A_1) \simeq A_0 + A_1(1 - A_0)^2 \, .$$

Les albédos ne sont donc pas additifs.

2.2 Applications à l'atmosphère terrestre

On dispose à présent de tous les concepts nécessaires pour préciser quelques caractéristiques de l'atmosphère. La principale application est la compréhension de l'effet de serre et des incertitudes associées.

2.2.1 Rayonnement solaire et rayonnement terrestre

2.2.1.1 Spectres d'absorption

Le calcul des spectres d'absorption des divers composants de l'atmosphère (c'est-à-dire de leurs sections efficaces d'absorption $\sigma_i^a(\lambda)$) relève du domaine de la *spectroscopie*. Il repose sur la connaissance des transitions possibles pour une molécule donnée, qui sont par ordre décroissant de saut d'énergie :

Espèce	centre de la bande (μm)	bande (μm)
CO_2	4.3	[4.1, 4.8]
	10.6	[8, 12]
	15	[12, 18]
O_3	9.6	[9, 10]
H_2O	6.2	[5.3, 6.9]
stratosphère	7.4	[6.9, 8]
	8.5	[8, 9]
H_2O	15	[12.5, 20]
troposphère	24	[20, 29]
	57	[29, 100]
CH_4	7.6	[6, 10]
N_2O	4.5	[4.4, 4.8]
	7.9	[7.4, 8.4]

Tableau 2.5 – Quelques bandes importantes d'absorption en infrarouge. À mettre en regard de la figure 2.12. Source : [137].

- les transitions électroniques qui correspondent à des rayonnements dans l'ultraviolet (UV) et le visible ;
- les transitions de vibration, associées à des rayonnements dans l'infrarouge (IR) ;
- les transitions de rotation associées à des rayonnements IR ou radio.

Pour simplifier, on ne parle pas des transitions, qui peuvent aussi avoir lieu, de rotation-vibration.

Les transitions de vibration n'ont lieu que pour des modes de vibration présentant des asymétries (ce qui modifie le moment dipolaire de la molécule). La géométrie des molécules est donc importante. Cela explique pourquoi des espèces comme CO_2, H_2O, N_2O ou O_3 absorbent et émettent dans l'IR (gaz à effet de serre), ce qui n'est pas le cas de O_2 ou de N_2.

Les principales bandes d'absorption sont données dans le tableau 2.5.

2.2.1.2 Absorption du rayonnement solaire

Ionisation

Les rayonnements X (les plus énergétiques) sont filtrés par la ionosphère *via* les processus d'ionisation (l'arrachage d'un électron à une molécule ou à un atome, notés A) :

$$A + h\nu(\lambda) \longrightarrow A^+ + e^- . \qquad (R\,1)$$

Le phénomène d'ionisation nécessite un très fort apport d'énergie, défini par la notion de *potentiel d'ionisation*. Le potentiel d'ionisation correspond à

O_2	H_2O	O_3	H	O	CO_2	N	N_2	Ar
102.7	99	97	91.1	91	90	85	79.6	79

Tableau 2.6 – Quelques potentiels d'ionisation (longueur d'onde en nm).

la longueur d'onde maximale, donc à l'énergie minimale, nécessaire pour réaliser l'ionisation. Le tableau 2.6 donne des valeurs pour quelques espèces.

L'ionisation a lieu dans la haute atmosphère : une fois les rayons X filtrés, il ne reste plus de rayonnement assez énergétique pour effectuer une ionisation. Sans surprise, la densité électronique dans l'atmosphère est croissante avec l'altitude. Sa valeur élevée à haute altitude est responsable, par exemple, du phénomène de *black out* qui affecte les communications avec un engin spatial en phase de rentrée.

Rayonnements ultraviolet et visible

Une comparaison indicative entre les spectres de rayonnement solaire en haut de l'atmosphère et au niveau de la mer est donnée dans la figure 2.11.

Pour le rayonnement solaire ultraviolet, l'absorption est très forte pour l'oxygène moléculaire (O_2), l'ozone (O_3), la vapeur d'eau (H_2O) et le gaz carbonique (CO_2). Grâce à ces espèces, et de manière essentielle grâce à l'*ozone stratosphérique*, le rayonnement ultraviolet, qui est particulièrement nocif pour la santé et l'activité photosynthétique de la végétation, est ainsi filtré. Cela justifie les inquiétudes liées à la disparition de l'ozone stratosphérique (chapitre 4).

Notons le découplage du comportement à l'égard du rayonnement ultraviolet et du rayonnement visible :

- le rayonnement solaire dans les courtes longueurs d'onde est absorbé dans l'ionosphère (rayons X), dans la mésosphère (absorption dans le continuum de Schumann-Runge par O_2, pour $\lambda \in [150, 200]$nm) et dans la stratosphère (absorption dans le continuum de Hartley par O_3, pour $\lambda \in [200, 300]$nm) ;
- l'atmosphère est transparente au rayonnement solaire dans le visible : on parle couramment de *fenêtre atmosphérique*. Ce point est essentiel, car il permet d'éclairer et de chauffer la surface terrestre.

2.2.1.3 Absorption du rayonnement terrestre

Pour les grandes longueurs d'onde (qui correspondent aux rayonnements tellurique – de la Terre – et atmosphérique), la vapeur d'eau (H_2O), CH_4, CO_2 et O_3 jouent le rôle de corps absorbants. On parle alors de *gaz à effet de serre*, dont les propriétés d'absorption dans l'infrarouge contribuent à garder la chaleur près du sol.

La figure 2.12 donne le spectre de radiance dans le domaine infrarouge, tel qu'il serait vu par un satellite à 70 kilomètres d'altitude, au-dessus d'une zone

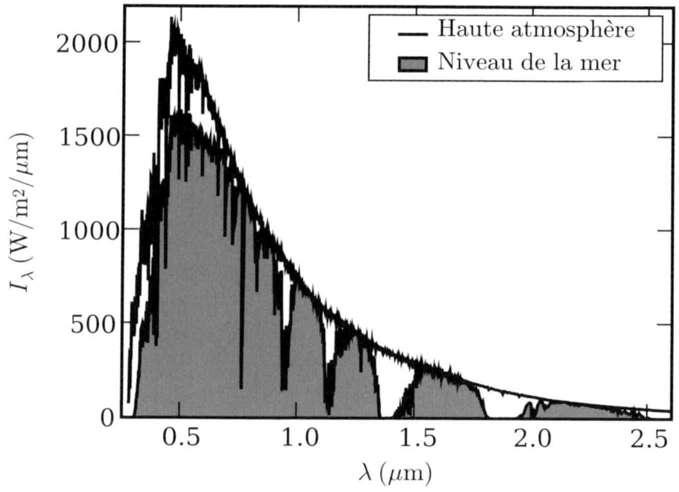

Figure 2.11 – Spectres de radiance en haut de l'atmosphère et à la surface de la mer. La différence entre les deux courbes correspond à l'absorption du rayonnement solaire par l'atmosphère.

de température 305 K. Le spectre est calculé par un modèle radiatif (MODTRAN) pour une atmosphère standard (l'atmosphère USA 1976 par ciel clair). Les distributions d'émission du corps noir sont également tracées pour diverses températures d'émission.

On retrouve les principales bandes d'absorption par les gaz à effet de serre. On reviendra sur ce point avec un modèle simplifié d'effet de serre dans la section 2.2.3. L'altitude des corps absorbants (puis émetteurs) en infrarouge est par ailleurs obtenue en comparant le spectre à celui d'un corps noir à une température donnée, la température fournissant une indication directe sur l'altitude.

Remarque 2.2.1 (Télédétection passive)
Le principe de la *télédétection passive* par satellite repose sur les propriétés d'absorption infrarouge de l'atmosphère terrestre (on parle également de *sondage infrarouge passif*). À la « lecture » du spectre reçu, un satellite (équipé de spectroscopes) est à même de restituer les distributions verticales de composants de l'atmosphère, comme la vapeur d'eau, ou de la température. Cette information est capitale pour alimenter les modèles numériques de prévision du temps.

Cela est un premier contact avec la notion de *modélisation inverse* (section 6.4). Le *modèle direct* est ici donné par les équations du transfert radiatif dans l'atmosphère, par exemple sous la forme (2.31) où l'on suppose *a priori*

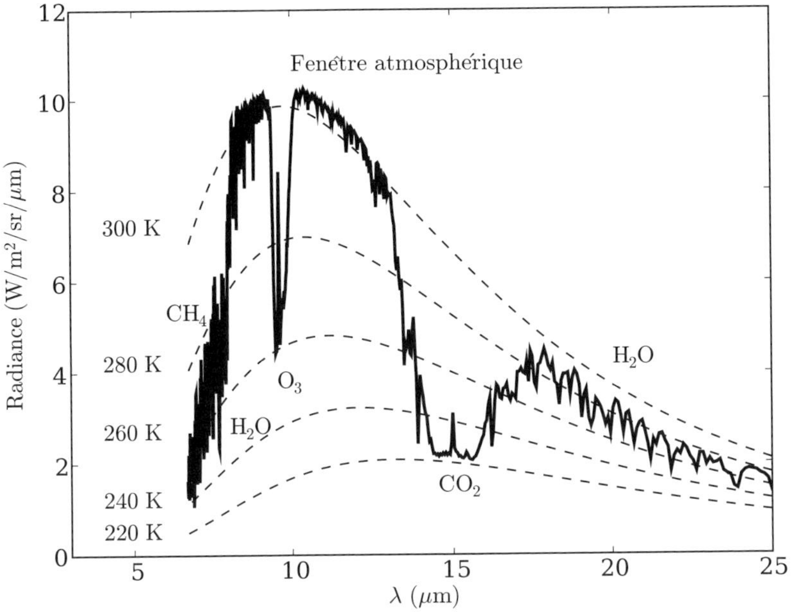

Figure 2.12 – Spectre de rayonnement infrarouge (terrestre) tel qu'il est vu par un satellite à 70 km d'altitude, au-dessus d'une zone de température 305 K. Le spectre est calculé par le modèle radiatif MODTRAN pour une atmosphère standard USA 1976 par ciel clair. Les distributions de rayonnement émis par un corps noir sont également données pour des températures de 220, 240, 260, 280 et 300 K. Les gaz absorbants sont indiqués à côté des pics d'absorption.

connue la distribution de température $T(\tau)$. Le *modèle inverse* revient à trouver cette distribution à partir de la connaissance d'une partie de la distribution verticale du rayonnement $I(\tau)$.

Exercice 2.3 (Théorie de Chapman des couches)
L'objectif de cet exercice est d'illustrer la notion de « couche » atmosphérique. On considère une molécule ayant un pic d'absorption pour une longueur d'onde donnée du rayonnement solaire. La diffusion et le rayonnement propre de l'atmosphère sont négligés et seule l'absorption est prise en compte.

On suppose que le profil vertical de sa concentration suit une loi exponentielle $n(z) = n_0 \exp(-z/H)$, avec H une hauteur d'échelle et z la coordonnée verticale (dans le sens des altitudes croissantes). On note θ l'angle du rayonnement incident avec la verticale et s l'abscisse curviligne le long du rayonnement (décroissant avec l'altitude).

1. Calculer le profil de taux d'absorption d'énergie (-$\mathrm{d}I/\mathrm{d}s$).
2. Montrer qu'il atteint un maximum à une altitude z_{max}. Commenter.
3. Qu'obtient-on pour le cas de l'ozone (prendre $\theta = 0$) ?

Données indicatives pour l'ozone :
- $\sigma_a = 4 \times 10^{-17}\,\mathrm{cm}^2\,\mathrm{molecule}^{-1}$;
- $n(z) = n_0 \exp(-(z - z_0)/H)$ pour $z \geq z_0 = 35\,\mathrm{km}$, $n_0 = 10^{12}\,\mathrm{molecule\,cm}^{-3}$, $H = 5\,\mathrm{km}$.

Réponse :

1. L'évolution d'un rayonnement incident $I(\infty)$ en haut de l'atmosphère est donnée par la loi de Beer-Lambert, $\mathrm{d}I/\mathrm{d}s = -\sigma_a n(z(s))I$. Avec $\mathrm{d}z = -\cos\theta\,\mathrm{d}s$, on a aisément après intégration
$$I(z) = I(\infty) \exp\left(-\frac{H\sigma_a n_0}{\cos\theta} \exp(-z/H)\right).$$
L'intensité est bien sûr croissante avec l'altitude, l'absorption augmentant avec la profondeur optique. L'absorption du rayonnement est associée à une absorption d'énergie, dont les variations sont données par le taux de dépôt d'énergie le long du chemin optique
$$-\frac{\mathrm{d}I}{\mathrm{d}s} = \sigma_a n_0 I(\infty) \exp\left(-z/H - \frac{H\sigma_a n_0}{\cos\theta} \exp(-z/H)\right).$$

2. Après calcul (on annule la dérivée seconde de I), le maximum de dépôt d'énergie est atteint en
$$z_{max} = H \ln\left(\frac{H\sigma_a n_0}{\cos\theta}\right).$$
z_{max} ne dépend pas de l'énergie incidente mais uniquement de l'angle d'incidence (plus le rayonnement est « oblique », plus il est élevé) et des caractéristiques du milieu absorbant (σ_a).

   L'absorption (le dépôt d'énergie) est une fonction concave de l'altitude : audessus de z_{max}, l'absorption est limitée par la raréfaction du nombre de molécules ; en dessous, le rayonnement a déjà été fortement absorbé.

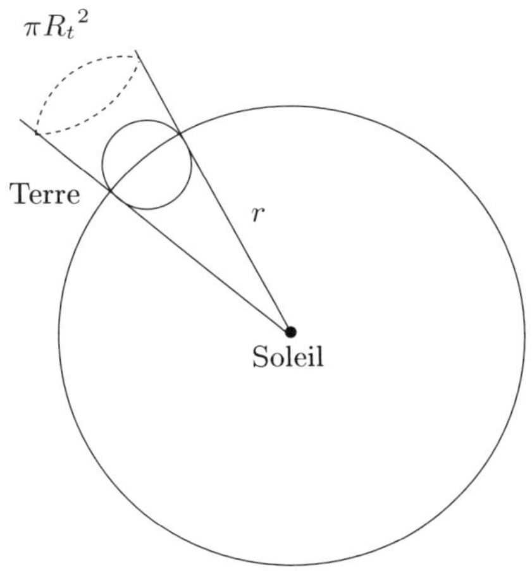

Figure 2.13 – Flux reçu par la Terre (de rayon R_t et à la distance r du Soleil). Le flux solaire par unité de surface (en W m^{-2}) reçu par la sphère de rayon r et de centre le Soleil est $S = 4\pi R_s^2 \sigma T_s{}^4/(4\pi r^2)$ avec R_s et T_s le rayon et la température du Soleil. La surface d'interception de la Terre est $\pi R_t{}^2$, d'où un flux reçu $\pi R_t{}^2 \times S$ et un flux par unité de surface $\pi R_t{}^2 \times S/(4\pi R_t{}^2) = S/4$.

3. Pour l'ozone, on trouve $z_{max} \simeq 50$ km (voir la figure 1.1, chapitre 1). À cette absorption maximale de rayonnement solaire correspond une photolyse maximale. On se réfère à l'exercice 4.5 (chapitre 4) pour l'impact en termes d'augmentation de la température.

2.2.2 Bilan radiatif du système Terre/atmosphère

2.2.2.1 Constante solaire et température effective d'émission

La constante solaire d'une planète définit le rayonnement solaire reçu par cette planète (figure 2.13, où sont précisées les notations utilisées). Elle se calcule à partir de la loi de Stefan-Boltzmann appliquée au Soleil. La puissance émise par le Soleil (en W) est $4\pi R_s^2 \times \sigma T_s{}^4$ (avec pour le Soleil, un rayon $R_s = 6.96 \times 10^5$ km et une température d'émission $T_s = 5783$ K). Rapportée à une sphère centrée autour du Soleil, de rayon r, elle génère un flux (en W m^{-2})

$$S = \frac{R_s^2}{r^2} \sigma T_s{}^4 . \tag{2.39}$$

Avec $r = 1.5 \times 10^8$ km (distance moyenne du Soleil à la Terre), on obtient une constante solaire pour la Terre $S \simeq 1368$ W m^{-2}.

On définit la *température effective d'émission* d'une planète comme la température d'émission d'un corps noir en équilibre radiatif avec les sources d'énergie qu'elle reçoit. Le bilan radiatif pour l'ensemble Terre/atmosphère se calcule de la manière suivante (figure 2.13) : le rayonnement solaire est intercepté par une surface πR_t^2 (avec R_t le rayon terrestre), une fraction A étant réfléchie vers l'espace (avec A l'albédo de l'ensemble Terre/atmosphère, $A \simeq 0.3$). Finalement, en ramenant à la surface terrestre $4\pi R_t^2$, on obtient comme bilan radiatif (en $\mathrm{W\,m^{-2}}$)

$$\sigma {T_e}^4 = \frac{\pi R_t^2 S(1-A)}{4\pi R_t^2} = \frac{S(1-A)}{4} \tag{2.40}$$

avec T_e la température effective de l'ensemble Terre/atmosphère. Finalement, on a

$$T_e^4 = \frac{S(1-A)}{4\sigma}\,. \tag{2.41}$$

Pour une planète, la température effective d'émission est donc uniquement fixée par son albédo et sa proximité au Soleil (qui détermine la constante solaire).

Avec $A \simeq 0.3$ on calcule une température effective d'émission $T_e \simeq 255\,\mathrm{K}$ à comparer à la température moyenne au sol (de l'ordre de 288 K). La différence (33 K) correspond au réchauffement du sol par effet de serre (qui permet donc à la surface du sol de ne pas être à $-18\,°\mathrm{C}$!) et provient nécessairement d'une redistribution d'énergie de l'atmosphère vers le sol.

Notons pour finir que le flux disponible pour la Terre est $S/4 \simeq 342\,\mathrm{W\,m^{-2}}$. On le note souvent F_s.

Exercice 2.4 (Variation de la constante solaire)
Quelle est la variation de la constante solaire S au cours de l'année (la distance de la Terre au Soleil varie typiquement de 1.469 à 1.520 $\times\ 10^8$ km) ?
Réponse :
On utilise l'équation (2.39) et on trouve $S \in [1320, 1410]\,\mathrm{W\,m^{-2}}$, soit une variation de près de $90\,\mathrm{W\,m^{-2}}$.

2.2.2.2 Bilan énergétique du système Terre/atmosphère

La température de l'ensemble Terre/atmosphère est déterminée pour une bonne part par les propriétés radiatives de la Terre et des gaz et particules présents dans l'air.

On effectue un bilan d'énergie global pour le système Terre/atmosphère (figure 2.14) en considérant l'énergie solaire reçue, les échanges énergétiques pour la Terre et les échanges énergétiques pour l'atmosphère.

Ces bilans sont bien entendu globaux et ne tiennent pas compte des cycles diurnes, des saisons et de la position spatiale. À l'exception du flux solaire, les incertitudes sont *a minima* de 10 % et les nombres ne sont donc qu'indicatifs.

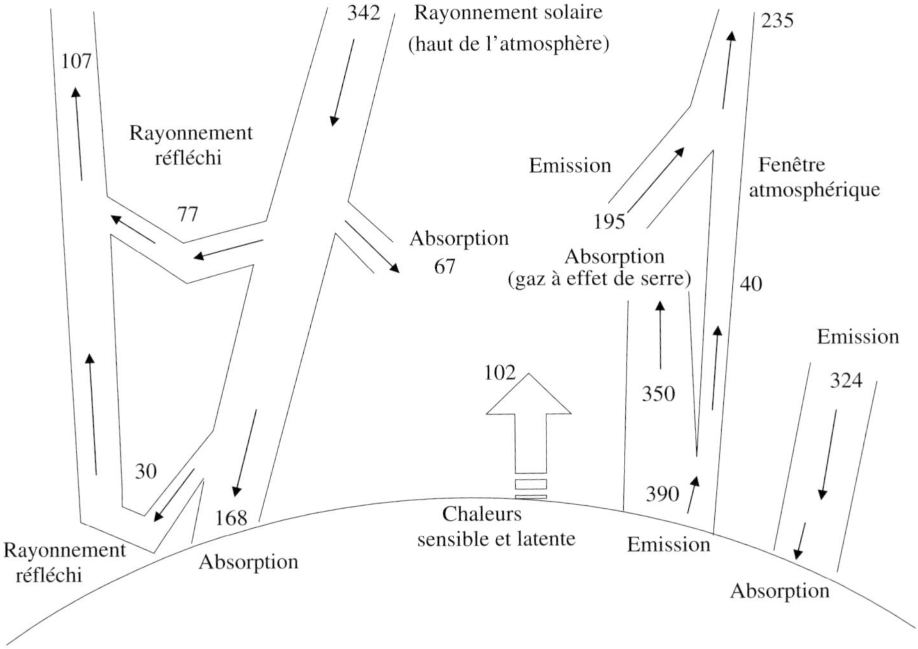

Figure 2.14 – Budget énergétique global pour le système Terre/atmosphère. Les flux sont exprimés en $\mathrm{W\,m^{-2}}$ et ont des valeurs indicatives. Source : [72].

Énergie solaire reçue

L'énergie solaire est la seule source d'énergie extérieure pour l'ensemble Terre/atmosphère. Le rayonnement solaire incident représente $342\,\mathrm{W\,m^{-2}}$ et on a la décomposition indicative suivante :

- $77\,\mathrm{W\,m^{-2}}$ sont réfléchis par les nuages et les aérosols vers l'espace (soit 22 %) ;
- $67\,\mathrm{W\,m^{-2}}$ sont absorbés par les gaz présents dans l'air et les nuages (soit 20 %) ;
- $168\,\mathrm{W\,m^{-2}}$ sont diffusés dans l'air puis absorbés par la Terre (soit 49 %) ;
- $30\,\mathrm{W\,m^{-2}}$ sont réfléchis par la Terre puis diffusés vers l'espace (soit 9 %).

Le coefficient de réflexion total (ou *albédo planétaire*) est donc de l'ordre de 0.31 ($107\,\mathrm{W\,m^{-2}}$ étant réfléchis sur $342\,\mathrm{W\,m^{-2}}$ reçus).

Bilan pour la Terre

Les échanges d'énergie de la Terre se décomposent en :

- échanges d'énergie radiative ;
- échanges d'énergie non radiative (chapitre 3) : chaleur *sensible* portée par les mouvements turbulents verticaux et chaleur *latente* provenant de l'évaporation de l'eau (qui sera ensuite libérée par condensation de la

vapeur d'eau ; exercice 3.1) ;
- conduction thermique dans le sol (que nous négligerons ici en première approximation).

En gardant les mêmes unités que ci-dessus, la Terre absorbe donc $168\,\mathrm{W\,m^{-2}}$ provenant du rayonnement solaire (dans les petites longueurs d'onde). Elle émet alors dans les grandes longueurs d'onde $390\,\mathrm{W\,m^{-2}}$ vers l'atmosphère.

On a vu précédemment que ce rayonnement était très fortement absorbé par l'atmosphère : en effet, $350\,\mathrm{W\,m^{-2}}$ sont absorbés (soit 90 %) et $40\,\mathrm{W\,m^{-2}}$ (10 %) sont transmis vers l'espace *via* la « fenêtre atmosphérique ».

De plus, la Terre recoit $324\,\mathrm{W\,m^{-2}}$ de rayonnement dans les grandes longueurs d'onde en provenance de l'atmosphère qu'elle absorbe totalement (en première approximation).

Le bilan pour les échanges radiatifs de la Terre est positif : *la Terre gagne globalement de l'énergie par échange radiatif* ($168 + 324 - 390 = 102\,\mathrm{W\,m^{-2}}$).

À l'équilibre, la Terre doit donc avoir un bilan négatif pour les échanges non radiatifs : elle perd $102\,\mathrm{W\,m^{-2}}$ en énergie latente (évaporation de l'eau) et sensible (mouvements verticaux turbulents).

Bilan pour l'atmosphère

L'atmosphère absorbe $67\,\mathrm{W\,m^{-2}}$ de rayonnement dans les courtes longueurs d'onde et $350\,\mathrm{W\,m^{-2}}$ dans les grandes longueurs d'onde. Elle émet en tout $519\,\mathrm{W\,m^{-2}}$ dans les grandes longueurs d'onde (dont 324 vers la Terre et 195 vers l'espace).

Le bilan radiatif de l'atmosphère est négatif ($350+67-519 = -102\,\mathrm{W\,m^{-2}}$) : *l'atmosphère perd de l'énergie par rayonnement.* À l'équilibre, elle doit donc gagner de l'énergie d'origine non radiative : $102\,\mathrm{W\,m^{-2}}$ qui proviennent de la Terre.

Le système Terre/atmosphère absorbe $235\,\mathrm{W\,m^{-2}}$ de rayonnement solaire (168+67), valeur à rapprocher de celle donnée dans le tableau 2.1.

2.2.3 Effet de serre

2.2.3.1 Un modèle simplifié pour l'effet de serre

Historiquement, l'effet de serre a été mis en avant pour expliquer la température très élevée de la surface de Vénus (plus de 700 K, voir exercice 2.5) en comparaison de sa température effective d'émission (230 K) : l'hypothèse est avancée par Rupert Wildt dans les années 30 puis reprise par Carl Sagan en 1962 avant d'être confirmée par la mesure de la densité de CO_2 dans l'atmosphère de Vénus.

Planète	Distance au Soleil (km)	Albédo	C_{CO_2} (ppm)	T au sol (K))
Jupiter	7.8×10^8	0.73		130
Vénus	1.08×10^8	0.75	0.96	700
Mars	2.28×10^8	0.15	0.95	220

Tableau 2.7 – Caractéristiques de Jupiter, de Vénus et de Mars.

Exercice 2.5 (Le cas de Jupiter, de Mars et de Vénus)
Les caractéristiques de Jupiter, de Mars et de Vénus sont données dans le tableau 2.7. Que peut-on déduire de l'atmosphère pour chacune de ces planètes et des sources d'énergie possibles (on admettra que la composition de Jupiter ne permet pas d'effet de serre) ?
Réponse :
On utilise l'équation (2.39) pour obtenir la formule générale

$$T_e = T_s\sqrt{\frac{R_s}{2r}}(1-A)^{0.25}\,, \tag{2.42}$$

avec A l'albédo de la planète et r la distance au Soleil. On calcule $T_e = 88$, 232 et 216 K pour Jupiter, Vénus et Mars, respectivement. Il y a donc un fort effet de serre sur Vénus et pas d'effet de serre sur Mars. Pour Jupiter, la température au sol s'explique par les sources d'énergie interne. En notant ΔE_{int} les sources d'énergie interne, on doit avoir

$$\sigma T^4 = \sigma {T_e}^4 + \Delta E_{int}\,,$$

soit $\Delta E_{int}/(\sigma {T_e}^4) = (T/T_e)^4 - 1 \simeq 4$. Les sources d'énergie interne représentent près de quatre fois la source d'énergie solaire. Les autres planètes géantes (comme Saturne) ont également un fort apport de l'énergie interne. Pour la Terre, la contribution de l'énergie interne est négligeable en comparaison de l'apport d'énergie solaire (tableau 2.1).

Considérons une plaque de verre placée à une certaine distance au-dessus de la Terre et faisons l'hypothèse que « rien ne se passe » sur le plan radiatif entre la Terre et la plaque de verre (figure 2.15).

En se fondant sur les propriétés d'opacité infrarouge et de transparence dans le visible de l'atmosphère, on fait de plus les hypothèses suivantes :

- la plaque de verre et la Terre sont à l'équilibre radiatif : on suppose qu'il n'y a pas d'échange d'énergie de nature non radiative et leurs bilans radiatifs respectifs sont nuls ;
- le verre réfléchit une fraction A du rayonnement incident solaire F_s. Il absorbe une fraction a_S et transmet à la Terre une fraction $(1 - a_S)$ du rayonnement restant $(1 - A)F_s$. En première approximation, la Terre absorbe tout le rayonnement reçu ;
- la Terre émet un rayonnement dans les grandes longueurs d'onde U (*up*)

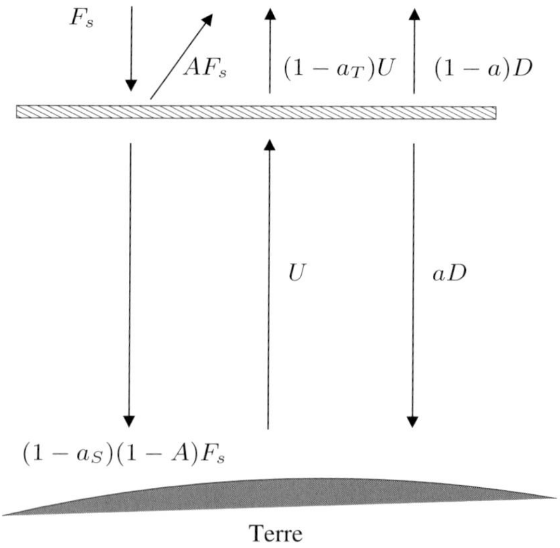

Figure 2.15 – Un modèle simplifié d'effet de serre.

qui est pour une fraction (a_T) absorbé par le verre, ou transmis $(1 - a_T)$ à l'extérieur ;

- le verre est alors chauffé et émet à son tour un rayonnement D (*down*) dont une fraction a est transmise à la Terre et complètement absorbée.

On cherche à connaître l'influence du coefficient d'absorption du rayonnement terrestre par le verre (a_T) sur la température de la Terre T.

En cohérence avec les données que l'on vient de présenter, on prendra

$$a_T = \frac{350}{390}\,, \quad a_S = \frac{198}{265}\,, \quad a = \frac{324}{519}\,. \tag{2.43}$$

Le bilan pour la Terre et le verre s'écrit

$$\begin{cases} (1 - a_S)(1 - A)F_s + aD = U = \sigma T^4 \\ a_S(1 - A)F_s + a_T U = D\,. \end{cases} \tag{2.44}$$

On a alors directement

$$\sigma T^4 = U = \frac{(1 - a_S) + a\,a_S}{1 - a\,a_T}(1 - A)F_s\,. \tag{2.45}$$

La fonction $T(a_T)$ ainsi définie est *croissante* en le coefficient d'absorption du rayonnement terrestre par le verre (a_T). Plus le verre absorbe, plus la température de la Terre est forte : *c'est l'effet de serre* qui est mesuré par la différence entre la température du sol T et la température effective d'émission T_e donnée par (2.41). On a directement

$$T = \left(\frac{(1 - a_S) + a\, a_S}{1 - a\, a_T} \right)^{0.25} T_e \,. \tag{2.46}$$

Avec $T_e \simeq 255\,\mathrm{K}$, on trouve $T \simeq 288\,\mathrm{K}$, ce qui correspond à la valeur réelle.

2.2.3.2 Forçage radiatif, rétroactions et potentiel de réchauffement global

L'impact sur la température, et plus globalement sur le climat, est un thème de recherche particulièrement actif. Il peut aussi donner lieu à des controverses (en fait de moins en moins), les résultats scientifiques étant destinés à fonder des prises de décision politiques. La lecture des documents de l'IPCC (*Intergovernmental Panel on Climate Change*, [103]) est bien entendu incontournable. Un point-clé est l'attention portée à la notion de « robustesse » des résultats. Quel est le niveau d'incertitudes ? Quel est le niveau de compréhension scientifique ? etc. Les conclusions sont ainsi systématiquement associées à la précision du niveau de confiance (LOSU pour *level of scientific understanding*).

On se limite ici à donner quelques éléments de compréhension, en présentant les notions de *forçage radiatif*, de *rétroaction* et de *potentiel de réchauffement global.*

Forçage radiatif

La notion de *forçage radiatif* est définie de la manière suivante ([103]) :

> « *The radiative forcing of the surface-troposphere system due to perturbation in or the introduction of an agent (say, a change in greenhouse gas concentrations) is the change in net (down minus up) irradiance (solar plus long-wave ; in* $\mathrm{W\,m^{-2}}$*) at the tropopause AFTER allowing the stratospheric temperatures to readjust to radiative equilibrium, but with surface and tropospheric temperatures and state held fixed at the unperturbed values.* »

Par exemple, une modification de l'albédo conduit à déséquilibrer le bilan (2.40), que l'on écrit conformément à la définition précédente (*down minus up*) comme

$$F = F_s(1 - A) - \sigma {T_e}^4 = 0 \,. \tag{2.47}$$

Une perturbation ΔA de l'albédo conduit à un forçage $\Delta F = -F_s \Delta A$. Une augmentation de l'albédo conduit logiquement à un forçage radiatif négatif (effet de refroidissement).

De même, une modification ΔF_s du flux solaire reçu $F_s = S/4$ conduit à un forçage $\Delta F = \Delta F_s(1 - A)$. Une augmentation de F_s conduit à un forçage radiatif positif.

L'impact sur la température effective T_e (puis sur la température au sol T) se fait « en considérant » (voir l'exercice 2.7 pour une approche plus rigoureuse) qu'un forçage radiatif est un flux d'énergie qui se rajoute à l'énergie solaire reçue. Le nouvel équilibre est donc

$$F_s(1-A) + \Delta F - \sigma(T_e + \Delta T_e)^4 = 0\,. \tag{2.48}$$

On définit alors le ***paramètre de sensibilité climatique*** λ_0 (la notation est usuelle et n'est pas à confondre avec la longueur d'onde) par

$$\lambda_0 = \frac{\Delta T_e}{\Delta F}\,. \tag{2.49}$$

Il s'exprime en $\mathrm{K\,(W\,m^{-2})^{-1}}$. La valeur obtenue (de l'ordre de 0.3 ; voir une estimation simple dans l'exercice 2.6) est en réalité une approximation (une sous-estimation), car les effets croisés et les rétroactions (*feedbacks*) ne sont pas pris en compte (voir ci-dessous et l'exercice 2.7).

Exercice 2.6 (Estimation du paramètre de sensibilité climatique)
Quelle est la sensibilité de la température d'émission à un forçage radiatif ?
Réponse :
On part de (2.48) et on a directement en linéarisant $\Delta F \simeq 4\sigma {T_e}^3 \Delta T_e$, soit

$$\lambda_0 = \frac{\Delta T_e}{\Delta F} \simeq \frac{1}{4\sigma {T_e}^3}\,.$$

Avec $T_e = 255\,\mathrm{K}$, on obtient $\lambda_0 \simeq 0.27$. Cette valeur ne prend pas en compte les rétroactions et est largement sous-estimée.

Cette notion peut être étendue au forçage radiatif associé à un gaz à effet de serre, disons $\mathrm{X_i}$. L'augmentation de la concentration de $\mathrm{X_i}$ conduit à une diminution du flux sortant dans le rayonnement terrestre (en ne prenant en compte que cet effet, après avoir négligé les éventuelles rétroactions). Cela peut être vu de manière équivalente, en termes de bilan d'énergie, comme une augmentation de l'irradiance reçue dans le rayonnement solaire. Ce calcul est mené, conformément à la définition du forçage radiatif, avec tous les autres paramètres gardés comme constants. On notera $\Delta F_{\mathrm{X_i}}$ le forçage radiatif associé à $\mathrm{X_i}$. Des valeurs issues des travaux de l'IPCC en 2001 ([103]) sont données dans le tableau 2.8. On note la très forte incertitude associée aux aérosols (voir la sous-section 2.2.4). Par exemple, le signe du forçage radiatif associé aux aérosols minéraux (sable) n'est pas fixé (problème 2.1).

Rétroactions (*feedbacks*)
Le calcul de sensibilité mené précédemment ne tient pas compte de l'ajustement des autres variables du système Terre/atmosphère au forçage radiatif et à la modification de température induite. Plusieurs rétroactions sont à prendre en compte.

- Vapeur d'eau
  Une atmosphère plus chaude est plus humide, ce qui amplifie l'effet de serre lié à la vapeur d'eau (rétroaction positive). On se réfère à la section 5.2.2 pour la dépendance (croissante) de la pression de vapeur saturante de l'eau en fonction de la température, ce qui favorise la vapeur d'eau (au détriment de l'eau liquide).
  De plus, l'augmentation de la température va amplifier l'évaporation de l'eau contenue dans les océans. Un cas théorique extrême correspond à ce qui est classiquement désigné comme *l'emballement de l'effet de serre* (*runaway greenhouse* dans la littérature anglo-saxonne). L'évaporation de l'eau des océans n'est pas, dans ce cas, compensée par la formation des nuages puis des précipitations, du fait des valeurs élevées de pression de vapeur saturante (liée à la température élevée), et l'ensemble de l'eau s'évapore sans possibilité de condenser (figure 2.16). Cet emballement est l'hypothèse habituellement avancée pour justifier l'absence d'océan sur Vénus (dont la température effective était initialement plus élevée que celle de la Terre).
- Albédo
  La modification de l'albédo, notamment du fait de l'évolution de la surface terrestre occupée par des glaces, est une autre rétroaction positive. Une atmosphère plus chaude va induire une fonte des glaces qui va diminuer l'albédo et donc augmenter le rayonnement solaire transmis au système.
- Nuages et aérosols
  La prise en compte de l'impact de la couverture nuageuse est plus complexe. Les nuages réfléchissent le rayonnement solaire, mais ils captent également le rayonnement infrarouge. Une incertitude majeure est également liée au rôle des aérosols (voir la section 2.2.4).

La notion de rétroaction est formalisée dans l'exercice 2.7.

Exercice 2.7 (Formalisation de la notion de rétroaction)
Une manière simple de formaliser la notion de rétroaction est de considérer que la température (par exemple au sol, T) est une fonction du flux radiatif F mais aussi des autres variables notées $\{x_i\}_i$ (par exemple l'albédo, la couverture nuageuse, les concentrations des gaz à effet de serre, ...) : $T = f(F, \{x_i\}_i)$. En supposant que les variables x_i sont aussi des fonctions de T, calculer la sensibilité $\mathrm{d}T/\mathrm{d}F$.
Réponse :
La sensibilité qui tient compte des rétroactions s'écrit donc

$$\lambda = \frac{\mathrm{d}T}{\mathrm{d}F} = \underbrace{\frac{\partial T}{\partial F}}_{\lambda_0} + \sum_i \frac{\partial T}{\partial x_i}\frac{\partial x_i}{\partial F} .$$

Avec la dépendance $x_i(T)$, on a $\partial x_i/\partial F = \mathrm{d}x_i/\mathrm{d}T \times \mathrm{d}T/\mathrm{d}F$ et on obtient finalement

$$\lambda = \frac{\lambda_0}{1 - \sum_i f_i} , \quad f_i = \frac{\partial T}{\partial x_i}\frac{\mathrm{d}x_i}{\mathrm{d}T} .$$

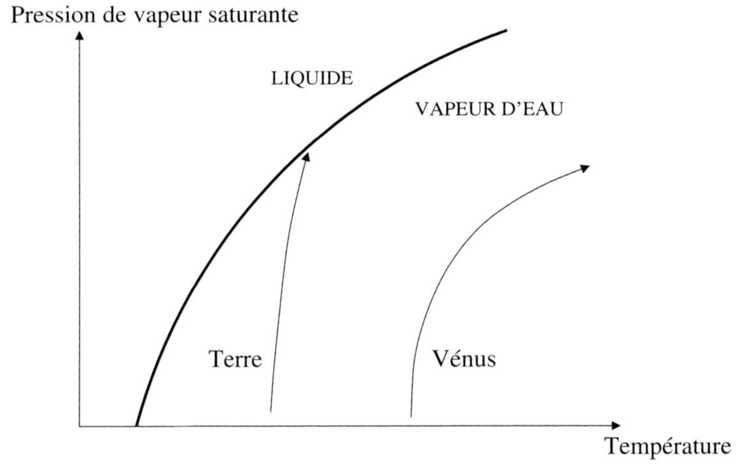

Figure 2.16 – Emballement de l'effet de serre (évolution « historique » des atmosphères de Vénus et de la Terre). Source : [57].

La variable f_i est le *facteur de feedback* de la variable i (associée à un phénomène physique). Il est sans dimension. Pour le calcul de f_i, il faut bien distinguer $\partial T/\partial x_i$ qui correspond à la dépendance (*via* l'équilibre radiatif) de la température à la variable et $\mathrm{d}x_i/\mathrm{d}T$ qui correspond au pilotage par la température de la variable (*via* des processus physiques, chimiques, etc). Si ces deux valeurs sont positives (c'est-à-dire si une augmentation de température conduit à une amplification du processus qui induit une augmentation de température), on a bien sûr une rétroaction positive.

D'après les travaux de l'IPCC ([103], tableau 2.8), le forçage radiatif anthropique entre 1750 et 1998 est estimé à $2.43\,\mathrm{W\,m^{-2}}$ (dont $1.46\,\mathrm{W\,m^{-2}}$ pour CO_2, $0.48\,\mathrm{W\,m^{-2}}$ pour CH_4, $0.34\,\mathrm{W\,m^{-2}}$ pour les composés halogénés et $0.15\,\mathrm{W\,m^{-2}}$ pour N_2O). Pour une augmentation de température estimée à $0.6\,\mathrm{K}$, on a donc un paramètre de sensibilité climatique de l'ordre de 0.25.

En général, en tenant compte des rétroactions, $\lambda \in [0.3, 1.5]$ est une plage de variation typiquement obtenue par les modèles de circulation générale.

Potentiel de réchauffement global

Un troisième concept-clé prend en compte les temps de vie des espèces considérées. Pour une espèce X_i, on définit son *potentiel de réchauffement global*, GWP_i (pour *global warming potential*), en comparant sur une période de temps fixée, par exemple $[0, t_f]$, le forçage radiatif induit par l'émission de $1\,\mathrm{kg}$ de X_i à $t = 0$, relativement à celui d'une espèce de référence (souvent le dioxyde de

Espèce X_i	ΔF_{X_i} ($W\,m^{-2}$)	Incertitude	Niveau de confiance
Gaz à effet de serre	2.43	10 %	Fort
dont CO_2	1.46	-	-
dont CH_4	0.48	-	-
dont N_2O	0.14	-	-
dont halocarbonés	0.34	-	-
O_3 stratosphérique	-0.15	67 %	Moyen
O_3 troposphérique	0.35	43 %	Moyen
Aérosols sulfatés (direct)	-0.4	[-0.8, -0.2]	Faible
Aérosols feux de biomasse (direct)	-0.2	[-0.6, -0.07]	Très faible
Suie (carbone élementaire, direct)	0.1	[0.03, 0.3]	Très faible
Aérosols organiques (direct)	-0.1	[-0.3, -0.03]	Très faible
Aérosols minéraux	[-0.6, 0.4]	-	Très faible
Effet indirect des aérosols	[-2, 0]	-	Très faible
Traînées de condensation (aviation)	0.02	350 %	Très faible
Formation de cirrus (aviation)	[0, 0.04]	-	Très faible
Albédo de surface (usage des sols)	-0.2	100 %	Très faible
Activité solaire	0.3	67 %	Très faible

Tableau 2.8 – Forçage radiatif moyen annuel de 1750 à 2000 tel qu'estimé par les travaux de l'IPCC en 2001. Source : [103].

Espèce	Temps de vie (an)	GWP à 20 ans	GWP à 100 ans	GWP à 500 ans
CO_2	100	1	1	1
CH_4	12	62	23	7
N_2O	114	275	296	156
CFC-11	45	6300	4600	1600
CFC-12	100	10200	10600	5200
CFC-13	640	10000	14000	16300

Tableau 2.9 – Potentiel de réchauffement global *direct* rapporté à celui de CO_2 pour quelques espèces, à 20, 100 et 500 ans. Source : [103].

carbone CO_2), soit

$$GWP_i = \frac{\int_0^{t_f} \Delta F_{X_i}(t)\mathrm{d}t}{\int_0^{t_f} \Delta F_{CO_2}(t)\mathrm{d}t}. \tag{2.50}$$

On se réfère au tableau 2.9 pour des valeurs à divers horizons temporels. Une interprétation des résultats est qu'à l'horizon de 100 ans, il est aussi efficace de réduire les émissions de CFC-11 de 1 kg que de réduire celles de CO_2 de 4600 kg.

En réalité, cet indicateur simplifié ne prend en compte que les effets *directs* (on parle aussi de *direct GWP*). Il n'estime pas les effets indirects, *via* des processus physiques et chimiques, que l'émission d'un polluant peut induire sur d'autres espèces chimiques. On définit alors le potentiel de réchauffement global *indirect* (*indirect GWP*), qui est particulièrement difficile à estimer.

Par exemple, l'émission de méthane (CH_4) a plusieurs effets indirects, notamment :

- une production d'ozone (effet indirect estimé 25 % de l'effet direct) ;
- une production de vapeur d'eau stratosphérique (5 % de l'effet direct).

2.2.4 Aérosols, nuages et effet de serre

Les incertitudes sur le comportement radiatif des aérosols et des nuages constituent un verrou pour avoir une estimation fiable de l'effet de serre additionnel.

2.2.4.1 Effet direct des nuages

Les nuages jouent un rôle essentiel pour le bilan radiatif avec deux effets contradictoires :

- Effet de refroidissement dans le rayonnement solaire
  Ils constituent un milieu diffusant pour le rayonnement solaire et participent à l'albédo global. La rétrodiffusion vers l'espace est fonction de la nature des nuages et notamment de leurs propriétés microphysiques :

l'albédo nuageux (pour le rayonnement solaire) varie de 0.20 (pour les stratus minces) à 0.90 pour les cumulus (tableau 2.4). On estime ainsi à environ 0.15 l'albédo du système Terre/atmosphère lié aux nuages, soit la moitié de l'albédo global.
On évalue, pour l'atmosphère actuelle, la contribution des nuages au bilan dans le rayonnement solaire à $-50\,\mathrm{W\,m^{-2}}$.

- Effet de serre dans le rayonnement infrarouge
À l'inverse, les nuages augmentent les propriétés de rayonnement diffus vers le sol (pour les petites longueurs d'onde) et surtout les propriétés d'émissivité et d'absorption de l'atmosphère dans les grandes longueurs d'onde ($\varepsilon \simeq 0.97$ pour les nuages). Les nuages étant donc quasi opaques pour le rayonnement infrarouge et émettant à des températures plus faibles que la surface ou le ciel clair (la température décroît avec l'altitude), ils participent à un effet de serre, estimé pour l'atmosphère actuelle à environ $+25\,\mathrm{W\,m^{-2}}$.

L'effet agrégé est donc un refroidissement (avec une contribution de l'ordre de $-25\,\mathrm{W\,m^{-2}}$ pour le bilan radiatif). Une estimation fine de cet impact est fondamentale : pour fixer les ordres de grandeur, un doublement du CO_2 conduit à modifier le bilan radiatif de quelques $\mathrm{W\,m^{-2}}$.

L'impact sur ce bilan d'une modification de la composition de l'atmosphère est particulièrement complexe à estimer, ce qui permet d'illustrer une nouvelle fois la notion de *rétroaction*.

Pour le rayonnement solaire, l'augmentation de la fraction molaire de vapeur d'eau conduit à une augmentation de la couverture nuageuse, d'où un albédo global plus élevé (effet de refroidissement). Mais, dans le même temps, elle peut également conduire à une augmentation des précipitations, d'où un temps de vie des nuages plus faible et une diminution de l'albédo.

Pour le rayonnement infrarouge, les nuages participent au premier ordre à l'effet de serre. Pour une estimation plus précise, l'altitude des nuages est à prendre en compte : des nuages élevés (par exemple des cirrus) vont avoir un effet de réchauffement, au contraire de nuages bas.

2.2.4.2 Effet direct des aérosols

Effet de refroidissement des aérosols sulfatés

Par leurs propriétés radiatives, les aérosols sulfatés ont un effet direct sur le rayonnement solaire. L'effet est un refroidissement du fait de l'augmentation de l'albédo planétaire. Le résultat étant comparable à ce que ferait une couche de neige, on parle parfois de *whitehouse effect* ([123]), par analogie avec l'effet de serre (*greenhouse effect*).

Des baisses de température ont ainsi été constatées à la suite de l'éruption du volcan Pinatubo (1991), qui a conduit à une augmentation des concentrations d'aérosols sulfatés dans la stratosphère : l'estimation du forçage radiatif résultant est de $-4\,\mathrm{W\,m^{-2}}$ pour 1992 avec une décroissance rapide en 1995 à

$-0.1\,\mathrm{W\,m^{-2}}$, pour un impact négatif en température de quelques dizièmes de degré.

On a déjà vu que le forçage radiatif lié à l'augmentation d'albédo (valable pour les deux effets précédents) est donné par $\Delta F = -F_s \Delta A$. Avec l'exercice 2.8, on peut estimer de manière grossière l'albédo lié aux aérosols à 2×10^{-2}. En considérant que la part des aérosols d'origine anthropique est de l'ordre de 25 %, on obtient un albédo des aérosols anthropiques de l'ordre de $A_1 = 5 \times 10^{-3}$. La perturbation sur l'albédo global doit tenir compte de l'interaction entre couches d'albédos (exercice 2.2), ce qui conduit à une perturbation totale $\Delta A = A_1(1 - A_0)^2$, avec A_0 l'albédo des autres composés (égal à 0.3 en première approximation).

Exercice 2.8 (Estimation de l'albédo des aérosols)
Estimer la contribution des aérosols à l'albédo global pour le rayonnement solaire.
Données :
– l'épaisseur optique totale liée aux aérosols peut être estimée à $\tau \simeq 0.12$ (valeur moyenne au-dessus des océans, [55]) ;
– on prendra $\beta = 23$ % (fraction réfléchie par la diffusion).
Réponse :
Le rayonnement incident, I, se distribue en un rayonnement transmis, $\exp(-\tau)I$, et en un rayonnement diffusé, $(1 - \exp(-\tau))I$. Une fraction β du rayonnement diffusé est réfléchie vers l'espace, soit un albédo $A_1 = \beta(1 - \exp(-\tau)) \simeq \beta\tau$. On trouve $A_1 \simeq 0.026$.

On obtient finalement $\Delta F \simeq -0.85\,\mathrm{W\,m^{-2}}$, une valeur cohérente avec la somme des forçages radiatifs directs associés aux aérosols anthropiques dans le tableau 2.8.

La pollution particulaire (plus locale) a ainsi partiellement masqué l'effet de serre additionnel. L'amélioration de la qualité de l'air a donc l'effet pervers de ne plus contrebalancer le forçage radiatif lié aux gaz à effet de serre : c'est un exemple de *dilemme atmosphérique* (chapitre introductif et exercice 2.9). Une autre application de l'effet de refroidissement associé aux aérosols est la notion d'*hiver nucléaire* (le fort refroidissement à attendre à la suite d'un conflit nucléaire ; problème 2.4).

Exercice 2.9 (Ingénierie atmosphérique et effet de serre)
Pour contrebalancer la diminution de l'effet de refroidissement imputable à la pollution particulaire (aérosols sulfatés), conséquence de l'amélioration de la qualité de l'air, P. J. Crutzen (prix Nobel de Chimie en 1995), propose en

dernière extrémité (« [*as an*] *escape route against strongly increased temperature* », chapitre introductif) d'injecter des particules soufrées dans la stratosphère. L'injection dans la stratosphère permet de bénéficier du temps de vie plus élevé des particules stratosphériques (de 1 à 2 ans contre une semaine dans la troposphère, chapitre 5). L'objet de cet exercice est d'illustrer les bases du calcul de Crutzen.

L'éruption volcanique du mont Pinatubo a conduit en 1991 à l'injection dans la stratosphère de 10 Tg de soufre, dont 6 Tg était encore dans la stratosphère quelques mois après. Cela a induit en 1992 un forçage radiatif estimé à $-4.5\,\mathrm{W\,m^{-2}}$ et une diminution de la température moyenne de surface de 0.5 K.

En estimant à 25 milliards de dollars (sur la base de technologies supposées être disponibles) le coût nécessaire pour envoyer 1 Tg S dans la stratosphère, quel serait le coût du projet suggéré par Crutzen pour contrebalancer l'impact de l'amélioration de la qualité de l'air (avec un forçage radiatif estimé à $+1.5\,\mathrm{W\,m^{-2}}$) ou celui d'un doublement de la concentration de CO_2 (avec un forçage radiatif estimé à $+4\,\mathrm{W\,m^{-2}}$) ? Pour indication, les émissions annuelles anthropiques de soufre sont actuellement de l'ordre de 55 Tg.

Parmi les conséquences néfastes prévisibles, on peut citer l'accroissement de la destruction de l'ozone stratosphérique (constaté après l'éruption du Pinatubo), du fait du rôle des aérosols de sulfate dans les processus concernés (section 4.2). Néanmoins, les espèces qui participent à la destruction de l'ozone, les CFC, sont à présent réglementées et ont des concentrations en diminution (figure 1.10).

Réponse :

Sur la base des données relatives à l'éruption du Pinatubo, en faisant une approximation linéaire, le forçage imputable à 1 Tg S dans la stratosphère est $-0.75\,\mathrm{W\,m^{-2}}$ (4.5/6). Il faut donc, avec un temps de vie de 1 à 2 ans dans la stratosphère, injecter de 1 à 2 Tg S dans la stratosphère par an pour contrebalancer l'amélioration de la qualité de l'air, soit un coût annuel de 25 à 50 milliards de dollars. Pour contrebalancer l'effet d'un doublement de CO_2, il faudrait envoyer de 2.5 à 5 Tg S par an, soit un coût annuel de 60 à 120 milliards de dollars.

Pour en savoir plus ([26]) :

P.J. Crutzen. Albedo enhancement by stratospheric sulfur injections : a contribution to resolve a policy dilemma? *Climatic Change*, 77 :211–219, 2006

Sensibilité à la caractérisation de l'aérosol : carbone suie et contenu en eau liquide

En réalité, les propriétés radiatives de l'aérosol dépendent de sa taille, de sa composition chimique, de la façon dont les composés sont *mélangés* et du contenu en eau liquide. On renvoie au problème 2.1 pour l'étude de l'effet direct en fonction de la nature chimique de l'aérosol.

On traite ici deux aspects pour illustrer les incertitudes, avec le cas du carbone suie et celui du contenu en eau liquide de l'aérosol.

Type de mélange	[61]	[62]
mélange externe	0.27	0.31
cœur de carbone/mélange interne multiple	0.54	0.55
mélange interne	0.78	0.62

Tableau 2.10 – Forçage radiatif (en $\mathrm{W\,m^{-2}}$) imputable aux aérosols carbonés (suie) en fonction du mélange de l'aérosol. Sources : [61, 62].

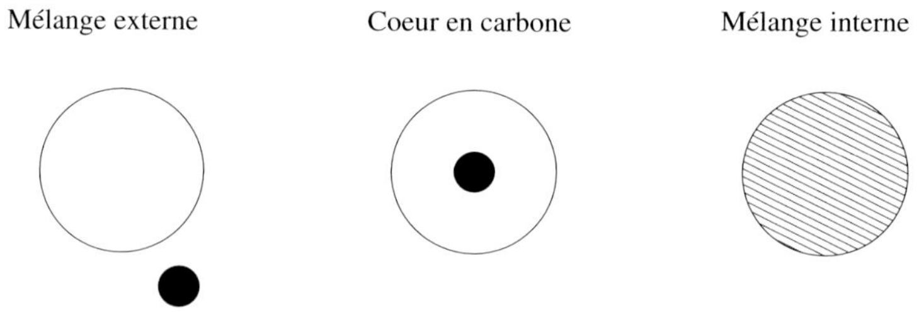

Figure 2.17 – Représentation du mélange des aérosols : mélange externe, cœur de carbone entouré d'un film et mélange interne. La couleur noire désigne la partie carbonée de l'aérosol (suie, carbone élémentaire ou *black carbon* selon la terminologie).

Même si sa contribution en masse est faible, le carbone suie (*black carbon*) a un impact radiatif important, qui est particulièrement difficile à estimer. Les suies absorbant dans l'infrarouge, le signe du forçage radiatif est positif, mais l'estimation de l'amplitude peut varier d'un facteur deux ou trois en fonction du mélange de l'aérosol (tableau 2.10). Dans une hypothèse de mélange interne, les composés sont mélangés au sein d'une ou plusieurs familles d'aérosols, alors que dans une hypothèse de mélange externe, les composés sont indépendants (section 5.1.1.4). Un autre élément-clé est la géométrie de l'aérosol, avec, pour les aérosols contenant du carbone suie, la présence d'un cœur de carbone entouré d'un film liquide organique et inorganique (figure 2.17).

Les données du tableau 2.10 indiquent que l'effet de réchauffement lié au *black carbon* est croissant de l'hypothèse de mélange externe à l'hypothèse de mélange interne (cela découle directement du calcul des efficacités d'extinction). Jusque-là, la majeure partie des études a été fondée sur une hypothèse de mélange externe (plus simple à mettre en œuvre), et il est donc possible que le forçage positif du carbone suie ait été sous-estimé. Les valeurs obtenues dans le cas d'un cœur de carbone avec mélange interne multiple (l'hypothèse la plus vraisemblable) placeraient le carbone suie au deuxième rang des contributeurs à l'effet de serre additionnel (tableau 2.8). Cela peut justifier de mettre l'accent sur des stratégies de réduction à l'émission (le carbone suie n'est pas concerné par le protocole de Kyoto).

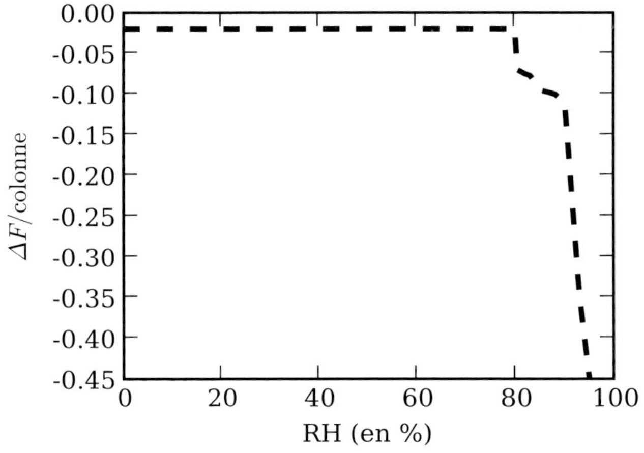

Figure 2.18 – Évolution indicative d'un forçage radiatif normalisé à la colonne d'aérosols, exprimé en $W\,m^{-2}/(mg\,m^{-2})$. La distribution en taille est centrée autour d'un rayon sec de 0.1 µm ; l'aérosol est composé de 90 % de sulfate et de 10 % de carbone suie (cœur). L'absorption de l'eau a lieu pour une humidité relative de 80 % (humidité relative de déliquescence du sulfate d'ammonium, tableau 5.6). Source : [83].

Un second effet particulièrement difficile à prendre en compte est lié au contenu en eau liquide des aérosols. Pour des aérosols qui contiennent des composés hydrophiles (c'est-à-dire qui vont favoriser la condensation de l'eau lorsque l'humidité est assez élevée), une augmentation de l'humidité va contribuer à augmenter la taille de l'aérosol et fortement impacter les propriétés radiatives. Un exemple indicatif est donné dans la figure 2.18. Une estimation correcte de cet effet nécessite une description fine de l'humidité et surtout des propriétés microphysiques de l'aérosol avec notamment la notion d'humidité de déliquescence, l'humidité à partir de laquelle l'absorption de l'eau a lieu (section 5.1).

2.2.4.3 Effets indirects des aérosols

Une partie des aérosols fournissent les *noyaux de condensation* à partir desquels les nuages se forment (section 5.2.3). Comme les nuages interagissent avec le rayonnement, notamment solaire, en plus de l'effet *direct* des aérosols sur le budget radiatif au sol, on doit également tenir compte des effets *indirects via* les nuages (tableau 2.12). Un point-clé est l'importance des propriétés microphysiques des nuages qui sont liées à celles des aérosols : par exemple, l'albédo d'un nuage dans le visible est une fonction décroissante de la taille des gouttes, ou de manière équivalente une fonction croissante de la densité en nombre (effet Twomey, problème 2.2 et figure 2.19). Ces effets ont été finement mesurés lors de l'étude du « nuage brun asiatique » (exercice 2.10 et tableau 2.11).

Nuage	densité des aérosols ($d_p \geq 50\,\text{nm}$)	densité des gouttes de nuage	rayon effectif (r_e)
nuage propre	$<500\,\text{cm}^{-3}$	$90\,\text{cm}^{-3}$	$r_e \geq 7.5\,\mu\text{m}$
nuage brun	$>1500\,\text{cm}^{-3}$	$315\,\text{cm}^{-3}$	$r_e \leq 6.5\,\mu\text{m}$

Tableau 2.11 – Données microphysiques mesurées sur l'océan Indien : comparaison entre un nuage « propre » (*pristine*) et le « nuage brun » (exercice 2.10) pour un même contenu en eau liquide $L = 0.15\,\text{g}\,\text{m}^{-3}$. Source : [114].

Effet	description	impact
Effet indirect des aérosols pour les nuages avec un contenu en eau liquide fixé (albédo des nuages, effet Twomey)	Plus de petites gouttes réfléchissent plus le rayonnement solaire.	$\Delta F_0 < 0$
Effet indirect des aérosols pour les nuages avec un contenu en eau liquide variable (effet de temps de vie)	Les petites gouttes diminuent les précipitations et augmentent le temps de vie des nuages.	$\Delta F_0 < 0$, $p_0 \downarrow$
Effet semi-direct	L'absorption du rayonnement solaire (suie) peut augmenter l'évaporation	$\Delta F_0 < 0$?, $p_0 \downarrow$

Tableau 2.12 – Effets indirects des aérosols. ΔF_0 désigne le bilan radiatif au sol et p_0 l'intensité de pluie (par exemple en mm heure^{-1}). Source : [88].

Exercice 2.10 (« Nuages bruns »)
De nombreuses études, notamment sur l'Asie du Sud-Est et l'océan Indien ont montré l'existence de vastes panaches persistants de pollution particulaire d'origine anthropique, sous le vent des zones fortement urbanisées. On parle de *nuages bruns* (ABC pour *atmospheric brown clouds*). Le nuage brun asiatique (d'une épaisseur allant jusqu'à 3 kilomètres) a fait l'objet d'une forte médiatisation. Des nuages similaires existent sur l'Atlantique Nord (panache nord-américain) sur l'Europe du Nord et de l'Est, dans l'océan Pacifique (panache chinois) et sur l'Atlantique Sud (panache des feux de biomasse de l'Amazonie).

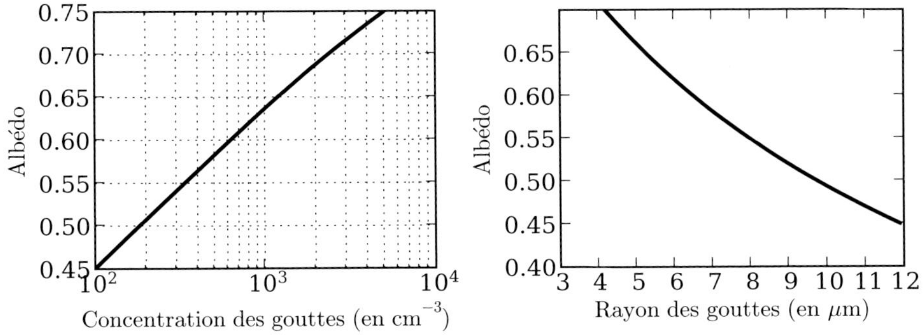

Figure 2.19 – Évolution de l'albédo d'un nuage en fonction de la densité en nombre ou du rayon effectif des gouttes (supposées suivre une distribution monodisperse). Voir le problème 2.2 pour les données.

Les impacts sont à la fois radiatifs (forçage radiatif négatif : $-20 \pm 4\,\mathrm{W\,m^{-2}}$ pour le nuage brun asiatique) et hydrologiques (6 fois plus de gouttes de nuage, plus petites, selon certaines mesures et une évaporation accrue des nuages). Le tableau 2.11 donne également des éléments sur les nuages. Les observations et les modélisations ont montré que le problème était le plus marqué pendant la saison sèche et sur la zone des tropiques. Pourquoi ?

Réponse :

Les précipitations sont très faibles pendant cette période, d'où l'absence de lessivage par les pluies (chapitre 5). Il y a, en revanche, toujours des précipitations aux latitudes moyennes.

Pour en savoir plus ([115, 114]) :

V. Ramanathan, P.J. Crutzen. Atmospheric Brown Clouds. *Atmos. Env.*, pages 4033–4035, 2003

V. Ramanathan *et al.* Indian Ocean Experiment (INDOEX) : an integrated analysis of the climate forcing and effects of the great Indo-Asian haze. *J. Geophys. Res.*, 106(D22) :28371–28398, 2001

Des effets contradictoires peuvent, par ailleurs, survenir des mêmes causes. Par exemple, une augmentation du nombre de particules va conduire à un plus grand nombre de petites gouttes de nuage d'où une diminution des précipitations et une plus grande durée de vie des nuages. Une première conséquence est une diminution des chutes de neige (l'efficacité de précipitation est moins forte ; effet microphysique). Une seconde conséquence est l'accroissement de la réflexion du rayonnement solaire, d'où une diminution de la température et donc des chutes de neige (effet radiatif). L'estimation de l'effet global est donc délicate (exemple tiré de [88]).

2.2.4.4 Controverses et débats scientifiques

D'autres effets ont donné lieu depuis quelques années à des controverses scientifiques. À des fins d'exhaustivité, on citera le cas des *rayons cosmiques*. Les travaux de H. Svensmark (à la suite de [136]) ont avancé l'hypothèse d'une corrélation entre le rayonnement cosmique disponible (influencé par ailleurs par l'activité solaire) et la formation, par ionisation, des noyaux de condensation des nuages, notamment les nuages bas (qui participent essentiellement à la réflexion du rayonnement solaire, effet de refroidissement). Les données indiquant une diminution de l'ordre de 25 % sur les cent dernières années du rayonnement cosmique, cela pourrait expliquer une part du réchauffement observé. Outre le caractère isolé de ces études, il n'existe pas de description microphysique de ces processus. Surtout, de nombreuses études, avec de nouvelles données (depuis 1995), ont montré que la corrélation entre rayonnement cosmique et couverture nuageuse n'est pas significative ([77]).

À côté de controverses de ce type, des débats scientifiques ont, par exemple, porté sur la sous-estimation éventuelle de l'absorption du rayonnement solaire par les nuages (estimée par certains travaux à 40 % de la valeur habituellement proposée ; [39] et [86], parmi de nombreuses références). De nouvelles mesures (éventuellement par les mêmes équipes ayant soulevé ce débat) ont tendance à relativiser l'importance de cette question.

2.2.5 Pollution atmosphérique et visibilité

La diminution de la visibilité est une des manifestations la plus... visible d'un épisode de pollution urbaine. Elle est généralement définie à partir de la notion de *contraste visuel*. On considère un objet sombre dans un milieu clair. Le contraste, noté C_v, est la différence relative entre l'intensité (la radiance) de l'objet et celle du milieu. Elle est fonction de la distance de l'observateur à l'objet (notée x, $x = 0$ correspondant à l'objet). En notant I_b l'intensité du milieu, supposée constante, et I celle de l'objet, le contraste est défini par

$$C_v(x) = \frac{I_b - I(x)}{I_b}. \tag{2.51}$$

Comme l'objet n'émet ni ne réfléchit (il est supposé absorber parfaitement la lumière), $I(0) = 0$ et le contraste est maximal au niveau de l'objet : $C_v(0) = 1$. Pour $x > 0$, les contributions du milieu à l'évolution de I sont liées à la diffusion de l'intensité ambiante, (du fait de la présence de gaz et de particules), d'une part, et à une extinction de I du fait de l'absorption et de la diffusion d'autre part. Le premier terme est modélisé sous la forme d'un flux $b^{ext} I_b$, le second sous la forme d'un flux $-b^{ext} I$ avec b^{ext} le coefficient d'extinction (qui est aussi le coefficient de diffusion), soit

$$\frac{\mathrm{d}I}{\mathrm{d}x} = b^{ext} I_b - b^{ext} I. \tag{2.52}$$

Coefficient d'extinction ($10^{-4}\,\text{m}^{-1}$)	Jour « propre » (7 avril 1983)	Jour pollué (25 août 1983)
Particulaire/diffusion	0.26	4.08
Gazeux/diffusion	0.11	0.11
NO_2/absorption	0.01	0.03
Suie/absorption	0.09	0.78
Total	0.47	5

Tableau 2.13 – Évolution du coefficient d'extinction entre un jour « propre » et un jour pollué à Los Angeles. La longueur d'onde est dans le visible, $\lambda = 550\,\text{nm}$. La dégradation de la visibilité lors du jour pollué est directement imputable à la diffusion par les particules. Source : [80].

Comme I_b est constant par rapport à x, on obtient aisément une équation de type Beer-Lambert pour le contraste visuel,

$$\frac{\mathrm{d}C_v}{\mathrm{d}x} = -b^{ext}C_v\,, \tag{2.53}$$

de solution $C_v(x) = \exp(-b^{ext}x)$.

La diminution de la visibilité est en général définie par une distance, notée x_v, correspondant à la réduction du contraste visuel à un seuil minimal (en deçà duquel une personne « normale » ne percevra plus de contraste entre l'objet et son environnement). Soit $(C_v)_{min}$ ce seuil, habituellement pris à 2 %. Avec $\ln(50) = 3.912$, on obtient aisément l'équation de Koschmieder (1922),

$$x_v = \frac{3.912}{b^{ext}}\,, \tag{2.54}$$

Les contributions à l'extinction comprennent la diffusion de Rayleigh (liée aux gaz, une contribution faible de fond), l'extinction associée à NO_2 et l'extinction associée aux aérosols. Le dioxyde d'azote absorbant le bleu, il colore les panaches de pollution en rouge, marron ou jaune (figure 2.22). La contribution majeure provient néanmoins des aérosols : de 50 à 95 % pour les aérosols sulfatés et nitratés, de 5 à 50 % pour les aérosols organiques et les suies.

Un épisode de pollution va se caractériser par une augmentation forte de la contribution particulaire à b^{ext} (tableau 2.13 et figures 2.20 et 2.21), notamment en diffusion.

Dans le cadre de la réglementation nord-américaine (*Regional Haze Rule* de l'US EPA, *Environmental Protection Agency*, 2003), un accent particulier a été porté sur la surveillance de la visibilité dans les milieux naturels (notamment les parcs nationaux). La dégradation de la visibilité est mesurée par un « indice de brume » (*haze index*, en *deciview*, dv),

$$HI = 10 \ln \frac{b^{ext}}{10}\,, \tag{2.55}$$

Figure 2.20 – Diminution de la visibilité du fait de la pollution particulaire. À gauche : un ciel « de Rayleigh » (17 juin 2004, PM_{10}=20 µg m^{-3}). À droite : un épisode de pollution particulaire (9 juin 2004, PM_{10}=80 µg m^{-3}). PM_{10} désigne les particules dont le rayon est, en première approximation, inférieur ou égal à 10 µm. Crédit : Airparif.

avec b^{ext} le coefficient d'extinction atmosphérique, exprimé ici en $10^{-6}\,\mathrm{m}^{-1}$ (Mm^{-1}). Notons que la relation avec x_v est directe. L'atmosphère « propre » de référence correspond donc à $b^{ext} = 10\,\mathrm{Mm}^{-1}$. Une atmosphère « de Rayleigh » (sans particule) est également parfois définie par $b^{ext} = 13\,\mathrm{Mm}^{-1}$.

Des paramétrisations existent pour calculer b^{ext} en fonction de la composition chimique des aérosols, par exemple ([105])

$$b^{ext} = 2f(RH) \times ([(\mathrm{NH_4})_2\mathrm{SO_4}] + [\mathrm{NH_4NO_3}]) + 1.4[\mathrm{OC}] + 10[\mathrm{EC}] \\ + [\text{minéral}] + 0.6[\text{coarse}] + 10\,, \quad (2.56)$$

avec $f(RH)$ une fonction de l'humidité relative RH qui décrit la croissance par absorption d'eau des aérosols de nitrate et de sulfate (typiquement $f(.)$ vaut 2 ou 3), OC le carbone organique, EC le carbone élémentaire, « minéral » se rapporte à la partie minérale des $PM_{2.5}$[5] et « *coarse* » à la partie grossière du spectre des aérosols (au-dessus de 2.5 µm de diamètre). En l'absence d'aérosols (atmosphère « propre »), HI vaut donc 0.

La dépendance de la visibilité à l'humidité est très forte[6], ce qui justifie l'importance de bien décrire le contenu en eau liquide des aérosols.

[5] Les $PM_{2.5}$ désignent les particules dont le diamètre (en première approximation) est inférieur ou égal à 2.5 µm.

[6] Il suffit, pour s'en convaincre, de penser à la visibilité dans un brouillard !

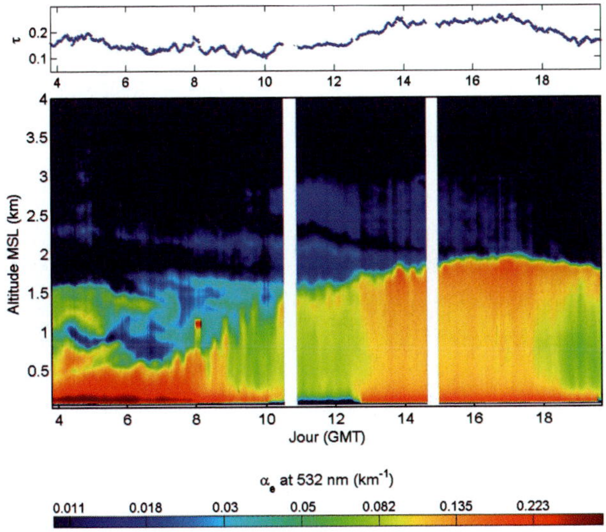

Figure 2.21 – En haut : évolution de l'épaisseur optique totale. En bas : évolution du profil vertical du coefficient d'extinction, b_{ext} noté ici α_e (en km^{-1}). La longueur d'onde est 532 nm (visible) ; Mesures effectuées sur la place de l'Hôtel-de-Ville à Paris, pour la période du 4 au 18 mai 2005 (campagne LISAIR). Crédit : Patrick Chazette, CEA.

La teneur en sable de l'atmosphère est un autre facteur important de contrôle de la visibilité. Par exemple, lors d'épisodes de transport de sable saharien vers l'Europe du Sud, le coefficient d'extinction peut atteindre aisément plusieurs centaines de Mm^{-1}.

Figure 2.22 – Épisode de pollution au dioxyde d'azote sur Paris, le 1er février 2006. Une concentration maximale de près de $350\,\mu g\,m^{-3}$ a été mesurée ce jour-là. Crédit : Airparif ([4]).

Problèmes se rapportant au chapitre 2

Aérosol	Rayonnement solaire	Rayonnement infrarouge
Sulfate	diffusion	-
Suie	absorption	absorption
Désertique	diffusion	absorption

Tableau 2.14 – Comportement radiatif des aérosols en fonction de leur composition pour les rayonnements solaire et infrarouge.

Problème 2.1 (Forçage radiatif dû aux aérosols et effet direct)
Le comportement radiatif des aérosols est fonction non seulement de leur taille, mais aussi de leur composition chimique (tableau 2.14). L'objet de ce problème, pour partie inspiré de [57], est d'illustrer les différences de comportement radiatif en fonction de la nature des aérosols.

1. Quel impact doit avoir *a priori* pour la température au sol une augmentation de la diffusion dans le rayonnement solaire (aérosols de sulfate) ? Et d'une augmentation de l'absorption dans le rayonnement infrarouge (suie) ? Peut-on conclure sur l'impact de chacun des trois types d'aérosol ? On ne demande pas ici de calcul mais un raisonnement qualitatif.

2. On se propose d'utiliser un petit modèle radiatif. L'atmosphère est considérée comme une couche, de température T_1, qui n'absorbe pas le rayonnement solaire, qui absorbe le rayonnement infrarouge avec un coefficient d'absorption f, qui émet de manière isotrope vers la Terre et l'espace une énergie $2f\sigma {T_1}^4$ (c'est-à-dire pour moitié vers la Terre, pour moitié vers l'espace). L'ensemble du système Terre/atmosphère a un albédo pour le rayonnement solaire noté A.
   Justifier la forme de l'émission pour l'atmosphère. Calculer T_0 (température du sol) en fonction de F_s (énergie solaire reçue), A et f. Que doit valoir f pour être cohérent ?
   Données : $A = 0.3$; $\sigma = 5.67 \times 10^{-8}\,\mathrm{W\,m^{-2}\,K^{-4}}$; $F_s = 342\,\mathrm{W\,m^{-2}}$.
3. On considère à présent les variations δT_0 dues à une modification des propriétés de la couche atmosphérique (δf et δA). Quels aérosols faut-il considérer en augmentation pour obtenir des variations $\delta f > 0$? $\delta A > 0$?
   Exprimer δT_0 en fonction de δf et δA (on utilisera avec profit la dérivée logarithmique : $\mathrm{d}(\ln x) = \mathrm{d}x/x$). Montrer qu'il existe une valeur critique de $\delta A/\delta f$.

Réponse :

1. Une augmentation de la diffusion dans le rayonnement solaire va conduire à une augmentation de l'albédo Terre/atmosphère et donc *a priori* à un refroidissement. Une augmentation de l'absorption dans le rayonnement infrarouge est comparable à un effet de serre additionnel et va conduire *a priori* à une augmentation de température.
   La suie a donc *a priori* un effet comparable à un gaz à effet de serre, un aérosol sulfaté un effet inverse. On ne peut pas conclure pour l'aérosol désertique.
2. La fraction émise doit correspondre à la fraction absorbée, ce qui justifie l'utilisation de f en émission.
   À l'équilibre radiatif pour l'ensemble Terre/atmosphère et l'atmosphère, on a
   $$(1-A)F_s = f\sigma {T_1}^4 + (1-f)\sigma {T_0}^4\ , \quad 2f\sigma {T_1}^4 = f\sigma {T_0}^4\ ,$$
   soit finalement
   $$\left(1-\frac{f}{2}\right)\sigma {T_0}^4 = (1-A)F_s\,.$$
   Pour avoir $T_0 = 288$ K (valeur moyenne à la surface), on trouve $f \simeq 0.78$.
3. $\delta f > 0$ correspond à la suie ; $\delta A > 0$ correspond aux aérosols sulfatés. L'aérosol désertique est associé aux deux.
   En prenant la dérivée logarithmique de l'équation précédente, on a
   $$4\frac{\delta T_0}{T_0} = \frac{\delta f}{2\left(1-\frac{f}{2}\right)} - \frac{\delta A}{1-A}\,.$$
   La valeur critique pour déterminer l'impact en termes de température est donc donnée par
   $$\frac{\delta f}{\delta A} = \frac{2(1-\frac{f}{2})}{1-A}\,.$$

Les calculs globaux reflètent l'incertitude de l'impact des aérosols minéraux. Le forçage radiatif négatif dans les courtes longueurs d'onde est estimé comme étant du même ordre que le forçage radiatif positif dans les grandes longueurs d'onde. La contribution totale est ainsi estimée à $[-0.6, +0.4]$ W m^{-2} ([103], référence ci-dessous). C'est-à-dire que l'on ne connaît pas le signe, même s'il est probable que le forçage total soit négatif.

Pour en savoir plus ([103]) :

Intergovernmental Panel on Climate Change. Climate Change 2001. IPCC Third Assessment Report. The Scientific Basis, 2001. WMO and UNEP (plus spécifiquement le chapitre 6, p. 372-373)

Problème 2.2 (Albédo d'un nuage et effet Twomey)

L'objectif de ce problème est de calculer l'épaisseur optique et l'albédo, dans le visible, d'un nuage.

On considère un nuage d'épaisseur h, composé de gouttes d'eau de densité n, supposées de même taille (donnée par un rayon *effectif* r_e), de contenu en eau liquide L (en masse d'eau par volume d'air). Le rayon effectif est un rayon moyen calculé en pondérant par la section efficace des gouttes (qui joue un rôle-clé pour les propriétés radiatives).

1. Exprimer l'épaisseur optique τ_c du nuage dans le visible. On cherche deux formulations : l'une en fonction de la densité de gouttes, n, l'autre en fonction du rayon effectif, r_e. On notera ρ_w la densité de l'eau.
2. Les observations indiquent que le rayon effectif des nuages est, de manière indicative, de l'ordre de 5 à 8 µm sur les zones urbaines (polluées), de 8 à 10 µm sur les zones continentales naturelles et de 10 à 15 µm sur les océans. Quelle conséquence a une diminution par deux du rayon effectif sur la densité, la surface totale des gouttes et l'épaisseur optique ?
3. L'albédo d'un nuage peut être paramétré en fonction de l'épaisseur optique selon

$$A_c = \frac{\tau_c}{\tau_c + 7.7} \,.$$

Tracer l'évolution de A_c en fonction des caractéristiques du nuage. Comparer les albédos d'un nuage en atmosphère marine ($n \simeq 100\,\mathrm{cm}^{-3}$) et en atmosphère polluée ($n \simeq 1000\,\mathrm{cm}^{-3}$).

Données indicatives : $L = 0.5\,\mathrm{g\,m}^{-3}$ et $h = 100\,\mathrm{m}$.

Réponse :

1. Pour le nuage supposé homogène, $\tau_c = b^{ext} \times h$ (on omet la dépendance en la longueur d'onde dans les notations). On utilise $b^{ext} = \pi r^2 Q^{ext} n$, avec, pour ce cas, $Q^{ext} \simeq 2$ (section 2.1.7), d'où

$$\tau_c = 2\pi r_e^2 n h \,.$$

L'utilisation du contenu en eau liquide, L, permet d'éliminer n ou r_e avec

$$L = \frac{4}{3}\pi {r_e}^3 \times n \times \rho_w \,.$$

On obtient les deux expressions alternatives, respectivement en fonction de la taille,

$$\tau_c = \frac{3}{2}\frac{Lh}{r_e \rho_w}\,,$$

ou de la densité des gouttes,

$$\tau_c = h\left(\frac{9}{2}\frac{n\pi L^2}{\rho_w^2}\right)^{1/3}.$$

L'épaisseur optique est donc une fonction croissante de la densité des gouttes et décroissante de la taille des gouttes.

2. Une diminution par deux du rayon effectif conduit à une multiplication par 8 de n (densité). La surface totale et l'épaisseur optique sont proportionnelles à nr^2 et sont donc multipliées par 2.
3. L'albédo est une fonction croissante de l'épaisseur optique. Les propriétés de monotonie obtenues pour l'épaisseur optique sont donc les mêmes pour l'albédo. On se réfère à la figure 2.19. L'albédo pour le nuage marin est de l'ordre de 0.45 ; il est de l'ordre de 0.63 pour le nuage en milieu pollué.

Problème 2.3 (Albédo d'une couche d'aérosol)
Ce problème, partiellement inspiré de [126], complète le problème 2.1. On va notamment considérer, en sus de l'influence de la composition chimique de l'aérosol, l'impact de la distribution en taille.

On considère une couche d'aérosol définie par une épaisseur optique τ et un albédo de diffusion ω_d. On note β la fraction du rayonnement solaire diffusé qui est réfléchie vers l'espace. Enfin, le rayonnement transmis par la couche est supposé parvenir directement au sol, où il est réfléchi avec un albédo A_t.

1. Pour un rayonnement incident, évaluer r la fraction réfléchie directement et t la fraction transmise par la couche. On ne tiendra pas compte des contributions liées à la réflexion sur le sol.
2. Calculer ΔA la modification de l'albédo du système Terre/atmosphère lié à la couche d'aérosols.
3. L'impact de la couche d'aérosols sur l'albédo global est fonction de la compétition, au sein de l'extinction, entre la diffusion du rayonnement et l'absorption. Montrer qu'il existe une valeur critique de ω_d qui détermine l'effet de refroidissement ou de réchauffement lié à la couche d'aérosols. On effectuera des développements limités en τ (qui a des valeurs typiquement de l'ordre de 0.1).

4. Montrer qu'une couche d'aérosols non absorbants a toujours un effet de refroidissement. Le cas typique d'application est un aérosol de sulfate.
5. Pour un aérosol minéral, ω_d est, pour le rayonnement visible ($\lambda = 550\,\text{nm}$), une fonction décroissante du diamètre et vaut typiquement 0.96 pour $d = 0.2\,\mu\text{m}$, 0.72 pour $d = 8\,\mu\text{m}$. Comment estimer l'impact ?

Données : albédo de surface $A_t = 0.15$, $\beta \simeq 0.5$ pour des petits aérosols (diamètre $d \simeq 100$ nm, $\beta \simeq 0.2$ pour des aérosols de diamètre $d > 1\,\mu$m.

Réponse :

1. Le rayonnement incident a une fraction transmise *directement* ($\exp(-\tau)$) et une partie qui subit une extinction ($1 - \exp(-\tau)$).

   Pour l'extinction, une fraction ω_d est diffusée, une fraction $(1-\omega_d)$ est absorbée. Enfin, une fraction β de la partie diffusée est réfléchie vers l'espace. Une fraction $(1 - \beta)$ est transmise, par diffusion au sol, et s'ajoute à la fraction transmise directement.

   Au final, on a donc

$$r = \beta\omega_d\,(1 - \exp(-\tau))\ ,\quad t = \exp(-\tau) + (1 - \beta)\omega_d\,(1 - \exp(-\tau))\ .$$

2. Soit t_n la fraction du rayonnement transmis au sol après n « interactions » avec la couche. Après réflexion sur le sol, la fraction devient $A_t \times t_n$. Après interaction avec la couche, une fraction t sera transmise vers l'espace (et donc à prendre en compte dans le bilan global d'albédo) et une partie r de nouveau transmise vers le sol. La récurrence est donc

$$t_{n+1} = r \times A_t \times t_n\ ,\quad r_{n+1} = t \times A_t \times t_n\ ,$$

   et finalement $t_n = (rA_t)^{n-1}t$, $r_n = tA_t(rA_t)^{n-1}t$. La fraction réfléchie totale est égale à

$$A_a = r + \sum_{n=1}^{\infty} r_n = r + \frac{t^2 A_t}{1 - rA_t}\ .$$

   La variation d'albédo est donc $\Delta A = A_a - A_t$.

3. L'effet de la couche d'aérosols est un refroidissement ou un réchauffement en fonction du signe de ΔA : par exemple, si $\Delta A > 0$, l'albédo global a augmenté et on a un refroidissement.

   En utilisant les développements limités $r \simeq \beta\omega_d\tau$ et $t \simeq 1 - \tau + (1 - \beta)\omega_d\tau$, et en ne conservant que les termes de premier ordre en τ, on obtient aisément

$$\Delta A = \left[\omega_d\left(\beta(1 - A_t)^2 + 2A_t\right) - 2A_t\right]\tau\ .$$

   La valeur critique est donc

$$\omega_d^\star = \frac{2A_t}{\beta(1 - A_t)^2 + 2A_t}\ .$$

   Si $\omega_d > \omega_d^\star$, on a $\Delta A > 0$ et donc un refroidissement. Notons qu'il est logique que le refroidissement ait lieu pour des valeurs élevées de ω_d (il faut que la diffusion l'emporte sur l'absorption). De plus, la valeur critique est une fonction décroissante de β (plus le rayonnement diffusé a tendance à être rétrodiffusé, plus il est « aisé » d'avoir un effet de refroidissement).

Avec les valeurs proposées, on trouve pour les grosses particules ($\beta \simeq 0.2$), $\omega_d^\star \simeq 0.67$, pour les particules plus fines ($\beta \simeq 0.5$), $\omega_d^\star \simeq 0.45$.

4. Pour une couche qui n'absorbe pas le rayonnement (l'extinction n'est que de la diffusion : $\omega_d = 1$), on a donc

$$\Delta A = \beta(1 - A_t)^2 \tau > 0\,.$$

L'effet est donc toujours un refroidissement.

5. Les valeurs de ω_d restent largement supérieures à la valeur critique. L'effet est un refroidissement dans le visible. Dans l'infrarouge, l'effet est un réchauffement.

Pour en savoir plus ([96, 24]) :

S. Nemesure, R. Wagener, S.E. Schwartz. Direct shortwave forcing of climate by the anthropogenic sulfate aerosol : sensitivity to particle size, composition, and relative humidity. *J. Geophys. Res.*, 100(D12) :26105–26116, 1995 (plus spécifiquement pour l'aérosol sulfaté)

R.J. Charlson, J. Langner, H. Rodhe, C.B. Leovy, S.G. Warren. Perturbation of the northern hemisphere radiative balance by backscattering from anthropogenic sulfate aerosols. *tellus*, 43AB :152–163, 1991

Problème 2.4 (« Hiver nucléaire »)

En 1982, un article de Crutzen et Birks ([27]) avançait l'idée qu'un conflit nucléaire conduirait à un fort refroidissement global (*hiver nucléaire*). Le contexte était alors celui de la guerre froide entre les États-Unis et l'URSS avec la crise des « euromissiles ». Sans parler des effets radioactifs, l'article montrait les impacts globaux considérables à attendre, y compris pour l'agresseur. Dans les années 80, de nombreuses études, fondées sur l'utilisation de modèles de climat, ont confirmé l'ampleur du refroidissement prévisible. Depuis quelques années, ce sujet fait de nouveau l'objet d'une attention soutenue, avec l'éventualité d'un conflit *régional* entre puissances moyennes.

Quels sont les processus en jeu ? Pourquoi l'impact estimé dure-t-il si longtemps (plus d'une dizaine d'années) en comparaison de celui d'une éruption volcanique cataclysmique (mont Pinatubo) ?

Données indicatives ([117]) :

– émissions de fumées et de poussières consécutives aux explosions : 150 Tg ;
– temps de résidence stratosphérique des fumées et des poussières émises : 5 ans ;
– forçage radiatif solaire sur une décennie (et au bout de 10 ans) : $-100\,\mathrm{W\,m^{-2}}$ ($-20\,\mathrm{W\,m^{-2}}$) ;
– ΔT à la surface sur une décennie (et au bout de 10 ans) : $-7\,\mathrm{K}$ ($-4\,\mathrm{K}$) ;
– précipitations : -50 %.

Réponse :

Des émissions considérables de poussières et de particules (fumées) sont provoquées par les explosions (incendies et souffle). Le forçage radiatif négatif dans les courtes longueurs d'onde procède d'un effet analogue à celui des aérosols sulfatés. Une rétroaction négative (effet de réchauffement) peut être produite par une neige plus sale (diminution de l'albédo), du fait du dépôt des poussières. Cet effet est estimé comme négligeable, d'autant plus que le refroidissement conduit à plus de chutes de neige, qui vont couvrir la neige sale.

Les fortes chaleurs consécutives à l'explosion conduisent à un transport vers les hautes couches de la stratosphère des fumées et des poussières émises (*lofting*), alors que les aérosols sulfatés sont plus proches de la tropopause. Le temps de résidence est donc plus élevé, d'où un impact plus long.

Pour en savoir plus ([27, 117]) :

P.J. Crutzen, J.W. Birks. The atmosphere after a nuclear war. Twilight at noon. *Ambio*, 11 :114–125, 1982

A. Robock, L. Oman, G.L. Stenchikov. Nuclear winter revisited with a modern climate model and current nuclear arsenals : still catastrophic consequences. *J. Geophys. Res.*, 112(D13) :13107, 2007

Chapitre 3

Quelques éléments sur la couche limite atmosphérique

Les conditions météorologiques conditionnent pour une large part le niveau de pollution dans les basses couches de la troposphère. Les polluants émis sont en effet plus ou moins rapidement dispersés selon deux phénomènes :

- le transport *horizontal* par le champ de vent, qui explique le déplacement des polluants les plus stables sur de longues distances ;
- le brassage *vertical* par la turbulence atmosphérique liée aux effets de couche limite.

Les effets de couche limite ont principalement deux sources : *dynamique* avec le cisaillement vertical de vent induit par la condition d'adhérence au sol (vent nul), et *thermique* avec le gradient vertical de température (le sol est chauffé en journée et se refroidit pendant la nuit).

La couche limite atmosphérique (CLA dans la suite ; ABL pour *atmospheric boundary layer* en anglais) est définie comme la partie de la troposphère directement soumise à l'influence de la surface terrestre et donc du cycle diurne (alternance du jour et de la nuit). Son étude est donc essentielle pour la compréhension des épisodes de pollution urbaine (qualité de l'air).

Un des paramètres essentiels est la hauteur du volume dans lequel le brassage vertical a effectivement lieu, la *hauteur de mélange*. Celle-ci définit en effet le volume de dilution pour les polluants émis. Si m est la masse d'un polluant émis dans un volume (initialement « propre »), de surface fixée S et de hauteur variable H (figure 3.1), la concentration du polluant, supposé bien mélangé, est $c = m/(S \times H)$. Le niveau de la concentration est donc non seulement lié à l'émission, mais également à la hauteur de dilution, qui varie en fonction des conditions météorologiques.

On distingue habituellement trois états de la CLA :

- la CLA *neutre* ;
- la CLA *instable*, dans laquelle les polluants sont fortement brassés par la

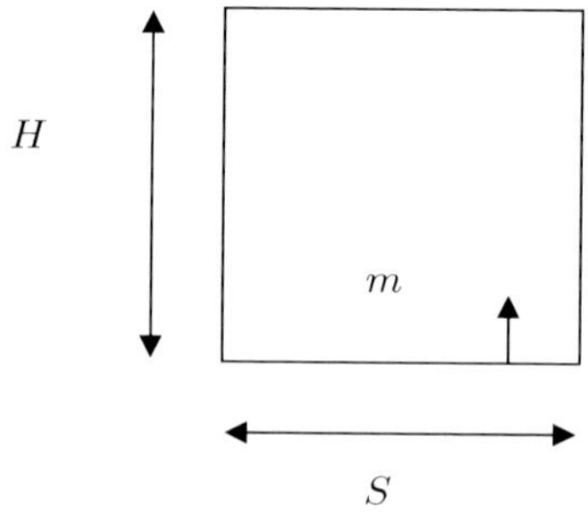

Figure 3.1 – Émission d'une masse m de polluant dans un volume défini par une surface S et une hauteur de dilution H. La concentration vaut $c = m/(S \times H)$ et dépend de la hauteur de dilution. Pour une faible hauteur de dilution (par exemple $H = 400$ mètres), la concentration est mécaniquement trois fois plus grande que pour une hauteur de dilution correspondant à une situation instable (par exemple $H = 1200\,\mathrm{m}$).

turbulence (la hauteur de dilution est élevée) ;
- la CLA *stable*, souvent nocturne, dans laquelle les polluants restent accumulés au niveau du sol (la hauteur de dilution est faible).

Cette classification, à l'instar des écoulements présentant une stratification thermique (un gradient de température dans un champ de gravité), est étroitement liée aux effets de flottabilité (la conjonction de la force de gravité et de la poussée d'Archimède).

Il convient de préciser que cette classification est, pour une large part, académique, les situations réelles étant beaucoup plus complexes ; elle permet néanmoins de préciser les processus dominants de manière simple.

L'objectif de ce chapitre est de donner les principaux éléments de description des phénomènes pilotant la CLA. Ce chapitre est ainsi organisé de la manière suivante.

On précise rapidement dans un premier temps la notion d'échelle en météorologie (section 3.1), puis la description phénoménologique des principaux phénomènes survenant dans la CLA (section 3.2). Des critères de stabilité de l'atmosphère sont donnés à la section 3.3 en considérant les effets de flottabilité. Cela est repris avec la description de la turbulence à la section 3.4. Les principales bases de la dynamique de la CLA, fondées sur l'approximation de Boussinesq, sont brièvement présentées à la section 3.5. Enfin, des éléments spécifiques au « climat urbain » sont décrits à la section 3.6.

L	Désignation de l'échelle
10 000 km	planétaire
1000 km	synoptique
100 km	méso-α
10 km	méso-β
1 km	méso-γ/subméso
100 m	micro-α (couche limite)
10 m	micro-β (couche de surface)
1 m	micro-γ
1 mm	micro-δ
0.1 nm	dissipation visqueuse (molécules)

Tableau 3.1 – *Une* classification des échelles en fonction de l'échelle de longueur horizontale L. Source : [146] (chapitre 9).

3.1 Notion d'échelles en météorologie

La circulation atmosphérique comprend un grand nombre d'*échelles* (en temps et en espace), et, selon le problème traité, les processus dominants diffèrent et des modélisations appropriées doivent être utilisées.

La dimension horizontale, L, est primordiale pour classifier les échelles spatiales. On distingue usuellement (les bornes ne sont qu'indicatives) :

- les écoulements à l'échelle synoptique ou planétaire ($L > 1000\,\mathrm{km}$) ;
- les écoulements à l'échelle régionale ou méso ($10\,\mathrm{km} < L < 1000\,\mathrm{km}$) ;
- les écoulements à l'échelle urbaine ($L < 10\,\mathrm{km}$).

Chaque échelle peut être, selon les auteurs, subdivisée en plusieurs sous-échelles, différenciées selon les phénomènes physiques prépondérants (tableau 3.1).

Une autre manière de définir ces échelles est de considérer les fréquences ou les temps caractéristiques de l'écoulement. Les fréquences fondamentales des écoulements atmosphériques sont ainsi :

- *la fréquence de Brünt-Vaisala*, associée aux oscillations verticales dans une atmosphère stratifiée,

$$f_b = \sqrt{\frac{g}{\theta}\frac{\partial \theta}{\partial z}} \simeq 10^{-2}\,\mathrm{s}^{-1}\,, \tag{3.1}$$

  où z désigne la coordonnée verticale, g la constante de gravité et θ la température potentielle (définie à la section 3.3) ;
- *la fréquence inertielle*, associée au mouvement de rotation de la Terre et à la force de Coriolis,

$$f = 2\Omega \sin\phi \simeq 10^{-4}\,\mathrm{s}^{-1}\,, \tag{3.2}$$

  où Ω est le module du vecteur de rotation de la Terre sur elle-même et ϕ la latitude ;

- *la fréquence planétaire*, associée à l'effet β (variation de la force de Coriolis selon la latitude),
$$f_p = \sqrt{U\beta} \simeq 10^{-6}\,\mathrm{s}^{-1}\,, \tag{3.3}$$
avec U un module de vent moyen et β le taux de variation de la force de Coriolis avec la latitude.

Ces trois fréquences sont respectivement associées à des périodes de l'ordre de la minute, de l'heure et de la journée. On reviendra par la suite sur les deux premières fréquences (section 3.3.2.2 pour f_b et exercice 3.4 pour f).

On peut alors définir les échelles météorologiques en fonction du temps de réponse de l'écoulement à un forçage. En notant F la fréquence associée (l'inverse du temps de réponse), on parle d'écoulement à échelle :
- locale pour $F > f_b$;
- régionale (méso) pour $f < F < f_b$;
- synoptique pour $f_p < F < f$;
- planétaire pour $F < f_p$.

Pour l'étude de la qualité de l'air, les échelles les plus pertinentes sont l'échelle locale et l'échelle régionale, échelles qui font l'objet de ce chapitre.

3.2 Couche limite atmosphérique

3.2.1 Généralités

La CLA est la partie de l'atmosphère qui est directement soumise aux effets de surface. Le temps de réponse à un forçage (transfert de chaleur, évaporation, effet de friction – frottement du vent sur les rugosités –) y est de l'ordre de l'heure ([135]). Il est beaucoup plus élevé au-dessus de la CLA, dans *l'atmosphère libre* (AL ; « libre » à l'égard de l'influence du sol).

Un bon exemple est fourni par le cycle diurne de la température dans la CLA. Alors que la température est quasi constante dans l'AL, elle est soumise à la succession du jour et de la nuit dans la CLA. Cette variation n'est pas due au cycle du rayonnement solaire absorbé dans la CLA (puisque la quasi-totalité de ce rayonnement est transmise au sol, chapitre 2), mais à la variation du flux turbulent de chaleur généré au niveau du sol :
- le jour, le sol est chauffé et, *via* le transport turbulent de chaleur, réchauffe la CLA ;
- la nuit, le sol se refroidit et ce transport de chaleur n'existe plus.

Sur la figure 3.2, on peut constater que la température reste à peu près constante au cours de la journée au-delà de 1500 mètres d'altitude, ce qui fournit une estimation d'une hauteur typique de la CLA.

La CLA est un milieu particulièrement complexe en raison des effets de surface (effet de relief, propriétés radiatives du sol, etc.). La turbulence y joue un rôle essentiel en favorisant les échanges verticaux, ce qui permet la dilution des

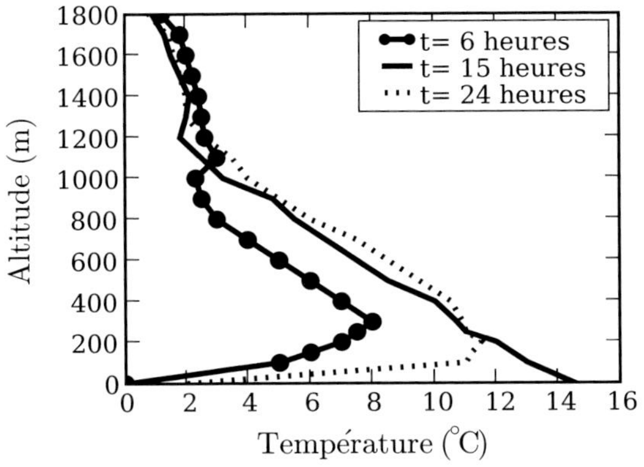

Figure 3.2 – Évolution typique du profil de température au cours d'une journée.

polluants émis (les concentrations seraient sinon très élevées). Cette influence permanente de la turbulence constitue une spécificité de la CLA, l'AL n'étant turbulente que de manière intermittente (processus convectifs, turbulence en « ciel clair » liée aux jets d'altitude).

3.2.2 Classification

La CLA présente systématiquement au niveau du sol une *sous-couche laminaire*, d'une épaisseur de l'ordre du centimètre, où la viscosité moléculaire est importante et la turbulence peut être négligée. La CLA rejoint, à sa limite supérieure, les conditions d'atmosphère libre (vent géostrophique déterminé par l'égalité des forces de Coriolis et de pression, section 3.5).

Selon l'intensité de la turbulence, on distingue de manière schématique trois états de la CLA :

- **État neutre** (figure 3.3)
  Dans une couche limite de surface (CLS, section 3.5), d'une épaisseur de quelques dizaines de mètres, les forces de Coriolis et de pression peuvent être négligées. Le vent est horizontal, garde une direction constante et son module varie selon un profil logarithmique ($u(z) \propto \ln z$).
  Au-dessus de cette couche limite, la direction du vent horizontal varie pour rejoindre la valeur géostrophique (condition limite supérieure dans l'atmosphère libre). On parle aussi de *couche d'Ekman*, dans laquelle le vent horizontal suit, en première approximation, une spirale (section 3.5).
  Cet état est rarement réalisé. Il se manifeste parfois au-dessus de la mer ou lorsque la couverture nuageuse est totale.
- **État instable** (figure 3.4)
  Au voisinage du sol, le profil vertical de température potentielle est

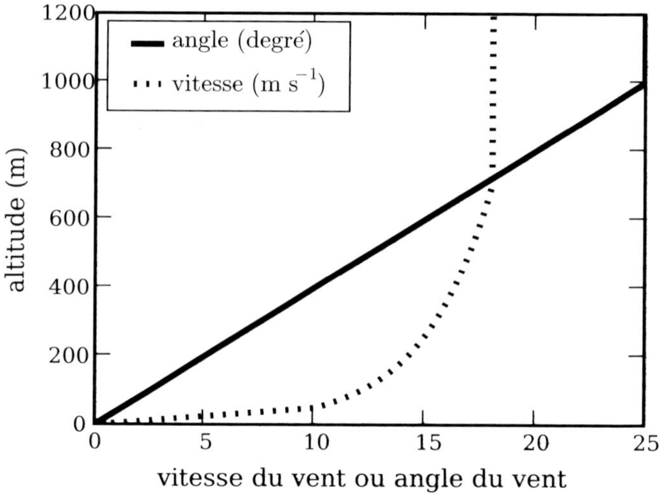

Figure 3.3 – CLA neutre.

décroissant et il y a production thermique de turbulence (échange turbulent de chaleur du sol vers l'air).
Au-dessus, dans *la couche de mélange* (ou *convective*), une très forte turbulence règne et contribue à homogénéiser les profils verticaux de température potentielle et de vent (qui sont donc quasi constants).
Enfin, en limite supérieure, une *couche d'inversion* stabilise la CLA, en présentant une inversion de température.
Cet état instable se rencontre fréquemment en journée, du fait de l'échauffement du sol par absorption du rayonnement solaire.

- **État stable** (figure 3.5)
  La température du sol est inférieure à la température de l'air au-dessus : le flux de chaleur sensible (turbulent) est alors dirigé vers le sol et il y a destruction de la turbulence dynamique.
  Le mélange est peu turbulent et il y a une accumulation des polluants dans les basses couches de l'atmosphère.
  Au-dessus, une *couche d'inversion* présente une augmentation du module de vent horizontal. Ce module peut même dépasser en limite supérieure la valeur géostrophique (on parle alors de *jet de basses couches*, exercice 3.4).
  Cet état stable se rencontre souvent la nuit.

Cette classification est largement académique, les situations réelles étant plus complexes (par exemple avec des effets de relief). De plus, les profils verticaux observés sont beaucoup plus « feuilletés ».

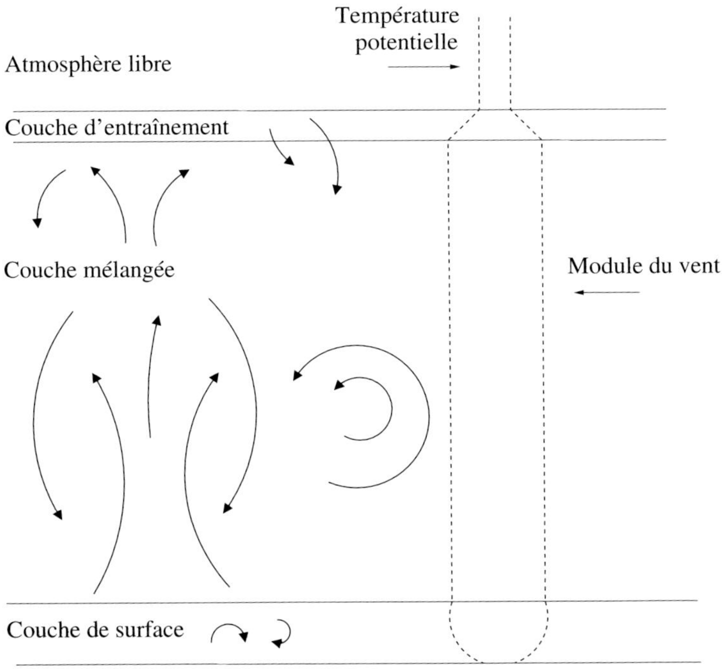

Figure 3.4 – CLA instable. Source : [29].

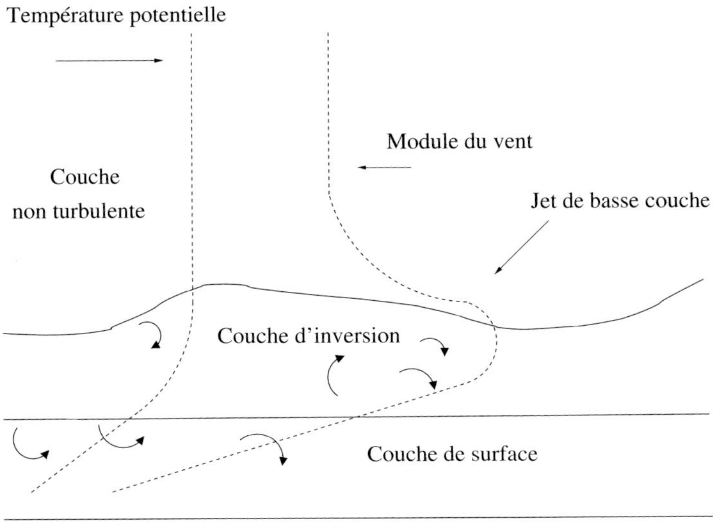

Figure 3.5 – CLA stable. Source : [29].

3.3 Stratification thermique et stabilité

L'objectif de cette section est de retrouver de manière quantitative la classification de l'état de la CLA. L'approche utilisée est d'étudier la stabilité de la CLA : quel est le devenir d'un petit mouvement vertical sous l'effet de la flottabilité (l'effet simultané de la gravité et de la poussée d'Archimède) ?

Pour simplifier, on va négliger l'influence des nuages et faire, dans un premier temps, une hypothèse d'air sec (pas d'humidité dans l'air). Les mouvements convectifs sont donc liés ici à la stratification thermique (aucun effet de l'humidité). Dans un second temps, on tiendra compte de l'humidité.

3.3.1 Quelques notions bien utiles

3.3.1.1 Température potentielle

Lors d'une transformation infinitésimale, la variation de l'énergie interne U d'un gaz est donnée par le premier principe de la thermodynamique selon

$$\mathrm{d}U = -P\mathrm{d}V + \delta Q\,, \tag{3.4}$$

avec P la pression, V le volume et δQ les échanges de chaleur avec le milieu. En définissant l'enthalpie selon $H = U + PV$, une expression équivalente est

$$\mathrm{d}H = V\mathrm{d}P + \delta Q\,. \tag{3.5}$$

La chaleur spécifique à pression constante, notée c_p (en $\mathrm{J\,kg^{-1}\,K^{-1}}$), est l'énergie nécessaire pour augmenter de un degré, à pression constante, une masse de un kilogramme du gaz considéré. La variation d'enthalpie d'une masse m du gaz est donc aussi donnée en fonction de la variation de température (notée T),

$$\mathrm{d}H = mc_p\mathrm{d}T\,. \tag{3.6}$$

Pour une transformation *adiabatique*, c'est-à-dire dans laquelle aucun échange de chaleur ne se produit, la première loi de la thermodynamique devient

$$mc_p\mathrm{d}T = V\mathrm{d}P\,. \tag{3.7}$$

Avec la loi des gaz parfaits écrite sous la forme $P = \rho r_{air} T$ avec $r_{air} = R/M_{air}$ (R constante des gaz parfaits et M_{air} masse molaire de l'air sec) et $\rho = m/V$ la masse volumique de l'air, on obtient aisément

$$\mathrm{d}\left(\ln(T\,P^{-r_{air}/c_p})\right) = 0\,. \tag{3.8}$$

La *température potentielle*, notée θ, est alors définie comme la température qu'aurait au sol un gaz ramené de manière adiabatique au sol à partir d'un état thermodynamique (T, P). En notant P_s la pression au sol (choisie préférentiellement à 1000 hPa), on obtient alors ce qui est parfois appelé l'équation de Poisson (dans ce contexte),

$$\theta(P,T) = T\left(\frac{P_s}{P}\right)^{r_{air}/c_p}\,. \tag{3.9}$$

Dans le cas de l'air sec, avec $c_p = 1005\,\mathrm{J\,kg^{-1}\,K^{-1}}$, on a $r_{air}/c_p \simeq 0.286$.

3.3.1.2 Gradient adiabatique de température

Notons que la température potentielle est, par définition, une *quantité conservée* au cours d'un processus adiabatique. Dans une atmosphère supposée être adiabatique, la température potentielle est donc constante. En dérivant de manière logarithmique θ par rapport à l'altitude z, on a

$$\frac{1}{\theta}\frac{\partial \theta}{\partial z} = \frac{1}{T}\frac{\partial T}{\partial z} - \frac{r_{air}}{c_p}\frac{1}{P}\frac{\partial P}{\partial z} \,. \tag{3.10}$$

Le gradient adiabatique de température, défini avec $\partial\theta/\partial z = 0$, est alors

$$\left(\frac{\partial T}{\partial z}\right)_{ad} = \frac{r_{air}}{c_p}\frac{T}{P}\frac{\partial P}{\partial z} \,. \tag{3.11}$$

On a finalement, pour toute distribution verticale,

$$\frac{\partial \theta}{\partial z} = \frac{\theta}{T}\left[\frac{\partial T}{\partial z} - \left(\frac{\partial T}{\partial z}\right)_{ad}\right] . \tag{3.12}$$

Le gradient de température potentielle mesure donc un *écart à une situation adiabatique*, ce qui va justifier son emploi systématique dans la suite.

Si l'on suppose de plus que l'atmosphère est hydrostatique (section 1.2.2), le gradient de pression est donné par

$$\frac{\partial P}{\partial z} = -\rho g \,. \tag{3.13}$$

Pour une atmosphère adiabatique, on obtient alors, à partir de l'équation (3.11),

$$\left(\frac{\partial T}{\partial z}\right)_{ad} = -\frac{\rho r_{air} T}{P}\frac{g}{c_p} = -\frac{g}{c_p} \,. \tag{3.14}$$

Cela définit le gradient adiabatique de température pour l'air sec, noté habituellement $-\Gamma_d$ (d pour *dry*) avec $\Gamma_d \simeq 9.8\,\mathrm{K\,km^{-1}}$. C'est l'écart à ce gradient adiabatique idéalisé qui va déterminer la stabilité atmosphérique.

3.3.2 Stabilité atmosphérique

3.3.2.1 Notion de parcelle d'air

On utilise couramment en météorologie de la CLA la notion idéalisée de *parcelle d'air*, définie comme un ensemble homogène de particules d'air vérifiant les propriétés suivantes :

- la parcelle se déplace de manière *adiabatique*, les échanges de chaleur n'ayant pas le temps d'avoir lieu avec l'air environnant ;

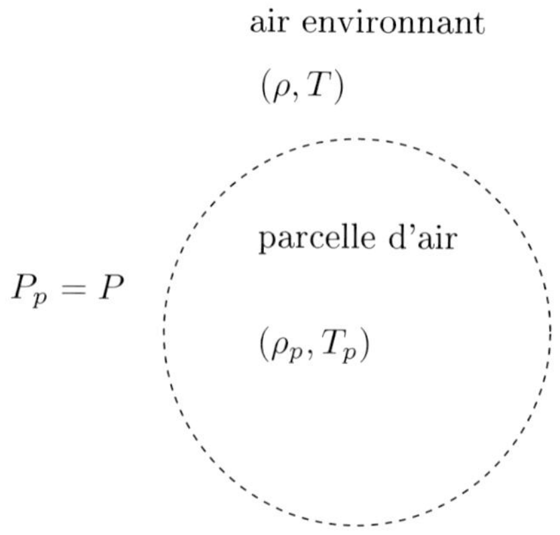

Figure 3.6 – La parcelle d'air vue comme le ballon d'une montgolfière virtuelle.

- la parcelle d'air a sa propre température, différente de celle de l'air environnant ;
- les pressions de la parcelle d'air et de l'air environnant s'équilibrent à l'interface.

Une parcelle d'air peut donc être vue comme le ballon d'une montgolfière sans enveloppe matérielle (figure 3.6).

3.3.2.2 Effets de flottabilité

Considérons à présent le *déplacement adiabatique* vertical d'une parcelle d'air de volume unité. Soit (T_p, ρ_p) et (T, ρ) l'état thermodynamique de la parcelle et de l'air, respectivement.

La parcelle subit une force de flottabilité, résultante de son poids et de la poussée d'Archimède. Ramenée au volume, cette force est $\vec{F} = (\rho - \rho_p)\vec{g}$ où $\vec{g}$ est dirigé vers le haut. L'accélération volumique de la parcelle vérifie $\rho_p \vec{a} = \vec{F}$, soit

$$\vec{a} = \left(\frac{\rho}{\rho_p} - 1\right)\vec{g} = \left(\frac{T_p}{T} - 1\right)\vec{g}, \tag{3.15}$$

en utilisant l'égalité des pressions à l'interface $\rho T = \rho_p T_p$. L'accélération $\vec{a}$ est donc dirigée vers le haut si et seulement si $T_p > T$. C'est le principe de la montgolfière : l'air chaud, plus léger, a tendance à s'élever.

Considérons à présent un déplacement infinitésimal δz à partir d'une position d'équilibre à l'altitude z_0. On suppose qu'à l'altitude initiale la parcelle est « bien mélangée » et que sa température est celle de l'air : $T_p(z_0) = T(z_0)$. On va étudier si la force de flottabilité amplifie ou atténue le déplacement.

La parcelle d'air effectue par définition un déplacement *adiabatique*, donné par un gradient de température $(\partial T/\partial z)_{ad}$, tandis que l'atmosphère est définie

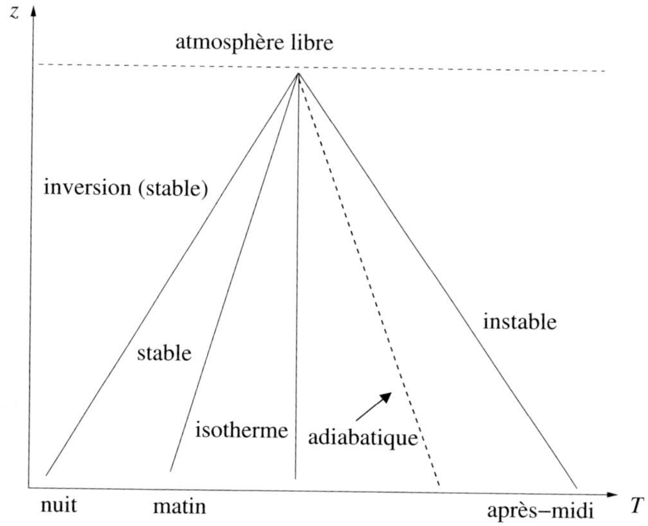

Figure 3.7 – Profil idéalisé de température et évolution de la stabilité de la CLA au cours d'une journée. La température au sol augmente en cours de journée puis diminue au cours de la nuit. Les profils à « gauche » (respectivement à « droite ») du profil adiabatique correspondent à des situations stables (respectivement instables).

par son gradient $(\partial T/\partial z)$. En linéarisant à l'altitude $z = z_0 + \delta z$, on obtient

$$T_p(z) \simeq T(z_0) + \left(\frac{\partial T}{\partial z}\right)_{ad} \delta z \ , \quad T(z) \simeq T(z_0) + \frac{\partial T}{\partial z}\delta z \, , \tag{3.16}$$

et finalement

$$\vec{a} = -\frac{\dfrac{\partial T}{\partial z} - \left(\dfrac{\partial T}{\partial z}\right)_{ad}}{T} \times \delta z \vec{g} = -\frac{\partial \theta}{\partial z}\frac{\delta z}{\theta}\vec{g}, \tag{3.17}$$

en utilisant l'expression du gradient de température potentielle (3.12).

L'étude de stabilité revient à étudier le signe de la force de flottabilité pour des déplacements donnés : on a stabilité si la composante verticale de $\vec{a}$ est de signe opposé à δz. La classification est donc fonction du signe du gradient de température potentielle (figure 3.7) :

- si $\partial\theta/\partial z > 0$, l'atmosphère est *stable.*
  On parle aussi de *profil sous-adiabatique* $(\partial T/\partial z > (\partial T/\partial z)_{ad})$.
- si $\partial\theta/\partial z < 0$, l'atmosphère est *instable.*
  On parle aussi de *profil sur-adiabatique* $(\partial T/\partial z < (\partial T/\partial z)_{ad})$.
- si $\partial\theta/\partial z = 0$, l'atmosphère est *neutre.*
  On parle évidemment aussi de *profil adiabatique* $(\partial T/\partial z = (\partial T/\partial z)_{ad})$.

Remarque 3.3.1 (Fréquence de Brünt-Vaisala)
Remarquons que l'on a obtenu $a = \mathrm{d}^2(\delta z)/\mathrm{d}z^2 = -{f_b}^2 \delta z$, où f_b est la fréquence de Brünt-Vaisala (section 3.1). Le carré ${f_b}^2$ peut être négatif et la solution est une exponentielle réelle ou imaginaire selon le signe de ${f_b}^2$.

Cela constitue l'exemple le plus simple des calculs de stabilité ondulatoire menés en météorologie (ici, les ondes de gravité associées à une stratification thermique).

3.3.2.3 Inversion de température

Rappelons d'abord que le gradient adiabatique hydrostatique est négatif. Un profil isotherme ($\partial T/\partial z = 0$) est donc un cas particulier de situation stable.

Lorsque le gradient de température présente *a fortiori* une inversion (c'est-à-dire si $\partial T/\partial z > 0$), la situation est donc particulièrement stable.

On distingue essentiellement deux types d'inversion de température :

- *l'inversion de surface* qui correspond à un refroidissement du sol (par exemple la nuit) ou au réchauffement des couches supérieures ;
- *l'inversion de subsidence* qui correspond à des situations anticycloniques (de « beau temps »).

Dans le cas d'une inversion de subsidence, des masses d'air descendantes compriment les basses couches qui vont se réchauffer : les nuages vont alors avoir tendance à s'évaporer et l'air à devenir plus sec. Les inversions de subsidence sont souvent celles qui sont associées aux épisodes de pollution les plus marqués.

3.3.3 Cas d'une atmosphère humide

Dans le cas d'un air humide (w pour *wet* dans la suite), la chaleur spécifique à pression constante doit être recalculée selon

$$c_{p,w} = (1 - q_s)c_{p,d} + q_s c_{p,v} , \tag{3.18}$$

avec $c_{p,d}$ pour l'air sec ($1005\,\mathrm{J\,kg^{-1}\,K^{-1}}$ à $273\,\mathrm{K}$) et $c_{p,v}$ ($1952\,\mathrm{J\,kg^{-1}\,K^{-1}}$ à $273\,\mathrm{K}$) pour la vapeur d'eau. L'humidité spécifique q_s est la fraction massique de la vapeur d'eau par rapport à l'air humide (chapitre 1). Cette égalité se déduit à partir des variations de l'enthalpie massique (enthalpie ramenée à la masse),

$$(m_d + m_v)\mathrm{d}h = m_d \times c_{p,d}\mathrm{d}T + m_v \times c_{p,v}\mathrm{d}T , \tag{3.19}$$

et de la définition $\mathrm{d}h = c_{p,w}\mathrm{d}T$. On obtient donc directement, de manière identique au cas de l'air sec,

$$\left(\frac{\partial T}{\partial z}\right)_{w,ad} = -\frac{g}{c_{p,w}} = -\Gamma_w . \tag{3.20}$$

Avec $c_{p,d} < c_{p,w}$ (il est plus difficile de chauffer un gaz en milieu humide), la chaleur spécifique à pression constante est plus forte dans le cas humide et $\Gamma_w < \Gamma_d$.

Une atmosphère sèche est donc plus stable puisque le gradient de température est plus facilement sous-adiabatique (voir les zones de stabilité et d'instabilité dans la figure 3.7).

En réalité, l'impact de la différence de chaleur spécifique est négligeable. La forte différence de gradient adiabatique entre un air sec et un air humide saturé (au niveau des zones tropicales, on peut avoir jusqu'à $\Gamma_w \sim \Gamma_d/3$) est liée aux échanges de chaleur associés à la condensation de l'eau (exercice 3.1). La condensation de l'eau est en effet exothermique, le flux de chaleur libéré étant donné par

$$\delta Q = -m \times L_v \, \mathrm{d}q_s \,, \tag{3.21}$$

avec m la masse d'air, L_v la chaleur latente spécifique de vaporisation (ramenée à la masse de vapeur d'eau ; $L_v = 2.5 \times 10^6 \,\mathrm{J\,kg^{-1}}$ à 273 K) et q_s la fraction massique de vapeur d'eau. On vérifie que la condensation ($\mathrm{d}q_s < 0$) conduit bien à un rejet de chaleur ($\delta Q > 0$).

Le gradient adiabatique saturé est une fonction de la température et de l'humidité (exercice 3.1). Les conditions de stabilité de l'atmosphère dans le cas général sont alors données par le gradient de température virtuel :

- si $\partial T_v/\partial z < -\Gamma_d$: instabilité absolue ;
- si $\partial T_v/\partial z = -\Gamma_d$: cas neutre insaturé ;
- si $\partial T_v/\partial z \in]-\Gamma_d; -\Gamma_w[$: instabilité conditionnelle (stabilité si la parcelle est non saturée ou sèche, instabilité si la parcelle est saturée et donc sujette à la condensation) ;
- si $\partial T_v/\partial z = -\Gamma_w$: cas neutre saturé ;
- si $\partial T_v/\partial z > -\Gamma_w$: stabilité absolue.

La notion de *stabilité conditionnelle* est directement relative à l'humidité. On considère un gradient de température virtuel $\partial T_v/\partial z \in]-\Gamma_d, -\Gamma_w[$:

- une parcelle sèche ou non saturée a sa stabilité déterminée par le gradient adiabatique sec : elle est donc stable, car $\partial T_v/\partial z > -\Gamma_d$.
- une parcelle saturée (et donc sujette à la condensation) a sa stabilité déterminée par le gradient adiabatique humide : elle est donc instable, car $\partial T_v/\partial z < -\Gamma_w$.

L'instabilité de la parcelle saturée est provoquée par la condensation de l'eau qui a pour effet de la réchauffer. Cela génère, par exemple, les nuages dits *convectifs*.

La valeur moyenne du gradient adiabatique humide est $-6.5\,\mathrm{K\,km^{-1}}$ (voir, à titre d'illustration, l'exercice 3.2 pour une application à l'altimétrie).

Exercice 3.1 (Gradient adiabatique humide saturé)
On considère une parcelle d'air ascendante qui contient de la vapeur d'eau. Lors de son ascension, la parcelle refroidit et la pression diminue jusqu'à atteindre la pression de vapeur saturante de l'eau. La vapeur d'eau va alors condenser.

Calculer le gradient adiabatique humide et comparer au cas d'une atmosphère sèche.

Réponse :
En présence de particules qui joueront le rôle de noyaux de condensation (section 5.2.3), la vapeur d'eau condense, ce qui conduit à un rejet de chaleur donné par l'équation (3.21). Le premier principe de la thermodynamique (3.7) devient alors

$$mc_p \mathrm{d}T = V\mathrm{d}P - mL_v \,\mathrm{d}q_s \,,$$

avec V le volume d'air. Dans le cas hydrostatique, on a $\mathrm{d}P/\mathrm{d}z = -\rho g$ et on obtient

$$-\frac{\mathrm{d}T}{\mathrm{d}z} = \underbrace{\frac{g}{c_p} + \frac{L_v}{c_p}\frac{\mathrm{d}q_s}{\mathrm{d}z}}_{\Gamma_w} \,.$$

Comme $\mathrm{d}q_s/\mathrm{d}z < 0$ (lors de la condensation, la fraction massique de vapeur d'eau diminue), le gradient adiabatique saturé ainsi défini est plus faible que le gradient sec. Un air humide saturé est donc moins stable qu'un air sec (voir les critères de stabilité).

On peut continuer le calcul en utilisant l'hypothèse de saturation (ce qui va au-delà de cet exercice) pour exprimer Γ_w en fonction de la température et de la fraction massique de vapeur d'eau.

Exercice 3.2 (Altimètrie)
Les altimètres embarqués sur avion sont en général fondés sur une mesure de la pression par un baromètre (anéroïde). Relier l'altitude et la pression en faisant l'hypothèse d'un gradient constant de température donné par $-\Gamma_w$ (en pratique, $\Gamma_w \simeq 6.5\,\mathrm{K\,km^{-1}}$, gradient moyen de l'air humide).
Réponse :
Avec $\mathrm{d}T/\mathrm{d}z = -\Gamma_w$, $\mathrm{d}P/\mathrm{d}z = -\rho g$ (éq. hydrostatique) et $P = \rho r T$ (loi des gaz parfaits), on a directement

$$\frac{\mathrm{d}P}{P} = \frac{g}{r\Gamma_w}\frac{\mathrm{d}T}{T} \,,$$

soit

$$\ln \frac{P(z)}{P_0} = \ln \left(\frac{T(z)}{T_0}\right)^{\frac{g}{r\Gamma_w}} \,,$$

où P_0 et T_0 sont les valeurs au sol. Avec $T(z) = T_0 - \Gamma_w z$, on obtient aisément

$$z = \frac{T_0}{\Gamma_w}\left(1 - \left(\frac{P}{P_0}\right)^{\frac{r\Gamma_w}{g}}\right) .$$

3.3.4 Évolution de la stabilité au cours d'une journée

Deux propriétés essentielles déterminent l'évolution de l'état de la couche limite atmosphérique :

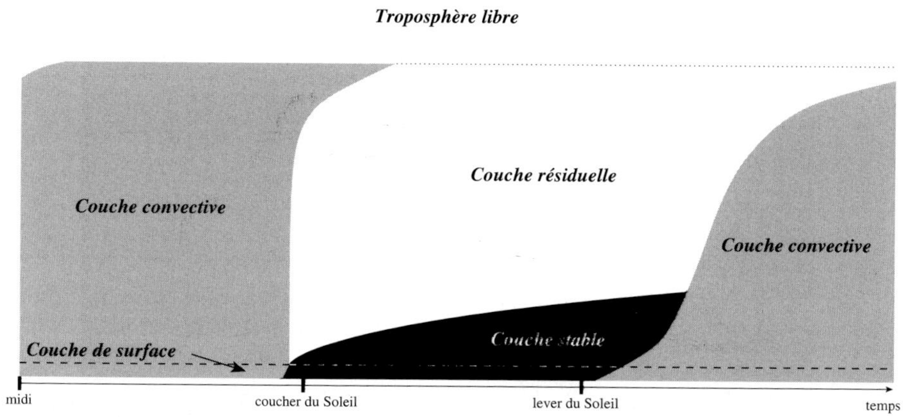

Figure 3.8 – Évolution de la stabilité de la CLA au cours de la journée. Source : [135] (crédit : Vivien Mallet, CEREA).

- le rayonnement solaire est essentiellement absorbé par le sol et non par les basses couches de l'atmosphère ;
- le sol a une meilleure conductivité thermique que l'atmosphère.

Ces éléments permettent de comprendre l'évolution typique de la stabilité au cours d'une journée (figure 3.8).

Jour

Dès le lever du Soleil, le sol est chauffé par rayonnement solaire. Des *thermiques* (masses d'air chaudes ascendantes) vont contribuer à homogénéiser la CLA et on se rapproche d'une situation adiabatique dans une bonne partie de la CLA (figure 3.4) : on parle de *couche de mélange* ou de *couche convective.*

À proximité du sol, dans la *couche limite de surface*, le gradient de θ est décroissant et on a un flux turbulent. En haut de la couche de mélange, l'inversion thermique détermine la *couche d'entraînement* (la limite entre la couche de mélange et l'atmosphère libre : figure 3.4, exercice 3.3). Les thermiques ascendants qui viennent de la couche de mélange peuvent en effet dépasser légèrement la zone d'inversion avant de replonger dans la couche de mélange, provoquant l'*entraînement* de masses d'air de l'atmosphère libre dans la CLA.

En cours de journée, la couche convective va croître (figure 3.8) par l'effet d'entraînement et détruire la couche résiduelle nocturne (voir ci-dessous).

Nuit

Pendant la nuit, une inversion de température se développe à la surface, du fait du refroidissement du sol (qui perd de l'énergie par rayonnement thermique) et des couches atmosphériques : la couche stable qui se forme à proximité du sol est souvent appelée *couche limite nocturne* (NBL pour *nocturnal boundary layer* en anglais). La concentration de polluants au niveau du sol est

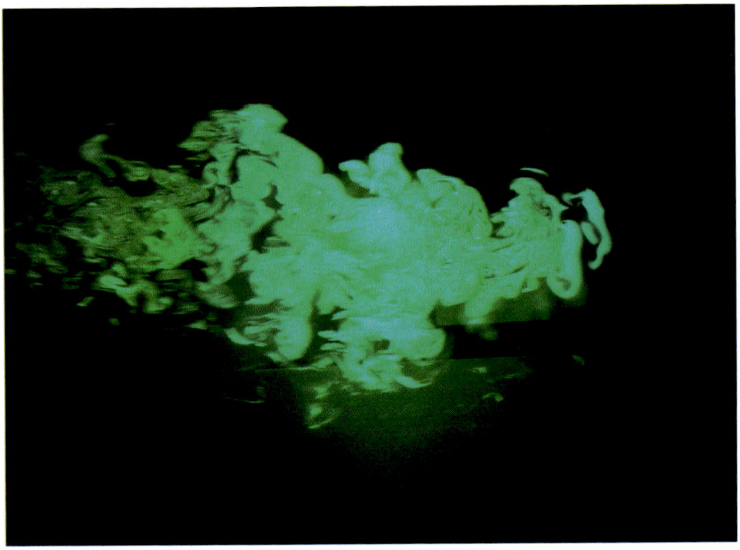

Figure 3.9 – Visualisation de la turbulence. Écoulement dans la soufflerie de l'École centrale de Lyon autour de la maquette de la centrale nucléaire du Bugey. Crédit : École centrale de Lyon et Institut de radioprotection et de sûreté nucléaire (Olivier Isnard).

donc favorisée. Au-dessus de cette couche, la couche de mélange de la journée précédente devient une *couche résiduelle*, en général neutre, qui contient les polluants mélangés la veille.

3.4 Description de la turbulence dans la CLA

Une autre approche, moins « phénoménologique », est fondée sur la description de la turbulence dans la CLA et permet de retrouver les critères de stabilité. Dans cette section, on rappelle d'abord brièvement quelques propriétés d'un écoulement turbulent avant de détailler la turbulence dynamique et thermique de la CLA.

3.4.1 Turbulence dans la CLA

Une caractérisation de la turbulence pour un écoulement est l'existence de mouvements (visualisés par des « tourbillons », figure 3.9) balayant un large spectre d'échelles spatiales et temporelles. L'énergie cinétique est transférée des grandes échelles vers les petites échelles, où cette énergie est dissipée en chaleur *via* la diffusion moléculaire. Cela conduit à augmenter les propriétés de brassage de l'écoulement.

Les effets de couche limite entraînent la forte turbulence de la CLA :

- *la couche limite dynamique* est liée aux effets de frottement induits par la condition d'adhérence au sol pour le vent, $V = V_{sol}$ (on parle aussi de génération *mécanique* de la turbulence) ;
- *la couche limite thermique* est liée aux cycles de température du sol.

3.4.1.1 Couche limite dynamique

La couche limite dynamique est associée à la stratification verticale du champ horizontal de vitesse (*cisaillement*) au voisinage du sol, du fait de la condition d'adhérence.

Au-dessus de cette couche limite dynamique, le champ horizontal de vent est à peu près constant et déterminé par les gradients horizontaux de pression (*vent géostrophique*, section 3.5).

Un bon indicateur de turbulence est donné par le rapport des forces d'inertie (convection et pression), déstabilisatrices, sur les forces d'origine visqueuse (diffusion), stabilisatrices, dans l'équation d'évolution de la vitesse (section 3.5) $\partial u/\partial t + u \cdot \nabla u = \nu \Delta u + \ldots$ (u vitesse du vent, ν viscosité cinématique). Le nombre de Reynolds est alors défini par

$$R_e = \frac{(u.\nabla)u}{\nu \triangle u} \simeq \frac{U\,L}{\nu}, \tag{3.22}$$

où U est une échelle de vitesse et L une échelle de longueur. Des valeurs typiques dans la CLA sont $U \simeq 10\,\mathrm{m\,s^{-1}}$, $L \simeq 1000\,\mathrm{m}$ et $\nu \simeq 10^{-5}\,\mathrm{m^2\,s^{-1}}$. On obtient alors $R_e \simeq 10^9$, ce qui indique un milieu fortement turbulent.

3.4.1.2 Couche limite thermique

L'expérience classique illustrant ce phénomène est celle de Rayleigh-Bénard. Elle consiste à chauffer progressivement deux plaques horizontales séparées d'une longueur L aux températures T (plaque inférieure) et $T + \triangle T$ (plaque supérieure). Si $\triangle T > 0$, le profil de densité de l'air entre les deux plaques est stable (l'air chaud, plus léger, est au-dessus). Ce profil est instable dans le cas contraire et on a génération de *mouvements convectifs* du haut vers le bas.

Un bon indicateur de turbulence est le nombre de Rayleigh

$$R_a = \frac{g}{T}\frac{L^3}{\nu}\frac{\triangle T}{\nu_\theta}, \tag{3.23}$$

où ν_θ est la diffusion thermique. L'écoulement est turbulent pour des valeurs de R_a fortement négatives (par exemple inférieures à -50000).

Une application à la CLA avec $T \simeq 300\,\mathrm{K}$ et $\nu_\theta \simeq 2 \times 10^{-5}\,\mathrm{m^2\,s^{-1}}$ conduit à une valeur critique du différentiel de température de l'ordre de $10^{-12}\,\mathrm{K}$. Cette valeur est évidemment amplement dépassée en réalité : dès que le gradient vertical de température est négatif[1], la turbulence (le brassage convectif) se

[1] On a vu que la bonne notion est plutôt celle de *température potentielle*.

	Turbulence dynamique	Turbulence thermique
Atmosphère libre	occasionnelle	occasionnelle
CLA	toujours	selon le gradient de température

Tableau 3.2 – Turbulence dans l'atmosphère.

développe très facilement.

Dans le cas instable, les deux effets (dynamique et thermique) génèrent de la turbulence (tableau 3.2). Dans le cas stable, seuls les effets dynamiques génèrent de la turbulence, qui peut même être détruite par les effets de flottabilité (section 3.4.3).

3.4.2 Dispersion des échelles

Dans un écoulement turbulent dynamiquement, l'analyse de Kolmogorov donne une estimation du ratio des échelles spatiales caractéristiques selon

$$\frac{L}{l} \sim Re^{3/4}, \tag{3.24}$$

avec L la longueur caractéristique des « grandes échelles » et l la longueur caractéristique des « petites échelles ».

Dans la CLA, les « grandes échelles » sont limitées par la hauteur de la CLA (de l'ordre de 1000 mètres), tandis que les « petites échelles » peuvent descendre à quelques millimètres. Le nombre de Reynolds, Re, est, comme on l'a vu, très élevé.

Il est impossible de représenter l'ensemble des échelles et des approches par moyennisation sont donc nécessaires. Si Ψ est un champ qui définit l'écoulement (température, vitesse, etc), on le décompose alors généralement en sa moyenne $\langle\Psi\rangle$ (dont on ne se risquera pas ici à donner une définition rigoureuse) et en une fluctuation Ψ' (figure 3.10) selon

$$\Psi = \langle\Psi\rangle + \Psi'. \tag{3.25}$$

Les équations d'évolution de Ψ sont alors réécrites avec cette décomposition et sont ensuite moyennées. On utilise des propriétés comme la commutation avec les dérivées, $\left\langle\Psi'\right\rangle = 0$, $\langle\lambda\Psi\rangle = \lambda\langle\Psi\rangle$ si λ est constant, etc. On parle souvent de modèles RANS (*Reynolds Averaged Navier Stokes*) pour les modèles qui donnent l'évolution des grandeurs moyennes $\langle\Psi\rangle$.

De tels modèles nécessitent une *fermeture*. En effet, les termes non linéaires du modèle initial, par exemple $\Psi_1\Psi_2$, font apparaître des *corrélations* entre fluctuations. En partant de

$$\Psi_1\Psi_2 = \left(\langle\Psi_1\rangle + \Psi_1'\right) \times \left(\langle\Psi_2\rangle + \Psi_2'\right), \tag{3.26}$$

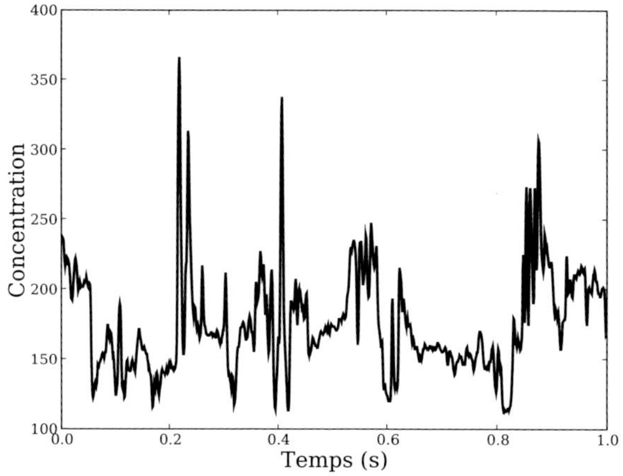

Figure 3.10 – Évolution de la concentration d'un traceur dans un écoulement turbulent. La concentration est mesurée en un point de l'écoulement présenté à la figure 3.9. Crédit : École centrale de Lyon et Institut de radioprotection et de sûreté nucléaire.

après avoir moyenné et après avoir tenu compte des propriétés de l'opérateur de moyennisation, on obtient

$$\langle \Psi_1 \Psi_2 \rangle = \langle \Psi_1 \rangle \langle \Psi_2 \rangle + \left\langle \Psi_1^{'} \Psi_2^{'} \right\rangle . \tag{3.27}$$

Le terme de corrélation $\left\langle \Psi_1^{'} \Psi_2^{'} \right\rangle$ doit être exprimé en fonction des grandeurs moyennes pour « fermer » le système. Pour la dispersion des polluants dans la CLA, un point-clé est la fermeture des flux turbulents verticaux (section 3.5.2.3).

3.4.3 Énergie cinétique turbulente

La turbulence augmente les capacités de mélange du système. Son intensité est habituellement mesurée par l'énergie cinétique turbulente spécifique (*specific turbulent kinetic energy*),

$$TKE_s = \frac{1}{2} \left(\left\langle u^{'2} \right\rangle + \left\langle v^{'2} \right\rangle + \left\langle w^{'2} \right\rangle \right) , \tag{3.28}$$

où $u^{'}$, $v^{'}$, et $w^{'}$ désignent les fluctuations des composantes du vecteur vitesse $V = (u, v, w)$.

3.4.3.1 Compétition entre les effets dynamique et thermique

On distingue classiquement les sources et les puits de turbulence en considérant l'équation d'évolution de TKE_s,

$$\frac{\partial TKE_s}{\partial t} + \langle \mathbf{V} \rangle \cdot \nabla(TKE_s) = P_d + P_t + T_r - \varepsilon \,, \tag{3.29}$$

où P_d et P_t désignent respectivement les termes de productions dynamique et thermique, T_r la redistribution par les phénomènes de transport turbulent et ε le taux de dissipation de l'énergie aux petites échelles par diffusion moléculaire ($\varepsilon > 0$). La notion de *production* n'induit pas nécessairement un signe positif : à l'instar de la terminologie anglo-saxonne, *production* est à comprendre ici au sens de *terme source.*

L'expression des termes de productions dynamique et thermique peut être obtenue à partir des équations d'évolution du système.

Production thermique

Pour la production thermique, on obtient

$$P_t = \left\langle \theta' w' \right\rangle \frac{g}{\theta} \,, \tag{3.30}$$

avec w la composante verticale de la vitesse du vent. Le signe de P_t est donc celui de $\left\langle \theta' w' \right\rangle$, qui s'interprète comme un flux turbulent vertical de température potentielle.

Ce signe est étroitement associé à la stabilité thermique. Si l'on considère, par exemple, un écoulement de gradient vertical de température potentielle positif (cas stable), un raisonnement phénoménologique conduit aisément à $\left\langle \theta' w' \right\rangle < 0$ (figure 3.11).

Une fluctuation de vitesse verticale est en effet corrélée négativement avec une fluctuation de température potentielle : l'air ascendant ($w' > 0$) a tendance à diminuer la température de son environnement après mélange ($\theta' < 0$). À l'inverse, à une fluctuation de vitesse verticale négative est associée une fluctuation de température positive : l'air descendant a tendance à réchauffer son environnement.

Le signe de $\left\langle \theta' w' \right\rangle$ est donc l'opposé de celui de $\partial \langle \theta \rangle / \partial z$. On retrouve les critères de stabilité déjà proposés en fonction du gradient de température potentielle. La notion essentielle est bien celle d'effet de flottabilité :

- si la force de flottabilité amplifie les mouvements verticaux, la turbulence est amplifiée et on a *instabilité* : $P_t > 0$;
- si la force de flottabilité atténue ces déplacements, la turbulence dynamique peut même être inhibée : il y a *stabilité* et $P_t < 0$;
- si elle a des effets nuls, on est dans un cas neutre pour lequel la turbulence a une seule origine dynamique ($P_t = 0$).

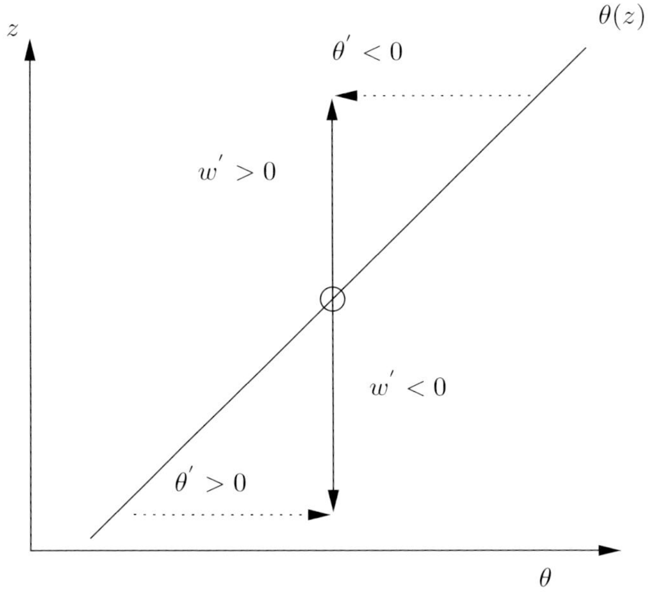

Figure 3.11 – Signe du flux turbulent vertical de θ en fonction de la stabilité (ici un gradient positif de $\theta(z)$).

Production dynamique

Pour la production dynamique, on obtient de même

$$P_d = -\left\langle u' w' \right\rangle \frac{\partial \langle u \rangle}{\partial z} - \left\langle v' w' \right\rangle \frac{\partial \langle v \rangle}{\partial z} . \tag{3.31}$$

En reprenant le même raisonnement que pour les corrélations, on vérifie que le signe du flux vertical turbulent d'une quantité transportée est l'opposé de celui du gradient moyen de cette quantité (ici u et v) : par exemple, pour u, $\left\langle u' w' \right\rangle \partial \langle u \rangle / \partial z < 0$. La production dynamique est donc *toujours* positive, le cisaillement vertical du vent génèrant de la turbulence.

3.4.4 Hauteur de mélange et indicateurs de la turbulence

On définit habituellement la *hauteur de mélange* comme l'altitude à laquelle TKE_s devient négligeable. Cette altitude définit de fait le volume dans lequel les polluants émis au sol sont brassés. Elle varie au cours de la journée de manière cohérente avec ce qui a déjà été vu (figure 3.12).

Dans le cas stable (destruction de la turbulence par les effets convectifs), une mesure du degré de turbulence, c'est-à-dire du brassage des polluants, est

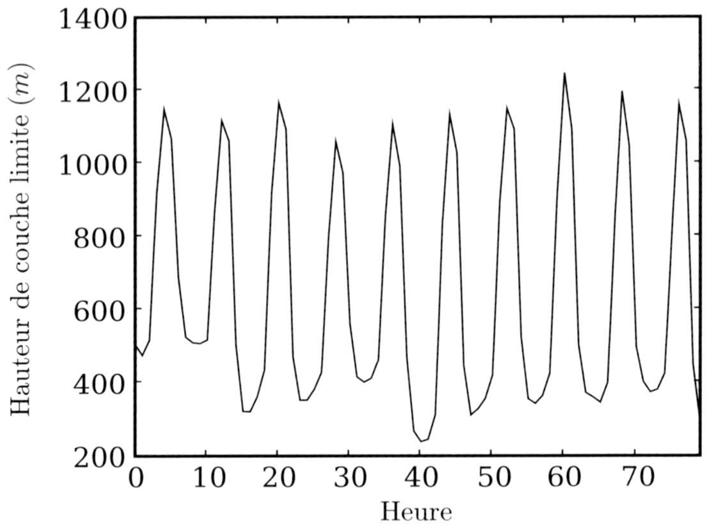

Figure 3.12 – Évolution de la hauteur de mélange diagnostiquée par le système POLYPHEMUS sur la base des données de l'ECMWF (*European Centre for Medium-Range Weather Forecasts*). Moyenne sur l'Europe à compter du 22 avril 2001. Crédit : Vivien Mallet, CEREA.

également donnée par le *nombre de Richardson de flux*

$$Ri_f = -\frac{P_t}{P_d}\,. \tag{3.32}$$

Ce nombre mesure le degré de destruction de la turbulence par effet thermique. Dans le cas stable, $Ri_f \geq 0$ et on admet généralement que dès que $Ri_f \leq 0.21$ (valeur en laboratoire), l'écoulement devient turbulent.

En utilisant les schémas de fermeture présentés dans la section 3.5.2.3, on peut approcher les termes de productions dynamique et thermique respectivement à l'aide des gradients verticaux de vitesse horizontale du vent et de température potentielle. Cela conduit à

$$Ri_f \simeq -\frac{\dfrac{g}{\langle\theta\rangle}\dfrac{\partial\langle\theta\rangle}{\partial z}}{\left(\dfrac{\partial\langle u\rangle}{\partial z}\right)^2+\left(\dfrac{\partial\langle v\rangle}{\partial z}\right)^2}\,. \tag{3.33}$$

De tels indicateurs, couplés avec la mesure de l'intensité de la turbulence (fournie par TKE_s), permettent d'estimer la hauteur de la couche de mélange dans laquelle les polluants sont brassés au voisinage du sol.

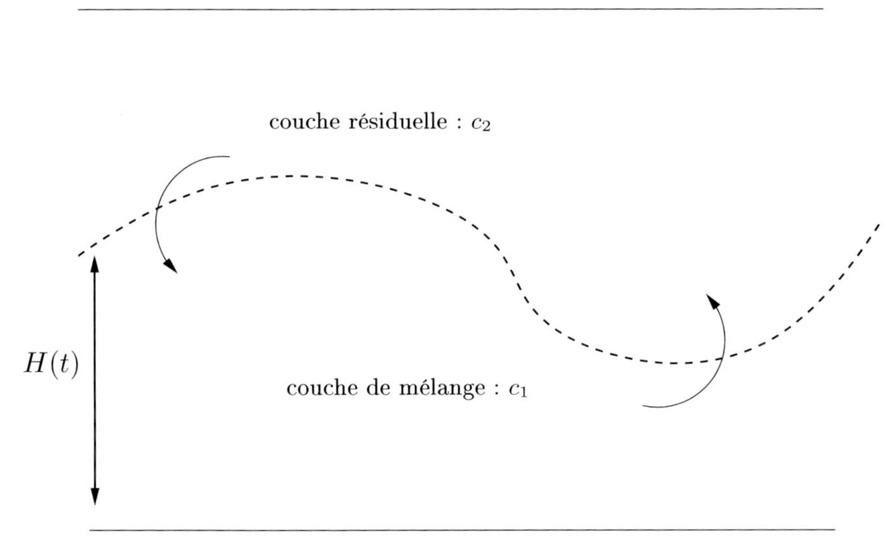

Figure 3.13 – Entraînement de la couche résiduelle (exercice 3.3).

Exercice 3.3 (Vitesse d'entraînement de la couche résiduelle) Les modèles de dispersion à deux boîtes sont fondés sur la seule prise en compte de la couche de mélange et de la couche stable (figures 3.8 et 3.13).

On appelle $H(t)$ la hauteur de la couche de mélange, $c_1(z,t)$ et $c_2(z,t)$ les concentrations respectivement dans la couche de mélange et la couche résiduelle (homogènes horizontalement). Proposer un modèle d'évolution pour la moyenne verticale de c_1.

Réponse :

On note $\overline{c}_1(t) = \int_0^{H(t)} c_1(z,t)\mathrm{d}z/H(t)$. On a directement $\frac{\mathrm{d}(H\overline{c}_1)}{\mathrm{d}t} = \overline{c}_1\frac{\mathrm{d}H}{\mathrm{d}t} + H\frac{\mathrm{d}\overline{c}_1}{\mathrm{d}t}$. Mais c'est également

$$\frac{\mathrm{d}}{\mathrm{d}t}\left(\int_0^{H(t)} c_1(z,t)\mathrm{d}z\right) = \int_0^{H(t)} \frac{\partial c_1(z,t)}{\partial t}\mathrm{d}z + \frac{\mathrm{d}H}{\mathrm{d}t}c_1(H(t),t)\,,$$

et finalement

$$\frac{\mathrm{d}\overline{c}_1}{\mathrm{d}t} = \frac{1}{H(t)}\int_0^{H(t)} \frac{\partial c_1(z,t)}{\partial t}\mathrm{d}z + \frac{1}{H}\left[\frac{\mathrm{d}H}{\mathrm{d}t}\left(c_1(H(t),t) - \overline{c}_1\right)\right].$$

Le premier terme est en général approché par $\partial\overline{c}_1/\partial t$ (donné par les réactions chimiques et les flux au sol). Le second terme représente l'entraînement de la couche résiduelle avec la vitesse d'entraînement $\mathrm{d}H/\mathrm{d}t$ (signe à commenter selon les cas).

3.5 Éléments de dynamique atmosphérique

L'objectif de cette section à caractère plus technique est de donner les principaux éléments de calcul de l'écoulement dans la couche limite atmosphérique et dans l'atmosphère libre. Cela permet notamment de préciser les champs de vent. Le lecteur peu familier de la mécanique des fluides peut directement se reporter à la section suivante.

Les mécanismes prépondérants diffèrent selon l'altitude :

- dans l'atmosphère libre, les gradients de pression et la force de Coriolis s'équilibrent et définissent le *vent géostrophique*;
- dans la couche limite atmosphérique, les effets de surface deviennent prépondérants et une simplification des équations de la dynamique des fluides, *l'approximation de Boussinesq*, peut être utilisée.

3.5.1 Rappel sur les équations de la dynamique

Pour alléger les notations, les dérivées partielles seront écrites sous la forme $\partial_t \Psi = \partial \Psi / \partial t$, $\partial_x \Psi = \partial \Psi \partial x$, etc.

On rappelle que pour un vecteur $\vec{A} = (A_x, A_y, A_z)$, la divergence est le nombre $\text{div}\vec{A} = \partial_x A_x + \partial_y A_y + \partial_z A_z$, et que pour un champ scalaire Ψ, le gradient est le vecteur $\nabla \Psi = (\partial_x \Psi, \partial_y \Psi, \partial_z \Psi)$.

3.5.1.1 Équations de Navier-Stokes

L'air est décrit par les variables vitesse ($\vec{V}$), densité (ρ), énergie ou température (T) et humidité spécifique (q_s). On suppose de plus que l'air peut être considéré comme un gaz parfait : la pression est donc, par exemple, directement calculable à partir de la densité et de la température ($P = \rho r_{air} T$).

Les équations qui déterminent l'évolution du fluide atmosphérique expriment des lois de conservation, respectivement pour la masse, la quantité de mouvement, l'énergie et, pour un air humide, l'humidité spécifique.

Conservation de la masse

Elle est donnée par l'équation de continuité

$$\partial_t \rho + \text{div}(\rho \vec{V}) = 0\,. \tag{3.34}$$

Conservation de la quantité de mouvement

Dans un repère lié à la Terre, l'air est soumis à la force liée au gradient de pression, à la gravité, à la force de Coriolis induite par la rotation de la Terre sur elle-même et à la résistance de l'air (diffusion moléculaire).

Par ailleurs, la dérivée particulaire, définie par $\text{D}_t \vec{V} = \partial_t \vec{V} + \vec{V} \cdot \nabla \vec{V}$, permet d'adopter une description lagrangienne (en suivant l'air au cours de son transport). Le premier principe de la dynamique s'écrit alors

$$\rho \text{D}_t \vec{V} = -\nabla P - \rho \vec{g} + \rho \vec{F}_c + \mu \Delta \vec{V}\,, \tag{3.35}$$

avec μ la constante de diffusion dynamique (la viscosité cinématique est donnée par $\nu = \mu/\rho$ et s'exprime en m^2 s^{-1}). Le vecteur $\vec{g}$ est compté positivement pour les altitudes croissantes. Enfin, la force de Coriolis s'écrit $\rho\vec{F_c} = -2\rho\vec{\Omega} \wedge \vec{V}$ où $\vec{\Omega}$ est le vecteur de rotation angulaire de la Terre (aligné sur l'axe de rotation).

Conservation de l'énergie

De manière équivalente, on peut écrire une équation de continuité pour la température. Les flux de chaleur, indépendamment du transport, sont liés aux flux de chaleur latente (changement de phase de l'eau), au rayonnement et à la diffusion. L'équation de continuité s'écrit

$$\rho c_p \mathrm{D}_t T = Q + \mu_\theta \Delta T\,, \tag{3.36}$$

avec μ_θ la conductivité thermique et Q les sources de chaleur (dont la chaleur latente et le rayonnement).

Conservation de l'humidité spécifique

L'équation de continuité pour l'humidité spécifique s'écrit

$$\mathrm{D}_t q_s = S_{q_s} + \nu_w \Delta q_s\,, \tag{3.37}$$

avec ν_w le coefficient de diffusion moléculaire pour la vapeur d'eau et S_{q_s} le taux de changement d'humidité lié aux changements de phase.

Les équations (3.34-3.37) constituent le système de Navier-Stokes.

3.5.1.2 Projection dans un système latitude-longitude-altitude

On considère un repère terrestre (figure 3.14) avec l'axe des x dirigé vers l'ouest (longitude), l'axe des y vers le nord (latitude), et l'axe des z selon la verticale ascendante (altitude). Notons qu'en toute rigueur ce repère n'est pas cartésien et qu'il faudrait calculer un terme de courbure associé à la rotation du repère sur la Terre. Ces termes sont négligés dans cette présentation simplifiée.

On s'intéresse ici à la vitesse du vent et à la densité (la pression est donnée par l'approximation hydrostatique, la température par la loi des gaz parfaits). On obtient alors aisément comme système d'évolution dans ce repère, avec $\vec{V} = (u, v, w)$,

$$\begin{cases} \partial_t\rho + \partial_x(\rho u) + \partial_y(\rho v) + \partial_z(\rho w) = 0 \\ \partial_t u + u\partial_x u + v\partial_y u + w\partial_z u = -\dfrac{1}{\rho}\partial_x P + (F_c)_x + \nu\Delta u \\ \partial_t v + u\partial_x v + v\partial_y v + w\partial_z v = -\dfrac{1}{\rho}\partial_y P + (F_c)_y + \nu\Delta v \\ \partial_t w + u\partial_x w + v\partial_y w + w\partial_z w = -\dfrac{1}{\rho}\partial_z P + (F_c)_z + \nu\Delta w - g\,. \end{cases} \tag{3.38}$$

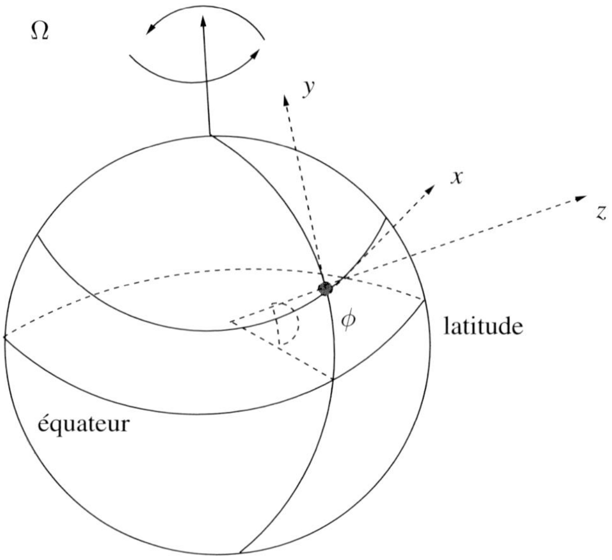

Figure 3.14 – Repère latitude-longitude-altitude.

Soit ϕ la latitude du point considéré, définie comme l'angle entre le plan de l'équateur et la verticale. On a $\vec{\Omega} = (0, \Omega\cos\phi, \Omega\sin\phi)$ et la force de Coriolis est donnée par

$$\begin{cases} (F_c)_x = -2\Omega(w\cos\phi - v\sin\phi) \\ (F_c)_y = -2\Omega u\sin\phi \\ (F_c)_z = 2\Omega u\cos\phi\,. \end{cases} \tag{3.39}$$

En première approximation, la composante verticale w peut être négligée par rapport aux composantes horizontales, soit

$$(F_c)_x \simeq fv\ ,\quad (F_c)_y = -fu\ ,\quad (F_c)_z = 2\Omega u\cos\phi\,, \tag{3.40}$$

où l'on a noté $f = 2\Omega\sin\phi$ le *paramètre de Coriolis* (homogène à une fréquence). À nos latitudes ($\phi \simeq 45°$), f est de l'ordre de $10^{-4}\,\mathrm{s}^{-1}$.

Dans l'hémisphère nord, $\phi > 0$, et le phénomène de déviation vers l'est est illustré par $(F_c)_x > 0$. La situation est inversée dans l'hémisphère sud.

3.5.1.3 Analyse d'ordre de grandeur

Pour l'échelle synoptique, une rapide analyse d'ordre de grandeur est menée classiquement (en suivant l'incontournable [52]) sur la base des vitesses caractéristiques suivantes : $U \simeq 10\,\mathrm{m\,s^{-1}}$ (composante horizontale de vitesse) et $W \simeq 1\,\mathrm{cm\,s^{-1}}$ (composante verticale de vitesse).

On va distinguer les composantes horizontales avec comme échelle spatiale $L \simeq 1000\,\mathrm{km}$ et la composante verticale (hors de la couche limite) avec comme échelle spatiale $H \simeq 10\,\mathrm{km}$. L'échelle de temps associée est $T = L/U = 10^5\,\mathrm{s}$. Pour la composante horizontale, le terme de pression est défini à partir de $\delta P/(\rho L) \simeq 10^{-3}\,\mathrm{m\,s^{-2}}$ (ce qui correspond au sol, avec $\rho \simeq 1\,\mathrm{kg\,m^{-3}}$, à une variation de 1 hPa pour 100 km). Le terme vertical est adimensionné avec une pression au sol de l'ordre de $P_0 \simeq 1000\,\mathrm{hPa}$. Enfin, dans les termes de diffusion, les composantes verticales sont prépondérantes ($H \ll L$) et on utilise comme échelle spatiale H.

L'ordre de grandeur des différents termes de l'équation d'évolution est donné dans les tableaux 3.3 et 3.4, respectivement pour les composantes horizontales et pour la composante verticale.

Terme	Ordre de grandeur	Estimation ($\mathrm{m\,s^{-2}}$)
Dérivée en temps $\mathrm{D}u/\mathrm{D}t$	U^2/L	10^{-4}
Force de Coriolis	fU	10^{-3}
Pression	$\delta P/(\rho\, L)$	10^{-3}
Diffusion moléculaire	$\nu U/H^2$	10^{-12}

Tableau 3.3 – Analyse d'ordre de grandeur : composantes horizontales.

Terme	Ordre de grandeur	Estimation ($\mathrm{m\,s^{-2}}$)
Dérivée en temps $\mathrm{D}w/\mathrm{D}t$	UW/L	10^{-7}
Force de Coriolis	fU	10^{-3}
Pression	$P_0/(\rho\, H)$	10
Gravité	g	10
Diffusion moléculaire	$\nu W/H^2$	10^{-15}

Tableau 3.4 – Analyse d'ordre de grandeur : composante verticale.

Cette analyse d'ordre de grandeur permet de justifier, pour les composantes horizontales, l'approximation du *vent géostrophique*, valable à grande échelle et au-dessus de la couche limite atmosphérique,

$$u \simeq u_G = -\frac{1}{\rho f}\partial_y P \ , \quad v \simeq v_G = \frac{1}{\rho f}\partial_x P \, . \qquad (3.41)$$

Le vent géostrophique, horizontal, est donc tangent aux isobares, les surfaces de pression constante, le sens de rotation étant celui des aiguilles d'une montre autour d'une haute pression (anticyclone) dans l'hémisphère nord (figure 3.15).

Sur la verticale, on retrouve l'*approximation hydrostatique* avec $\partial_z P \simeq -\rho\, g$.

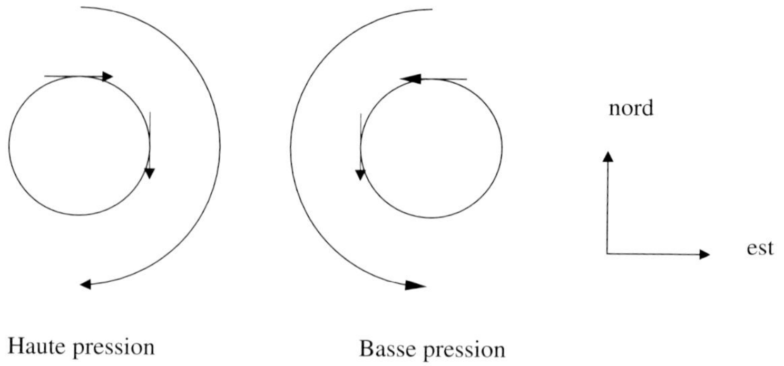

Figure 3.15 – Vent géostrophique dans l'hémisphère nord ($f > 0$). À gauche : sens de rotation autour d'une pression élevée (anticyclone) ; à droite : sens de rotation autour d'une basse pression (dépression).

3.5.2 Écoulement dans la CLA

On décrit à présent l'écoulement dans la CLA, donné par l'*approximation de Boussinesq*. On traite ensuite trois applications en décrivant la *spirale d'Ekman*, le *jet de basse couche* d'origine inertielle ou thermique, et enfin la couche limite de surface.

3.5.2.1 Approximation de Boussinesq

Au niveau de la CLA, la densité reste relativement proche de la densité donnée par l'approximation hydrostatique. De plus, cette densité reste elle-même quasi constante. On pourrait alors être tenté de traiter la densité comme une densité uniforme. Cela n'est cependant pas possible, essentiellement du fait de l'importance des *variations verticales de densité pour les effets de flottabilité*, comme on l'a vu précédemment dans l'étude de la stabilité statique. L'approximation de Boussinesq revient à traiter la densité comme constante partout sauf dans le terme de gravité.

Il est courant en météorologie de mener des calculs de *perturbation*, foncièrement liés à une hiérarchie de modèles et d'échelles. On suppose alors que l'état du système Ψ est proche d'un *état de référence* Ψ_r, la fluctuation $\Psi_1 = \Psi - \Psi_r$ étant supposée petite. Le système obtenu par la décomposition de toute grandeur Ψ selon $\Psi = \Psi_r + \Psi_1$ est alors linéarisé en négligeant tous les termes quadratiques de la forme $\Psi_1\Psi_1$ et en ne conservant que les termes linéaires de la forme $\Psi_1\Psi_r$. Il est à noter que l'approche est sensiblement différente de celle que l'on a utilisée dans les modèles RANS (pour lesquels le point-clé est justement la description des termes non linéaires).

L'état de référence pour l'approximation de Boussinesq est supposé être :

- au repos ($\vec{V_r} = 0$) ;

- hydrostatique ($\partial_z P_r = -\rho_r g$) ;
- adiabatique ($\partial_z T_r = -g/c_p$) ;
- l'air étant un gaz parfait ($P_r = \rho_r r T_r$).

Les variables thermodynamiques (ρ_r, T_r, P_r) sont alors parfaitement définies pour toute altitude z. Comme annoncé initialement, on constate de plus expérimentalement que l'écart relatif à une valeur moyenne sur la CLA (de hauteur H_{CLA}),

$$\Psi_0 = \frac{1}{H_{CLA}} \int_0^{H_{CLA}} \Psi_r(z)\mathrm{d}z\,, \tag{3.42}$$

est très faible :

$$\Psi_r = \Psi_0 + \Delta\Psi_r\,, \quad \frac{\Delta\Psi_r}{\Psi_0} \ll 1\,. \tag{3.43}$$

On a donc finalement

$$\Psi = \Psi_r + \Psi_1 = \Psi_0 + \Delta\Psi_r + \Psi_1\,, \tag{3.44}$$

où les écarts relatifs de la solution de référence à la solution uniforme d'une part, et de la solution à la solution de référence d'autre part, sont faibles :

$$\frac{\Delta\Psi_r}{\Psi_0} \ll 1\,, \quad \frac{\Psi_1}{\Psi_0} \ll 1\,. \tag{3.45}$$

Un développement relativement direct[2] conduit alors au système

$$\begin{cases} \partial_x u + \partial_y v + \partial_z w = 0 \\ \partial_t u + u\partial_x u + v\partial_y u + w\partial_z u = \dfrac{\mu}{\rho_0}\triangle u - \dfrac{1}{\rho_0}\partial_x P_1 + (F_c)_x \\ \partial_t v + u\partial_x v + v\partial_y v + w\partial_z v = \dfrac{\mu}{\rho_0}\triangle v - \dfrac{1}{\rho_0}\partial_y P_1 + (F_c)_y \\ \partial_t w + u\partial_x w + v\partial_y w + w\partial_z w = \dfrac{\mu}{\rho_0}\triangle w - \dfrac{1}{\rho_0}\partial_z P_1 + \dfrac{T_1}{T_0}g + (F_c)_z \\ \rho_0 c_p(\partial_t T_1 + u\partial_x T_1 + v\partial_y T_1 + w\partial_z T_1) = Q + \mu_\theta \triangle T_1\,. \end{cases} \tag{3.46}$$

Q désigne les sources éventuelles de chaleur, μ_θ la conductivité thermique et μ la viscosité dynamique. Cela constitue un système de cinq équations pour les cinq inconnues (u, v, w, P_1, T_1), qui a la propriété d'être linéaire par rapport aux variables thermodynamiques (ce qui était recherché).

Remarque 3.5.1 (Température potentielle)
Une équation identique à celle de la température T_1 peut être obtenue pour la température potentielle $\theta_1 = \theta - \theta_r$:

$$\rho_0 c_p(\partial_t\theta_1 + u\partial_x\theta_1 + v\partial_y\theta_1 + w\partial_z\theta_1) = Q + \mu_\theta\triangle\theta_1\,. \tag{3.47}$$

La remarque essentielle est que la température potentielle mesure un écart à un état adiabatique (conformément à ce qui a déjà été vu) : $\theta_1 \simeq T - T_0$.

[2] ... mais que l'on omettra au grand soulagement du lecteur... et de l'auteur !

De même, en première approximation, le terme $(T_1/T_0)g$ qui apparaît dans l'équation d'évolution de la composante verticale de vitesse w peut être remplacé par $(\theta_1/\theta_0)g$.

3.5.2.2 Moyenne de Reynolds pour la CLA turbulente

L'écoulement dans la CLA peut être en réalité fortement turbulent, comme on a déjà pu le vérifier en calculant les nombres de Reynolds et de Rayleigh. À moins de vouloir calculer toutes les échelles de l'écoulement, on est donc obligé d'adopter une approche par moyennisation en décomposant toute grandeur physique Ψ en une moyenne $\langle\Psi\rangle$ et une fluctuation $\Psi^{'}$: $\Psi = \langle\Psi\rangle + \Psi^{'}$.

On moyenne alors les équations (3.46) en utilisant les propriétés de l'opérateur de moyenne :

$$\begin{cases} \partial_x\langle u\rangle + \partial_y\langle v\rangle + \partial_z\langle w\rangle = 0 \\ \dfrac{\mathrm{D}\,\langle u\rangle}{\mathrm{D}t} = \dfrac{\mu}{\rho_0}\triangle\langle u\rangle - \dfrac{1}{\rho_0}\partial_x\langle P_1\rangle + \langle(F_c)_x\rangle - \mathrm{div}\left(\left\langle u^{'}\vec{V'}\right\rangle\right) \\ \dfrac{\mathrm{D}\,\langle v\rangle}{\mathrm{D}t} = \dfrac{\mu}{\rho_0}\triangle\langle v\rangle - \dfrac{1}{\rho_0}\partial_y\langle P_1\rangle + \langle(F_c)_y\rangle - \mathrm{div}\left(\left\langle v^{'}\vec{V'}\right\rangle\right) \\ \dfrac{\mathrm{D}\,\langle w\rangle}{\mathrm{D}t} = \dfrac{\mu}{\rho_0}\triangle\langle w\rangle - \dfrac{1}{\rho_0}\partial_z\langle P_1\rangle + \langle(F_c)_z\rangle + \dfrac{\langle\theta_1\rangle}{\theta_0}g - \mathrm{div}\left(\left\langle w^{'}\vec{V'}\right\rangle\right) \\ \rho_0 c_p\dfrac{\mathrm{D}\,\langle\theta_1\rangle}{\mathrm{D}t} = Q + \mu_\theta\triangle\langle\theta_1\rangle - \mathrm{div}\left(\left\langle \theta_1^{'}\vec{V'}\right\rangle\right), \end{cases} \tag{3.48}$$

où l'on a défini la dérivée totale d'une grandeur moyenne $\langle\Psi\rangle$ selon

$$\frac{\mathrm{D}\,\langle\Psi\rangle}{\mathrm{D}t} = \partial_t\langle\Psi\rangle + \langle u\rangle\,\partial_x\langle\Psi\rangle + \langle v\rangle\,\partial_y\langle\Psi\rangle + \langle w\rangle\,\partial_z\langle\Psi\rangle\,, \tag{3.49}$$

et la divergence des corrélations avec le vecteur $\vec{V'}$ de fluctuation de la vitesse selon

$$\mathrm{div}\left(\left\langle\Psi^{'}\vec{V'}\right\rangle\right) = \partial_x\left\langle\Psi^{'}u^{'}\right\rangle + \partial_y\left\langle\Psi^{'}v^{'}\right\rangle + \partial_z\left\langle\Psi^{'}w^{'}\right\rangle. \tag{3.50}$$

Les flux turbulents $\left\langle\Psi^{'}\vec{V}^{'}\right\rangle$ doivent être modélisés : c'est le *problème de la fermeture* des modèles turbulents (avec ici neuf corrélations inconnues).

3.5.2.3 Schémas de fermeture

On distingue classiquement les schémas de fermeture selon leur *ordre*. Les fermetures d'ordre 1 sont exprimées en fonction des valeurs moyennes des champs (voir ci-dessous), et les fermetures d'ordre 2 reposent de plus sur les corrélations moyennes. On parle de fermeture d'ordre 1.5 pour les modèles $k - \varepsilon$ où le taux de dissipation visqueuse, défini dans l'équation d'évolution de TKE_s (3.29), est calculé par

$$\varepsilon = \frac{(TKE_s)^{1.5}}{L_\varepsilon}\,, \tag{3.51}$$

avec L_ε une échelle spatiale caractéristique de la dissipation. Il est direct de vérifier la cohérence en termes de dimension.

L'approche la plus couramment utilisée demeure à ce jour la fermeture d'ordre 1 fondée sur la *théorie K* ([78]). Par analogie avec la diffusion moléculaire, les flux turbulents de la grandeur Ψ sont alors proportionnels aux gradients de la valeur moyenne $\langle\Psi\rangle$ dans la direction considérée. Les flux verticaux sont donnés, par exemple, par la paramétrisation

$$\left\langle \Psi' w' \right\rangle \simeq -K_{\Psi,z}\partial_z \langle\Psi\rangle\,, \tag{3.52}$$

où le coefficient de diffusion turbulente, $K_{\Psi,z}$, reste à modéliser. Pour un coefficient positif, notons que cela est cohérent avec le raisonnement phénoménologique mené à la section 3.4.3.

En réalité, en dehors des régions présentant des inhomogénéités horizontales, on ne considère souvent que les flux verticaux, ce qui réduit à quatre le nombre de corrélations. On définit alors

$$\begin{cases} \left\langle \vec{V}' w' \right\rangle = -K_m \partial_z \left\langle \vec{V} \right\rangle \\ \left\langle \theta_1{}' w' \right\rangle = -K_h \partial_z \langle\theta_1\rangle\,, \end{cases} \tag{3.53}$$

où K_m est la viscosité dynamique turbulente (prise égale pour les trois directions) et K_h la viscosité turbulente de chaleur. Les coefficients K_m et K_h sont en général positifs, sauf dans les modèles dits à « contre-gradient » où $\left\langle \theta_1{}' w' \right\rangle = -K_h(\partial_z\langle\theta_1\rangle - \gamma)$ avec $\gamma > 0$. Ces coefficients sont modélisés comme fonction de l'altitude et du temps, afin de décrire l'évolution de la turbulence et de la couche de mélange en cours de journée. Pour la dispersion des polluants, on utilise un coefficient noté $K_z(z,t)$ (figure 3.16). Les paramétrisations utilisées dépassent le cadre de ce cours et ne sont donc pas présentées.

3.5.2.4 Exemples d'application

3.5.2.4.1 La spirale d'Ekman On considère un champ de vent horizontal et homogène horizontalement. On suppose la CLA adiabatique : c'est donc le cas de « neutralité » statique. Mathématiquement, on a donc : $\langle w\rangle = 0$, $\langle u\rangle(z)$ et $\langle v\rangle(z)$, et $\langle\theta_1\rangle = 0$.

En utilisant la théorie K pour fermer le modèle et en négligeant la diffusion moléculaire par rapport à la diffusion turbulente, les équations deviennent

$$\begin{cases} \partial_t\langle u\rangle = -\dfrac{1}{\rho_0}\partial_x\langle P_1\rangle + f\langle v\rangle + K_m\partial^2_{zz}\langle u\rangle \\ \partial_t\langle v\rangle = -\dfrac{1}{\rho_0}\partial_y\langle P_1\rangle - f\langle u\rangle + K_m\partial^2_{zz}\langle v\rangle\,. \end{cases} \tag{3.54}$$

Au sommet de la CLA, les variations diurnes sont faibles ($\partial_t \simeq 0$), et les effets de surface sont négligeables (la turbulence est faible : $K_m \simeq 0$). Ces conditions

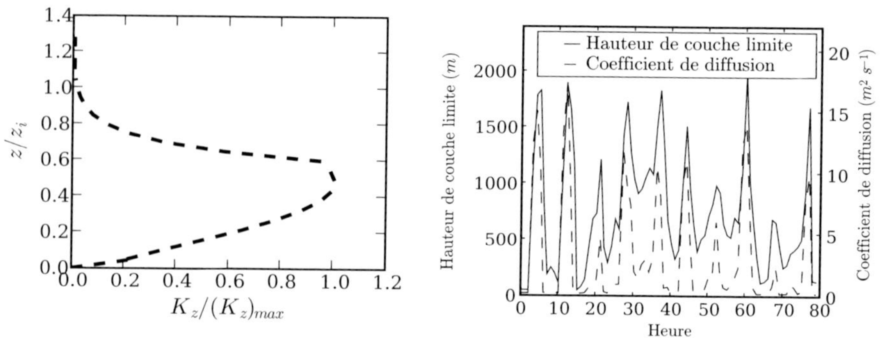

Figure 3.16 – À gauche : profil vertical analytique de K_z (normalisé) dans le cas instable (z_i correspond à la hauteur de mélange). Source : [126]. À droite : évolution de la hauteur de couche limite et de K_z à 50 m au-dessus de Paris, à compter du 22 avril 2001 (données simulées à l'instar de la figure 3.12). Crédit : Vivien Mallet, CEREA.

définissent les composantes du vent géostrophique selon

$$\langle u\rangle_g = -\frac{1}{\rho_0 f}\partial_y\langle P_1\rangle \ , \quad \langle v\rangle_g = \frac{1}{\rho_0 f}\partial_x\langle P_1\rangle \,. \tag{3.55}$$

En supposant que les gradients horizontaux de pression sont constants, on obtient alors

$$\begin{cases} \partial_t\langle u\rangle = -f\left(\langle v\rangle_g - \langle v\rangle\right) + K_m\partial^2_{zz}\langle u\rangle \\ \partial_t\langle v\rangle = f\left(\langle u\rangle_g - \langle u\rangle\right) + K_m\partial^2_{zz}\langle v\rangle \,. \end{cases} \tag{3.56}$$

Pour simplifier, on considère que l'axe des x est aligné sur le vent géostrophique, ce qui revient à prendre $\langle v\rangle_g = 0$. Les solutions stationnaires de ce système ($\partial_t = 0$), avec comme conditions aux limites au sol la condition d'adhérence ($\langle u\rangle(0) = \langle v\rangle(0) = 0$), sont alors aisément calculées en passant en variables complexes $\langle u\rangle + j\langle v\rangle$ (avec $j^2 = -1$),

$$\begin{cases} \langle u\rangle(z) = \langle u\rangle_g\left(1 - \cos(az)e^{-az}\right) \\ \langle v\rangle(z) = \langle u\rangle_g \sin(az)e^{-az} \,, \end{cases} \tag{3.57}$$

où $a = \sqrt{f/2K_m}$. La hauteur de la CLA (H_{CLA}) est définie comme la première altitude à laquelle le champ de vitesse s'aligne sur le champ géostrophique (l'axe des x). Elle est évidemment donnée par $aH_{CLA} = \pi$, soit $H_{CLA} = \pi\sqrt{2K_m/f}$.

Plus l'effet de surface est fort (K_m élevé), plus la hauteur de la couche de mélange augmente. Une application numérique avec les valeurs $f \simeq 10^{-4}\,\mathrm{s}^{-1}$ et $K_m \simeq 10\,\mathrm{m}^2\,\mathrm{s}^{-1}$ conduit à une valeur crédible $H_{CLA} \simeq 1500\,\mathrm{m}$.

À cette altitude, la composante horizontale est à peu près égale à celle du vent géostrophique, puisque $\langle u\rangle(H_{CLA}) = \langle u\rangle_g(1 + e^{-\pi}) \simeq \langle u\rangle_g$.

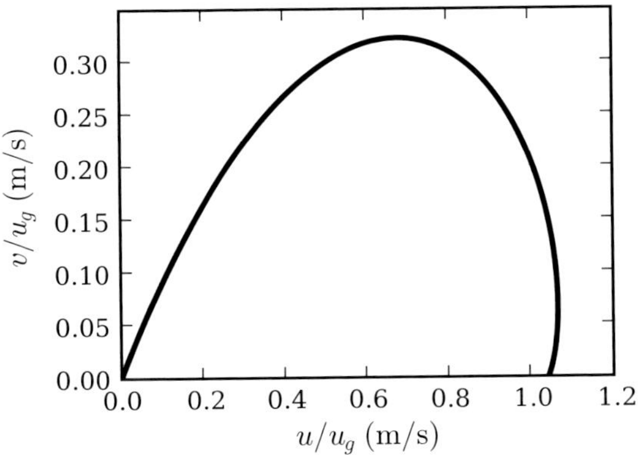

Figure 3.17 – Hodographe des composantes du vent (spirale d'Ekman) pour $v_g = 0$.

À l'altitude z, l'angle du vent avec la direction du vent géostrophique est exactement l'angle avec l'axe des x, $\alpha(z)$, qui vérifie

$$\tan \alpha(z) = \frac{\langle v \rangle}{\langle u \rangle}. \tag{3.58}$$

L'hodographe d'Ekman représente l'évolution de cet angle avec l'altitude (figure 3.17). En utilisant les développements limités au voisinage de 0, $\sin \theta \simeq \theta$ et $1 - \cos \theta \simeq \theta^2/2$, on trouve aisément comme angle au sol $\alpha(0) = 45$ degrés. Cet angle varie en réalité de 25 à 30 degrés, comme on a pu le constater dans la figure 3.3. On reviendra sur les limitations de ce modèle en définissant la couche limite de surface.

Le *pompage d'Ekman* engendré par la friction (des vents rentrants au sein de la spirale) a des implications importantes : par exemple, il tend à « combler » les systèmes dépressionnaires marins lorsque ceux-ci atteignent la terre ferme, où il y a de la friction au sol, en faisant rentrer de l'air dans la dépression.

Exercice 3.4 (Jets de basse couche nocturne)
L'objet de cet exercice est d'illustrer le phénomène de jets de basse couche nocturne. Ce phénomène est lié aux *oscillations inertielles* de fréquence f.

On reprend le modèle (3.56) avec le vent géostrophique aligné sur l'axe des x ($\langle v \rangle_g = 0$). On suppose qu'un état stationnaire $\langle u \rangle_j(z), \langle v \rangle_j(z)$ est réalisé la journée : il est donné par la solution calculée pour la spirale d'Ekman (3.57).

Quelle est l'évolution des composantes nocturnes du vent (la turbulence étant négligeable en première approximation) ?

Réponse :
On indicie par n les composantes nocturnes. L'équation (3.56) devient

$$\partial_t \langle u \rangle_n = f \langle v \rangle_n \ , \quad \partial_t \langle v \rangle_n = f(\langle u \rangle_g - \langle u \rangle_n) \, ,$$

avec pour condition initiale (à $t = 0$) $\langle u \rangle_n (0) = \langle u \rangle_j$ et $\langle v \rangle_n (0) = \langle v \rangle_j$.

On trouve aisément les solutions de nuit

$$\begin{cases} \langle u \rangle_n (t) = \langle u \rangle_j \cos(ft) + \langle v \rangle_j \sin(ft) + \langle u \rangle_g (1 - \cos(ft)) \\ \langle v \rangle_n (t) = \langle v \rangle_j \cos(ft) + \Big(\langle u \rangle_g - \langle u \rangle_j \Big) \sin(ft) \, . \end{cases}$$

On a alors une période d'oscillations, liée au paramètre de Coriolis f ($f \simeq 10^{-4}\,\mathrm{s}^{-1}$), de l'ordre de $2\pi/f \simeq 17$ heures, qui peut conduire de nuit à un vent surgéostrophique (développement d'un jet de vent horizontal).

3.5.2.4.2 Couche limite de surface (CLS) Le modèle d'Ekman ne correspond pas à la réalité observée et n'est qu'une approximation, notamment du fait de l'hypothèse de stationnarité de l'écoulement. Une des limitations concerne notamment la couche limite de surface, définie comme une « couche à flux constant » à proximité du sol (quelques dizaines de mètres). La CLS est la couche dans laquelle le dépôt sec a lieu (problème 3.1). Les profils des principaux champs peuvent être calculés dans la CLS.

On définit la *vitesse de friction*, notée $u_\star$, à partir du flux turbulent de surface (supposé constant dans la CLS),

$$(u_\star)^2 = \left| \left\langle u' w' \right\rangle \right|_{z=0} \, . \tag{3.59}$$

La terminologie est « logique » : plus le sol est rugueux, plus une force de friction génère de la turbulence. La valeur de $u_\star$ est de l'ordre de quelques dizaines de centimètres par seconde.

Cas neutre

Une première approche pour calculer le gradient de vent dans la CLS *neutre* est d'adopter une analyse dimensionnelle. Au sein de la CLS, les deux variables physiques sont $u_\star$ et z (l'altitude, c'est-à-dire l'éloignement à la « paroi », dans la terminologie de la mécanique des fluides). Le gradient est donc de la forme

$$\frac{\mathrm{d} \langle u \rangle}{\mathrm{d}z} = \frac{u_\star}{\kappa \, z} \, , \tag{3.60}$$

avec κ une constante sans dimension (que l'on place au dénominateur pour respecter les conventions classiques : la constante κ est la constante de von Karman, dont la valeur varie de 0.35 à 0.4).

Par intégration, on obtient donc un profil logarithmique

$$\langle u \rangle (z) = \frac{u_\star}{\kappa} \ln \left(\frac{z}{z_0} \right) \, , \tag{3.61}$$

Milieu	z_0
mer	0.1 mm
prairie	1 cm
champ cultivé	10 cm
forêt	1 m
ville	≥ 2 m

Tableau 3.5 – Quelques valeurs typiques de la hauteur de rugosité (z_0). Source : [151].

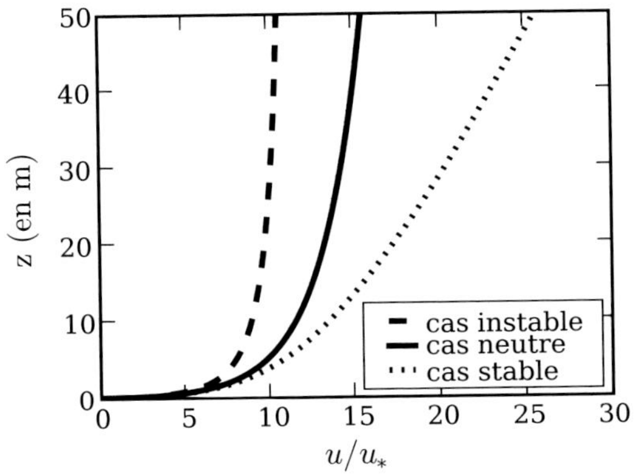

Figure 3.18 – Profil adimensionné de vitesse horizontale dans la couche limite de surface (milieu rural : $z_0 = 0.1$ m).

avec z_0 la ***hauteur de rugosité*** définie par $u(z_0) = 0$. Typiquement, z_0 est de l'ordre d'un dizième environ des obstacles, soit quelques centimètres en milieu naturel et quelques mètres en ville (tableau 3.5).

Exercice 3.5 (Diffusion turbulente dans la CLS)
Quelle est la constante de diffusion turbulente (K_m) dans le cas neutre ?
Réponse :
Par définition, $\left\langle u^{'} w^{'} \right\rangle = -K_m \partial \langle u \rangle / \partial z$. Ce flux est aussi égal, au sol, à $-u_\star^2$ (signe physiquement évident). Par ailleurs, avec l'équation (3.60), on a $\mathrm{d}\langle u \rangle / \mathrm{d}z = u_\star / (\kappa z)$. On en tire aisément

$$K_m = \kappa u_\star z \, .$$

Le résultat est logique : la turbulence augmente avec la friction et les gradients de vent.

Une seconde approche, pour le cas neutre, est fondée sur la *théorie de la longueur de mélange* (théorie de Prandtl). Si on note ξ' la longueur sur laquelle une parcelle ne se mélange pas avec son environnement lors d'un déplacement vertical (ξ' a un signe en fonction du sens de son déplacement), ce déplacement crée une fluctuation de la composante de vitesse horizontale

$$u' \simeq -\xi' \frac{\mathrm{d}\langle u \rangle}{\mathrm{d}z}. \tag{3.62}$$

Prendre l'opposé du gradient vertical est justifié, car, au voisinage du sol, $\mathrm{d}\langle u \rangle/\mathrm{d}z > 0$: une parcelle ascendante ($\xi' > 0$) entraîne une fluctuation négative de u.

Pour la fluctuation de vitesse verticale, en supposant que les échelles horizontales et verticales sont comparables, on a en revanche

$$w' = \xi' \frac{\mathrm{d}\langle u \rangle}{\mathrm{d}z}, \tag{3.63}$$

car un déplacement vers le haut ($\xi' > 0$) est associé à une fluctuation de vitesse verticale positive ($w' > 0$). On a alors

$$\left\langle u'w' \right\rangle = -\left\langle \xi'^2 \right\rangle \left(\frac{\mathrm{d}\langle u \rangle}{\mathrm{d}z} \right)^2. \tag{3.64}$$

Avec (3.59), on obtient

$$u_\star = \sqrt{\left\langle \xi'^2 \right\rangle} \frac{\mathrm{d}\langle u \rangle}{\mathrm{d}z}. \tag{3.65}$$

Un choix « logique » pour la longueur de mélange $\sqrt{\left\langle \xi'^2 \right\rangle}$ est $\kappa\, z$ (la taille des tourbillons est donnée par l'éloignement au sol) et on conclut en retrouvant l'équation (3.61).

Cas général

L'approche dimensionnelle se généralise aux cas stable et instable. D'autres variables physiques interviennent, notamment pour décrire les effets de flottabilité. On définit, en plus de la vitesse de friction, une échelle de longueur, la longueur de Monin-Obukhov (L_{MO}),

$$L_{MO} = -\frac{\theta_0}{\kappa\, g} \frac{u_\star^3}{Q_0}, \tag{3.66}$$

avec Q_0 le flux de chaleur au sol. Le gradient vertical de vitesse est alors

$$\frac{\mathrm{d}\langle u \rangle}{\mathrm{d}z} = \frac{u_\star}{\kappa z} \phi \left(\frac{z}{L_{MO}} \right), \tag{3.67}$$

avec ϕ des fonctions analytiques données (par exemple, les fonctions de Businger).

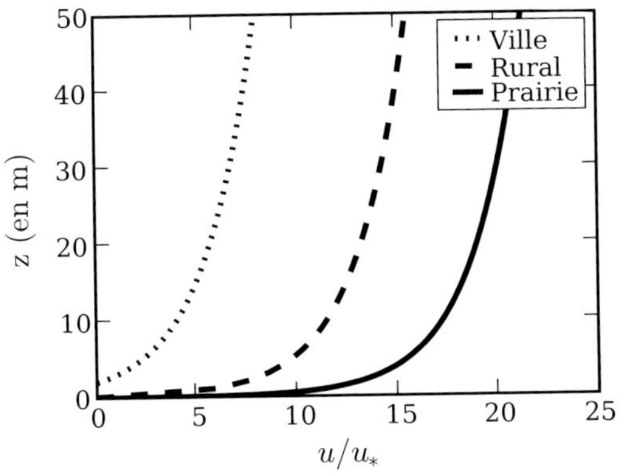

Figure 3.19 – Profil adimensionné de vitesse horizontale dans le cas neutre pour diverses hauteurs de rugosité.

Par exemple, dans le cas neutre, on a bien sûr $\phi = 1$. Dans le cas stable, ϕ est donné par $\phi(z) = 1 + 8.1z/L_{MO}$ et l'intégration est directe. Le cas instable conduit à une expression un peu plus compliquée que l'on omettra ici. Les profils de vitesse obtenus pour le cas d'un milieu rural ($z_0 = 0.1\,\mathrm{m}$) sont donnés dans la figure 3.18.

La modification de la rugosité induite par le type de surface conduit à de fortes différences sur le profil de vent (figure 3.19 pour le cas neutre).

3.6 Quelques éléments sur le climat urbain

Les effets d'une ville sur la couche limite atmosphérique (et de ce fait sur la dispersion des polluants) sont de plusieurs natures :

- les facteurs géométriques (la présence de bâtiments élevés) vont avoir de nombreuses conséquences : effets radiatifs, augmentation de la rugosité, augmentation de la turbulence ;
- les facteurs de surface (un sol urbain est radicalement différent d'un sol naturel) entraînent également des modifications de l'écoulement du fait de la variation de l'albédo au sol, d'une plus forte conductivité thermique et d'une faible évapo-transpiration (en l'absence de végétation) ;
- les émissions accrues d'aérosols et de gaz peuvent modifier les bilans radiatifs et le régime des précipitations (par exemple, plus forte disponibilité de noyaux de condensation pour la formation des nuages, section 5.2.3).

On donne ici quelques éléments de compréhension pour quatre aspects représentatifs du climat urbain : le phénomène de brise urbaine (analogue à la brise de mer), le bilan énergétique urbain, l'îlot de chaleur urbain et enfin la formation de la couche limite urbaine interne. On ne commentera pas les

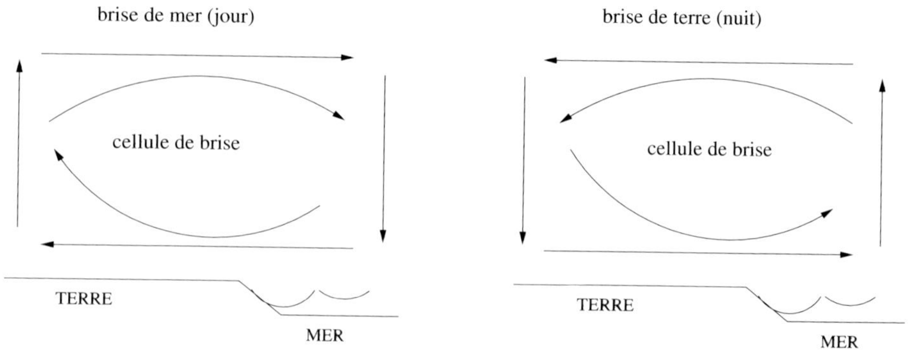

Figure 3.20 – Brises de mer et de terre. Les flèches indiquent le sens de la circulation atmosphérique.

impacts sur les pluies, le sujet étant difficile et les conclusions de certaines études contradictoires.

3.6.1 Forçage thermique et brise urbaine

Les villes ont des températures plus élevées que leur voisinage. Ce forçage thermique génère des conditions spécifiques de développement de la couche de mélange.

Une analogie est généralement effectuée avec les brises de terre et de mer (figure 3.20) : la terre est moins inerte thermiquement que la mer (dont les variations de température de surface ne dépassent guère quelques degrés au cours d'une journée).

Le jour, des masses d'air chaud vont être ascendantes au-dessus de la terre. Des gradients de pression s'établissent (les plus fortes pressions sont en altitude au-dessus de la terre : la hauteur d'échelle de la pression est en effet croissante avec la température, équation (1.11), chapitre 1). Une circulation se met en place, des fortes pressions (au-dessus de la terre) vers les basses pressions (au-dessus de la mer) en altitude. Cela conduit à diminuer le poids de la colonne d'air sur la terre, d'où un gradient de pression au sol décroissant de la terre à la mer. Il en résulte un mouvement de masse d'air de la mer vers la terre : c'est la *brise de mer*.

La nuit, la terre va se refroidir plus que la mer. Le sens de circulation au sein de la cellule est inversé (brise de terre).

L'analogie avec la situation ville/campagne est directe. Une ville présente en effet, de manière encore plus marquée la nuit, un gradient de température positif à l'égard de son environnement (de quelques degrés, voir ci-dessous la notion d'îlot de chaleur urbain). Il en résulte une circulation similaire à celle de la brise de mer, ce qui a un effet de ventilation pour la pollution urbaine.

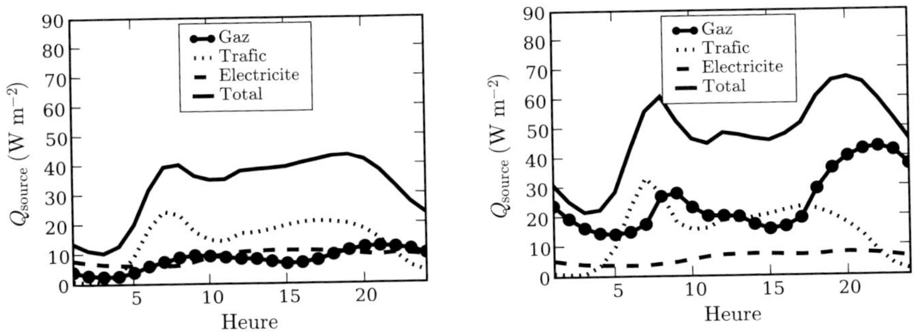

Figure 3.21 – Évolution journalière de Q_{source} pour la ville de Téhéran. À gauche : en été ; à droite : en hiver. Crédit : Hossein Malakooti, CEREA.

3.6.2 Bilan énergétique

Un bilan énergétique au-dessus d'une ville conduit à

$$Q_{rad} + Q_{source} = Q_{sensible} + Q_{latente} + Q_{stock} + Q_{advection}\,, \tag{3.68}$$

avec Q_{rad} le flux radiatif net, Q_{source} les sources de chaleur liées aux activités anthropiques, $Q_{sensible}$ le flux de chaleur sensible (échange turbulent), $Q_{latente}$ le flux de chaleur latente (lié à la condensation de la vapeur d'eau), Q_{stock} le flux lié au stockage de la chaleur dans la ville et $Q_{advection}$ le flux de transport lié aux échanges avec la grande échelle. Ces flux s'expriment en $\mathrm{W\,m^{-2}}$.

Une ville se caractérise d'abord par un terme source important : Q_{source} varie typiquement de 50 à $100\,\mathrm{W\,m^{-2}}$ en moyenne, avec de plus faibles valeurs en été et des *maxima* en hiver (jusqu'à quelques centaines de $\mathrm{W\,m^{-2}}$). La figure 3.21 illustre des variations journalières estimées en été et en hiver pour le cas de la ville de Téhéran.

Une ville a également un comportement radiatif spécifique. Le flux radiatif net est donné par $Q_{rad} = (1-A)F_{incident} + F_{\downarrow} - F_{\uparrow}$ avec A l'albédo de surface, $F_{incident}$ le flux radiatif incident dans les courtes longueurs d'onde, $F_{\downarrow}$ le flux radiatif dans les grandes longueurs d'onde émis ou/et diffusé de l'atmosphère, et $F_{\uparrow}$ le flux radiatif émis de la surface dans les grandes longueurs d'onde.

Une ville est caractérisée par les valeurs relativement faibles d'albédo de surface (typiquement $A \simeq 0.15$, voir le tableau 3.6 pour les albédos par type de surface ; à comparer au tableau 2.4 pour des surfaces naturelles). De plus, les concentrations plus élevées de particules en milieu urbain conduisent à une augmentation du rayonnement diffus ($F_{incident}$) dans les courtes longueurs d'onde. Au total, l'énergie absorbée dans les courtes longueurs d'onde est donc plus forte. Pour les grandes longueurs d'onde, le rayonnement diffusé ($F_{\downarrow}$) est

Surface	Albédo
asphalte	$\simeq 0.1$
béton	$\simeq 0.2$
arbre	$\simeq 0.15$
toit	$[0.1, 0.9]$ (selon la couleur)

Tableau 3.6 – Albédo des surfaces urbaines pour le rayonnement solaire.

Ville	ΔT	Ville	ΔT
Barcelone	8.2 K	Calgary	8.1 K
Mexico	9.4 K	Montréal	10 K
Moscou	9.8 K	New York	11.6 K
Tokyo	8.1 K	Vancouver	11.6 K

Tableau 3.7 – Valeurs mesurées depuis une trentaine d'années pour qualifier l'îlot de chaleur urbain (écarts maximaux de température). Source : [110].

également plus fort mais l'effet total est complexe, car l'augmentation de température conduit à une plus forte émission ($F_\uparrow$).

Les flux de chaleur sensibles sont fortement augmentés (jusqu'à 50 %) du fait de l'augmentation de la turbulence.

Au total, l'ensemble des contributions conduit à une augmentation de la température en milieu urbain (de un à quelques degrés en moyenne). Les écarts maximaux caractérisent ce qui est classiquement désigné comme l'*îlot de chaleur urbain*.

3.6.3 Îlot de chaleur urbain

L'îlot de chaleur urbain est la manifestation la plus spectaculaire du climat urbain. Il peut être très marqué la nuit et conduire à un écart de température entre le milieu urbain et le milieu rural, noté ΔT, de l'ordre de 5 à 10 degrés (tableau 3.7). Les observations sont anciennes et des mesures le quantifient dès le XVIIIe siècle : $\Delta T \simeq 6\,\mathrm{K}$ sur Mannheim en 1784 (Deurer), $\Delta T \simeq 4\,\mathrm{K}$ sur Londres en 1818 (Howard), etc.

Les mesures de rayonnement thermique infrarouge fournissent un moyen moderne d'évaluation de l'îlot de chaleur urbain ([34]). La figure 3.22 donne ainsi une estimation de la température sol moyenne lors de la vague de chaleur de l'été 2003 au-dessus de l'Île-de-France (période du 4 au 13 août 2003), respectivement de nuit entre 20 et 23 heures (TU) et de jour entre 12 et 14 heures (TU). On peut se référer à [35].

La situation nocturne correspond à la description classique : l'îlot de chaleur urbain est localisé au centre-ville et atteint près de 8 K. La situation diurne est radicalement différente avec un émiettement dans la proche banlieue, notamment dans les zones industrielles dont la densité de bâti n'obstrue pas le rayonnement direct. Ces zones ayant une inertie thermique plus faible ont un temps de réaction plus rapide que celles du centre-ville, plus inertes thermiquement (du fait de l'effet de *trapping* dans les rues canyon).

Des lois empiriques ont été proposées, sur la base des observations, pour relier ΔT à la population des villes (P) et aux conditions météorologiques (notamment la vitesse du vent V, en général à une hauteur de 10 mètres, en milieu non urbain). La loi d'Oke ([101]) exprime, par exemple, cette relation selon

$$\Delta T \simeq \frac{1}{4}\frac{P^{1/4}}{\sqrt{V}} \,. \tag{3.69}$$

Dans le cas d'un vent très faible, les mesures indiquent une dépendance logarithmique $\Delta T \propto \ln P$.

Dans le cas d'un vent fort, les différences thermiques sont réduites et la loi d'Oke n'est valable que pour une valeur de V inférieure à une vitesse critique (de quelques $\mathrm{m\,s^{-1}}$, pour de petites villes, à $9\,\mathrm{m\,s^{-1}}$, pour une ville d'un million d'habitants ; [101]). Une telle loi ne tient cependant compte ni de l'effet géométrique (clé pour les échanges d'énergie radiative) ni des effets d'humidité. D'autres lois prennent en compte, par exemple, l'urbanisme (nettement différent entre une ville européenne et une ville nord-américaine) selon

$$\Delta T \simeq 7.54 + 3.97 \ln\left(\frac{H_{rue}}{L_{rue}}\right), \tag{3.70}$$

avec H_{rue}/L_{rue} un facteur géométrique calculé comme le ratio de la hauteur sur la largeur des rues en centre-ville. La différence de température est donc d'autant plus prononcée que la rue est une rue « canyon » (encaissée), à même de stocker l'énergie.

La compréhension fine de l'îlot de chaleur urbain a de multiples applications, par exemple pour estimer le climat urbain futur (dans le contexte d'un changement climatique), optimiser l'urbanisme (rôle de la végétation, rôle des surfaces des bâtiments, etc.), prévoir la consommation énergétique ou encore identifier les artéfacts de mesures météorologiques en milieu urbain.

3.6.4 Couche limite urbaine

En dehors des effets thermiques, la couche limite urbaine se caractérise également par une diminution des valeurs de vitesse de vent. Il est aisé de s'en convaincre pour la CLS neutre. Dans le cas urbain, l'équation (3.61) devient

$$\langle u\rangle(z) = \frac{u_\star}{\kappa}\ln\left(\frac{z-d}{z_0}\right) \tag{3.71}$$

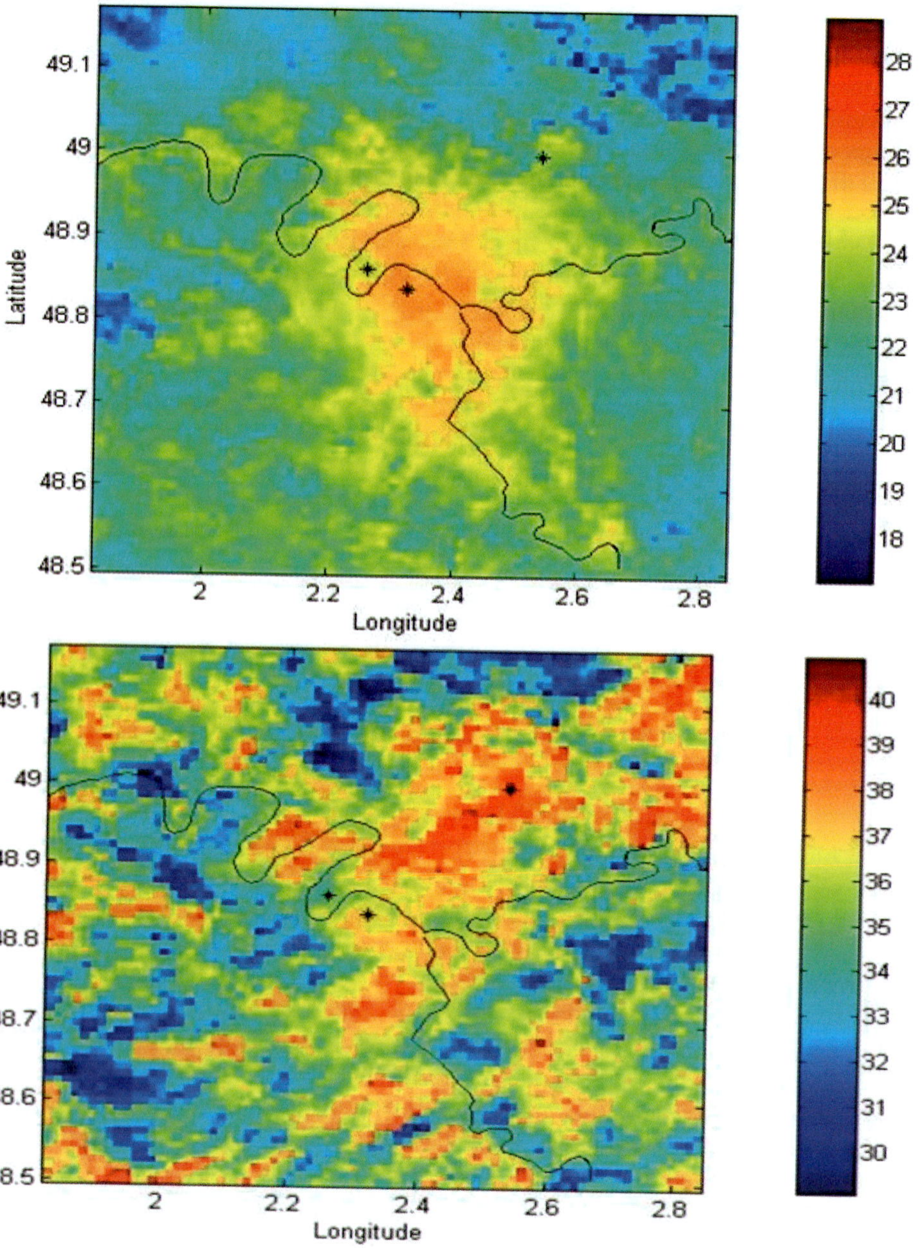

Figure 3.22 – Mesures infrarouges (capteur NOAA-AVHRR) de l'îlot de chaleur urbain sur l'Île-de-France, du 4 au 13 août 2003. Température de brillance moyennée à la surface. En haut : à partir de 7 images captées entre 20 et 23 heures (TU). En bas : à partir de 10 images captées entre 12 et 14 heures (TU). Les données n'étant pas corrigées pour l'absorption et l'émission atmosphérique et l'émissivité de surface, les valeurs sont relatives (différence de température entre le milieu urbain et le milieu rural). Les échelles de température sont en degrés Celsius. Les étoiles (*) correspondent respectivement à une zone industrielle (au nord), à Paris (au centre) et au bois de Boulogne (à l'ouest). Crédit : Bénédicte Dousset (laboratoire Géomer et université d'Hawaii). Source : [35].

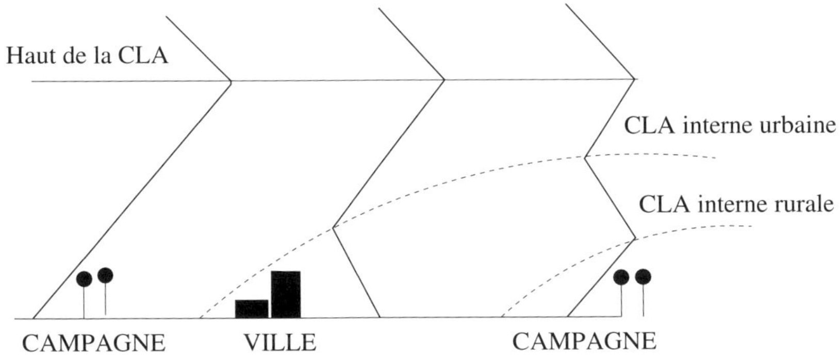

Figure 3.23 – Développement de la CLA interne urbaine en fonction des profils de température (lignes brisées). Source : [102].

avec d la hauteur de déplacement liée aux obstacles (de quelques mètres à la taille des bâtiments). L'augmentation de la hauteur de rugosité en ville conduit donc à une diminution, à altitude équivalente, de la vitesse de vent.

Un autre phénomène urbain est le développement d'une couche limite *interne* liée aux températures de surface élevées (figure 3.23).

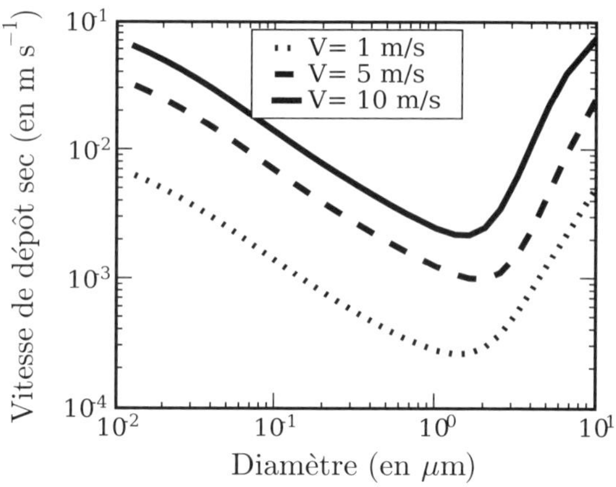

Figure 3.24 – Évolution de la vitesse de dépôt sec en fonction de la taille des particules pour différentes valeurs de la vitesse du vent (1, 5 et $10\,\mathrm{m\,s^{-1}}$). Paramétrisation issue de [142]. Crédit : Yelva Roustan, CEREA.

Problème se rapportant au chapitre 3

Problème 3.1 (Vitesse de dépôt sec des particules)
La distribution de la concentration d'un gaz ou d'une particule à la proximité de la surface terrestre est en général modélisée par une couche à flux de diffusion constant selon la loi

$$K(z)\frac{\mathrm{d}C}{\mathrm{d}z} = F\,,$$

avec $C(z)$ la concentration, $K(z)$ le coefficient de diffusion turbulente et F le flux à la surface, supposé constant.

1. En intégrant l'équation, montrer que le flux peut s'écrire sous la forme $F = v_{dep}C$ où la vitesse de dépôt v_{dep} s'exprime en fonction de $K(z)$. On fera l'hypothèse que $C = 0$ à $z = 0$ et on introduira ce que l'on appelle généralement la ***résistance*** de la couche considérée

$$R(z) = \int_0^z \frac{\mathrm{d}z'}{K(z')}\,.$$

2. On suppose qu'il existe deux « chemins » pour le transport dans la couche de surface, correspondant à deux flux $F_1 = \alpha_1(z)\dfrac{\mathrm{d}C}{\mathrm{d}z}$ et $F_2 = \alpha_2(z)\dfrac{\mathrm{d}C}{\mathrm{d}z}$, avec α_i des coefficients de transport.
Le flux total est alors $F = F_1 + F_2$. Quelle est la vitesse de dépôt global (à exprimer en fonction des résistances des chemins 1 et 2) ?

3. Pour le cas d'une particule, il faut rajouter au flux la vitesse de chute (sédimentation gravitationnelle), v_s (exercice 5.1). L'équation de la couche à flux constant devient alors

$$K(z)\frac{\mathrm{d}C}{\mathrm{d}z} + v_s C = F\,.$$

Comment s'exprime la vitesse de dépôt en fonction de la résistance R et de v_s ?

Réponse :

1. On a directement en intégrant le gradient de C entre $z = 0$ et z, $C(z) = RF$, soit $v_{dep} = 1/R$.
2. En intégrant chacune des deux équations de flux, $C(z) = R_1F_1$ et $C(z) = R_2F_2$. Avec
$$F = F_1 + F_2 = C(z) \times (1/R_1 + 1/R_2)\,,$$
on en déduit $v_{dep} = 1/R_1 + 1/R_2$. La règle est donc similaire à celle utilisée pour ajouter des résistances montées en parallèle dans un circuit électrique.
3. On cherche une solution de la forme $C(z) = \alpha + \beta \exp(-R(z)v_s)$, où l'on rappelle que $\mathrm{d}R(z)/\mathrm{d}z = 1/K(z)$. On a directement pour respecter la condition aux limites $\alpha = -\beta$, puis, avec la définition du gradient,
$$\frac{\mathrm{d}C}{\mathrm{d}z} = -\frac{\beta v_s}{K}\exp(-R(z)v_s) = -\frac{v_s}{K}(C(z) - \alpha)\,.$$
Par identification, on a donc $\alpha = F/v_s$ et finalement
$$C(z) = \frac{F}{v_s}(1 - \exp(-Rv_s))\,,$$
d'où une vitesse de dépôt
$$v_{dep} = \frac{v_s}{1 - \exp(-Rv_s)}\,.$$
Cette formulation non standard est justifiée théoriquement par rapport aux formulations alternatives classiquement utilisées et fondées sur une approche par des résistances en parallèle (question précédente).
On se réfère à la figure 3.24 pour un exemple de calcul avec cette paramétrisation. Le dépôt augmente avec la vitesse du vent. C'est une fonction non linéaire de la taille de la particule, avec un minimum pour les particules microniques (les moins déposées).

Pour en savoir plus ([142]) :

A. Venkatram, J. Pleim. The electrical analogy does not apply to modeling dry deposition of particles. *Atmos. Env.*, 33 :3075–3076, 1999

Chapitre 4

Notions de chimie atmosphérique

Comme on l'a vu au chapitre 2, la composition chimique de l'atmosphère détermine pour une large part son comportement radiatif :

- l'ozone stratosphérique filtre, par ses propriétés d'absorption, le rayonnement solaire ultraviolet ;
- les gaz à effet de serre (comme le dioxyde de carbone, le méthane ou l'ozone) absorbent le rayonnement infrarouge terrestre et, de ce fait, contribuent à une augmentation de température.

Autant cette interaction entre le rayonnement et la composition chimique est connue depuis le milieu du XIXe siècle[1], autant la prise de conscience que l'atmosphère est un *milieu chimiquement réactif* est plus récente (tableau 4.1).

Un point-clé est le *pouvoir oxydant* de l'atmosphère, déterminé essentiellement par le niveau de concentration du radical OH. L'oxydation des composés émis par l'activité humaine (au premier rang desquels les hydrocarbures imbrûlés) est un processus « vital » puisqu'il permet de « nettoyer » l'atmosphère en transformant des espèces toxiques en des espèces non toxiques ou lessivables (par le dépôt ou la pluie), ou en produisant, à partir des composés organiques volatils, des espèces semi-volatiles à même de condenser sur les aérosols (à temps de résidence atmosphérique plus court, chapitre 5).

Découvert au milieu du XIXe siècle, l'ozone[2] fait partie des espèces traces dont le rôle est déterminant par ses propriétés radiatives, ses liens avec la capacité oxydante de l'atmosphère (il est précurseur de OH) ou encore son implication dans les épisodes de pollution photochimique. Cela justifie l'attention

[1] John Tyndall mesure l'absorption du rayonnement terrestre par les « gaz à effet de serre » (vapeur d'eau, CO_2, CH_4) dès 1859. Svante Arrhénius estime en 1896 ([9]) qu'un doublement de la concentration de CO_2 induirait une augmentation de la température moyenne de la Terre de 4 degrés.

[2] Dont le nom est dérivé de la racine grecque *ozein* (exhaler une odeur) : à partir d'un niveau élevé de concentration, l'ozone est en effet odorant.

−350	Aristote : l'eau est un composé de l'air.
XV-XVIIe	Une composante de l'air favorise le feu (L. de Vinci et J. Mayow : « *fire-air* »).
XVIIIe	Cette composante est isolée. Elle est appelée *oxygène* par A. L. Lavoisier.
	Découverte du CO_2 vers 1750 (J. Black) puis du N_2 (D. Rutherford).
XIXe	Découverte de l'ozone (C. Schönbein, 1840).
	Identification du méthane dans l'air (J. B. Boussingault, 1862).
fin XIXe	Identification de l'argon (Lord Rayleigh, W. Ramsay) puis d'autres gaz inertes.
XXe	Identification de H_2 (1900-1920 : J. Dewar, G. Claude puis P. Schuftan).
	Identification de N_2O (1939, G. Adel).
	Détection de CO (1949, M. Migeotte), de HNO_3 (1968, D. Murcray), etc.
	Présence de CFC dans l'atmosphère (1971, J. Lovelock).

Tableau 4.1 – Quelques étapes de la compréhension de la composition chimique de l'air. Source : [18].

qui va lui être portée.

L'objectif de ce chapitre est de donner les éléments de compréhension des grands cycles de la chimie atmosphérique en phase gazeuse, avec un accent sur l'ozone. La description des processus multiphasiques est renvoyée au chapitre 5.

La première section précise, au-delà de quelques rappels élémentaires de cinétique chimique, les caractéristiques essentielles de la chimie atmosphérique :

- l'importance des chaînes d'oxydation, catalysées par des radicaux (comme les composés hydrogénés, OH et HO_2, et les oxydes d'azote, NO et NO_2) ;
- le rôle des réactions *photolytiques*, dont les constantes cinétiques dépendent de l'activité solaire. Cela explique les relations entre chimie atmosphérique et rayonnement solaire, et par voie de conséquence la distinction entre chimie diurne et chimie nocturne d'une part, et entre chimie troposphérique et chimie stratosphérique d'autre part ;
- les notions-clés de *temps de vie* d'une espèce et d'*espèce réservoir*.

La deuxième section donne des éléments sur les mécanismes qui pilotent l'évolution de l'ozone stratosphérique (notamment ses catalyses de destruction) ainsi que sur les processus physico-chimiques conduisant au fameux « trou d'ozone ». Cette partie est une bonne illustration des étapes successives de la compréhension des cycles chimiques.

Une troisième section précise la chimie de l'ozone troposphérique et les interactions avec les oxydes d'azote et les composés organiques volatils (COV) dans la troposphère « polluée ». Les réactions chimiques décrites permettent d'expliquer le développement des épisodes de pollution photochimique (*Los Angeles smog*), une des manifestations les plus répandues de la pollution urbaine. Les illustrations sont la pollution nord-américaine et la pollution sur l'Île-de-France. Cela fournit par ailleurs un bon exemple de la complexité de la chimie atmosphérique avec l'effet des non-linéarités. Ce point est clé pour l'évaluation de l'impact des mesures de réduction d'émission, plus généralement de modifications des émissions, par exemple liées à l'introduction de nouveaux carburants ou de nouvelles motorisations dans le secteur automobile. La sensibilité des concentrations aux émissions peut en effet être radicalement différente selon les *régimes chimiques.*

Enfin, une dernière section présente brièvement la problématique de la qualité de l'air intérieur.

4.1 Quelques caractéristiques de la chimie atmosphérique

4.1.1 Rappels de cinétique chimique

On considère des espèces chimiques en phase gazeuse. Un *mécanisme chimique* décrit un ensemble de réactions entre les espèces chimiques considérées. Soit n_e le nombre d'espèces (d'indice i associé au symbole chimique $\mathrm{X_i}$) et n_r le nombre de réactions (d'indice r).

Ordre d'une réaction

Les réactions se distinguent selon le nombre de *réactants* (les espèces qui réagissent entre elles). Les seules réactions qui ont lieu (les autres ont une probabilité d'occurrence nulle) sont :

- *monomoléculaires*
  Elles impliquent alors une seule molécule qui subit une dissociation photolytique (section 4.1.2)

$$\mathrm{X} + h\nu \longrightarrow \mathrm{X}^*\,, \tag{R 2}$$

  avec $h\nu$ le rayonnement absorbé dans une certaine gamme de longueurs d'onde et X^* l'état excité qui en résulte.
- *bimoléculaires*
  Elles impliquent alors deux molécules, par exemple :

$$\mathrm{X_1} + \mathrm{X_2} \longrightarrow \mathrm{X_3}\,. \tag{R 3}$$

- *trimoléculaires*
  Ce sont des réactions de recombinaison qui impliquent deux molécules et un élément abondant, le *tiers corps*, de notation M (dans l'air : N_2 ou O_2) :

$$\mathrm{X_1} + \mathrm{X_2} + \mathrm{M} \longrightarrow \mathrm{X_3} + \mathrm{M}\,. \tag{R 4}$$

Stœchiométrie

L'évolution des réactants et des produits est déterminée à partir de la *stœchiométrie* des réactions. La réaction r écrite sous la forme générale

$$\sum_{i=1}^{n_e} \mathrm{s}_{\mathrm{ir}}^{-} \mathrm{X}_{\mathrm{i}} \longrightarrow \sum_{i=1}^{n_e} \mathrm{s}_{\mathrm{ir}}^{+} \mathrm{X}_{\mathrm{i}} \tag{R 5}$$

induit une évolution de la concentration (molaire ou moléculaire) de $\mathrm{X_i}$, notée $[\mathrm{X_i}]$, donnée par

$$\left(\frac{\mathrm{d}[\mathrm{X_i}]}{\mathrm{d}t}\right)_r = (s_{ir}^{+} - s_{ir}^{-})\omega_r \,, \tag{4.1}$$

avec ω_r le taux (ou la vitesse) de réaction et $(s_{ir}^{\pm})$ les coefficients stœchiométriques de $\mathrm{X_i}$, relativement à la réaction r.

Les contributions des diverses réactions chimiques s'ajoutent et l'évolution de l'espèce $\mathrm{X_i}$ pour le mécanisme complet est alors

$$\frac{\mathrm{d}[\mathrm{X_i}]}{\mathrm{d}t} = \sum_{r=1}^{r=n_r} \left(\frac{\mathrm{d}[\mathrm{X_i}]}{\mathrm{d}t}\right)_r = (S\omega)_i \,, \tag{4.2}$$

avec S la matrice de stœchiométrie $(n_e \times n_r)$ et ω le vecteur des n_r taux de réaction.

Loi d'action de masse

Le taux de réaction ω_r est donné par la loi d'action de masse en fonction des concentrations des réactants :

- pour le cas monomoléculaire :

$$\omega_{\mathrm{r}} = \mathrm{J_r}\,[\mathrm{X}]\,, \tag{4.3}$$

  avec J_r la constante photolytique ;
- pour les cas bimoléculaire et trimoléculaire :

$$\omega_{\mathrm{r}} = \mathrm{k_r}\,[\mathrm{X_1}]\,[\mathrm{X_2}]\;, \quad \omega_{\mathrm{r}} = \mathrm{k_r}\,[\mathrm{X_1}]\,[\mathrm{X_2}]\,[\mathrm{M}]\,, \tag{4.4}$$

  avec k_r la constante cinétique de la réaction.

Constante cinétique

Pour une réaction *thermique* bimoléculaire, la constante cinétique est généralement paramétrisée en fonction de la température T *via* une loi d'Arrhénius,

$$k_r(T) = A_r\, T^{B_r} \exp\left(-\frac{E_{ar}}{RT}\right)\,, \tag{4.5}$$

avec R la constante des gaz parfaits, A_r la constante préexponentielle, B_r le facteur exponentiel et E_{ar} l'énergie d'activation. Le jeu de paramètres (A_r, B_r, E_{ar})

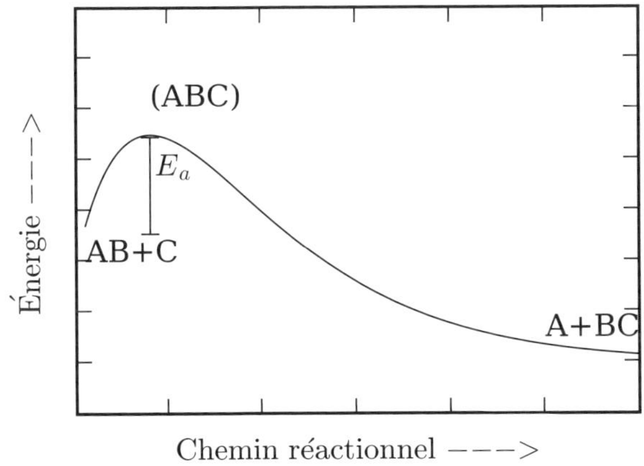

Figure 4.1 – Interprétation de l'énergie d'activation pour une réaction bimoléculaire AB + C → A + BC. Le chemin réactionnel passe par un état intermédiaire, le complexe activé (ABC).

est spécifique à la réaction considérée. L'énergie d'activation s'interprète souvent comme l'apport d'énergie nécessaire pour que la transition entre réactants et produits puisse avoir lieu (figure 4.1).

Pour une réaction trimoléculaire, la constante cinétique peut dépendre de la pression (*via* le tiers corps M) et la forme générale est (exercice 4.1)

$$k_r(T, P) = \frac{k_0}{1 + \frac{k_0}{k_\infty}[\mathrm{M}]}, \tag{4.6}$$

avec k_0 et k_∞ qui correspondent, respectivement, aux cas basse pression et haute pression.

Dans le cas d'une *réaction élémentaire*, c'est-à-dire qui a effectivement lieu (et qui n'est pas une concaténation de réactions, on parle alors de *réaction globale*), des arguments thermodynamiques justifient que la réaction est réversible :

$$\sum_{i=1}^{n_e} \mathrm{s}_{\mathrm{ir}}^{-} \mathrm{X}_{\mathrm{i}} \rightleftharpoons \sum_{i=1}^{n_e} s_{ir}^{+} \mathrm{X}_{\mathrm{i}} . \tag{R 6}$$

Avec des notations évidentes, la loi de Van't Hoff exprime le rapport des constantes cinétiques des réactions dans le sens direct et inverse selon

$$\frac{k_r^+(T)}{k_r^-(T)} = K_r^{eq}(T), \tag{4.7}$$

où $K_r^{eq}(T)$ est la constante d'équilibre thermodynamique de la réaction.

Exercice 4.1 (Réaction de *fall-off*)
La réaction $A + B + M \rightarrow C + M$ n'est pas une réaction élémentaire. C'est une réaction globale obtenue à partir de la séquence

$$A + B \overset{1}{\rightleftharpoons} (AB)^\star ,$$

$$(AB)^\star + M \overset{2}{\rightarrow} C + M ,$$

où l'état intermédiaire $(AB)^\star$ est désexcité par collision avec le tiers corps M. Calculer la constante cinétique de la réaction globale.

Réponse :
La constante cinétique *apparente*, k_{app}, est définie par $d[C]/dt = k_{app}[A][B][M]$. On a directement

$$\frac{d[(AB)^\star]}{dt} = k_1^+[A][B] - (k_1^- + k_2[M])[(AB)^\star] .$$

$(AB)^\star$ est une espèce à faible durée de vie et on peut faire l'hypothèse qu'elle est rapidement à l'équilibre. Avec $d[(AB)^\star]/dt \simeq 0$, on obtient alors une estimation de $(AB)^\star$. Reportée dans l'équation d'évolution de C, $d[C]/dt = k_2[(AB)^\star][M]$, on obtient une constante cinétique apparente

$$k_{app} = \frac{k_1^+ k_2}{k_1^- + k_2[M]}$$

qui dépend de la pression *via* [M] ($[M]=P/(k_B T)$). On distingue deux cas limites : le cas « haute pression » ($k_2[M] \gg k_1^-$) où la réaction apparente est bimoléculaire ($\omega \simeq k_1^+[A][B]$), et le cas « basse pression » ($k_2[M] \ll k_1^-$) où elle est trimoléculaire ($\omega \simeq (k_1^+ k_2/k_1^-)[A][B][M]$). On réécrit en général k_{app} en fonction des constantes cinétiques des cas limites (k_0 pour basse pression et k_∞ pour haute pression) selon

$$k_{app} = \frac{k_0}{1 + \dfrac{k_0}{k_\infty}[M]} ,$$

avec $k_0 = k_1^+ k_2/k_1^-$ et $k_\infty = k_1^+$.

4.1.2 Réactions photochimiques

La chimie atmosphérique est une chimie « froide », contrairement à la chimie de la combustion ; la température y joue un rôle beaucoup moins important à, au moins, deux exceptions notables près :

- dans la troposphère, la stabilité chimique de certaines espèces est fortement liée à la température, et donc à l'altitude (voir le cas des nitrates de peroxyacides, PAN, section 4.1.4.5) ;

- dans la stratosphère, les basses températures jouent un rôle essentiel dans la formation des nuages stratosphériques polaires, qui catalysent les réactions de destruction de l'ozone (section 4.2).

La source d'énergie est fournie par le rayonnement : l'absorption d'une partie suffisamment énergétique du rayonnement solaire (ultraviolet) joue un rôle déterminant en permettant la dissociation des molécules (exercice 4.2).

4.1.2.1 Absorption d'un photon

L'apport d'énergie qui permet d'initier de nombreuses chaînes de réactions n'est donc pas dû à une élévation de température mais à l'absorption d'un photon par une molécule. On parle alors de *réaction photochimique*.

On considère la molécule AB (A et B désignant des atomes ou des molécules). Sa dissociation passe par un état excité AB^* :

$$AB + h\nu(\lambda) \longrightarrow AB^* \qquad \text{(R 7)}$$

où λ désigne la longueur d'onde du rayonnement absorbé.

Plusieurs processus concurrents peuvent ensuite avoir lieu, l'état excité AB^* étant instable :

1. réaction de dissociation :

$$AB^* \longrightarrow A + B^* . \qquad \text{(R 8)}$$

2. réaction d'ionisation (voir la section 2.2.1.2) :

$$AB^* \longrightarrow AB^+ + e^- . \qquad \text{(R 9)}$$

3. réaction chimique directe avec une espèce C pour donner des réactants :

$$AB^* + C \longrightarrow D + E . \qquad \text{(R 10)}$$

4. réaction de fluorescence avec réémission d'un photon :

$$AB^* \longrightarrow AB + h\nu . \qquad \text{(R 11)}$$

5. réaction de désactivation collisionnelle (*quenching*) avec un tiers corps :

$$AB^* + M \longrightarrow AB + M . \qquad \text{(R 12)}$$

6. transferts d'énergie inter- (impliquant une autre molécule) ou intramoléculaire, ne conduisant pas à une modification chimique.

Dans l'atmosphère, la dissociation photolytique est l'issue la plus significative sur le plan chimique, et c'est elle que l'on va étudier à présent.

Remarque 4.1.1 (Oxygène atomique)
La dissociation de l'oxygène moléculaire O_2 et de l'ozone O_3 conduit à des états différents de l'atome d'oxygène, respectivement l'état *triplet* $O(^3P)$ et l'état (plus excité) *singlet* $O(^1D)$:

$$O_2 + h\nu \longrightarrow O(^3P) + O(^3P)\,, \tag{R 13}$$

$$O_3 + h\nu \longrightarrow O_2 + O(^1D)\,. \tag{R 14}$$

La stabilisation de $O(^1D)$ se fait par collision avec « l'air » (O_2 et N_2) *via* :

$$O(^1D) + M \longrightarrow O(^3P) + M\,. \tag{R 15}$$

Dans toute la suite, O désignera l'état triplet $O(^3P)$.

4.1.2.2 Constante cinétique photolytique

On notera désormais $h\nu(\lambda_1 \le \lambda \le \lambda_2)$ le rayonnement absorbé pour l'intervalle de longueurs d'onde $[\lambda_1, \lambda_2]$.

Soit $k_{\mathrm{AB},\lambda}$ le nombre de photons de longueur d'onde λ absorbés par les molécules AB par unité de temps et de volume. Il dépend des propriétés d'absorption de la molécule AB, du rayonnement reçu (longueur d'onde et intensité) et de la concentration moléculaire de AB selon

$$k_{\mathrm{AB},\lambda} = \sigma_{\mathrm{AB}}(\lambda)\, I(\lambda)[\mathrm{AB}]\,, \tag{4.8}$$

où $\sigma_{\mathrm{AB}}(\lambda)$ est la section efficace d'absorption du rayonnement de longueur d'onde λ par AB (exprimée en $\mathrm{cm^2\,molecule^{-1}}$), et $I(\lambda)$ mesure le flux en nombre de photons par unité de surface et par unité de temps, à la longueur d'onde λ (on parle de *flux actinique*, exprimé en $\mathrm{photons\,cm^{-2}\,s^{-1}}$). La concentration [AB] est exprimée ici en nombre de molécules par unité de volume.

On appelle alors *rendement quantique* du processus j (avec $j = 1, \ldots, 6$) la fraction de l'état excité qui participe au processus (en $\mathrm{molecule\,photon^{-1}}$). On le note $\Phi_j(\lambda)$, et la somme des rendements quantiques est bien entendu égale à 1.

Le taux de réaction associé au processus $j = 1$ est donc (en concentration par unité de temps) $k_{\mathrm{AB},\lambda}\Phi_1(\lambda) = \sigma_{\mathrm{AB}}(\lambda)\, I(\lambda)\Phi_1(\lambda)[\mathrm{AB}]$. Cela définit une constante cinétique pour la photolyse à la longueur d'onde λ, exprimée en $\mathrm{s^{-1}}$,

$$J_\lambda = \sigma_{\mathrm{AB}}(\lambda)\, I(\lambda)\Phi_1(\lambda)\,. \tag{4.9}$$

Pour l'ensemble du rayonnement (sur toutes les longueurs d'onde), on utilise une distribution de rayonnement notée $i(\lambda)$, telle que $\mathrm{d}I(\lambda) = i(\lambda)\mathrm{d}\lambda$. La constante de dissociation photolytique (associée au processus $j = 1$), notée classiquement J, a alors pour expression

$$J = \int_{\lambda_1}^{\lambda_2} \sigma_{\mathrm{AB}}(\lambda)\, i(\lambda, t)\, \Phi_1(\lambda)\, \mathrm{d}\lambda\,. \tag{4.10}$$

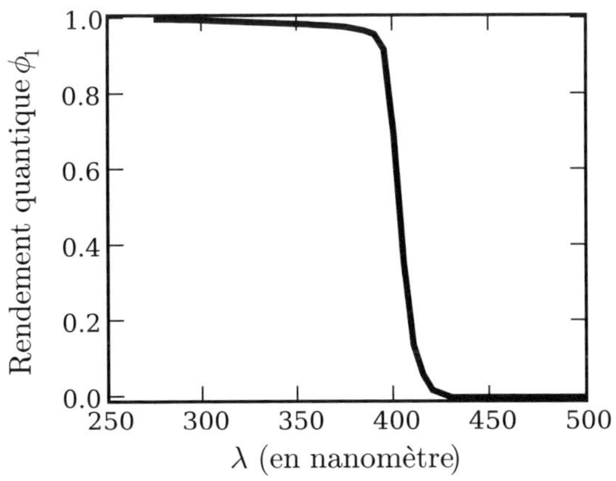

Figure 4.2 – Rendement quantique en fonction de la longueur d'onde pour la dissociation de NO_2.

Tout repose donc sur la connaissance des lois $\sigma_{\mathrm{AB}}(\lambda)$ (données par les propriétés spectroscopiques de la molécule AB, section 2.2.1) et du rendement quantique $\Phi_1(\lambda)$ (voir la figure 4.2 pour le cas du NO_2) ; σ_{AB} et Φ_1 dépendent également de la température.

La distribution du flux actinique i est fonction de l'angle zénithal du Soleil (donc de l'heure, du jour et de la longitude), de l'état atmosphérique (présence d'aérosols et de nuages) et de l'altitude (pour la température). Cela rend le calcul de J particulièrement difficile.

Remarque 4.1.2 (Rendement quantique)
Le rendement quantique devient négligeable pour les rayonnements de longueur d'onde supérieure à 730 nm. On ne tient donc compte que du rayonnement solaire pour l'activité photolytique, le rayonnement thermique (terrestre) n'étant pas assez énergétique (chapitre 2). Cela a pour conséquence directe que $J = 0$ la nuit.

Exercice 4.2 (Photolyse de O_2 et NO_2)
Les énergies de dissociation de O_2 en O+O et de NO_2 en NO+O valent respectivement 500 et 304 kJ mol^{-1}. Quelle est la longueur d'onde maximale du rayonnement qui peut photolyser chacune de ces espèces ?
Réponse :
Soit E_d l'énergie de dissociation. L'énergie associée à un photon de longueur d'onde

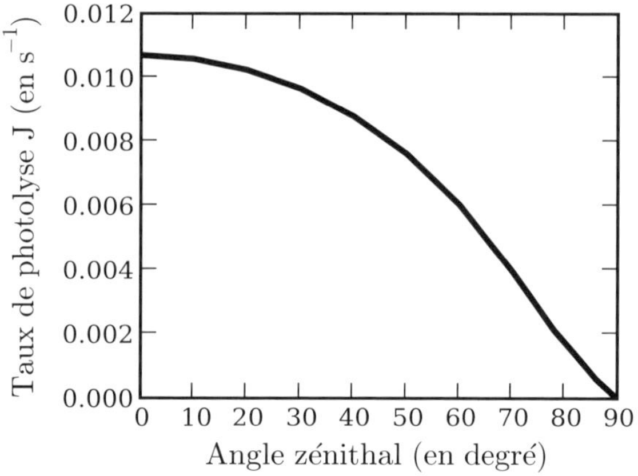

Figure 4.3 – Tabulation en ciel clair de $J(\theta)$ pour $NO_2 + h\nu \rightarrow NO + O$.

λ est hc/λ (chapitre 2). Pour dissocier une mole, on a donc besoin d'une énergie $\mathcal{A}_v hc/\lambda \geq E_d$. On obtient $\lambda \leq 240\,\text{nm}$ pour O_2 et $\lambda \leq 395\,\text{nm}$ pour NO_2.

Remarque 4.1.3 (Paramétrisation des constantes photolytiques)
Les constantes photolytiques sont souvent tabulées en fonction de l'angle zénithal[3] θ selon $J(\theta) = A\exp(-B/\cos\theta)$ où A et B sont deux constantes positives qui dépendent de la réaction considérée et θ est donné comme une fonction du temps. J est bien entendu une fonction décroissante de l'angle zénithal (figure 4.3) : $\theta = 0$ correspond au rayonnement solaire maximal, $\theta = \pi/2$ au coucher ou au lever du Soleil.

4.1.2.3 Conséquences de la dépendance au rayonnement

La dépendance des réactions chimiques au rayonnement a de nombreuses conséquences :

- **Chimie diurne *versus* chimie nocturne**
  Puisque seul le rayonnement solaire est « utile » (car suffisamment énergétique), il est nécessaire de distinguer une chimie « de jour » d'une chimie « de nuit », pour laquelle les réactions de dissociation photolytique ne se produisent pas.
  Dans la troposphère, la chimie de l'ozone est très fortement liée au radical hydroxyle OH qui est produit à la suite de la dissociation photolytique de l'ozone. Elle va ainsi radicalement différer de jour et de nuit.

[3] Angle du rayonnement solaire avec la verticale.

De même, dans la stratosphère, les réactions photolytiques, qui libèrent les composés chlorés catalysant les cycles de destruction de l'ozone, ne peuvent pas avoir lieu pendant la nuit polaire (section 4.2).

- **Chimie troposphérique *versus* chimie stratosphérique**
  La dépendance au rayonnement motive également la nécessité de considérer des mécanismes différents selon l'altitude : la *chimie troposphérique* est différente de la *chimie stratosphérique* (ou plus exactement les processus prépondérants ne sont pas les mêmes).
  D'une part, l'oxygène et l'ozone stratosphériques bloquent le rayonnement solaire ultraviolet ($\lambda \leq 290\,\text{nm}$) et, d'autre part, le rendement quantique pour les grandes longueurs d'onde est nul ($\lambda \geq 730\,\text{nm}$) : le rayonnement utile pour les dissociations photolytiques dans la troposphère est donc dans la bande $290\,\text{nm} \leq \lambda \leq 730\,\text{nm}$.
  Cela a un impact pour les sources d'oxygène atomique qui sont essentielles pour la formation d'ozone,

$$O_2 + O + M \longrightarrow O_3 + M\,.$$

Une source possible d'oxygène atomique est fournie par la dissociation photolytique de l'oxygène moléculaire,

$$O_2 + h\nu(\lambda \leq 242\ \text{nm}) \longrightarrow O + O\,. \qquad \text{(R 16)}$$

Une telle réaction n'est donc possible que dans la stratosphère, du fait des longueurs d'onde impliquées. Dans la troposphère, une source disponible d'oxygène atomique est la dissociation photolytique de NO_2,

$$NO_2 + h\nu(300\ \text{nm} \leq \lambda \leq 400\ \text{nm}) \longrightarrow NO + O\,, \qquad \text{(R 17)}$$

ce qui permet d'anticiper la relation entre NO_x et ozone dans la troposphère (section 4.3).

4.1.3 L'atmosphère, un milieu oxydant

4.1.3.1 Pouvoir oxydant de l'atmosphère et liens entre OH et O_3

L'atmosphère est un *milieu oxydant* : le devenir d'un hydrocarbure émis est ainsi une suite de réactions d'oxydation le conduisant aux produits finaux CO_2 et H_2O. Les trois principaux oxydants (ce qui justifie l'importance qui leur est accordée) sont au premier rang OH puis O_3 et NO_3. Ces processus sont clés pour « nettoyer » l'atmosphère (les concentrations en hydrocarbures seraient sinon à des niveaux beaucoup trop élevés ; problème 4.3 pour le cas du monoxyde de carbone).

En première approximation, la capacité oxydante de l'atmosphère est donnée par le niveau de concentration de OH (de l'ordre de 10^6 molecules cm^{-3} dans la troposphère, problème 4.1). Le radical OH est parfois qualifié de *détergent* (*scavenger*) de l'atmosphère. Une majeure partie de l'oxydation a lieu

Niveaux	90°S-30°S	30°S-30°N	30°N-90°N
[85, 300] hPa	-	3 %	-
[300, 500] hPa	1 %	12 %	2 %
[500, 1000] hPa (surface)	6 %	63 %	13 %

Tableau 4.2 – Estimation de l'oxydation de CH_4 par OH selon l'altitude et la latitude. Près des deux tiers de l'oxydation a lieu aux tropiques dans la basse troposphère (500 hPa correspond environ à 5 kilomètres d'altitude). Source : [81].

dans la basse troposphère au niveau des tropiques (voir le tableau 4.2 pour l'oxydation du méthane).

L'ozone O_3 joue un rôle décisif dans la production de OH *via* sa photolyse,

$$O_3 + h\nu(\lambda \leq 310 \text{ nm}) \xrightarrow{J_1} O_2 + O(^1D) . \tag{R 18}$$

L'état excité de l'oxygène atomique $O(^1D)$ peut se stabiliser sous la forme $O(^3P)$ *via*

$$O(^1D) + M \xrightarrow{k_2} O(^3P) + M , \tag{R 19}$$

ou produire OH *via*

$$O(^1D) + H_2O \xrightarrow{k_3} 2\,OH . \tag{R 20}$$

Le point-clé est que seul l'état excité $O(^1D)$ de l'oxygène atomique arrive à réagir avec la vapeur d'eau (très stable). Cela associe directement la production de OH à la photolyse de l'ozone.

Le bilan global de cet ensemble de trois réactions est

$$O_3 \xrightarrow{h\nu\ ,\ H_2O} 2\,OH . \tag{R 21}$$

Le taux de production de OH est $P_{OH} = 2k_3\,[O(^1D)][H_2O]$. Avec une hypothèse de quasi-stationnarité (remarque 4.1.4) sur $O(^1D)$, on a

$$J_1[O_3] \simeq (k_2[M] + k_3[H_2O])\,[O(^1D)] , \tag{4.11}$$

soit finalement, avec $k_2 \gg k_3$,

$$P_{OH} \simeq \frac{2\,J_1\,k_3\,[H_2O]}{k_2\,[M]}[O_3] . \tag{4.12}$$

OH étant une espèce à très faible temps de vie (du fait de sa capacité d'oxydation), il est difficile d'estimer finement sa concentration par des observations. Une méthode couramment utilisée est fondée sur la modélisation inverse à partir des observations d'espèces oxydées comme le méthane (CH_4) ou le méthylchloroforme (CH_3CCl_3, problème 4.1).

4.1.3.2 Chaînes d'oxydation

Les réactions les plus « fréquentes » impliquent des radicaux (des espèces qui ont des électrons libres dans leur dernière couche, ce qui les rend très réactifs : typiquement OH ou HO_2). Une chaîne d'oxydation peut être décomposée, de manière générique, en une suite d'étapes.

- *Initiation*
  Une espèce stable, (non radicalaire, notée X_{nonrad}) est dissociée, *via* une réaction de photolyse, en un ou des radicaux (X_{rad}) :
  $$X_{nonrad} + h\nu \longrightarrow X_{rad}\,. \qquad (R\,22)$$
  La photolyse de l'ozone (R 18) constitue un exemple d'initiation.
- *Propagation*
  Les radicaux formés vont réagir avec des espèces stables (on conserve la notation X_{nonrad} par abus) pour former d'autres espèces stables (toujours notées X_{nonrad}) et d'autres radicaux (par abus de notation X_{rad}), en général par des réactions d'oxydation :
  $$X_{nonrad} + X_{rad} \longrightarrow X_{nonrad} + X_{rad}\,. \qquad (R\,23)$$
- *Branchement*
  Les espèces stables formées peuvent être dissociées lors d'une réaction de photolyse et générer d'autres radicaux selon des réactions similaires à (R 22).
- *Terminaison*
  Les espèces radicalaires peuvent réagir entre elles pour donner une espèce stable, ce qui termine le cycle de réactions :
  $$X_{rad} + X_{rad} \longrightarrow X_{nonrad}\,. \qquad (R\,24)$$

Les espèces stables oxydées lors de la réaction de propagation (R 23) apparaissent donc comme un « carburant » pour l'oxydation, puisqu'elles participent à la régénération des radicaux (oxydants). C'est typiquement le cas des COV, de CO et de CH_4.

4.1.4 Temps de vie chimique d'une espèce

Une autre notion essentielle est celle de *temps de vie chimique d'une espèce*, qui est un indicateur de sa stabilité chimique. Cette notion a déjà été brièvement abordée au chapitre 1 (section 1.3).

En reprenant le formalisme général de la cinétique chimique, il est aisé de vérifier que le terme de production pour la concentration de l'espèce X_i peut se mettre sous la forme de « production-consommation »

$$\frac{d[X_i]}{dt} = P_i - L_i\,[X_i]\,, \qquad (4.13)$$

où P_i et L_i sont respectivement les termes (positifs ou nuls) de production et de consommation (qui dépendent *a priori* de l'ensemble des réactions). Il suffit, pour obtenir cette forme, de regrouper l'ensemble des réactions pour lesquelles X_i est respectivement réactant ou produit. Pour les réactions de consommation, avec la loi d'action de masse, le taux de réaction est proportionnel à $[X_i]$.

Si les termes P_i et L_i étaient constants, on aurait un comportement exponentiel,

$$[X_i](t) = \left([X_i](0) - \frac{P_i}{L_i}\right) \exp(-L_i t) + \frac{P_i}{L_i}, \tag{4.14}$$

de temps caractéristique $1/L_i$. Par extension, on définit usuellement le temps caractéristique de l'espèce X_i par

$$\tau_i = \frac{1}{L_i}, \tag{4.15}$$

qui dépend d'une manière générale des autres concentrations. Notons qu'une notion rigoureuse fait intervenir les valeurs propres de la matrice jacobienne du terme source (section 6.2.2.1).

Le temps de vie va être déterminé notamment par les réactions d'oxydation, au premier rang desquelles $X_i + OH \overset{k_{OH,i}}{\rightarrow} \ldots$, avec $k_{OH,i}(T)$ la constante cinétique d'oxydation par OH. Le terme de consommation associé à cette réaction est $-\underbrace{k_{OH,i}[OH]}_{L_i}[X_i]$, d'où un temps caractéristique

$$\tau_i \simeq \frac{1}{k_{OH,i}[OH]}. \tag{4.16}$$

Le temps de vie est, logiquement, d'autant plus élevé que l'espèce est réactive et que la concentration de OH est forte.

Ce temps de vie détermine l'échelle en temps et donc, *via* les phénomènes de transport atmosphérique, l'échelle spatiale de l'impact éventuel sur l'environnement (chapitre 1). Il dépend :

- de la réactivité propre de l'espèce : à ce titre, plus l'espèce sera « fonctionnalisée », plus elle sera réactive et son temps de vie faible ;
- de la température : une augmentation de la température conduit, en général, à plus de réactivité ;
- de la capacité d'oxydation du système, essentiellement déterminée par la concentration du radical hydroxyle : cela justifie l'attention portée à l'évolution à long terme de la concentration de OH (problème 4.1).

L'exercice 4.3 donne une application pour le cas du méthane.

Exercice 4.3 (Temps de vie du méthane)
On reprend l'exercice 1.9 en utilisant les données cinétiques de l'oxydation du méthane. Que vaut le temps de vie du méthane ? Comparer à ce qui avait été

obtenu.
Données :
– on prendra une concentration moyenne en OH de 1.2×10^6 molecule cm^{-3} ;
– $k_{\mathrm{OH,CH_4}} = 2.65 \times 10^{-12} \exp(-1800/T)$cm^3 molecule^{-1} s^{-1}.
Réponse :
On prend une température moyenne de la troposphère de l'ordre de 255 K. La constante d'oxydation vaut donc 2.3×10^{-15} cm^3 molecule^{-1} s^{-1}, d'où un temps de vie de l'ordre de 11.5 ans.

Par une approche de type budget global, on avait obtenu environ 8 années. La différence est liée à la non-prise en compte de l'ensemble de la chimie atmosphérique dans l'estimation du temps de vie.

Remarque 4.1.4 (Quasi-stationnarité)
Pour les espèces les plus réactives (à *faible durée de vie*), $L_i \gg 1$ et en général également $P_i \gg 1$. L'hypothèse de quasi-stationnarité (QSSA pour *quasi steady state approximation*) conduit alors à remplacer l'équation d'évolution (4.13) par

$$[\mathrm{X_i}]_{QSSA} \simeq \frac{P_i}{L_i} . \tag{4.17}$$

Cela définit, dans le cas général, un système non linéaire des concentrations, les termes de production et de consommation étant des fonctions des concentrations. Cette approximation a déjà été utilisée à plusieurs reprises.

On peut illustrer la justification mathématique à l'aide d'un simple adimensionnement des grands termes P_i et L_i. Avec $P_i = \tilde{P}_i/\varepsilon$ et $L_i = \tilde{L}_i/\varepsilon$ ($\varepsilon \ll 1$), on obtient

$$\varepsilon \frac{\mathrm{d}[\mathrm{X_i}]}{\mathrm{d}t} = \tilde{P}_i - \tilde{L}_i\, [\mathrm{X_i}] , \tag{4.18}$$

et asymptotiquement ($\varepsilon \to 0$), on retrouve l'approximation (4.17). On renvoie également à l'exercice 6.5 pour une interprétation physique de ε (un ratio des échelles de temps des processus rapides sur celles des processus lents).

4.1.4.1 Estimation du temps de vie de quelques COV dans la basse troposphère

On peut se reporter au tableau 4.3 pour les temps de vie chimiques de quelques COV, calculés pour chaque oxydant (OH, O_3 et NO_3) avec une équation similaire à (4.16).

Les réactions avec OH sont, en général, les plus rapides et contrôlent effectivement le temps de résidence dans l'atmosphère. On vérifie que la fonctionnalisation des molécules (leur complexification progressive au cours des réactions chimiques) augmente la réactivité et diminue le temps de vie.

Espèce	oxydation par OH	oxydation par O_3	oxydation par NO_3
méthane	1837 j	-	-
éthane	48 j	-	2690 j
butane	4.8 j	-	391 j
éthène	1.4 j	6.7 j	107 j
propène	10.6 h	1.1 j	2.3 j
isoprène	2.8 h	20.2 h	45 min
β-pinène	3.5 h	17.2 h	12 min
limonène	1.6 h	1.3 h	3 min

Tableau 4.3 – Temps de vie chimiques à 298 K pour quelques COV (*j* pour jour, *h* pour heure et *min* pour minute). On a pris pour valeurs indicatives des concentrations des oxydants : $[OH] = 10^6$ molecule cm^{-3}, $[O_3] = 10^{12}$ molecule cm^{-3} (50 ppb) et $[NO_3] = 5.4 \times 10^8$ molecule cm^{-3} (20 ppt). Source : [18].

4.1.4.2 Impact local *versus* impact régional dans la troposphère

Si le temps de vie d'une espèce émise est très faible (espèce très réactive), son impact est simplement local. Dans le cas contraire, l'espèce peut être transportée sur de plus longues distances. Cela justifie, par exemple, le caractère *a minima* régional de l'ozone (tableau 4.4 et section 4.3).

Saison	20°N	40°N
été	5 jours	10 jours
hiver	15 jours	100 jours

Tableau 4.4 – Estimation des temps de vie de l'ozone dans la basse troposphère (à une altitude de 5 kilomètres). En été et sur les tropiques, le temps de vie est plus faible du fait d'un plus grand rayonnement solaire disponible. Source : [126].

4.1.4.3 Impact troposphérique *versus* impact stratosphérique

Les temps de transport vertical de la troposphère vers la stratosphère vont typiquement de 7 à 10 années (chapitre 1). Si son temps de vie est assez élevé, une espèce émise au sol aura le temps d'arriver dans la stratosphère. C'est le cas des CFC (voir le tableau 4.5) qui peuvent donc participer aux réactions de destruction de l'ozone stratosphérique.

4.1.4.4 Effet différé

Une autre notion liée à l'existence de temps de vie relativement longs est celle d'*effet différé*. Une espèce émise peut avoir un impact environnemental pendant une période de plusieurs dizaines d'années, si son temps de vie le permet : c'est le cas de certains gaz à effet de serre et des CFC. Notons que leurs substituts, les HCFC, ont des temps de vie plus faibles, car l'addition de l'hydrogène atomique (H) les rend aptes à être oxydés et donc plus réactifs (tableau 4.5).

4.1.4.5 Espèce puits/espèce réservoir

Puits

Une espèce dont le temps de vie est faible joue de fait le rôle de *puits* pour ses précurseurs (les espèces qui ont contribué à sa formation) puisque ceux-ci ne sont pas « recyclés ».

Le cas typique est celui des espèces *solubles*, dont les temps de résidence, pilotés par le lessivage humide, sont de l'ordre de quelques jours (chapitre 5).

Un premier exemple est l'acide nitrique (HNO_3), une espèce qui participe à l'acidité des nuages. Sa durée de vie troposphérique est de quelques jours du fait de sa solubilité (il est lessivé par la pluie). Il peut donc être considéré comme un puits des NO_x ($NO_x = NO + NO_2$) à partir desquels il est formé.

Un second exemple est le peroxyde d'hydrogène (H_2O_2), soluble, qui est un puits de OH et HO_2, *via* sa réaction de formation

$$HO_2 + HO_2 + M \longrightarrow H_2O_2 + M\,, \qquad \text{(R 25)}$$

HO_2 étant lui-même produit de l'oxydation de COV par OH.

Réservoir

A contrario, des espèces chimiques à faible durée de vie peuvent avoir un impact non local (en temps et en espace). Elles peuvent en effet être transformées en des espèces chimiques plus stables qui jouent le rôle de *réservoir*. Celles-ci, dans certaines conditions rencontrées lors de leur transport ou après un laps de temps, pourront de nouveau former les espèces initiales.

- **Les PAN, réservoir de NO_x**
  Un bon exemple est celui des nitrates de peroxyacides (PAN) dont le premier spécimen[4] est le nitrate de peroxyacétyle $CH_3C(O)OONO_2$, formé à partir des produits de l'oxydation des COV et de NO_2 selon

$$CH_3CHO + OH \longrightarrow CH_3CO + H_2O\,, \qquad \text{(R 26)}$$

$$CH_3CO + O_2 + M \longrightarrow CH_3C(O)OO + M\,, \qquad \text{(R 27)}$$

$$CH_3C(O)OO + NO_2 + M \longrightarrow CH_3C(O)OONO_2 + M\,. \qquad \text{(R 28)}$$

[4] Que le lecteur se rassure : on s'arrêtera à cet exemple.

Ces espèces sont non solubles, peu réactives et peu photolysables. Leur réactivité est en revanche très sensible à la température et elles constituent un réservoir potentiel de NO_2 par la décomposition thermique

$$\mathrm{PAN} + \mathrm{M} \longrightarrow \mathrm{CH_3C(O)OO} + \mathrm{NO_2} + \mathrm{M}\,. \tag{R 29}$$

La durée de vie τ du PAN est liée à la température, et donc à l'altitude. Par exemple, pour une pression de 1 atm, on a typiquement :
- $\tau \simeq 30$ minutes à 298 K,
- $\tau \simeq 30$ heures à 273 K,
- $\tau \simeq 70$ jours à 258 K.

Pour fixer les idées, on rappelle que le gradient vertical adiabatique de température est environ $-6.5\,\mathrm{K\,km^{-1}}$. Une température de 273 K correspond donc à une altitude de 2 à 3 kilomètres (on néglige les effets de l'altitude sur la pression et donc sur la concentration du tiers corps).
Après avoir été produite dans la CLA, cette espèce peut être stabilisée en étant transportée vers de plus hautes couches de l'atmosphère (plus froides). Elle peut alors être transportée vers des régions pauvres en NO_x émis, où elle libérera éventuellement du NO_2.

- **L'acide chlorhydrique, réservoir de chlore**
Dans la stratosphère, l'acide chlorhydrique (HCl) joue le rôle de réservoir pour le chlore (Cl), espèce qui participe aux réactions de destruction de l'ozone (section 4.2).
Le chlore est en effet transformé par action du méthane selon

$$\mathrm{Cl} + \mathrm{CH_4} \longrightarrow \mathrm{HCl} + \mathrm{CH_3}\,. \tag{R 30}$$

HCl est beaucoup plus stable que Cl et peut régénérer le chlore dans des conditions de forte activité oxydante selon

$$\mathrm{OH} + \mathrm{HCl} \longrightarrow \mathrm{H_2O} + \mathrm{Cl}\,, \tag{R 31}$$

rendant alors le chlore disponible pour détruire l'ozone.

4.1.5 Domaines de validité des mécanismes chimiques

Les mécanismes prépondérants à considérer sont étroitement liés aux conditions atmosphériques rencontrées (météorologiques, radiatives et chimiques), qui peuvent modifier de manière radicale les comportements.

Un premier exemple est fourni par le rôle des NO_x dans l'évolution de l'ozone : ils catalysent en général sa production dans la troposphère (section 4.3), sa destruction dans la stratosphère (section 4.2).

Un second exemple est l'existence de deux *régimes chimiques* pour l'ozone troposphérique (section 4.3). Lorsque le milieu est pauvre en NO_x, l'émission de COV est quasi neutre pour la formation d'ozone, alors que lorsque le milieu est riche en NO_x, elle conduit à la formation d'ozone (c'est la situation classique

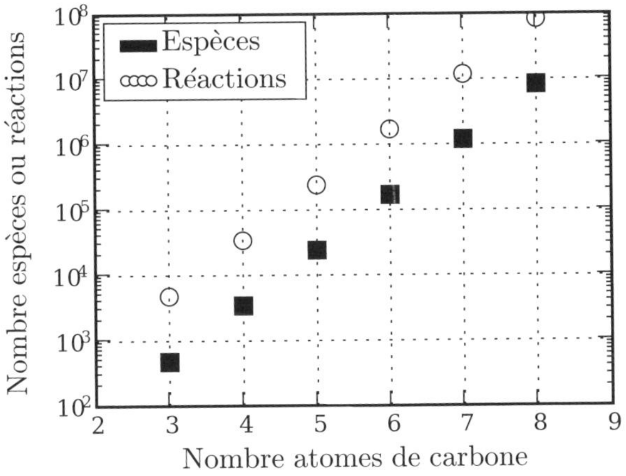

Figure 4.4 – Évolution, en fonction du nombre d'atomes de carbone considéré, du nombre de COV et de réactions chimiques pris en compte dans un mécanisme chimique explicite. Source : [11].

du pic d'ozone lors d'un épisode de pollution urbaine).

Après cette présentation générale de la chimie troposphérique, on va détailler plus spécifiquement la chimie de l'ozone, d'abord dans la stratosphère puis dans la troposphère.

Pour faciliter la compréhension, les réactions les plus importantes seront mises en exergue. Il convient de garder à l'esprit qu'une telle approche est pour une large part artificielle puisque les mécanismes réels comportent des centaines (ou plutôt des milliers) d'espèces et de réactions (figure 4.4). Les COV ne sont pas décrits de manière fine au sein des modèles : on parle en général d'*espèces modèles* (*surrogate species*), représentant un ensemble d'espèces *réelles* avec des fonctions chimiques ou des réactivités similaires par rapport à OH (exercice 4.4 pour la notion de *lumping*).

Exercice 4.4 (*Lumping* d'espèces)
Afin de réduire le nombre d'espèces et de réactions chimiques dans les mécanismes chimiques, on utilise fréquemment des méthodes de *lumping* (on parle parfois de *condensation* en français). Le principe est de grouper les espèces chimiques de réactivité identique par rapport à un oxydant (typiquement OH). On considère en pratique les composés organiques volatils qui sont la partie difficile à représenter, des milliers d'espèces étant concernées.

Il existe de nombreuses méthodes plus ou moins justifiées rigoureusement.

L'objet de cet exercice est de donner un exemple. On considère un ensemble d'espèces $\{X_i\}_i$ de réactivité comparable. Soit k la constante cinétique d'oxydation par OH, supposée du même ordre de grandeur pour cet ensemble d'espèces, et soit $\{P_i\}_i$ les produits d'oxydation. Par ailleurs, X_i a un taux de formation $F_i(t)$ donné par d'autres réactions chimiques. Le schéma détaillé est donc

$$\ldots \xrightarrow{F_i(t)} X_i$$

$$X_i + OH \longrightarrow P_i \,.$$

1. Écrire les équations d'évolution pour les espèces « pures » et pour le *lumping* $X=\sum_i X_i$.
2. Proposer un schéma condensé de la forme

$$\ldots \xrightarrow{\sum_i F_i(t)} X$$

$$X + OH \longrightarrow \sum_i \alpha_i(t) P_i \,,$$

avec le coefficient stœchiométrique $\alpha_i(t)$ fonction du temps. Sachant que les espèces X_i ne sont plus suivies dans le schéma condensé, proposer une « fermeture » pour α_i. On fera l'hypothèse que X_i est à l'équilibre quasi-stationnaire.

Réponse :

1. L'équation d'évolution de la concentration de X_i, $[X_i]$ est

$$\frac{d[X_i]}{dt} = F_i(t) - k[X_i][OH] \,.$$

En définissant formellement $X = \sum_i X_i$, on a

$$\frac{d[X]}{dt} = \sum_i F_i(t) - k[X][OH] \,, \quad \frac{d[P_i]}{dt} = k[X_i][OH] = \frac{[X_i]}{[X]} \times k[X][OH] \,.$$

2. On a bien une réaction équivalente avec $\alpha_i = [X_i]/[X]$. Le coefficient $\alpha_i(t)$ ne peut pas être calculé explicitement, car l'espèce X_i n'est plus suivie (on suit à présent le *lumping*). Avec une hypothèse de quasi-stationnarité, on a $F_i(t) \simeq k[X_i][OH]$ et finalement $\alpha_i(t) \simeq F_i(t)/\sum_j F_j(t)$.

Pour en savoir plus ([150]) :

L.E. Whitehouse, A.S. Tomlin, M.J. Pilling. Systematic lumping of complex tropospheric chemical mechanisms : a time-scale based approach. *Atmos. Chem. Phys. Discuss.*, 4 :3785–3834, 2004

4.2 Chimie stratosphérique de l'ozone

4.2.1 Destruction et production de l'ozone stratosphérique

Comme on l'a vu au chapitre 2, l'ozone stratosphérique joue un rôle essentiel comme bouclier contre le rayonnement solaire ultraviolet.

Sa dynamique est gouvernée par l'équilibre entre réactions de formation et de destruction, les phénomènes d'échange avec l'ozone troposphérique étant à ce niveau négligeables.

L'historique de la compréhension de la chimie de l'ozone stratosphérique procure un bon exemple des tâtonnements scientifiques du domaine :

- Sidney Chapman a proposé dès 1930 un cycle de réactions particulièrement simple pour justifier les hauts niveaux de concentration d'ozone dans la stratosphère ;
- la surestimation par rapport aux niveaux effectivement mesurés a conduit les chimistes à chercher des puits pour l'ozone stratosphérique (en l'occurrence les catalyses de destruction par les HO_x, OH et HO_2, mises en avant dans les années 50) ;
- dans les années 60, la montée en puissance du trafic aérien a conduit à exhiber des cycles de catalyse de destruction comparables impliquant les NO_x (P. Crutzen) ;
- dans les années 70, d'autres cycles de catalyse de destruction sont découverts impliquant les CFC (Molina et Rowland, qui partageront avec Crutzen le prix Nobel en 1995) ;
- la découverte d'une diminution marquée des niveaux d'ozone stratosphérique sur le pôle Sud au début des années 80 conduit à proposer des mécanismes complémentaires associant étroitement températures froides et chimie hétérogène (à la surface de cristaux de glace ou d'aérosols, au sein des nuages stratosphériques polaires).

4.2.1.1 Cycle de Chapman

La seule réaction de production de l'ozone est donnée par

$$O + O_2 + M \longrightarrow O_3 + M\,. \qquad (R\,32)$$

L'oxygène atomique O provient de la photolyse de l'oxygène moléculaire O_2

$$O_2 + h\nu(\lambda \leq 242 \text{ nm}) \longrightarrow O + O\,. \qquad (R\,33)$$

Il peut également réagir avec l'ozone selon

$$O_3 + O \longrightarrow O_2 + O_2\,. \qquad (R\,34)$$

4.2.1.2 Autres réactions de destruction

Le mécanisme de Chapman ne permet pas de rendre compte de la composition de la stratosphère « naturelle » en ozone et conduit à une surestimation par rapport aux observations. Deux autres mécanismes complètent la description de la destruction naturelle de l'ozone stratosphérique.

Catalyse de destruction par les HO_x

Une première voie (proposée dans les années 50) est catalysée par les HO_x (radicaux hydrogénés).

- L'initiation est effectuée par la génération de OH et HO_2.
- Les réactions de propagation sont

$$O_3 + OH \longrightarrow O_2 + HO_2 , \tag{R 35}$$

$$O_3 + HO_2 \longrightarrow 2\,O_2 + OH , \tag{R 36}$$

de bilan global

$$2\,O_3 \xrightarrow{HO_x} 3\,O_2 . \tag{R 37}$$

La notation utilisée indique que les radicaux HO_x participent aux réactions élémentaires (qui les régénèrent), mais qu'ils n'apparaissent pas dans le bilan global : on parle de réaction globale *catalysée* par les HO_x.

- La terminaison est une recombinaison entre les radicaux, par exemple :

$$OH + HO_2 \longrightarrow H_2O + O_2 . \tag{R 38}$$

Catalyse de destruction par les NO_x

La seconde voie est *catalysée* par les NO_x et a été proposée dans les années 60 par P. Crutzen.

- Les réactions de propagation sont

$$O_3 + NO \longrightarrow NO_2 + O_2 , \tag{R 39}$$

$$NO_2 + O(^1D) \longrightarrow NO + O_2 , \tag{R 40}$$

de bilan global

$$O_3 + O(^1D) \xrightarrow{NO_x} 2\,O_2 . \tag{R 41}$$

- Les réactions de terminaison sont, « de jour »,

$$NO_2 + OH + M \longrightarrow HNO_3 + M . \tag{R 42}$$

De « nuit », le radical OH est peu disponible (car non produit par la photolyse). La terminaison a lieu selon

$$NO_2 + O_3 \longrightarrow NO_3 + O_2\,, \tag{R 43}$$

$$NO_2 + NO_3 + M \longrightarrow N_2O_5 + M\,, \tag{R 44}$$

$$N_2O_5 \xrightarrow{H_2O,\ \text{aérosol}} 2\,HNO_3\,. \tag{R 45}$$

La dernière réaction est une réaction hétérogène qui a lieu à la surface d'aérosols (chapitre 5, section 5.1.4.6). Les espèces HNO_3 et N_2O_5 ont des temps de vie plus élevés et jouent le rôle d'espèces réservoirs.

Cette voie représente la majeure partie de la destruction de l'ozone stratosphérique. L'oxygène atomique résulte de la photolyse de l'oxygène moléculaire ou de l'ozone. La source naturelle des NO_x stratosphériques est l'oxydation par l'oxygène atomique excité de l'oxyde nitreux (N_2O) selon

$$N_2O + O(^1D) \longrightarrow NO + NO\,. \tag{R 46}$$

L'oxyde nitreux intervient dans le cycle de l'acide nitrique HNO_3 et est généré, par exemple, par le travail des bactéries dans les sols. La source anthropique du NO stratosphérique est constituée par les avions. Cela justifie l'évaluation de l'impact des avions sur la destruction de l'ozone stratosphérique.

4.2.1.3 Ozonolyse et inversion de température

Une autre source de destruction potentielle de l'ozone stratosphérique est fournie par la réaction d'ozonolyse

$$O_3 + h\nu(240\ \text{nm} \leq \lambda \leq 320\ \text{nm}) \longrightarrow O_2 + O(^1D)\,. \tag{R 47}$$

Cette réaction photolytique participe au rôle de bouclier de la stratosphère contre les rayonnements ultraviolets. Elle ne participe que de manière mineure à la dynamique de l'ozone, car elle est équilibrée par la réaction de recombinaison

$$O + O_2 + M \longrightarrow O_3 + M\,, \tag{R 48}$$

à la suite de la désexcitation de $O(^1D)$ en $O(^3P)$.

Cette réaction est exo-énergétique ($\Delta Q = 100.3\,\text{kJ mol}^{-1}$). Sur le plan chimique, le bilan est donc nul, alors que sur le plan énergétique, l'énergie radiative a été convertie en énergie thermique, ce qui explique l'inversion de température constatée dans la stratosphère (exercice 4.5).

Exercice 4.5 (Inversion de température)
Reprendre les données de l'exercice 2.3. Que vaut le taux de photolyse à l'altitude de photolyse maximale pour l'ozone ? Quel est l'impact en termes de température sur une journée de 12 heures ? Comparer à la figure 1.1.
Données indicatives :
– $I(\infty) = 3.8 \times 10^{14}\,\text{photons}\,\text{cm}^{-2}\,\text{s}^{-1}$ et $\rho(50\,\text{km}) \simeq 2 \times 10^{-10}\,\text{kg}\,\text{cm}^{-3}$;
– $c_p = 1005\,\text{J}\,\text{kg}^{-1}\,\text{K}^{-1}$.
Réponse :
On calcule avec $-\text{d}I/\text{d}s$ le taux de photolyse, $J \simeq 2.8 \times 10^{8}$ molecule $\text{cm}^{-3}\,\text{s}^{-1}$. L'augmentation de température pendant une durée Δt (12 heures) est donnée par

$$\Delta T = \frac{J \Delta t \Delta Q}{\mathcal{A}_v \rho c_p} \simeq 10\,\text{K}\,.$$

4.2.2 Destruction d'ozone catalysée par les composés bromés et chlorés

Dans les années 70, d'autres cycles chimiques de destruction impliquant des composés extrêmement stables, les CFC, ont été mis en évidence.

4.2.2.1 Catalyse de destruction

Les composés chlorés (ClO_x) et bromés (BrO_x), d'origine essentiellement anthropique, jouent un rôle identique aux composés NO_x et HO_x.

- Les réactions d'initiation sont liées à la photolyse des CFC, qui libère le radical Cl :

$$\text{CFC} + h\nu \longrightarrow \text{Cl}\,. \qquad \text{(R 49)}$$

- Les réactions de propagation sont, par exemple pour le chlore,

$$O_3 + \text{Cl} \longrightarrow O_2 + \text{ClO}\,, \qquad \text{(R 50)}$$

$$\text{O}(^1\text{D}) + \text{ClO} \longrightarrow O_2 + \text{Cl}\,, \qquad \text{(R 51)}$$

de bilan global

$$O_3 + \text{O}(^1\text{D}) \xrightarrow{\text{ClO}_x} 2\,O_2\,. \qquad \text{(R 52)}$$

- Les réactions de terminaison sont liées à la conversion des radicaux en des espèces plus stables selon

$$\text{Cl} + CH_4 \longrightarrow \text{HCl} + CH_3\,, \qquad \text{(R 53)}$$

$$\text{ClO} + NO_2 + \text{M} \longrightarrow \text{ClNO}_3 + \text{M}\,. \qquad \text{(R 54)}$$

La mise en évidence, notamment au pôle Sud, de la conjonction d'une destruction accrue de l'ozone et de hauts niveaux de ClO a conduit à proposer d'autres mécanismes, car les niveaux de concentration en oxygène atomique ne permettent pas d'expliquer les observations par le mécanisme précédent.

- Un premier mécanisme implique un branchement (photolyse d'un composé créant une source de radicaux supplémentaires) pour l'action des composés bromés ou chlorés. On a, par exemple pour le chlore,

$$\mathrm{ClO} + \mathrm{ClO} + \mathrm{M} \longrightarrow \mathrm{Cl_2O_2} + \mathrm{M}\,, \tag{R 55}$$

$$\mathrm{Cl_2O_2} + h\nu \longrightarrow \mathrm{Cl} + \mathrm{OClO}\,, \tag{R 56}$$

$$\mathrm{OClO} + \mathrm{M} \longrightarrow \mathrm{Cl} + \mathrm{O_2} + \mathrm{M}\,, \tag{R 57}$$

$$\mathrm{Cl} + \mathrm{O_3} \longrightarrow \mathrm{O_2} + \mathrm{ClO}\,, \tag{R 58}$$

  de bilan global

$$2\,\mathrm{O_3} \xrightarrow{\mathrm{ClO_x}} 3\,\mathrm{O_2}\,. \tag{R 59}$$

- Un second mécanisme implique l'action couplée des composés bromés et chlorés selon

$$\mathrm{ClO} + \mathrm{BrO} \longrightarrow \mathrm{Cl} + \mathrm{Br} + \mathrm{O_2}\,, \tag{R 60}$$

$$\mathrm{Cl} + \mathrm{O_3} \longrightarrow \mathrm{O_2} + \mathrm{ClO}\,, \tag{R 61}$$

$$\mathrm{Br} + \mathrm{O_3} \longrightarrow \mathrm{O_2} + \mathrm{BrO}\,, \tag{R 62}$$

  de bilan global

$$2\,\mathrm{O_3} \xrightarrow{\mathrm{ClO_x,BrO_x}} 3\,\mathrm{O_2}\,. \tag{R 63}$$

Remarque 4.2.1 (Vitesse de destruction)
En faisant une hypothèse de quasi-stationnarité sur les radicaux ClO et BrO, on trouve aisément que la vitesse de destruction de l'ozone est proportionnelle au carré de la concentration de ClO (ou de BrO) ou bien au produit des deux radicaux, selon le mécanisme envisagé.

La destruction est donc un phénomène particulièrement non linéaire et cela justifie l'importance des effets de seuil (figure 4.7).

4.2.2.2 Sources de chlore ou de brome

Les sources naturelles des composés impliqués sont essentiellement filtrées dans la troposphère et ne fournissent pas de flux entrants pour la stratosphère. Il s'agit principalement :

- des sels dissous provenant des océans (Cl_2 et HCl), dont le temps de vie est de l'ordre de la semaine ;
- de l'acide chlorhydrique HCl provenant de l'activité volcanique. Celui-ci ne peut parvenir dans la stratosphère que dans le cas d'explosions cataclysmales avec expulsion à des altitudes supérieures à 10 kilomètres, comme ce fut le cas pour les volcans Krakatoa (1883), Agun (1963), Fuego (1974), El Chichon (1988) et Pinatubo (1991).

Les principales sources anthropiques sont les chlorofluorocarbures, les CFC, de symbole chimique $C_aH_bCl_cF_d$ (avec a, b, c et d des nombres entiers). Ces composés ont été beaucoup utilisés dans l'industrie (comme propulseurs d'aérosols, isolants, solvants, etc.), car ils sont stables chimiquement et non toxiques.

Leur temps de vie troposphérique (tableau 4.5) varie de quelques années à des dizaines d'années. Ils peuvent donc parvenir dans la stratosphère, où, par dissociation photolytique, ils libèrent du chlore ou du brome, espèces qui catalysent la destruction de l'ozone.

Les dérivés substituts, comme les hydrochloro- et bromofluorocarbures (les HCFC) ou les hydrofluorocarbures (HFC) ont l'avantage d'avoir une durée de vie plus courte, l'addition de l'atome H facilitant l'oxydation par le radical OH (tableau 4.5). Par exemple, la substitution d'un atome H dans CFC-12 (de temps de vie 100 ans) conduit à HCFC-22 (de temps de vie 12 ans) ; celle de deux atomes H conduit à HFC-32 (de temps de vie 5 ans).

4.2.3 Trou d'ozone polaire

La notion de *couche d'ozone* est un concept idéalisé où l'on a ramené l'ensemble de l'ozone stratosphérique à une couche d'épaisseur équivalente pour ce qui concerne les propriétés radiatives. L'unité de mesure de l'épaisseur de cette couche est le *Dobson* qui correspond à 0.01 mm réduit (exercice 1.6).

En 1985, les travaux d'une équipe britannique (Farman *et al*, [37]) mettent en évidence une baisse marquée de la colonne d'ozone, mesurée sur la station antarctique de Halley Bay, en octobre (figures 4.5 et 4.6).

Ce phénomène est la résultante de plusieurs mécanismes physiques d'origines diverses. Il est foncièrement lié aux très basses températures de la stratosphère au pôle Sud et à l'activité des nuages stratosphériques qui jouent le rôle de réacteurs chimiques catalysant la production de chlore et de brome.

1. **Température froide de la stratosphère au pôle Sud et vortex polaire**

   De juin à septembre, du fait de la nuit polaire, le rayonnement solaire reçu est nul. De plus, la topographie du pôle Sud (un continent isolé au milieu des mers) entraîne la formation d'un vortex polaire quasi circulaire

Espèce	Symbole	Temps de vie
Chlorofluorocarbures (CFC)		
CFC-11	CCl_3F	45
CFC-12	CCl_2F_2	100
CFC-13	$CClF_3$	640
CFC-113	CCl_2FCClF_2	85
CFC-114	CF_3CClF_2	300
Hydrochlorofluorocarbures (HCFC)		
HCFC-21	$CHCl_2F$	2
HCHC-22	$CHClF_2$	11.9
HCFC-123	CF_3CHCl_2	1.4
Hydrofluorocarbures (HFC)		
HFC-23	CHF_3	260
HFC-32	CH_2F_2	5
HFC-41	CH_3F	2.6

Tableau 4.5 – Temps de vie (en années) de quelques CFC, HCFC et HFC. Source : [103].

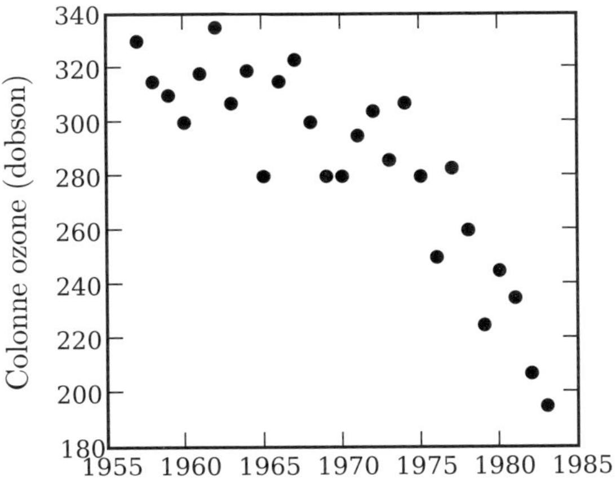

Figure 4.5 – Évolution de la colonne d'ozone mesurée sur la station de Halley Bay (en Dobson), pour le mois d'octobre sur la période 1957-1983. Source : [37] (article originel de Farman *et al*).

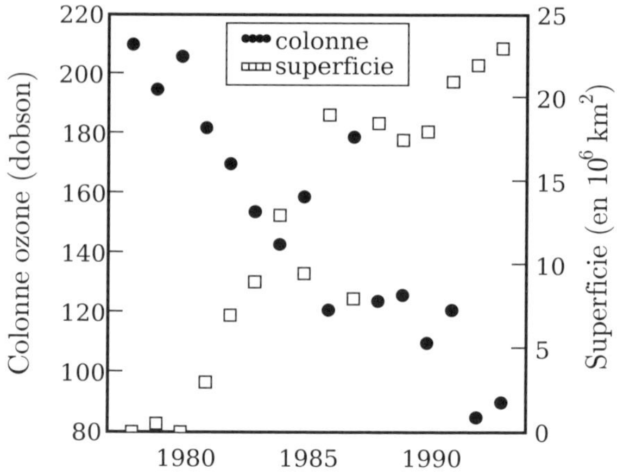

Figure 4.6 – Évolution de 1979 à 1994 du minimum de la colonne d'ozone (en Dobson) et de l'extension horizontale du « trou d'ozone » (en 10^6 km^2). Région antarctique (80°-90°). Mois de septembre, octobre et novembre. Source : données NASA, Goddard Space Flight Center.

(des vents qui isolent la masse d'air froid polaire de toute intrusion d'air chaud).

Du fait de son caractère circulaire, le vortex polaire antarctique conduit à un confinement quasi total et les températures stratosphériques sont très négatives (de 15 à 20 degrés de moins qu'au pôle Nord).

2. **Formation des nuages stratosphériques polaires**

   Cette température très froide permet la formation de nuages stratosphériques (PSC pour *polar stratospheric clouds*) à des altitudes d'environ 20 kilomètres, par condensation de la vapeur d'eau ou d'autres constituants (acide chlorhydrique HCl, acide nitrique HNO_3, acide sulfurique H_2SO_4), sous forme de cristaux solides.

   Alors que la cristallisation de l'acide sulfurique est classique sous toutes les latitudes (elle a lieu au-dessous de −55 degrés), celle de l'acide chlorhydrique ne peut avoir lieu qu'à des températures beaucoup plus basses (au-dessous de −75 degrés), atteintes dans la stratosphère antarctique.

3. **Chimie hétérogène à la surface des cristaux**

   Des réactions en phase hétérogène ont lieu alors à la surface des cristaux. Elles reviennent essentiellement à transformer des composés relativement stables (pentoxyde d'azote N_2O_5, nitrate de chlore $ClNO_3$) en des composés potentiellement moins stables (acide hypochloreux HOCl, chlore

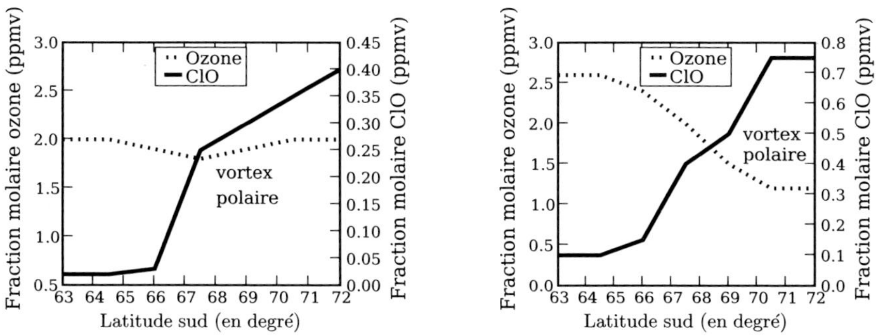

Figure 4.7 – Fractions de mélange typiques de l'ozone et de ClO au pôle Sud : à gauche en août, à droite en septembre.

moléculaire Cl_2), typiquement

$$ClNO_3 + HCl \xrightarrow{PSC} Cl_2 + HNO_3 \,. \tag{R 64}$$

4. **Libération photolytique du chlore et du brome à l'automne**
Lorsque les réactions photolytiques peuvent avoir lieu (à l'issue de la nuit polaire), les composés moins stables libèrent du chlore,

$$Cl_2 + h\nu \longrightarrow Cl + Cl \,, \tag{R 65}$$

$$HOCl + h\nu \longrightarrow H + ClO \,, \tag{R 66}$$

et les catalyses de destruction de l'ozone peuvent avoir lieu (figure 4.7).

Le même type de phénomène se produit pour le brome.

Remarque 4.2.2 (Variabilité naturelle)
La diversité des phénomènes physiques en jeu (processus météorologiques, processus physiques ou chimiques en phase hétérogène, etc.) permet d'appréhender la difficulté à exhiber une influence de l'activité humaine. Les modèles et les simulations doivent en effet être capables de mettre en lumière des tendances évolutives de quelques pour cent alors que la *variabilité naturelle* est beaucoup plus élevée (notamment les évolutions de température).

Remarque 4.2.3 (Conventions internationales)
La prise en compte de l'existence du trou d'ozone et de ses conséquences éventuelles a conduit à une intense activité diplomatique, à partir des années 80, pour réglementer l'émission de gaz comme les CFC (protocole de Montréal en 1987) puis les interdire complètement (1996). On renvoie à l'exercice 1.5.

Remarque 4.2.4 (Rétroactions et impact du changement climatique) Une stratosphère « froide » est, comme on l'a vu, propice à la destruction d'ozone. Des études montrent, pour indication, une augmentation de 5 % de la destruction de l'ozone pour une diminution de 1° de la température.

Les mesures satellitaires indiquent un refroidissement de la stratosphère de l'ordre de $-0.5\,\mathrm{K}$ par décennie depuis les années 60 (hors réchauffements circonstanciels liés à des éruptions volcaniques comme El Chichon ou le mont Pinatubo). Deux raisons peuvent être invoquées :

- le premier effet est relativement direct : la destruction de l'ozone stratosphérique conduit à une diminution de la température de la stratosphère, moins d'énergie solaire étant absorbée. Dans la basse stratosphère, la destruction de l'ozone, en tant que gaz à effet de serre, conduit également à une moins forte absorption du rayonnement infrarouge ;
- un second effet, beaucoup plus complexe, est relié aux gaz à effet de serre. L'augmentation des gaz à effet de serre bloque, d'une part, le rayonnement infrarouge à proximité de la surface (une plus faible fraction atteint la stratosphère). D'autre part, l'augmentation des concentrations de CO_2 conduit à un refroidissement, car le CO_2 réémet plus d'énergie (dont une partie vers l'espace) qu'il n'en absorbe.

Cela est une illustration de l'imbrication des processus et des thématiques. La compréhension des interactions complexes entre chimie stratosphérique et effet de serre relève encore largement du domaine de la recherche.

4.3 Chimie troposphérique de l'ozone

On va maintenant s'attacher à décrire plus spécifiquement la chimie de l'ozone dans la troposphère. Une particularité est l'existence de deux régimes chimiques : lorsque le milieu est pauvre en NO_x, l'émission de COV est quasi neutre pour l'ozone, alors que lorsque le milieu est riche en NO_x, elle conduit à la formation d'ozone (c'est la situation classique du pic d'ozone lors d'un épisode de pollution urbaine).

4.3.1 Quelques notions élémentaires de combustion

Émissions de CO et COV, notion de richesse du mélange

On considère pour simplifier un hydrocarbure non oxygéné de formule générique C_xH_y. La combustion dans l'air (3.8 moles de N_2 par mole de O_2), pour des conditions *stœchiométriques*, est donnée par la réaction *globale* chimique

$$\mathrm{C_xH_y} + (\mathrm{x} + \frac{\mathrm{y}}{4})\ (\mathrm{O_2} + 3.8\ \mathrm{N_2}) \longrightarrow \mathrm{x\ CO_2} + \frac{\mathrm{y}}{2}\ \mathrm{H_2O} + (\mathrm{x} + \frac{\mathrm{y}}{4})\ \mathrm{N_2}\,. \qquad (\mathrm{R\,67})$$

Pour oxyder une mole d'hydrocarbure, il faut donc $x + y/4$ moles d'air (2 pour le méthane CH_4, 3.5 pour l'éthane C_2H_6, 11 pour l'heptane C_7H_{16}, etc.).

La combustion n'a, en général, pas lieu en conditions stœchiométriques. On définit alors classiquement la *richesse* du mélange comme le rapport normalisé aux conditions stœchiométriques du nombre de moles d'hydrocarbure sur le nombre de moles d'oxygène, soit

$$\phi = (x + \frac{y}{4}) \frac{C_{C_x H_y}}{C_{O_2}} . \tag{4.19}$$

Selon la richesse du mélange, d'autres produits sont formés.

- En milieu riche ($\phi > 1$), il se forme également du CO et du H_2 selon

$$C_xH_y + n\ (O_2 + 3.8\ N_2) \longrightarrow a\ CO_2 + (1-a)\ CO + b\ H_2O + (\frac{y}{2} - b)\ H_2 \tag{R 68}$$

  avec $n = (1 + y/4)/\phi$. Il y a également $3.78n$ molécules de N_2 parmi les produits.
  Les coefficients a et b peuvent être calculés en fonction de n (c'est-à-dire de l'hydrocarbure considéré et de la richesse ; exercice 4.6).
- En milieu pauvre ($\phi < 1$), on obtient parmi les produits de l'oxygène résiduel

$$C_xH_y + n\ (O_2 + 3.8\ N_2) \longrightarrow CO_2 + \frac{y}{2}\ H_2O + (n - 1 - \frac{y}{4})\ O_2 + 3.78n\ N_2 \tag{R 69}$$

Exercice 4.6 (Émission de CO en fonction de la richesse)
Pour un mélange riche, CO est formé à partir de la réaction

$$CO_2 + H_2 \rightleftharpoons CO + H_2O . \tag{R 70}$$

En pratique, se produit ce que l'on désigne habituellement comme le *figeage* de la réaction : la température est de l'ordre de 1700 K et la réaction réversible est à l'équilibre (de constante d'équilibre $K \simeq 3.8$).

Calculer la proportion de CO formé dans ces conditions (calcul du coefficient a dans (R 68)).

Réponse :
La conservation de l'oxygène donne directement

$$2n = 2a + (1-a) + b = a + b + 1 .$$

L'équilibre s'écrit

$$K = \frac{[CO][H_2O]}{[CO_2][H_2]} = \frac{(1-a)b}{a(\frac{y}{2} - b)} .$$

Cela fournit un système de deux équations à deux inconnues (a et b). En résolvant pour a, on obtient aisément une équation du second degré

$$(K-1)a^2 + \left[K(\frac{y}{2} - 2n + 1) + 2n\right] a - (2n-1) = 0 .$$

Le discriminant est positif et le produit des racines est négatif (du fait des valeurs de K et n). Il existe donc une unique solution positive pour a, que l'on peut exprimer en fonction de n (et partant de la richesse ϕ).

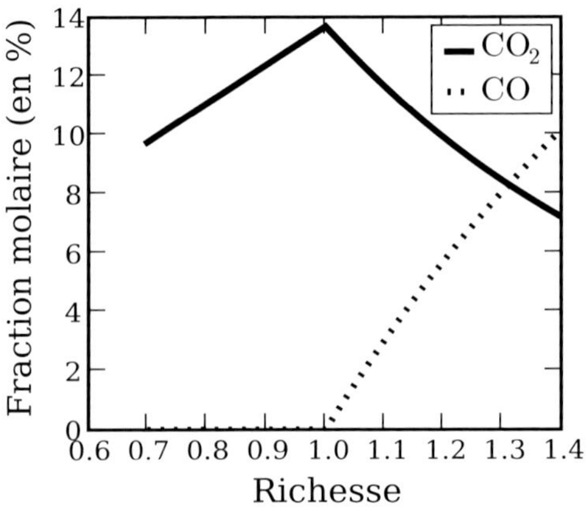

Figure 4.8 – Évolution théorique des émissions de CO et de CO_2 dans les gaz d'échappement pour un carburant $CH_{1.75}$ (similaire à une essence classique). Source : [47].

La fraction molaire de CO_2 est alors $a/(1+y/2+3.78n)$; la fraction molaire de CO est $(1-a)/(1+y/2+3.78n)$.

L'évolution des fractions molaires en fonction de la richesse (y compris le cas d'une richesse pauvre) est donnée dans la figure 4.8.

Émission de NO_x

On distingue habituellement au moins deux voies pour les mécanismes de formation de NO. Zeldovitch (1946) a proposé le mécanisme suivant pour la formation du NO à partir du N_2 de l'air :

$$N_2 + O \longrightarrow NO + N\,, \tag{R 71}$$

$$N + O_2 \longrightarrow NO + O\,, \tag{R 72}$$

$$N + OH \longrightarrow NO + H\,, \tag{R 73}$$

de réaction globale, si l'on ne prend en compte que les deux premières réactions,

$$N_2 + O_2 \longrightarrow 2\,NO\,. \tag{R 74}$$

Ces réactions n'ont lieu qu'à de très hautes températures (la première réaction a une très forte énergie d'activation), typiquement au-delà de 1700 K, ce qui justifie que l'on désigne parfois le monoxyde d'azote formé comme le NO *thermique*.

Un deuxième mécanisme (on parle en général de mécanisme de Fenimore ou *prompt* NO) met en jeu des radicaux hydrogénés, par exemple CH. La réaction initiale

$$CH + N_2 \longrightarrow HCN + N \qquad \text{(R 75)}$$

ayant une énergie d'activation relativement faible, elle peut avoir lieu à des températures plus basses (de l'ordre de 1000 K). HCN conduit ensuite à la formation de CN selon

$$HCN + H \longrightarrow CN + H_2\,, \qquad \text{(R 76)}$$

$$HCN + OH \longrightarrow CN + H_2O\,, \qquad \text{(R 77)}$$

et les radicaux HCN et CN peuvent ensuite conduire à la formation de NO.

Une troisième voie fait intervenir l'oxyde nitreux (N_2O) et a lieu pour de hautes pressions.

Au final, le rapport des concentrations de NO sur NO_2 à l'émission est de l'ordre de 10 %.

Évolution des émissions en fonction de la richesse

La figure 4.9 donne une évolution typique des émissions des NO_x, CO et hydrocarbures imbrûlés en fonction de la richesse. Les émissions de NO_x présentent un maximum pour un mélange légèrement pauvre ($\phi \in [0.9, 0.95]$). En effet, la vitesse de formation de NO dépend, d'une part, de manière exponentielle de la température de combustion et, d'autre part, de la concentration en oxygène. En deçà du maximum, la température de combustion est limitante ; au-delà, c'est la concentration en oxygène.

Il n'existe pas de zone pour laquelle on arrive à réduire simultanément l'ensemble des émissions. Ce point justifie qu'une stratégie ciblée de réduction des précurseurs de l'ozone doit être choisie (voir la section 4.3.5).

4.3.2 Équilibre photostationnaire de l'ozone troposphérique

La seule réaction de production de l'ozone met en jeu l'oxygène atomique O selon

$$O_2 + O + M \longrightarrow O_3 + M\,. \qquad \text{(R 78)}$$

Une source possible d'oxygène atomique est fournie par la dissociation photolytique de l'oxygène moléculaire,

$$O_2 + h\nu(\lambda \leq 242 \text{ nm}) \longrightarrow O + O\,. \qquad \text{(R 79)}$$

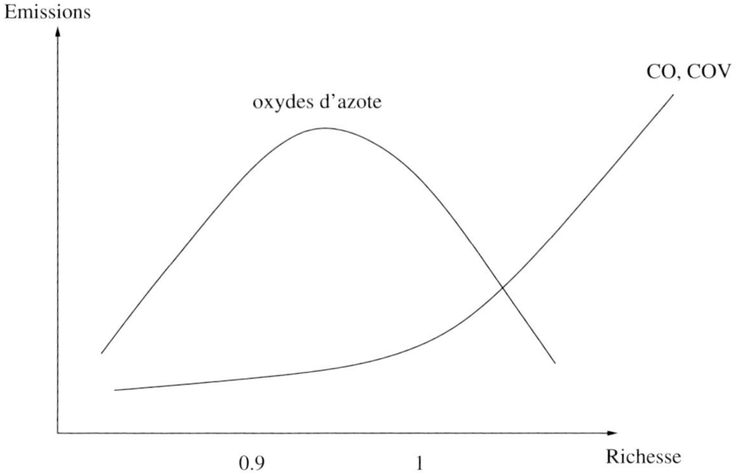

Figure 4.9 – Évolution typique des émissions de NO, de CO et d'hydrocarbures imbrûlés (sous forme de COV) en fonction de la richesse du mélange. Source : [48].

Une telle réaction n'est possible que dans la stratosphère, du fait des longueurs d'onde concernées. Dans la troposphère, la source naturelle est la dissociation photolytique de NO_2,

$$NO_2 + h\nu(300 \text{ nm} \leq \lambda \leq 400 \text{ nm}) \longrightarrow NO + O\,, \qquad (R\,80)$$

d'où les liens étroits entre l'ozone et les oxydes d'azote dans la troposphère.

La réaction de destruction de l'ozone par oxydation de NO,

$$NO + O_3 \longrightarrow NO_2 + O_2\,, \qquad (R\,81)$$

permet d'équilibrer le cycle, de bilan nul, formé avec les réactions (R 78) et (R 80) : c'est l'équivalent, dans la troposphère, du cycle de Chapman. En supposant que NO est à l'équilibre quasi-stationnaire, on obtient à partir des réactions (R 80) et (R 81) l'*équilibre photostationnaire*

$$[O_3] \simeq \frac{J[NO_2]}{k[NO]}\,,$$

avec J la constante photolytique de (R 80) et k la constante cinétique de (R 81).

L'accumulation éventuelle d'ozone est causée par une oxydation accrue de NO en NO_2 par d'autres oxydants que l'ozone, ce qui conduit à déséquilibrer le cycle en faveur de la réaction (R 78).

Les espèces chimiques qui participent à ce déséquilibre sont des espèces oxydantes, comme les radicaux peroxyles HO_2 et RO_2 qui résultent de la dégradation des résidus de combustion émis dans la troposphère (COV, méthane CH_4 et monoxyde de carbone CO).

4.3.3 Chaînes d'oxydation des COV

On décrit dans un premier temps l'oxydation d'un hydrocarbure générique (RH) avant de détailler les cas du monoxyde de carbone (CO) et du méthane (CH_4). Ces chaînes d'oxydation sont *initiées* par les HO_x et *catalysées* par les NO_x, et conduisent à une production d'ozone.

La différence avec la stratosphère (où les NOx catalysent la destruction d'ozone) est la plus faible concentration en oxygène excité $O(^1D)$ de la troposphère (du fait des plus faibles concentrations d'ozone). La réaction (R 40) est donc négligeable au premier ordre.

4.3.3.1 Oxydation d'un hydrocarbure

Soit RH un hydrocarbure générique. L'oxydation par OH va conduire à la formation de composés fonctionnalisés comme les radicaux *peroxy* (RO_2), *oxy* (RO) et *carbonyle/aldéhyde* ($R^{'}CHO$ avec $R^{'}$ une chaîne contenant moins d'atomes de carbone que la chaîne initiale).

L'oxydation de cette chaîne va être catalysée par les NO_x et contribuer à la production d'ozone. Les réactions de propagation sont

$$RH + OH \longrightarrow R + H_2O\,, \qquad (R\,82)$$

$$R + O_2 + M \longrightarrow RO_2 + M\,, \qquad (R\,83)$$

$$RO_2 + NO \longrightarrow RO + NO_2\,, \qquad (R\,84)$$

$$RO + O_2 \longrightarrow R^{'}CHO + HO_2\,, \qquad (R\,85)$$

$$HO_2 + NO \longrightarrow OH + NO_2\,. \qquad (R\,86)$$

Le dioxyde d'azote ainsi formé, ici deux molécules à partir d'une molécule de RH *via* les réactions (R 84) et (R 86), contribue ensuite à produire de l'ozone :

$$NO_2 + h\nu \longrightarrow NO + O\,, \qquad (R\,87)$$

$$O_2 + O + M \longrightarrow O_3 + M\,. \qquad (R\,88)$$

Le bilan global de ce cycle est alors :

$$RH \xrightarrow{NO_x} R^{'}CHO + 2\,O_3\,. \qquad (R\,89)$$

Les réactions de terminaison sont données par la formation de H_2O_2 et HNO_3 (qui sont des puits, section 4.1.4.5) selon

$$HO_2 + HO_2 \longrightarrow H_2O_2 + O_2 \,, \tag{R 90}$$

$$NO_2 + OH + M \longrightarrow HNO_3 + M \,. \tag{R 91}$$

En réalité, cette chaîne peut être « amplifiée » par des réactions de branchement liées à la photolyse de R'CHO, comme on va le voir pour le méthane (ce qui génère trois molécules d'ozone supplémentaires). De plus, l'oxydation continue à partir de R'CHO.

4.3.3.2 Oxydation du méthane

De manière similaire à la chaîne générique, avec R égal à CH_3 (radical méthyle), on obtient :

$$CH_4 + OH \longrightarrow CH_3 + H_2O \,, \tag{R 92}$$

$$CH_3 + O_2 + M \longrightarrow CH_3O_2 + M \,, \tag{R 93}$$

$$CH_3O_2 + NO \longrightarrow CH_3O + NO_2 \,, \tag{R 94}$$

$$CH_3O + O_2 \longrightarrow HCHO + HO_2 \,. \tag{R 95}$$

À ce niveau, le branchement est fourni par la photolyse du formaldéhyde HCHO selon

$$HCHO + h\nu \xrightarrow{O_2} CHO + HO_2 \,, \tag{R 96}$$

$$CHO + O_2 \longrightarrow CO + HO_2 \,, \tag{R 97}$$

$$CO + OH \longrightarrow CO_2 + H \,, \tag{R 98}$$

$$H + O_2 + M \longrightarrow HO_2 + M \,. \tag{R 99}$$

Quatre molécules de HO_2 ont été produites à ce stade à partir des réactions (R 95), (R 96), (R 97) et (R 99), et peuvent ensuite rentrer dans les réactions de production de NO_2,

$$HO_2 + NO \longrightarrow NO_2 + OH \,. \tag{R 100}$$

Le dioxyde d'azote ainsi formé (une molécule par (R 94) et quatre molécules par (R 100), soit cinq molécules, à partir d'une molécule de méthane) contribue ensuite à produire de l'ozone :

$$NO_2 + h\nu \longrightarrow NO + O \,, \tag{R 101}$$

$$O_2 + O + M \longrightarrow O_3 + M\,. \qquad \text{(R 102)}$$

Le bilan global de ce cycle est alors

$$CH_4 \xrightarrow{NO_x} CO_2 + 5\,O_3 + 2\,OH\,. \qquad \text{(R 103)}$$

4.3.3.3 Oxydation du monoxyde de carbone

Le cas du monoxyde de carbone est comparable mais l'efficacité en production d'ozone est plus faible (CO ne contient pas d'atome d'hydrogène). Les réactions de propagation sont

$$CO + OH \longrightarrow CO_2 + H\,, \qquad \text{(R 104)}$$

$$H + O_2 + M \longrightarrow HO_2 + M\,. \qquad \text{(R 105)}$$

HO_2 oxyde NO en NO_2, qui va être disponible pour la production d'ozone selon :

$$HO_2 + NO \longrightarrow OH + NO_2\,, \qquad \text{(R 106)}$$

$$NO_2 + h\nu \longrightarrow NO + O\,, \qquad \text{(R 107)}$$

$$O_2 + O + M \longrightarrow O_3 + M\,, \qquad \text{(R 108)}$$

de bilan global

$$CO \xrightarrow{NO_x} CO_2 + O_3\,. \qquad \text{(R 109)}$$

4.3.4 Régimes chimiques : NO_x limité/COV limité

La capacité du milieu à régénérer les oxydants (OH, HO_2) est donc liée à la concentration en NO_x. Dans les chaînes précédentes, nous nous sommes implicitement placés dans un cas où ces concentrations étaient suffisamment élevées (on parle souvent de régime *high* NO_x), la réaction-clé étant

$$HO_2 + NO \longrightarrow OH + NO_2\,, \qquad \text{(R 110)}$$

ce qui conduisait *in fine* à une production accrue d'ozone.

Dans un milieu pauvre en NO_x (régime *low* NO_x), la réaction de terminaison

$$HO_2 + HO_2 \longrightarrow H_2O_2 + O_2 \qquad \text{(R 111)}$$

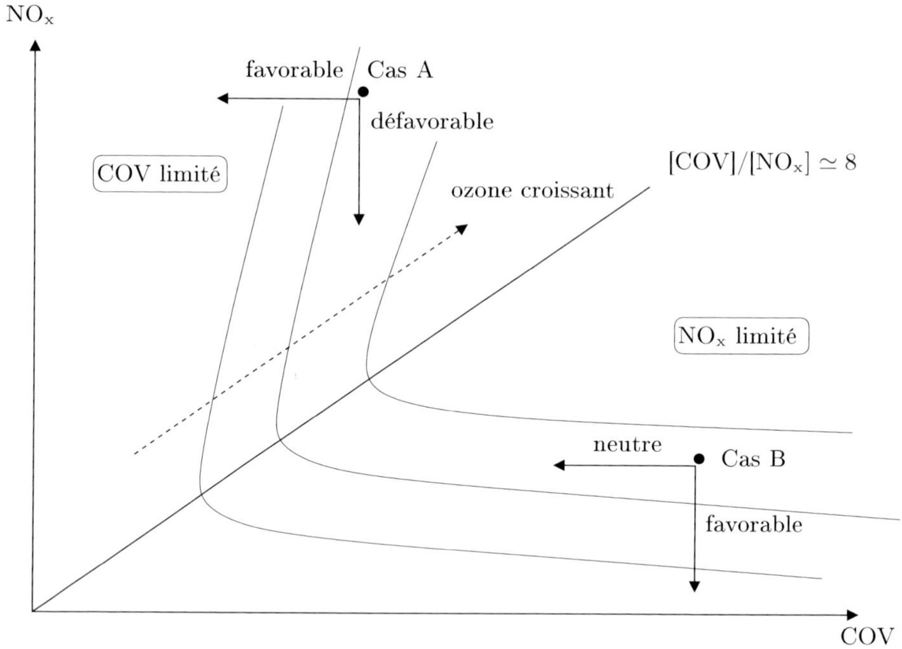

Figure 4.10 – Régimes chimiques pour l'ozone. *Isopleths* d'ozone (isovaleurs, typiquement de concentration maximale horaire) en fonction des concentrations de NO_x et de COV. On parle généralement de modèle EKMA (pour *empirical kinetic modeling approach*). Le ratio $[COV]/[NO_x] \simeq 8$ est indicatif de la situation américaine.

domine (R 110), ce qui va inhiber la production d'ozone (milieu moins oxydant).

L'issue de la compétition entre les deux réactions (R 110) et (R 111) est en réalité liée au rapport $[COV]/[NO_x]$ (problème 4.2).

La figure 4.10 donne pour indication les courbes d'isovaleurs de la concentration d'ozone en fonction des concentrations de NO_x et de COV. On note l'existence de deux régimes :

- en régime *high* NO_x (ou *COV-limité*), une diminution des NO_x est défavorable (une diminution des COV est favorable) ;
- en régime *low* NO_x (ou NO_x*-limité*), une diminution des NO_x est favorable (une diminution des COV est neutre).

Remarque 4.3.1 (Source du radical OH au cours de la journée)
On a vu que le radical hydroxyle OH joue un rôle fondamental comme espèce chimique initiatrice. Pour mesurer l'activité du milieu, il est donc nécessaire de disposer d'une estimation fine des sources et des puits du radical hydroxyle

(les réactions d'oxydation des COV). Les sources vont évoluer au cours de la journée :

- une des sources principales est la photolyse de l'ozone (section 4.1.3) ;
- dans le contexte de la qualité de l'air, une autre source importante est la photolyse des aldéhydes ou de HONO,

$$HONO + h\nu(\lambda \leq 390 \text{ nm}) \longrightarrow NO + OH\,, \qquad (R\,112)$$

HONO étant produit par des réactions hétérogènes (avec des aérosols ou des gouttes d'eau),

$$NO_2 + NO_2 + H_2O \longrightarrow HONO + HNO_3\,. \qquad (R\,113)$$

La nuit, en l'absence de photolyse de NO_2, HONO s'accumule. À l'aube, il constitue un réservoir de radicaux OH (qui au cours de la journée seront de préférence produits par ozonolyse) ;
- même si la photolyse n'est plus active de nuit, la chimie nocturne a une incidence non négligeable, en particulier du fait de NO_3. Le jour, cette espèce est très rapidement photolysée selon

$$NO_3 + h\nu(400 \text{ nm} \leq \lambda \leq 640 \text{ nm}) \longrightarrow NO_2 + O\,. \qquad (R\,114)$$

La nuit, les réactions

$$RO_2 + NO_3 \longrightarrow RO + NO_2 + O_2\,, \qquad (R\,115)$$

$$HO_2 + NO_3 \longrightarrow OH + NO_2 + O_2 \qquad (R\,116)$$

conduisent à une situation riche en OH et NO_2 alors même que les sources photolytiques sont annulées.

4.3.5 Évaluation des stratégies de réduction des précurseurs de l'ozone

Du fait de la complexité des régimes chimiques de l'ozone troposphérique, l'impact d'une stratégie de réduction des émissions de NO_x et de COV sur les niveaux de concentration d'ozone est particulièrement difficile à évaluer *a priori.*

Dans les années 60 puis 70, les stratégies nord-américaines de réduction de la pollution photochimique ont été fondées sur des réductions des émissions *locales* de COV. Un exemple caractéristique de ce qu'était l'esprit de la réglementation est donné par la figure 4.11 qui exprime la réduction en COV à effectuer en fonction du pic ambiant d'ozone pour atteindre la cible de $160\,\mu g\,m^{-3}$ pour l'ozone (moyenne horaire).

Dans les années 80, le rôle des NO_x a été réévalué comme l'atteste le rapport sur la pollution atmosphérique du NRC (National Research Council, [140]) :

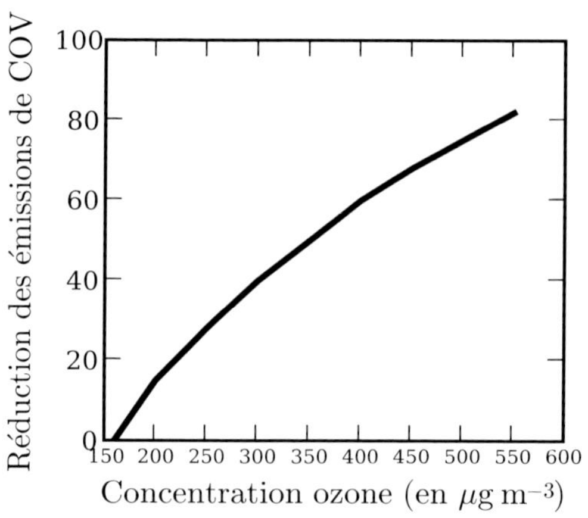

Figure 4.11 – Réduction (en %) des émissions de COV à appliquer en fonction du pic d'ozone pour atteindre la cible NAAQS (*National Ambient Air Quality Standard*) de 160 μg m^{-3} (recommandation de l'US EPA, 1971). Source : [3].

> « *To substantially reduce O_3 concentrations [...] the control of NO_x emissions will probably be necessary in addition to, or instead of, the control of VOCs.* »

Comme on l'a vu, la situation est en effet particulièrement complexe, le régime chimique pouvant varier spatialement et temporellement.

De nombreuses études tendent, par exemple, à montrer que des villes peuvent se trouver en régime COV-limité, régime pour lequel une diminution des émissions de NO_x va conduire à une augmentation d'ozone (figure 4.10). Les Anglo-Saxons utilisent souvent le terme de NO_x *disbenefit*.

Une première illustration est fournie par l'évolution de la qualité de l'air sur le Canada dans les années 90. Alors que les émissions de NO_x liées au transport routier (et les concentrations en milieu urbain) diminuaient, les émissions de COV (et les concentrations en milieu urbain) ont stagné. Une augmentation des concentrations d'ozone urbain a été observée : une explication *probable* est donc un régime COV-limité.

Une seconde illustration est donnée par l'occurrence des pics d'ozone constatés le week-end dans certaines grandes villes, du fait de la réduction des émissions de NO_x (études à Los Angeles, Toronto, Bruxelles, etc.).

Le rôle des émissions biogéniques de COV (au premier rang desquelles, l'isoprène C_5H_8) est également important dans ce contexte. Une connaissance fine de ces émissions est fondamentale pour déterminer quelle stratégie de réduction est gagnante. La réévaluation des émissions d'isoprène aux États-Unis dans les

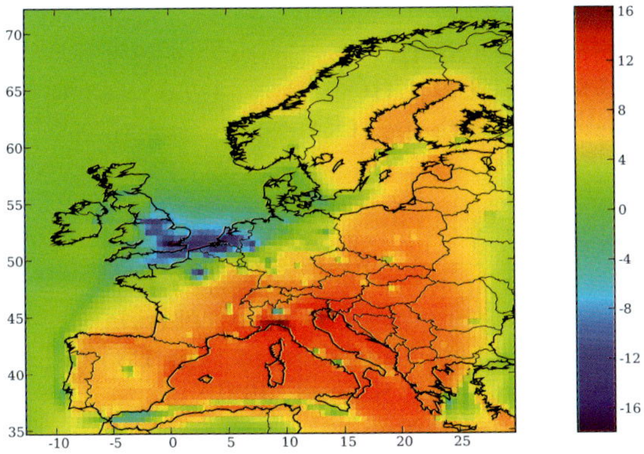

Figure 4.12 – Différence moyenne (en $\mu g\, m^{-3}$), pour l'été 2001, des impacts sur la concentration d'ozone d'une réduction de 35 % des émissions de NO_x et d'une réduction similaire pour les COV. Une valeur positive (respectivement négative) indique un régime NO_x-limité (respectivement COV-limité). Simulation avec le système Polyphemus. Crédit : Yelva Roustan, CEREA.

années 90 a ainsi conduit à relativiser l'impact des réductions d'émissions de COV (on se déplace vers un régime NO_x-limité, figure 4.10).

Pour conclure, on retiendra de manière schématique :

- qu'une réduction des concentrations d'ozone en milieu très urbanisé doit *a priori* être fondée sur une réduction des émissions de COV ;
- qu'une réduction des concentrations d'ozone à l'échelle régionale, comprenant des milieux avec de fortes émissions de COV biogéniques, doit *a priori* se fonder sur une réduction des émissions de NO_x.

À titre d'illustration, la figure 4.12 donne une indication des régimes chimiques sur l'Europe pour l'été 2001 en comparant les impacts respectifs sur l'ozone d'une réduction de 35 % des NO_x ou des COV. On note que le régime est COV-limité sur les grandes zones urbaines polluées et NO_x-limité sur la partie sud de l'Europe (avec de fortes émissions biogéniques de COV).

Pour compléter, le rôle du transport atmosphérique doit aussi être pris en compte (chapitre 3), que ce soit pour la ventilation de la ville (y a-t-il ou non stagnation ?) ou pour le transport longue distance de masses d'air chargées en ozone (section suivante consacrée à l'exemple de la région Île-de-France).

Pour en savoir plus ([3]) :
An assessment of Tropospheric Ozone pollution : a North American perspec-

Espèce	E85 *versus* Essence	Signe
COV (total)	[+34, +95] %	+
Méthane	[+43, +340] %	+
Formaldéhyde (HCHO)	[+7, +228] %	+
Acétaldéhyde (CH_3CHO)	[+1250, +4340] %	+
Monoxyde de carbone (CO)	[-38, +320] %	?
NO_x	[-59, +17] %	-
PM en masse	+ 31 %	+
PM en nombre	+100 %	+

Tableau 4.6 – Évolution des émissions d'un véhicule lors du passage d'un carburant essence classique à un biocarburant type E85 (éthanol). *PM* désigne les particules (*particulate matter*). Source : [63].

tive. NARSTO Assessment, 2006. Disponible sous `http ://www.narsto.org`

De manière générale, ces problématiques d'évaluation sont capitales, car directement reliées à l'aide à la décision. Un exemple typique est celui de l'évaluation de l'impact de nouvelles émissions, notamment du secteur automobile. Une modification des émissions peut être induite par de nouveaux carburants ou de nouvelles motorisations. On se réfère, par exemple, à l'exercice 4.7 pour le cas des biocarburants.

Exercice 4.7 (Impact des biocarburants)
Les émissions liées au trafic routier peuvent être modifiées par l'introduction de nouveaux carburants ou de nouvelles motorisations. L'estimation de l'impact sur la photochimie est complexe et un bon exemple est donné par la question des biocarburants (*biofuel*), avec le cas de l'éthanol (E85).

Sur la base des données du tableau 4.6, estimer *a priori* l'impact sur la photochimie ?

Réponse :
En milieu urbain, il est probable que l'augmentation des COV et la diminution des NO_x conduisent à une augmentation de l'ozone. Des simulations sur Los Angeles ([63]) indiquent en effet une augmentation prévisible des moyennes journalières d'ozone de 3 ppb et des pics de 4 ppb. Ces études préliminaires, à ce jour limitées aux États-Unis, méritent néanmoins d'être approfondies.

Pour en savoir plus ([63, 64]) :

M.Z. Jacobson. Effects of Ethanol (E85) versus Gasoline Vehicles on Cancer and Mortality in the United States. *Environ. Sci. Tech.*, 2007

M.Z. Jacobson, J.H. Seinfeld, G.R. Carmichael, D.G. Streets. The effect on photochemical smog of converting the US fleet of gasoline vehicles to modern diesel vehicles. *Geophys. Res. Lett.*, 31(L02116), 2004

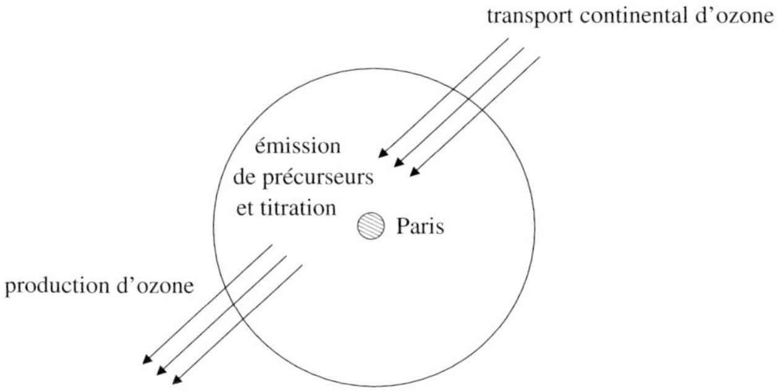

Figure 4.13 – Développement des épisodes de pollution photochimique sur la région Île-de-France : transport continental, production d'ozone et titration.

4.3.6 Un exemple de pollution photochimique : la région Île-de-France

La région Île-de-France est un bon exemple de la formation d'épisodes de pollution photochimique avec le rôle combiné des conditions météorologiques et des processus chimiques. Cela permet d'illustrer l'impact du transport continental, la production d'ozone au cours du transport des masses d'air et la titration de l'ozone par les NO_x à proximité des zones d'émission (schéma général dans la figure 4.13).

- **Transport continental**
  Du fait du temps de vie de l'ozone (tableau 4.4), une partie importante des épisodes de pollution est liée au transport continental de masses d'air déjà chargées en ozone (avec typiquement des vents de secteur nord-est). La figure 4.15 illustre la « corrélation » entre les concentrations d'ozone à 15 heures (heure probable du pic journalier) pour une station rurale au nord-est de Paris et une station parisienne (Châtelet-Les Halles), pour l'année 2005. On note la forte titration de l'ozone sur Paris.

- **Émission de précurseurs et production d'ozone en milieu rural**
  Les émissions de précurseurs d'ozone sur la région parisienne vont également contribuer à la formation d'ozone dans les masses d'air sous le vent de Paris. Les *maxima* d'ozone sont ainsi en général observés dans les zones rurales, fréquemment au sud-ouest de Paris (figure 4.15).

- **Titration par les NO_x à proximité des zones d'émission**
  Les figures précédentes illustrent bien la titration de l'ozone en milieu urbain. L'évolution des niveaux d'ozone sur la région parisienne (figure 4.16) pour la période 1992-2005 est une autre indication de la titration. Les concentrations de fond (mesurées par les stations rurales) montrent une

augmentation de l'ordre de 15 % tandis que les concentrations en milieu urbain (mesurées par les stations « agglomération ») ont presque doublé (+ 84 %). Une raison probable est la diminution des émissions de NO du fait de l'amélioration technique des véhicules routiers (diminution de la concentration urbaine de NO de 218 % et figure 4.14).

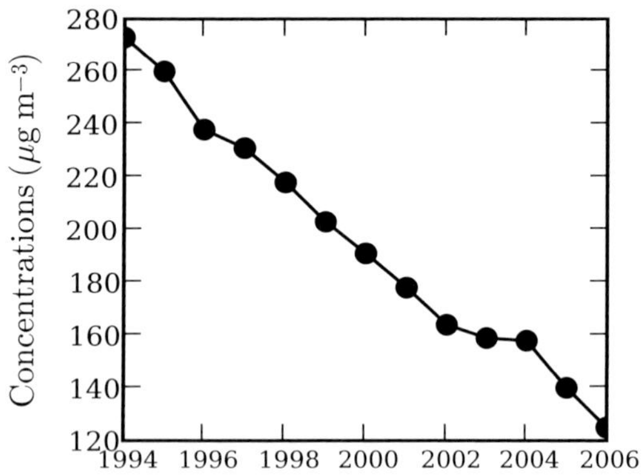

Figure 4.14 – Évolution sur la période 1994-2006 des concentrations mesurées de NO sur les stations « trafic » de la région parisienne. Source : Airparif (réseau de mesure de la qualité de l'air sur l'Île-de-France).

4.3.7 Le rôle du transport transcontinental

En été, le temps de vie de l'ozone dans les basses couches de la troposphère est estimé à une ou deux semaines (tableau 4.4). Les transports transpacifique et transatlantique d'ozone jouent donc un rôle. Des études (par exemple [54]) estiment de 5 à 10 ppb l'augmentation de l'ozone de surface sur des sites de mesure en Californie (aux mois d'avril et mai) du fait des émissions asiatiques (*via* le transport d'ozone dans la troposphère libre plus que par le transport de PAN). La contribution de l'Amérique du Nord à l'ozone de surface en Europe est de même estimée à quelques ppb (de 3 à 5 ppb en moyenne pour l'été avec des pointes de l'ordre de 10 à 20 ppb pour des épisodes spécifiques, [46] ou encore [85]). Les augmentations sont beaucoup plus fortes (de 10 à 30 ppb) dans la troposphère libre.

L'enjeu de ces évaluations est bien entendu de vérifier que des baisses locales d'émission ne seraient pas compensées par le transport longue distance transcontinental. Dans [85], 20 % des dépassements des seuils réglementaires pour l'ozone en Europe sont estimés comme étant directement reliés à l'ozone

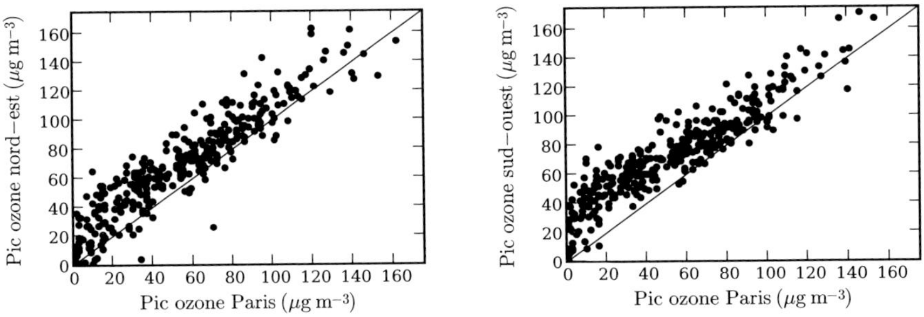

Figure 4.15 – Corrélation entre les pics de concentrations d'ozone (pris à 15 heures) au cours de l'année 2005 pour une station parisienne (Châtelet-Les Halles) et : à gauche, une station rurale au nord-est de Paris (Montgé-en-Goële), à droite, une station rurale au sud-ouest de Paris (Rambouillet). Source : Airparif.

nord-américain. Dans [56], l'augmentation attendue des émissions asiatiques sur la période 1985-2010 annule ainsi, pour la cible ozone, une réduction des émissions nord-américaines de NO_x et de COV de l'ordre de 25 %.

4.4 Une brève introduction à la qualité de l'air intérieur

L'accent de l'ensemble de l'ouvrage a porté jusque-là sur la qualité de l'air extérieur, alors que nous passons la majeure partie de notre temps à l'intérieur des bâtiments, surtout en milieu urbain ! La problématique de la qualité de l'air intérieur, plus généralement celle des milieux de vie (dans les transports par exemple), n'est encore paradoxalement que peu abordée.

La qualité de l'air intérieur a des spécificités propres. Elle dépend, de manière complexe, à la fois de processus physico-chimiques en milieu intérieur et de la qualité de l'air extérieur.

- La photolyse joue un rôle moins important, une partie du rayonnement étant filtré, de trois à cinq fois plus, d'après certaines études, dans l'ultraviolet que dans le visible : la constante photolytique de NO_2 à l'intérieur est, par exemple, estimée comme étant un ordre de grandeur plus faible qu'à l'extérieur.
- Le milieu intérieur se caractérise pourtant par un très fort niveau d'oxydation, avec des concentrations élevées de radical hydroxyle OH (seulement un ordre de grandeur inférieur en comparaison des niveaux extérieurs). Le rôle moins important de la photolyse implique donc d'autres voies de formation des oxydants.

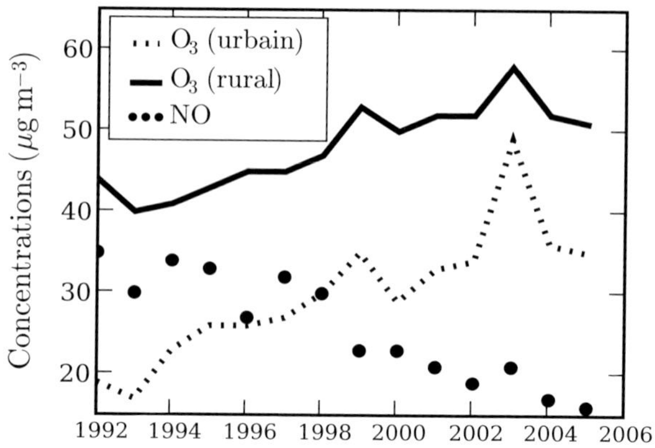

Figure 4.16 – Évolution sur la période 1992-2005 des concentrations mesurées d'ozone et de monoxyde d'azote sur la région parisienne. Les concentrations sont moyennées sur les parcs de stations de mesures représentatives des conditions « rurales » et urbaines (parcs constants sur la période). Le pic d'ozone pour l'année 2003 est lié à la vague de chaleur de l'été 2003. Source : Airparif.

- Les réactions de surface (impliquant, par exemple, les surfaces peintes) jouent un rôle primordial, expliquant notamment de très fortes concentrations de composés organiques volatils (comme les aldéhydes) et surtout de HONO (disponible pour libérer ensuite OH, voir la remarque 4.3.1).
- Un certain nombre d'études sanitaires sur les manifestations allergiques (troubles respiratoires, asthme, etc.) mettent en avant le rôle des produits d'oxydation des COV par OH, O_3 ou NO_3. Les produits formés conduisent ensuite à des aérosols organiques secondaires (voir le chapitre 5).
- Les processus de dépôt des espèces sont relativement mal quantifiés en milieu intérieur. On admet en général que les valeurs des vitesses de dépôt sont de un à deux ordres de grandeur inférieures aux valeurs extérieures.
- Enfin, les relations entre qualité de l'air intérieur et qualité de l'air extérieur restent encore mal évaluées, et dépendent fortement des conditions de ventilation et des conditions de météorologie de petite échelle à l'extérieur (figure 4.4).

L'exercice 4.8 présente, à titre d'illustration, un modèle simplifié de la qualité de l'air intérieur.

Exercice 4.8 (Modèle de qualité de l'air intérieur)
On considère une pièce de volume V, de surface A, avec une ventilation défi-

nie par un taux d'échange entre l'intérieur et l'extérieur $\lambda_{in/out}$ (inversement proportionnel à un temps caractéristique). On considère une espèce X_i avec une émission massique Q_i (en $\mathrm{kg\,s^{-1}}$), une vitesse de dépôt v_i^{dep} et un taux de réactions chimiques χ_i. Proposer un modèle d'évolution de la concentration massique C_i^{in} (à l'intérieur). On notera C_i^{out} la concentration à l'extérieur.
Données : pour illustration, $A/V \simeq 3\,\mathrm{m^{-1}}$, $v_{O_3}^{dep} \simeq 0.04\,\mathrm{cm\,s^{-1}}$.

Réponse :

On a directement :

$$\frac{\mathrm{d}C_i^{in}}{\mathrm{d}t} = -v_i^{dep}\frac{A}{V}C_i^{in} - \lambda_{in/out}(C_i^{in} - C_i^{out}) + \frac{Q_i}{V} + \chi_i$$

Pour en savoir plus ([21, 149]) :

N. Carslaw. A new detailed chemical model for indoor air pollution. *Atmos. Env.*, 41(6) :1164–1179, 2007

C.J. Weschler. Ozone-initiated reaction products indoors may be more harmful than ozone itself. *Atmos. Env.*, 38 :5715–5716, 2004

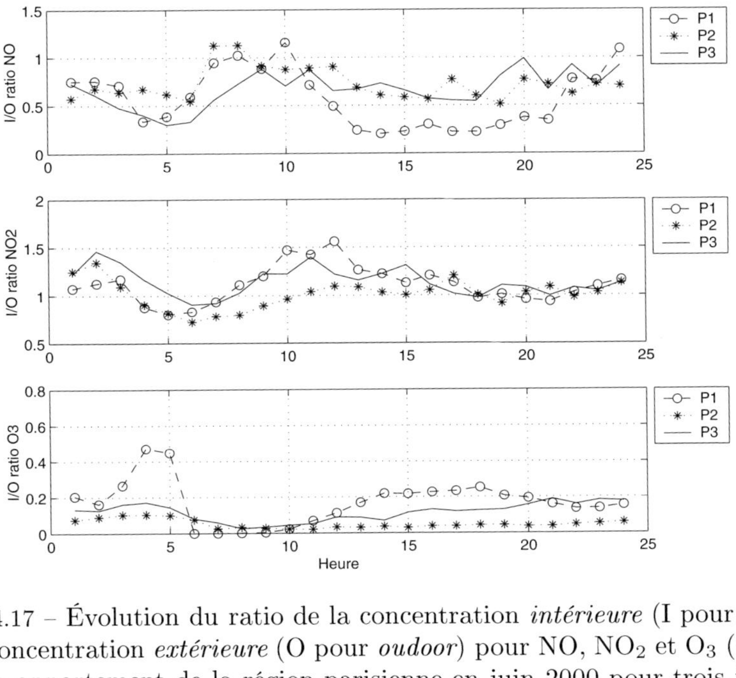

Figure 4.17 – Évolution du ratio de la concentration *intérieure* (I pour *indoor*) sur la concentration *extérieure* (O pour *oudoor*) pour NO, NO_2 et O_3 (mesures dans un appartement de la région parisienne en juin 2000 pour trois jours de prélèvement : P1, P2 et P3). Crédit : Stéphanie Lacour (CEREA) sur la base de données du Centre scientifique et technique du bâtiment (CSTB).

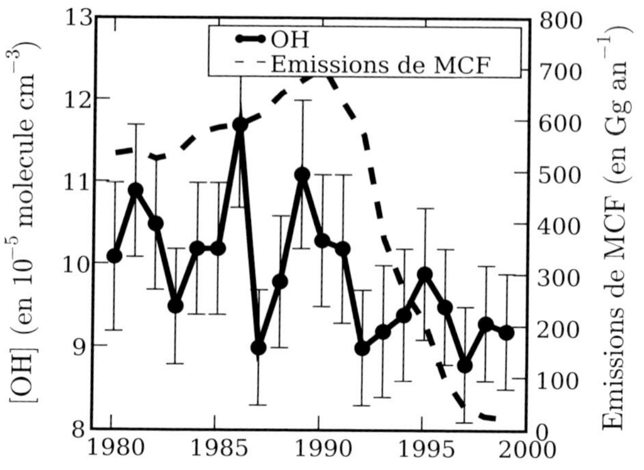

Figure 4.18 – Évolution sur la période [1980-2000] de la concentration de OH et des émissions de MCF obtenues par inversion des observations de MCF. Les barres d'erreur indiquent les incertitudes estimées lors de l'inversion. Source : [17].

Problèmes se rapportant au chapitre 4

Problème 4.1 (Inversion de OH)

Les niveaux de concentration de OH et leur évolution sont souvent estimés sur la base des observations des principales espèces oxydées, comme le méthane. Une autre espèce fréquemment utilisée est le méthyl-chloroforme (CH_3CCl_3, noté MCF).

1. MCF est un solvant utilisé dans l'industrie. Son temps de vie est de l'ordre de 5 à 6 ans. Ses émissions ont fortement diminué (de plus de 700 Gg par an en 1991 à environ 20 Gg en 2000). Pourquoi ?
2. Quelles sont les deux principales réactions chimiques auxquelles participe MCF ? Écrire un modèle d'évolution de la concentration de MCF.
3. On dispose de plus d'une dizaine de stations qui mesurent les concentrations de MCF. En écrivant le modèle selon $C_{\mathrm{MCF}} = f(E_{\mathrm{MCF}}, C_{\mathrm{OH}})$, proposer une méthode d'estimation de C_{OH}.

Réponse :

1. Du fait de son temps de vie, MCF peut atteindre la stratosphère, où, par libération du chlore, il participe à la destruction de l'ozone. Il a donc été inclus dans le protocole de Montréal.
2. MCF est photolysé et est oxydé par OH selon

$$\mathrm{MCF} + \mathrm{OH} \longrightarrow \mathrm{CH_2CCl_3} + \mathrm{OH}$$

$$MCF + h\nu \longrightarrow CH_3CCl_2 + Cl\,.$$

L'évolution des concentrations de MCF est donc donnée par un modèle de dispersion réactive (chapitre 6)

$$\frac{\partial C_{MCF}}{\partial t} + \mathrm{div}\,(\mathrm{VC_{MCF}}) = \mathrm{div}\,(\mathrm{K}\nabla \mathrm{C_{MCF}}) + \mathrm{E_{MCF}} - \mathrm{JC_{MCF}} - \mathrm{k_{OH,MCF}C_{OH}C_{MCF}}\,,$$

avec V le champ de vent, K la matrice de diffusion turbulente, E_{MCF} les émissions, J la constante de photolyse et $k_{\mathrm{OH,MCF}}$ la constante d'oxydation par OH.

3. On utilise une approche par modélisation inverse (chapitre 6) en minimisant la fonction coût

$$J(u) = \frac{1}{2}\left(obs - Hf(u)\right)^T R^{-1}\left(obs - Hf(u)\right) + \frac{1}{2}\left(u - u_b\right)^T B^{-1}\left(u - u_b\right)$$

où l'on a noté $u = (E_{\mathrm{MCF}}, C_{\mathrm{OH}})$. L'opérateur d'observation H projette le champ simulé sur les observations, notées *obs* ; R et B sont, respectivement, les matrices de covariance d'erreur d'observation et d'ébauche ; u_b est l'ébauche (les valeurs estimées *a priori* pour u).

Les résultats sont donnés dans la figure 4.4. Un point-clé est la quantification des incertitudes. On note la très forte décroissance des émissions de MCF par suite du protocole de Montréal. Les concentrations de OH ont une très forte variabilité interannuelle : on estime une tendance à l'augmentation dans les années 80 puis à la diminution dans les années 90.

Du fait de la très forte diminution des concentrations de MCF, le recours à ses observations va être de plus en plus difficile. Des études similaires sont menées avec d'autres indicateurs de l'oxydation atmosphérique, comme le méthane.

Pour en savoir plus ([17, 82]) :

P. Bousquet, D.A Hauglustaine, P. Peylin, C. Carouge, P. Ciais. Two decades of OH variability as inferred by an inversion of atmospheric transport and chemistry of methyl chloroform. *Atmos. Chem. Phys.*, 5 :2635–2656, 2005

J. Lelieveld *et al.* Watching over tropospheric hydroxyl (OH). *Atmos. Env.*, 40 :5741–5743, 2006

Problème 4.2 (Régimes chimiques de l'ozone troposphérique)
L'objet de ce problème, inspiré de [57], est d'illustrer les régimes chimiques de l'ozone dans la troposphère. On reprend la chaîne d'oxydation de RH (sans branchement pour simplifier) :

$$RH + OH \xrightarrow{O_2,\ k_1} RO_2 + H_2O\,, \qquad \text{(R 117)}$$

$$RO_2 + NO \xrightarrow{k_2} RO + NO_2\,, \qquad \text{(R 118)}$$

$$RO + O_2 \xrightarrow{k_3} R'CHO + HO_2\,, \qquad \text{(R 119)}$$

$$HO_2 + NO \xrightarrow{k_4} NO_2 + OH\,, \qquad \text{(R 120)}$$

$$HO_2 + HO_2 \xrightarrow{k_5} H_2O_2 + O_2\,, \qquad \text{(R 121)}$$

$$NO_2 + OH + M \xrightarrow{k_6} HNO_3 + M\,. \qquad \text{(R 122)}$$

1. On fait l'hypothèse que les réactions (R 117)-(R 118)-(R 119)-(R 120) sont rapides. Qu'implique une approximation QSSA sur les espèces RO_2, RO et HO_2 pour les taux de réaction ? On négligera ω_5 par rapport à ω_4.
2. Exprimer la production d'ozone P_{O_3}, supposée être directement liée à celle de NO_2, en fonction de $[HO_2]$ et [NO].
3. La concentration en HO_2 s'exprime à partir de la production de radicaux HO_x, P_{HO_x}, supposée donnée par ailleurs (cela définit la capacité oxydante du milieu). Que vaut P_{HO_x} en faisant une hypothèse QSSA sur les HO_x ? Montrer que $[HO_2]$ est donné par une équation du second degré en fonction de P_{HO_x} (indication : on exprimera [OH] en fonction de $[HO_2]$, [NO] et [RH]).
4. On ne résoudra pas l'équation. Distinguer selon les régimes (*low/high* NO_x) le taux de production de l'ozone.

Réponse :

1. Les taux de réaction sont égaux : $\omega_1 \simeq \omega_2 \simeq \omega_3 \simeq \omega_4$.
2. La production d'ozone est celle de NO_2 et est donc donnée par
$$P_{O_3} \simeq \omega_2 + \omega_4 \simeq 2\omega_4 = 2\,k_4[HO_2][NO]\,.$$
3. Le bilan pour les HO_x des réactions de propagation (R 117)-(R 118)-(R 119)-(R 120) est nul :
$$-\omega_1 + \omega_3 - \omega_4 + \omega_4 = -\omega_1 + \omega_3 \simeq 0\,.$$
Il y a en revanche une perte des radicaux HO_x avec les réactions (R 121)-(R 122) : $-\omega_5 - \omega_6$. L'équilibre entre production et perte (hypothèse QSSA) s'écrit alors
$$P_{HO_x} \simeq \omega_5 + \omega_6 = 2\,k_5[HO_2]^2 + k_6[NO_2][OH]\,.$$
Les hypothèses QSSA sur les réactions de propagation conduisent, avec $\omega_1 \simeq \omega_4$, à
$$[OH] \simeq \frac{k_4[HO_2][NO]}{k_1[RH]}\,,$$
et finalement
$$P_{HO_x} \simeq 2\,k_5[HO_2]^2 + \frac{k_4 k_6[NO_2][NO]}{k_1[RH]}[HO_2]\,.$$
Cela définit une équation du second degré pour $[HO_2]$. Il est aisé de vérifier avec $P_{HO_x} > 0$ qu'il existe une unique racine positive.

4. En milieu *low* NO_x, on a $[HO_2] \propto \sqrt{P_{HO_x}}$, soit pour la production d'ozone,

$$P_{O_3} \propto \sqrt{P_{HO_x}}[NO] .$$

On parle souvent de régime « NO_x limité », car la production d'ozone est limitée par la disponibilité en NO_x (cas B dans la figure 4.10).

En milieu *high* NO_x, on a $[HO_2] \propto P_{HO_x} \frac{[RH]}{[NO][NO_2]}$ et, pour la production d'ozone,

$$P_{O_3} \propto P_{HO_x} \frac{[RH]}{[NO_2]} .$$

On parle souvent de régime « COV limité », car la production d'ozone est limitée par la disponibilité en COV (cas A dans la figure 4.10).

Pour en savoir plus ([75]) :
L. Kleinman. Low and high NO_x tropospheric photochemistry. *J. Geophys. Res.*, 99(D8) :16831–16838, 1994

Problème 4.3 (Pouvoir oxydant de l'atmosphère et CO)
Le monoxyde de carbone (CO) joue un rôle important pour la capacité oxydante de l'atmosphère. On estime en effet que plus de la moitié des puits troposphériques de OH est constituée par la réaction d'oxydation de CO,

$$CO + OH \xrightarrow{O_2} CO_2 + HO_2 .$$

1. Sur la base des données fournies, quel est le temps de vie de CO ?
2. On suppose que la réaction d'oxydation par OH est le seul puits de OH. Quel serait, en première approximation, l'impact d'une diminution d'un facteur 2 des sources « technologiques » de CO ?
3. En réalité, les modèles décrivant l'ensemble des processus d'oxydation montrent une diminution de *seulement* 15 % de CO. Pourquoi ?

Données indicatives :
– sources primaires de CO : $1185\,\mathrm{Tg\,an}^{-1}$ (dont 500 liées à des sources « technologiques ») ;
– sources secondaires associées à l'oxydation des COV : $1270\,\mathrm{Tg\,an}^{-1}$;
– masse atmosphérique de CO : 350 Tg.

Réponse :

1. On a directement avec le budget global de CO, $\tau = m_{CO}/E \simeq 50$ jours, avec E les émissions annuelles en masse et m_{CO} la masse atmosphérique de CO.
2. On néglige toutes les rétroactions photochimiques, ce qui revient à considérer τ et les sources secondaires de CO comme constants. On a donc

$$\delta m_{CO}/m_{CO} = -\delta E/E \simeq -20\ \% .$$

3. La diminution des concentrations de CO conduit à augmenter les concentrations de OH (de l'ordre de 3 à 4 %). Il y a donc une oxydation accrue des COV qui conduit à augmenter les sources chimiques (secondaires) de CO. Au total, la diminution de CO est donc moins forte.

Pour en savoir plus ([71, 108]) :

M. Kanakidou, P.J. Crutzen. The photochemical source of carbon monoxide : importance, uncertainties and feedbacks. *Chemosphere : Global Change Science*, 1 :91–109, 1997

N. Poisson, M. Kanakidou, P.J. Crutzen. Impact of non-methane hydrocarbons on tropospheric chemistry and the oxidizing power of the global troposphere : 3-dimensional modelling results. *J. Atmos. Chem.*, 36 :157–230, 2000

Chapitre 5

Aérosols, nuages et pluies

Le chapitre 4 a permis d'introduire les principales notions de chimie atmosphérique en phase gazeuse. En réalité, de nombreux processus impliquent d'autres phases de la matière : on a déjà évoqué, par exemple, l'importance des mécanismes en phase hétérogène pour la chimie stratosphérique.

La matière atmosphérique comprend, en sus des gaz, des *particules en suspension*, sous forme liquide ou solide. On distingue en général les formes condensées de l'eau (gouttes de pluie et de nuage, cristaux de glace), parfois qualifiées d'*hydrosols*, du reste de la matière condensée (particules liquides ou solides), les *aérosols*.

Plusieurs processus multiphasiques jouent un rôle-clé pour la qualité de l'air :

- les aérosols peuvent avoir un impact sanitaire direct, notamment les particules ultrafines qui ne sont pas filtrées par l'appareil respiratoire (tableau 5.1) ;
- les aérosols interagissent avec la phase gazeuse, notamment *via* les processus de condensation et d'évaporation. Cela joue un rôle décisif pour la non-accumulation dans l'atmosphère des espèces organiques émises : les composés organiques volatils vont ainsi, après leur oxydation en phase gazeuse (chapitre 4) suivie de la condensation sur les aérosols, se retrouver sous forme particulaire et pouvoir se déposer ;
- les aérosols pilotent la formation des nuages, en procurant des *noyaux de condensation* pour la vapeur d'eau ;
- les aérosols modifient, que ce soit de manière *directe* ou de manière *indirecte*, les propriétés radiatives de l'atmosphère (chapitre 2) ;
- les nuages sont de véritables réacteurs chimiques : les transferts de masse entre phase gazeuse et gouttes de nuage, puis la chimie en phase aqueuse au sein des gouttes, sont des processus déterminants, par exemple, pour la formation du sulfate ;
- la pluie est à la fois un vecteur potentiel de pollution (les *pluies acides*) et un élément majeur de « nettoyage » de l'atmosphère (*lessivage humide*

des gaz solubles et des aérosols).

Il est hors de question de décrire ici la (micro)physique des nuages et des aérosols. Cela représente en effet une bonne partie de la physique atmosphérique ! On se contentera, pour fixer les idées, de préciser quelques points-clés, directement liés à la pollution atmosphérique en donnant les principales bases sur les aérosols et leur dynamique (évolution de leur composition chimique et de leur taille), sur leur interaction avec les nuages et sur les processus liés à la pluie (pluies acides et lessivage).

Ce chapitre est donc un chapitre d'introduction aux processus multiphasiques dans l'atmosphère. Il est organisé de la manière suivante. La thématique des aérosols est brièvement présentée dans la section 5.1. Les principaux processus physico-chimiques au sein des nuages sont décrits dans la section 5.2 avec un accent mis sur le rôle des aérosols comme noyaux de condensation. Enfin, le rôle joué par la pluie est abordé dans la section 5.3 avec deux exemples : la formation des pluies acides et le lessivage par les précipitations.

Les éléments relatifs au comportement radiatif de la matière condensée (aérosols et nuages) ont déjà été abordés au chapitre 2.

Fosses nasales et pharynx	filtration des particules $d_p \geq 5$ µm
Zone trachéo-bronchiale	filtration des particules $d_p \in [1, 5]$µm
Alvéoles pulmonaires	résidence de particules fines $d_p \leq 1$ µm

Tableau 5.1 – Filtration des particules atmosphériques par l'appareil respiratoire en fonction du diamètre d_p. De nombreuses études ont montré une forte « pollution pulmonaire » dans un environnement pollué (un ordre de grandeur supérieur à Mexico, avec une pollution particulaire $PM_{10} \simeq 70\,\mu g\,m^{-3}$, par rapport à Vancouver, $PM_{10} \simeq 15\,\mu g\,m^{-3}$; [19]). Source : [91].

5.1 Aérosols et particules

5.1.1 Généralités

On appelle *aérosols* les particules liquides ou solides en suspension dans l'air. On les distingue de la phase condensée de l'eau atmosphérique (cristaux de glace, gouttes de nuage ou de pluie). La section 5.2.3.2 précise cette distinction.

Il existe de nombreux points d'entrée (qui se recoupent largement) pour classifier les aérosols, que ce soit par les sources, la composition chimique, la distribution en taille ou la représentation du mélange.

5.1.1.1 Sources

On distingue, comme pour les espèces gazeuses, les aérosols *primaires* (directement émis) des aérosols *secondaires*. Les émissions d'aérosols sont anthropiques (par exemple liées aux résidus de combustion, à des *suies*) ou biogéniques (sels de mer, aérosols minéraux – sable – mis en suspension sous l'action du vent, débris végétaux). La formation d'aérosols secondaires dans l'atmosphère résulte principalement de la condensation de gaz semi-volatils sur des particules préexistantes.

Le tableau 5.2 donne une estimation des émissions d'aérosols dans l'atmosphère. En masse, la part biogénique (sable, sel de mer) est prépondérante. On notera la répartition équilibrée entre les deux hémisphères pour les feux de biomasse ; à l'inverse, les aérosols liés à la combustion fossile sont émis, pour la presque totalité, dans l'hémisphère nord. De très fortes incertitudes prévalent pour l'ensemble des émissions, plus spécifiquement pour celles de sels de mer ou d'aérosols minéraux.

Les processus biogéniques sont particulièrement difficiles à représenter. Par exemple, les sels de mer sont émis par l'éclatement des bulles produit par l'entraînement d'air lors du déferlement des vagues, ainsi que par la mise en suspension par le vent de gouttelettes à la crête des vagues écumantes. Le premier mécanisme, dit indirect, génère des particules de rayon sec entre 0.5 μm et 5 μm, tandis que le second, dit direct, génère des particules de rayon sec supérieur à 5 μm. Ces particules sont constituées majoritairement de chlorure de sodium, mais également de sulfate, de potassium, de magnésium et de calcium. La figure 5.1 donne, à titre d'illustration, les émissions moyennes de sels de mer sur l'Europe pour l'année 2001, calculées par des paramétrisations classiques.

Type	total		nord	sud
Sel de mer	3344	[1000, 6000]	43 %	57 %
dont partie < 1 μm	54	[18, 100]		
dont partie $[1, 16]$ μm	3290	[1000, 6000]		
Aérosol minéral (« sable »)	2150	[1000, 3000]	84 %	16 %
dont partie < 1 μm	110			
dont partie $< [1, 2]$ μm	290			
dont partie $[2, 20]$ μm	1750			
Aérosol organique				
dont feux de biomasse	54	[45, 80]	50 %	50 %
dont combustion fossile	28	[10, 30]	98 %	2 %
dont biogénique	56	[0, 90]	98 %	2 %
Carbone élémentaire	12.3			
dont feux de biomasse	5.7	[5, 9]	50 %	50 %
dont combustion fossile	6.6	[6, 8]	98 %	2 %
Poussières industrielles	100	[40, 130]		

Tableau 5.2 – Émissions estimées des aérosols (en $\mathrm{Tg\,an^{-1}}$) pour l'année 2000 : total et répartition hémisphérique. Entre crochets, les plages de variation des estimations. Source : [103].

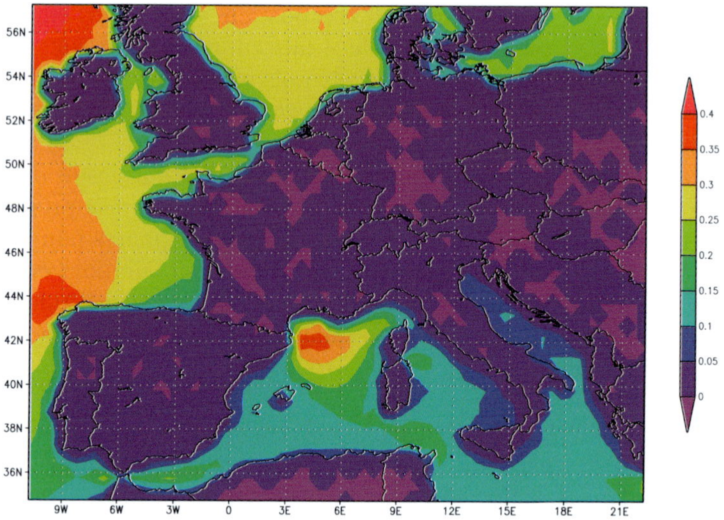

Figure 5.1 – Carte des émissions moyennes de sel de mer sur l'Europe pour l'année 2001 (en $\mu g\, m^{-2}\, s^{-1}$). Paramétrisations du système POLYPHEMUS ([89]). Crédit : Karine Sartelet, CEREA.

5.1.1.2 Composition chimique

On distingue en général les aérosols *inorganiques* des aérosols *organiques* (qui contiennent du carbone). En pratique, les aérosols apparaissent comme des mélanges complexes d'espèces organiques, d'espèces inorganiques, de suie (carbone élémentaire) et éventuellement d'eau liquide (figure 5.2).

La composition moyenne de la colonne atmosphérique d'aérosols est indiquée dans le tableau 5.3. Une composition typique de l'aérosol urbain est donnée dans le tableau 5.4. Une part non négligeable de la masse n'est pas « attribuée » par les méthodes actuelles de mesure. Il faut aussi compter avec les *artéfacts* de mesures, liés, par exemple, à des processus de surface sur les filtres, qui conduisent à modifier lors du prélèvement la composition chimique.

La composition caractéristique de l'aérosol marin est illustrée par le tableau 5.4.

5.1.1.3 Taille

La taille des aérosols atmosphériques va de quelques nanomètres à quelques dizaines de micromètres pour les aérosols liés à des débris végétaux. Hors cette dernière catégorie très spécifique (et que l'on ne décrira pas ici), on limite en général l'étude du spectre à des diamètres de l'ordre de la dizaine de micromètres : au-delà, les vitesses de chute (effet gravitaire) sont en effet assez importantes pour que les aérosols ne soient pas à considérer (exercice 5.1 et figure 5.3).

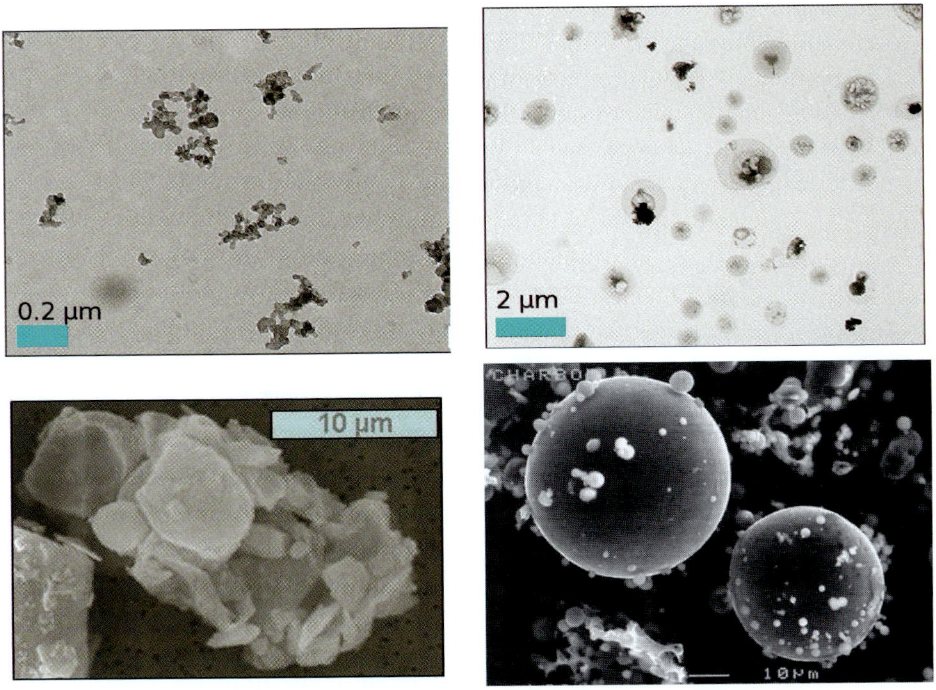

Figure 5.2 – Images d'aérosols obtenues par microscope électronique. En haut à gauche : aérosol urbain (mode ultrafin ; mesures à Paris, programme Primequal-Puffin, 2007). En haut à droite : aérosol urbain (mode de coagulation ; même source). En bas à gauche : aérosol minéral. En bas à droite : cendres volantes de charbon (mesures à Vitry). Crédit : Annie Gaudichet, LISA (unité mixte CNRS/universités Paris-XII et Paris-VII).

Espèce	Colonne en $mg\,m^{-2}$
sels de mer	7.0
minéral	36.1
sulfate	6.8
nitrate	1.3
feux de biomasse (suie)	3.9
partie organique	4.5

Tableau 5.3 – Composition chimique de la colonne atmosphérique d'aérosols. Source : [8] (1995).

Urbain Espèce	Composition (%)	Marin Espèce	Composition (%)
composés organiques	20	chlore	55.0
nitrate	15	sodium	30.6
sulfate	13	sulfate	7.7
minéral	9	magnésium	3.7
ammonium	7	autres	3.0
suie	5		
sel de mer	4		
autres	27		

Tableau 5.4 – À gauche : composition moyenne de l'aérosol européen (PM_{10}) en milieu urbain. « Autres » fait référence à la partie de l'aérosol que l'on ne sait pas affecter à un composé particulier. Source : [109]. À droite : composition moyenne de l'aérosol marin. Source : [126].

On désigne par PM_x les aérosols dont le diamètre *aérodynamique* est inférieur ou égal à x µm. Le diamètre aérodynamique est, par définition, le diamètre d'une sphère de masse volumique $1\,\mathrm{g\,cm^{-3}}$ (masse volumique de l'eau), qui aurait une vitesse de chute égale à celle de la particule. Pour les plus petits aérosols, la déviation est faible par rapport au diamètre réel.

On distingue habituellement $PM_{2.5}$ et PM_{10}, pour lesquels la réglementation s'applique.

Exercice 5.1 (Vitesse de chute d'une particule)
On considère une particule supposée sphérique, de diamètre d_p et de densité ρ_p, dont on veut étudier la chute dans l'air. La particule subit, outre son poids, une force de *traînée* de la part du fluide, ascendante, donnée en première approximation par la loi de Stokes : $F \simeq 3\pi\mu_{air}d_p v_s$ avec $v_s > 0$ la vitesse de chute de la particule (s pour *sédimentation gravitationnelle*) et μ_{air} la viscosité dynamique de l'air.

Calculer v_s en fonction du diamètre de la particule. Quelle est la valeur obtenue pour $d_p = 10\,\mu\mathrm{m}$ et $d_p = 100\,\mu\mathrm{m}$ dans le cas d'une goutte d'eau ?
Donnée : on rappelle la valeur $\mu_{air} \simeq 1.8 \times 10^{-5}\,\mathrm{kg\,m^{-1}\,s^{-1}}$.
Réponse :
Le premier principe de la dynamique s'écrit pour la particule

$$m_p \frac{\mathrm{d}v_s}{\mathrm{d}t} = m_p g - 3\pi\mu_{air}d_p v_s\,,$$

avec $m_p = \rho_p \times \pi {d_p}^3/6$ la masse de la particule. On a pris, comme convention de signe pour les vitesses, un signe positif pour les vitesses dirigées vers le bas. En partant de

$v_s(0) = 0$, on résout aisément avec

$$v_s(t) = \tau g \left(1 - \exp(-\frac{t}{\tau})\right),$$

où $\tau = m_p/(3\pi\mu_{air}d_p) = d_p^2\rho_p/(18\mu_{air})$.

Pour une goutte d'eau ($\rho_p = 1000\,\mathrm{kg\,m^{-3}}$) avec $d_p = 10\,\mu\mathrm{m}$, on trouve comme ordre de grandeur $\tau \simeq 10^{-4}$ s. La vitesse atteint donc instantanément un équilibre avec pour valeur stationnaire, la vitesse de Stokes

$$v_s(\infty) = \tau g = \frac{d_p^2\rho_p g}{18\mu_{air}}.$$

On trouve $\tau g \simeq 3 \times 10^{-3}\,\mathrm{m\,s^{-1}}$. Pour une goutte avec $d_p = 100\,\mu\mathrm{m}$, $\tau \simeq 10^{-2}$ s avec comme vitesse stationnaire $\tau g \simeq 0.3\,\mathrm{m\,s^{-1}}$. Cela correspond alors à une vitesse de près de $1\,\mathrm{km\,h^{-1}}$. Les particules les plus grosses sont donc rapidement déposées par effet gravitaire.

La formule précédente pour la force de traînée n'est en fait qu'une approximation (valable pour les diamètres de 1 à 20 µm). Pour les plus petites particules, elle ne tient pas compte des effets de frottement (la force de Stokes est alors beaucoup plus forte : par exemple, près de trois fois plus forte pour un diamètre de 0.1 µm, près de deux cents fois plus forte pour un diamètre de 1 nm). Pour les grosses particules, l'expression est sensiblement différente. On se réfère à la figure 5.3 pour l'évolution de v_s en fonction de la taille de la particule considérée, calculée par une paramétrisation valable sur tout le spectre de diamètre.

Pour en savoir plus ([99]) :

E. Näslund, L. Thaning. On the settling velocity in a nonstationary atmosphere. *Aerosol Sci. and Technol.*, 14 :247–256, 1991

La répartition des aérosols selon leur taille est décrite par une *fonction de distribution*. En notant d_p le diamètre de l'aérosol, $n(d_p)$ désignera ainsi la distribution en nombre relativement au diamètre. D'autres variables de taille peuvent être choisies de manière alternative (volume ou masse). Le nombre d'aérosols par unité de volume d'air dont le diamètre est compris entre D_{min} et D_{max} est alors donné par $\int_{D_{min}}^{D_{max}} n(d_p)\mathrm{d}(d_p)$. La distribution n est donc exprimée en nombre d'aérosols par volume d'air et par diamètre d'aérosol (généralement en $\mathrm{cm^{-3}\,nm^{-1}}$).

Les distributions mesurées font apparaître une superposition de plusieurs *modes* log-normaux en fonction du diamètre (figure 5.4),

$$n(d_p) = \sum_{l=1}^{l=N_m} \frac{N_l}{\sqrt{2\pi}\ln(\sigma_l)} \exp\left[-\frac{1}{2}\left(\frac{\ln^2(d_p/D_l)}{\ln^2(\sigma_l)}\right)\right], \tag{5.1}$$

avec pour le mode l, N_l la concentration en nombre, D_l le diamètre médian et σ_l la variance de ce mode. Le nombre de modes considérés, N_m, vaut typiquement 3 ou 4.

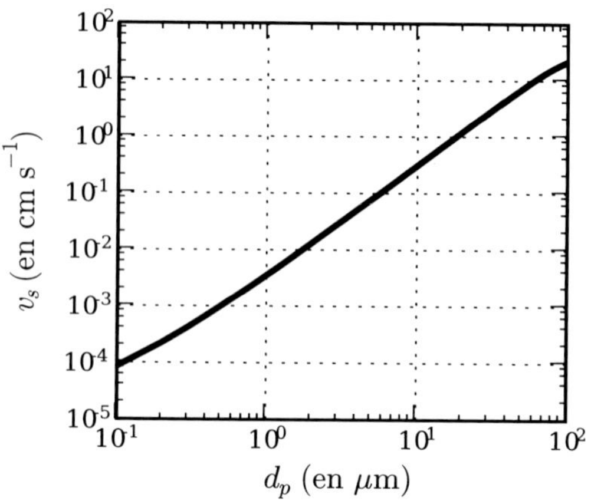

Figure 5.3 – Vitesse de chute d'une goutte d'eau en fonction du diamètre. Source : [131].

On distingue classiquement :
- le mode de *nucléation* ($D_1 \in [1, 10]$nm) ;
- le mode d'*accumulation* ($D_2 \in [10, 100]$nm) ;
- le mode d'*Aitken* ($D_3 \in [100, 1000]$nm) ;
- le mode *grossier* ($D_4 \in [1, 10]\mu$m).

Chacun de ces modes est associé à un processus physique spécifique (voir la section 5.1.3 et la figure 5.6).

5.1.1.4 Représentation du mélange

On distingue usuellement trois représentations du mélange :
- le *mélange interne unique* pour lequel les composés sont complètement mélangés : il n'existe alors qu'une seule famille d'aérosols mélangés ;
- le *mélange interne multiple*, pour lequel on considère plusieurs familles d'aérosols mélangés ;
- le *mélange externe*, pour lequel les composés ne sont pas mélangés.

Du fait des processus auxquels participent les aérosols (notamment la coagulation entre particules), l'hypothèse de mélange externe est peu crédible : les mesures confirment que des mélanges internes ont bien lieu. Du fait de la diversité des historiques des aérosols, le mélange interne unique n'est pas non plus le plus vraisemblable : la coagulation d'une suie et d'un aérosol sulfaté va conduire à la formation d'un aérosol avec un cœur de carbone (*core*) et un film inorganique liquide autour (*shell*) ; l'évaporation d'une goutte de nuage va donner naissance à un aérosol bien mélangé (une goutte de nuage n'est jamais « pure », section 5.1). L'hypothèse la plus vraisemblable est donc celle du

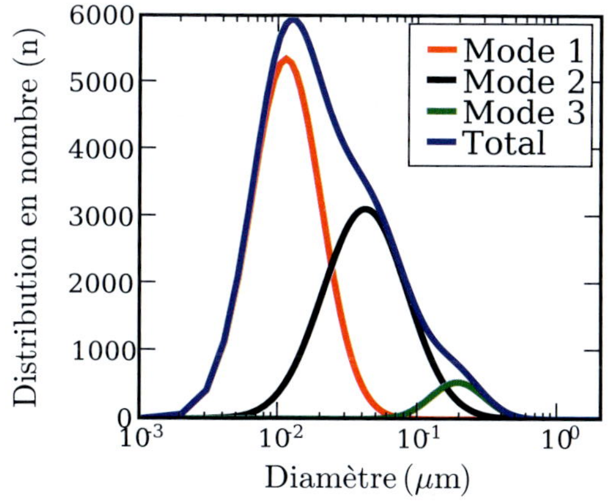

Figure 5.4 – Distribution en nombre d'aérosols, mesurée à Leipzig. Source : [109].

mélange interne multiple (figure 2.17).

On a vu que ce point est clé pour l'estimation de l'impact radiatif des aérosols (section 5.1.1.4).

5.1.2 Temps de résidence et distribution verticale

Le temps de résidence des aérosols dans l'atmosphère est piloté par les processus de perte, au premier rang desquels le dépôt sec et le lessivage par la pluie. Ces deux processus sont des fonctions non linéaires de la taille (voir la section 5.3.2 et la figure 3.24).

La formule *empirique* de Jaenicke ([66]) exprime le temps de résidence τ en fonction du diamètre d_p selon

$$\frac{1}{\tau(d_p)} = \frac{1}{\tilde{\tau}}\left(\frac{d_p}{d_{max}}\right)^2 + \frac{1}{\tilde{\tau}}\left(\frac{d_{max}}{d_p}\right)^2 + \frac{1}{\tau_{wet}}, \tag{5.2}$$

avec $\tilde{\tau} = 1.28 \times 10^8$ s et $d_{max} = 0.6$ μm. Le temps de résidence associé aux processus de lessivage humide, τ_{wet}, varie selon l'altitude.

Il est aisé de montrer que τ est une fonction d'abord croissante puis décroissante de d_p dont le maximum est atteint en d_{max} pour une valeur de l'ordre de τ_{wet} (figure 5.5). Le paramètre τ_{wet} est déterminé par l'altitude considérée : τ_{wet} est de l'ordre de 1 jour dans la basse troposphère, de l'ordre de 10 jours dans la troposphère et de l'ordre de 100 jours dans la basse stratosphère.

Le temps de résidence peut être retrouvé de plusieurs manières à partir d'observations. Le calcul de la colonne d'aérosols est par exemple utilisé pour

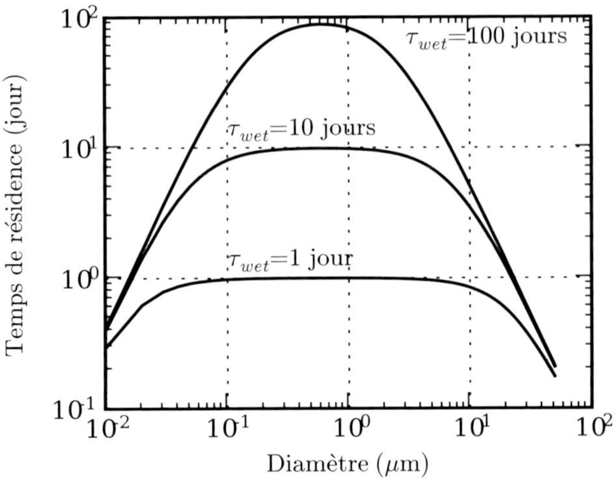

Figure 5.5 – Évolution du temps de résidence des aérosols en fonction de la taille pour plusieurs altitudes (associées à des valeurs de τ_{wet}). Source : [66].

l'aérosol marin (problème 5.1, pour un temps de résidence de l'ordre du jour). Une autre approche est de considérer des traceurs atmosphériques « attachés » aux aérosols. On se réfère au problème 1.4 avec l'étude de la filiation du radon (plomb, bismuth et polonium), les radioéléments concernés étant liés aux aérosols. Le temps de résidence estimé pour l'aérosol troposphérique continental est de l'ordre de la dizaine de jours.

Du fait de ce temps de vie relativement faible, la distribution verticale des aérosols présente une rapide décroissance dans la troposphère. Une couche d'aérosols de sulfate est pourtant présente dans la basse stratosphère (à environ 20 kilomètres d'altitude) : on la désigne habituellement comme la couche de Junge[1]. Comme le temps de vie de l'aérosol troposphérique est d'une dizaine de jours, la formation de cette couche ne peut s'expliquer que par une production d'aérosols sulfatés dans la stratosphère. L'espèce réservoir de SO_2 (section 4.1.4.5) est le carbonyle sulfide (OCS), dont le temps de vie est assez élevé pour lui permettre d'atteindre la stratosphère (exercice 5.2). Sa photolyse conduit à la formation de SO_2 selon le mécanisme

$$OCS + h\nu \longrightarrow CO + S\,, \qquad \text{(R 123)}$$

[1] Du nom du scientifique qui l'a mise en évidence, par ses mesures, à la fin des années 50 et au début des années 60.

$$O + OCS \longrightarrow CO + SO\,, \tag{R 124}$$

$$S + O_2 \longrightarrow SO + O\,, \tag{R 125}$$

$$SO + O_2 \longrightarrow SO_2 + O\,, \tag{R 126}$$

$$SO + NO_2 \longrightarrow SO_2 + NO\,. \tag{R 127}$$

L'oxydation de SO_2 produit ensuite de l'acide sulfurique (H_2SO_4) qui va condenser pour former des aérosols sulfatés.

L'absence de précipitation dans la stratosphère justifie la stabilité de la couche de Junge, qui peut s'accroître significativement lors d'éruptions volcaniques avec injection directe de SO_2 dans la stratosphère (Pinatubo, El Chichon, etc.).

Exercice 5.2 (Temps de résidence du soufre dans l'atmosphère)

1. Une majoration du temps de résidence du dioxyde de soufre (SO_2) dans la troposphère peut être estimée en considérant le dépôt sec. Une valeur moyenne de vitesse de dépôt sec de SO_2 est $v_{dep}^{SO_2} \simeq 0.8\,\mathrm{cm\,s^{-1}}$. Quel est le temps de résidence du SO_2 dans les basses couches de l'atmosphère (on prendra une hauteur $H \simeq 5\,\mathrm{km}$) ?
2. La fraction molaire de carbonyle sulfide dans l'atmosphère est de l'ordre de 500 pptv et ses émissions annuelles sont estimées à $E \simeq 0.7\,\mathrm{Tg\,an^{-1}}$. Quel est son temps de résidence atmosphérique ? Conclure pour la couche de Junge.

Données : $M_{OCS} = 60\,\mathrm{g\,mol^{-1}}$.

Réponse :

1. On a un temps de résidence $H/v_{dep}^{SO_2}$ (exercice 1.8) de l'ordre de la semaine. Ce temps de résidence est un majorant puisque l'on ne tient pas compte des autres processus de perte (oxydation par exemple : voir l'exercice 5.10 pour le cas des pluies acides).
2. L'approche est identique à celle utilisée dans l'exercice 1.9. La masse totale de OCS est $0.5 \times 10^{-12} \times (M_{OCS}/M_{air})m_{atm} \simeq 5.4\,\mathrm{Tg}$. On en déduit un temps de résidence 4700/0.7, soit de 7 à 8 ans. OCS joue donc le rôle de réservoir de soufre et est à même d'atteindre la stratosphère.

5.1.3 Dynamique des aérosols

5.1.3.1 Processus

L'évolution de la distribution en taille et de la composition chimique des aérosols est pilotée par de nombreux processus (voir la figure 5.6).

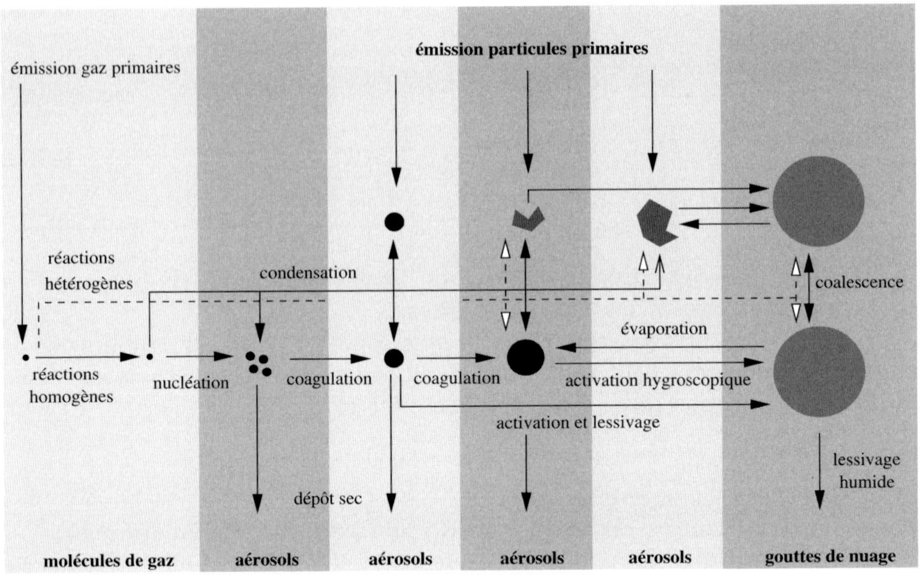

Figure 5.6 – Processus pilotant la dynamique des aérosols. Source : [113].

Nucléation

La formation de petits aérosols (de taille nanométrique) s'effectue à partir de l'agrégation de molécules gazeuses (de taille caractéristique $[0.1, 1]$ nm) donnant lieu à des agrégats (*cluster*) stables thermodynamiquement.

On considère en général pour la nucléation un mélange binaire d'eau et d'acide sulfurique (H_2O-H_2SO_4), voire un mélange ternaire en incluant l'ammoniac (H_2O-H_2SO_4-NH_3).

Coagulation

La coagulation des aérosols s'effectue en raison de l'agitation du milieu. En pratique, la coagulation *brownienne*, induite par l'agitation thermique des aérosols, est le principal moteur de la coagulation même si d'autres processus existent (effets *phorétiques* liés notamment à des gradients de température ou de champ électrostatique).

La coagulation devient négligeable pour l'évolution des particules dont le diamètre est supérieur à quelques micromètres.

Condensation/évaporation

Des composés gazeux à faible pression de vapeur saturante peuvent condenser sur les aérosols existants. À l'inverse, des composés condensés dans la matière particulaire peuvent s'évaporer. Ce transfert de masse est déterminé par le gradient de concentration entre la phase gazeuse loin de l'aérosol et la phase gazeuse « à la surface » de l'aérosol. Cette dernière est supposée à l'équilibre thermodynamique avec la composition interne : on parlera d'*équilibre thermodynamique local.*

La condensation est très rapide pour les aérosols submicroniques. Au-delà, les transferts de masse sont beaucoup plus lents. On parle ainsi souvent de *mode d'accumulation* pour les aérosols dont la taille va de quelques nanomètres à un micromètre (là où s'accumulent les aérosols formés par condensation).

La composition de l'aérosol inorganique continental est fortement pilotée par l'interaction entre le sulfate, le nitrate et l'ammonium. Les précurseurs gazeux sont respectivement :

- le dioxyde de soufre (SO_2) qui s'oxyde en acide sulfurique (H_2SO_4) de pression de vapeur saturante quasi nulle (H_2SO_4 condense donc entièrement en phase particulaire) ;
- l'acide nitrique (HNO_3) qui résulte de l'oxydation des NO_x ;
- l'ammoniac (NH_3), lié notamment à l'activité agricole.

Au sein des aérosols, le nitrate et le sulfate sont en compétition à l'égard de l'ammonium, pour la formation du nitrate d'ammonium (NH_4NO_3=NH_4^++NO_3^-) et du sulfate d'ammonium ($(NH_4)_2SO_4 = 2NH_4^+ + SO_4^{2-}$). Un point-clé est que le second sel se forme préférentiellement.

On distingue en général deux régimes en fonction de la richesse en ammonium du milieu (plusieurs indicateurs existent) :

- si le milieu est riche en ammonium, le sulfate d'ammonium se forme, puis avec l'excès d'ammonium, le nitrate d'ammonium. L'aérosol est en général peu acide, voire neutre.
- si le milieu est pauvre en ammonium, il n'y a pas assez d'ammonium pour neutraliser le sulfate et l'aérosol est fortement acide. Le nitrate d'ammonium ne peut alors pas se former.

Transfert de masse vers les gouttes de nuage

Une partie du spectre des aérosols va jouer le rôle de noyaux de condensation (CCN pour *cloud condensation nuclei*) pour la vapeur d'eau. On parle alors d'*aérosols activés.* Ce processus est capital pour la formation des gouttes de nuage, la condensation de la vapeur d'eau ne pouvant pas avoir lieu en l'absence de tels noyaux (section 5.2).

Réactions en phase hétérogène

Les réactions à la surface de la matière condensée (particules et gouttelettes de nuage ou de brouillard) peuvent avoir un impact significatif sur la photochimie en phase gazeuse et les aérosols. Ces processus sont habituellement décrits à l'aide d'une cinétique du premier ordre.

Processus de perte

Les aérosols sont lessivés par la pluie et déposés au sol. Pour les plus gros, les effets de *sédimentation gravitationnelle* peuvent jouer un rôle (exercice 5.1).

On va détailler à présent la modélisation de la dynamique des aérosols, qui recouvre généralement les processus de nucléation, de condensation/évaporation et de coagulation. L'activation des aérosols est décrite plus spécifiquement en section 5.2 et les processus de perte en section 5.3.

5.1.3.2 Quelques notations

Dans toute la suite, on fait l'hypothèse que les aérosols sont des sphères (voir l'exercice 5.3 pour le cas des suies).

Mélange interne *versus* mélange externe

On fait une hypothèse de *mélange interne* représentée par une seule famille d'aérosols mélangés. C'est-à-dire que pour une taille fixée, il n'existe qu'une composition chimique. En réalité, on a bien entendu plusieurs familles mélangées : il existe plusieurs compositions chimiques par taille, en fonction de l'historique de formation de l'aérosol considéré (aérosol primaire, aérosol résultant d'une coagulation, aérosol résultant de la condensation de gaz volatils, etc.).

Représentation des aérosols

On note $\{\mathrm{X_i}\}_{i=1,n_e}$ l'ensemble des n_e espèces considérées dans les aérosols. La population d'aérosols est alors décrite par :

1. une distribution en taille, par exemple $n(\star, t)$ pour la distribution en nombre, fonction d'un paramètre de taille $\star$ (volume v, diamètre d_p ou masse sèche m) et du temps. L'unité de n est un nombre d'aérosols par unité de volume d'air et par unité de taille.
2. une composition chimique fonction de la taille $\{q_i(\star, t)\}_{i=1,n_e}$ avec $q_i(\star, t)$ la distribution en masse du composé i ($1 \leq i \leq n_e$) dans les aérosols de taille $\star$. L'unité de q_i est une masse d'aérosols par unité de volume d'air et par unité de taille.

Les distributions en masse vérifient

$$\sum_{i=1}^{i=n_e} q_i = m\, n\,. \tag{5.3}$$

On définit également la masse $m_i(m, t)$ de l'espèce $\mathrm{X_i}$ dans les aérosols de masse m selon

$$m_i(m, t) = \frac{q_i(m, t)}{n(m, t)}\,. \tag{5.4}$$

La conservation de la masse pour les aérosols de masse m est donnée par

$$\sum_{i=1}^{i=n_e} m_i(m, t) = m\,. \tag{5.5}$$

Composition chimique

Les composés suivants sont à prendre en compte :

- l'eau liquide ;
- des composés supposés inertes : partie minérale ou « sable » (MD pour *mineral dust*), suie ou carbone élémentaire (EC pour *elemental carbon* ; on parle aussi de *black carbon*) et éventuellement des métaux lourds (comme le plomb et le cadmium) ;
- pour les aérosols liquides, des composés inorganiques présents sous forme ionique dans une solution aqueuse : sodium (Na^+), sulfate (SO_4^{2-}), ammonium (NH_4^+), nitrate (NO_3^-), chlore (Cl^-) ;
- pour les aérosols solides, des sels comme le chlorure de sodium NaCl, le chlorure d'ammonium NH_4Cl ou le nitrate d'ammonium NH_4NO_3 ;
- des composés organiques : matière organique primaire (POA pour *primary organic aerosol*) et matière organique secondaire (SOA pour *secondary organic aerosol*).

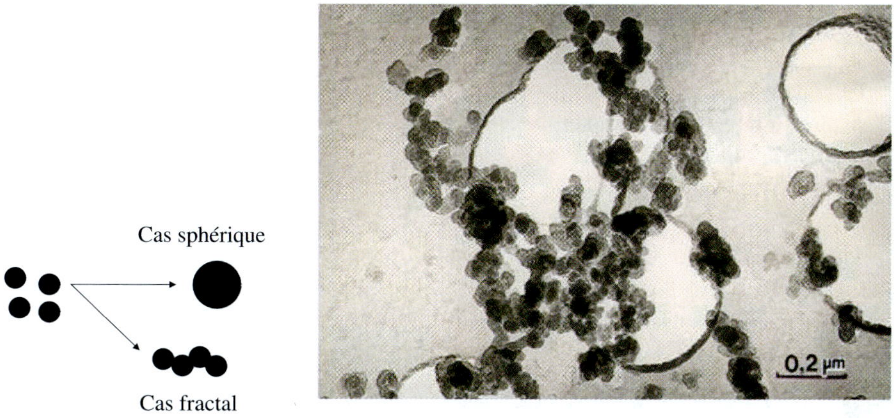

Figure 5.7 – À gauche : agglomération de particules de suie dans les cas sphérique (dimension fractale $D_f = 2$) et fractal (agrégat linéaire avec $D_f = 3$), exercice 5.3. À droite : mesures au microscope électronique de microsuies. Crédit : Annie Gaudichet, LISA (unité mixte CNRS/universités Paris-XII et Paris-VII).

Exercice 5.3 (Forme fractale des suies)

L'hypothèse de sphéricité n'est plus valable dans le cas des suies (particules émises par des motorisations Diesel par exemple).

1. Les mesures indiquent des valeurs de masse surfacique de l'ordre de $100\,\mathrm{g\,m^{-2}}$ pour de telles particules. Quelle est la masse surfacique pour des particules sphériques (on prendra une densité $\rho = 2\,\mathrm{g\,cm^{-3}}$ et un rayon de l'ordre de 100 nm) ? Commenter.

2. L'observation des suies indique qu'elles sont composées d'un agrégat de sphérules (figure 5.7). On définit la dimension fractale $D_f \in [2, 3]$ à partir de la relation entre la surface (s) et le volume (v) selon $s \sim v^{D_f/3}$. À volume élémentaire supposé égal ($v = 1$), quel est le ratio des surfaces dans les deux cas limites (sphère $D_f = 2$, agrégat linéaire $D_f = 3$) pour un ensemble de 1000 sphérules ?

Réponse :

1. La surface massique d'une particule sphérique de rayon r et de densité ρ est $4\pi r^2/(4/3\pi r^3 \times \rho) \simeq 3/(\rho r)$. On trouve avec les valeurs données $15\,\mathrm{g\,m^{-2}}$. L'explication peut être soit une taille plus petite (on a $150\,\mathrm{g\,m^{-2}}$ pour des particules de rayon 10 nm) soit une forme fractale qui offre, à volume égal, une plus grande surface.
2. On a directement en notant s_{D_f} la surface associée à la dimension fractale D_f et V le volume total généré par les 1000 sphérules ($V = 1000 \times v = 1000$) :

$$\frac{s_3}{s_2} = \frac{V}{V^{2/3}} = V^{1/3} = 10\,.$$

La surface proposée (notamment pour les processus de condensation) est logiquement beaucoup plus importante dans le cas fractal (la surface augmente linéairement avec le volume, de manière équivalente avec le nombre de sphérules).

Pour en savoir plus ([129, 106]) :

C.M. Sorensen. Light scattering by fractal aggregates : a review. *Aerosol Sci. and Technol.*, 35 :648–687, 2001 (pour la physique et les techniques de mesure)

S.H. Park, S.N. Rogak, W.K. Bushe, J.Z. Wen, M.J. Thomson. An aerosol model to predict size and structure of soot particles. *Combust. Theory Model.*, 9(3) :499 :513, 2005 (pour la modélisation)

5.1.3.3 Équation générale de la dynamique des aérosols

L'évolution des distributions en nombre et des distributions en masse des composés chimiques est régie par l'*équation générale de la dynamique des aérosols* (GDE pour *general dynamic equation*). On choisit dans la présentation qui suit la masse sèche m comme variable de taille.

On utilise les notations suivantes (les expressions pour calculer ces termes sont décrites avec les paramétrisations) :

- le seuil de nucléation, m_0, est la masse sèche du plus petit aérosol thermodynamiquement stable, en pratique déterminée par la nucléation ;
- $J_0(t)$ est le taux de nucléation, exprimé en nombre d'aérosols (nucléés) par unité de temps ;
- $I_i(m, t)$ est le taux de condensation/évaporation (c/e) de l'espèce condensable X_i dans un aérosol de masse sèche m. Il s'exprime en masse par unité de temps ;

- le taux de condensation total, I_0, est défini par

$$I_0(m,t) = \sum_{i=1}^{n_e} I_i(m,t)\,; \tag{5.6}$$

- enfin, le noyau de coagulation $K(m_1, m_2)$ décrit la coagulation entre deux aérosols de masses sèches m_1 et m_2 et est exprimé en unité de volume par unité de temps.

Distribution en nombre

L'équation de la distribution en nombre est donnée par

$$\begin{aligned}\frac{\partial n}{\partial t}(m,t) = & \underbrace{\theta(m \geq 2m_0)\frac{1}{2}\int_{m_0}^{m-m_0} K(\tilde{m}, m-\tilde{m})n(\tilde{m},t)n(m-\tilde{m},t)\,\mathrm{d}\tilde{m}}_{\text{gain de coagulation}} \\ & \underbrace{- n(m,t)\int_{m_0}^{\infty} K(m,\tilde{m})n(\tilde{m},t)\,\mathrm{d}\tilde{m}}_{\text{perte de coagulation}} - \underbrace{\frac{\partial(I_0 n)}{\partial m}}_{\text{c/e}} + \underbrace{\delta_{(m,m_0)}J_0(t)}_{\text{nucléation}}\,.\end{aligned} \tag{5.7}$$

La fonction $\theta(\mathbf{A})$ est sans dimension. Elle vaut 1 si la condition $\mathbf{A}$ est vérifiée, 0 sinon. Enfin, δ est la fonction de Dirac exprimée en inverse d'unité de masse.

Composition chimique

Pour les espèces indicées par $i = 1, \ldots, n_e$, on a de manière similaire,

$$\begin{aligned}\frac{\partial q_i}{\partial t}(m,t) = & \underbrace{\theta(m \geq 2m_0)\int_{m_0}^{m-m_0} K(\tilde{m}, m-\tilde{m})q_i(\tilde{m},t)n(m-\tilde{m},t)\,\mathrm{d}\tilde{m}}_{\text{gain de coagulation}} \\ & \underbrace{- q_i(m,t)\int_{m_0}^{\infty} K(m,\tilde{m})n(\tilde{m},t)\,\mathrm{d}\tilde{m}}_{\text{perte de coagulation}} \\ & - \underbrace{\frac{\partial(I_0 q_i)}{\partial m}}_{\text{advection par c/e}} + \underbrace{(I_i n)(m,t)}_{\text{transfert de masse par c/e}} + \underbrace{\delta_{(m,m_0)}m_i(m_0,t)J_0(t)}_{\text{nucléation}}\,.\end{aligned} \tag{5.8}$$

On distingue, pour la condensation/évaporation, un terme d'advection (qui correspond à une simple translation le long de la distribution) d'un terme de transfert de masse effectif entre la phase gazeuse et la phase particulaire.

5.1.4 Principales paramétrisations utilisées

Il est recommandé au lecteur non intéressé par la modélisation d'omettre la lecture de cette section à caractère plus technique.

5.1.4.1 Coagulation

Pour simplifier les expressions analytiques des noyaux de coagulation, on travaille dans cette section avec le diamètre d_p de l'aérosol comme variable de taille. La relation avec la masse humide (la masse sèche plus la masse d'eau contenue dans l'aérosol) est directe *via*

$$m_p = \pi \frac{d_p^2}{6} \rho_p , \tag{5.9}$$

avec ρ_p la densité de l'aérosol (recalculée en fonction de la composition chimique ou supposée fixée).

On note K_{12} le noyau de coagulation entre les aérosols de tailles d_{p_1} et d_{p_2}. Pour une agitation brownienne, on distingue plusieurs régimes en fonction de la taille des aérosols. On définit le *libre parcours moyen* d'un gaz comme la distance moyenne parcourue entre deux collisions avec d'autres molécules. Le libre parcours moyen de l'air, que l'on notera λ_{air}, est donné par

$$\lambda_{air} = \frac{2\mu_{air}}{P} \sqrt{\frac{\pi RT}{8M_{air}}} , \tag{5.10}$$

où μ_{air} est la viscosité dynamique de l'air. À $T = 298\,\mathrm{K}$, pour $P = 1\,\mathrm{atm}$, on trouve $\lambda_{air} \simeq 65\,\mathrm{nm}$.

Les régimes de coagulation sont alors définis de la manière suivante.

- **Régime continu**
  Si d_{p_1} et d_{p_2} sont très supérieurs à λ_{air}, on a

$$K_{12} = 2\pi(D_1 + D_2)(d_{p_1} + d_{p_2}) . \tag{5.11}$$

  D_1 et D_2 sont les coefficients de diffusion dans l'air, respectivement des aérosols de diamètres d_{p_1} et d_{p_2},

$$D_i = \frac{k_B T}{3\pi\mu_{air} d_{p_i}} , \tag{5.12}$$

  avec k_B la constante de Boltzmann.
- **Régime moléculaire libre**
  Si d_{p_1} et d_{p_2} sont très inférieurs à λ_{air}, le noyau de coagulation est donné par

$$K_{12} = \frac{\pi}{4}(d_{p_1} + d_{p_2})^2 \sqrt{(\bar{v}_1^2 + \bar{v}_2^2)} , \tag{5.13}$$

  où m_{p_i} et $\bar{v}_i$ désignent respectivement la masse de l'aérosol i et sa vitesse quadratique moyenne,

$$\bar{v}_i = \sqrt{\frac{8k_B T}{\pi m_{p_i}}} . \tag{5.14}$$

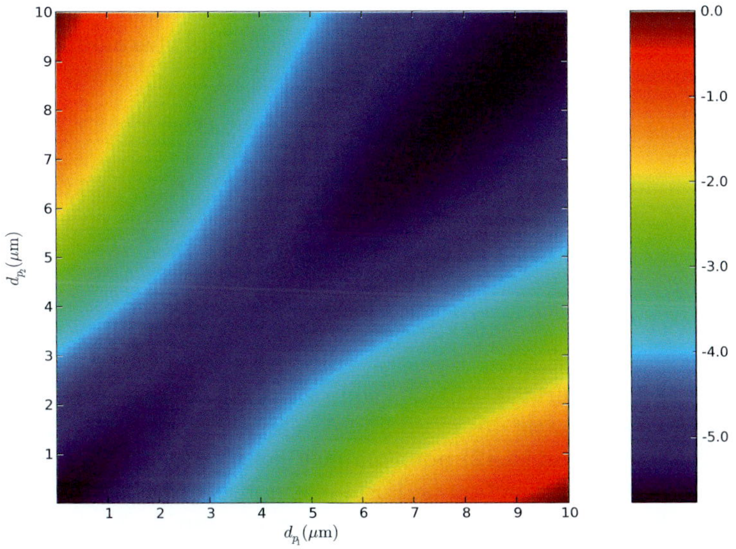

Figure 5.8 – Distribution du noyau de coagulation $K(d_{p_1}, d_{p_2})$ en fonction du diamètre des particules qui collisionnent. Le champ tracé est $\log_{10}(K(d_{p_1}, d_{p_2})/K_{max})$ où K_{max} est la valeur maximale pour un couple de diamètres (exprimés en μm) $(d_{p_1}, d_{p_2}) \in [0.01, 10] \times [0.01, 10]$. À noter le caractère symétrique : $K(d_{p_1}, d_{p_2}) = K(d_{p_2}, d_{p_1})$.

- **Régime de transition**
  Si d_{p_1} et d_{p_2} ont une valeur comparable à λ_{air}, on doit corriger le noyau de coagulation du régime continu par un coefficient multiplicateur ([40]). On renvoie à [126] pour les formules analytiques (sans intérêt dans le cadre de cette présentation).

Au global, le taux de coagulation est maximal quand les tailles des deux aérosols qui coagulent sont les plus séparées : en effet, les petits aérosols ont une forte vitesse d'agitation, mais la surface qu'ils offrent à la collision est faible. Le meilleur compromis est obtenu pour une collision entre un petit aérosol et un gros aérosol (voir la figure 5.8).

5.1.4.2 Condensation/évaporation

Le flux de masse I_i est classiquement modélisé selon

$$I_i = \underbrace{2\pi D_i^g d_p f(K_{n_i}, \alpha_i)}_{\text{noyau de condensation}} \Big(c_i^g - c_i^s(d_p, t) \Big) \tag{5.15}$$

avec D_i^g et c_i^g qui désignent, respectivement, le coefficient de diffusion dans l'air et la concentration de l'espèce gazeuse X_i. La concentration c_i^s est celle du gaz à la surface de l'aérosol, supposé être à un équilibre thermodynamique *local* avec la composition interne de l'aérosol

$$c_i^s(d_p, t) = \eta(d_p)\, c_i^{eq}(m_1, \ldots, m_{n_e}, RH, T)\,. \tag{5.16}$$

RH est l'humidité relative (définie à la section 5.2) et T est la température. Le coefficient $\eta(d_p)$ est lié à l'effet de courbure des aérosols (effet Kelvin, section 5.2). Il est donné par

$$\eta(d_p) = \exp\left(\frac{4\sigma M_p}{k_B T d_p \rho_p}\right), \tag{5.17}$$

avec σ la tension de surface. M_p est l'équivalent de la masse « moléculaire » de l'aérosol, calculée à partir des masses moléculaires de ses constituants (voir la section 5.2 et l'équation (5.42) pour une justification).

La fonction f est la fonction de Fuchs-Sutugin et décrit les effets non continus ([28]). Elle dépend du nombre de Knudsen de l'espèce X_i, K_{n_i}, et du coefficient d'accommodation α_i,

$$f(K_{n_i}, \alpha_i) = \frac{1 + K_{n_i}}{1 + 2K_{n_i}(1 + K_{n_i})/\alpha_i}\ , \quad K_{n_i} = \frac{2\lambda_i}{d_p}\,, \tag{5.18}$$

avec λ_i le libre parcours moyen du gaz X_i dans l'air.

Pour des valeurs élevées de K_{n_i}, f est proche de $\alpha_i/2K_{n_i}$, ce qui conduit à l'expression du flux de masse dans le cas du régime moléculaire libre,

$$I_i = \alpha_i \frac{\bar{v}_i^g}{4} \pi d_p^2 \Big(c_i - c_i^s(d_p) \Big)\,. \tag{5.19}$$

La vitesse quadratique moyenne dans l'air de l'espèce gazeuse X_i, $\bar{v}_i^g$, vérifie

$$D_i^g = \frac{\lambda_i \bar{v}_i^g}{2}\,. \tag{5.20}$$

Des valeurs typiques des paramètres sont données dans le tableau 5.5.

Espèce gazeuse	$\bar{v}_i^g$ ($\mathrm{m\,s^{-1}}$)	D_i^g ($\mathrm{m^2\,s^{-1}}$)
sulfate	254.58	1.07×10^{-5}
ammonium	611.24	2.17×10^{-5}
nitrate	317.51	1.47×10^{-5}
chloride	417.15	1.72×10^{-5}

Tableau 5.5 – Vitesse quadratique moyenne et diffusion gazeuse pour quelques espèces à $T = 300\,\mathrm{K}$ et $P = 1\,\mathrm{atm}$.

5.1.4.3 Équilibre thermodynamique local

La résolution du transfert de masse entre la phase particulaire et la phase gazeuse nécessite donc le calcul des concentrations à l'équilibre thermodynamique local, $c_i^{eq}(m_1, \ldots, m_{n_e}, RH, T)$.

Cela nécessite la résolution des équations d'équilibre du mélange chimique qui compose l'aérosol. Actuellement, la plupart des modèles ne prennent pas en compte le mélange entre partie inorganique et partie organique de l'aérosol. Dans ces modèles, les équilibres thermodynamiques sont supposés avoir lieu indépendamment pour les deux parties.

Cette hypothèse est une faiblesse des modèles actuels, car le comportement des divers composés par rapport à l'eau est relativement mal représenté : l'enjeu est en effet de bien décrire le contenu en eau liquide de l'aérosol « associé » aux divers composés *hydrophiles* (dont on considère que leur condensation favorise celle de l'eau). Dans une approche découplée, seuls les composés inorganiques sont supposés être hydrophiles et le contenu en eau liquide ne dépend que des concentrations inorganiques. Des travaux récents commencent à montrer le rôle des composés organiques secondaires hydrophiles.

L'état de l'aérosol, liquide ou sec, est déterminé par l'humidité relative et par la propension des espèces ou des sels qui le composent à faire condenser la vapeur d'eau. On définit classiquement l'*humidité relative de déliquescence* d'un composé, notée DRH (pour *deliquescence relative humidity*), comme l'humidité relative à partir de laquelle, lorsque l'humidité augmente, l'aérosol commence à absorber de l'eau et devient donc liquide. Plus DRH est faible, plus le composé absorbe donc facilement de l'eau.

Lorsque l'humidité diminue, l'aérosol ne devient pas solide lorsque RH atteint DRH. Il reste sous forme liquide jusqu'à une humidité relative dite de *cristallisation*, CRH (avec une notation évidente), à laquelle la précipitation a lieu. Ce phénomène d'*hystérésis* est illustré par la figure 5.9. On renvoie également au tableau 5.6 pour quelques valeurs indicatives. L'exercice 5.4 donne un exemple de calcul thermodynamique simple pour le cas d'un sel solide.

Sel	DRH (en %)	CRH (en %)
NH_4Cl	77	47
NH_4NO_3	61.8	[25, 32]
NH_4HSO_4	40	[0.05, 22]
$(NH_4)_2SO_4$	79.9	-

Tableau 5.6 – Estimation des DRH et CRH de quelques sels à 298 K. Source : [60].

Les propriétés de déliquescence d'un mélange de sels s'obtiennent par ailleurs à partir de celles des sels pris individuellement. Par exemple, le DRH du mélange (on parle de $MDRH$, M pour *mutual*) est toujours inférieur au minimum des DRH.

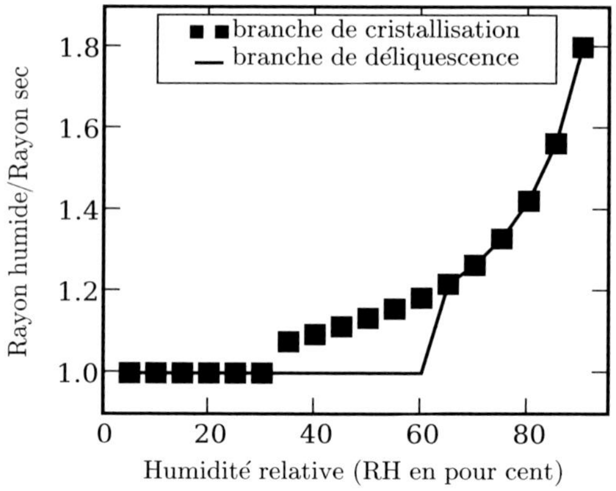

Figure 5.9 – Évolution du ratio du rayon humide sur le rayon sec d'un aérosol de nitrate d'ammonium (NH_4NO_3) en fonction de l'humidité relative. Lorsque l'humidité augmente, l'aérosol absorbe de l'eau et devient liquide pour $RH \geq DRH$; lorsque l'humidité diminue, l'aérosol liquide ne redevient solide que pour RH atteignant le point de cristallisation (en deçà de DRH). Calcul ISORROPIA ([97]) à $T = 300\,\mathrm{K}$ avec $[NH_3] = 0.34\,\mu\mathrm{g\,m^{-3}}$ et $[HNO_3] = 1.26\,\mu\mathrm{g\,m^{-3}}$. Crédit : Édouard Debry, CEREA.

Exercice 5.4 (Nitrate d'ammonium à l'équilibre thermodynamique) L'objet de cet exercice est d'illustrer un calcul thermodynamique sur un cas extrêmement simple, celui du nitrate d'ammonium (NH_4NO_3).

On considère une atmosphère avec des fractions molaires supposées données (en ppb) pour l'ammoniac, $C^o_{NH_3}$, et l'acide nitrique, $C^o_{HNO_3}$, à $T = 298\,\mathrm{K}$ pour $RH = 40$ %.

1. Montrer que, s'il existe dans ces conditions, l'aérosol de nitrate d'ammonium est solide.
2. À l'équilibre thermodynamique, le nitrate d'ammonium (solide), formé à partir de
$$NH_3 + HNO_3 \rightleftharpoons NH_4NO_3\,,$$
a pour constante d'équilibre $K_p = C_{NH_3} C_{HNO_3}$. Montrer que le sel ne se forme que si l'ammonium et le nitrate sont en excès.

Réponse :

1. Comme $RH < DRH$ (40<61.8), l'aérosol de nitrate d'ammonium est solide.

2. On suppose qu'une fraction molaire x du nitrate a formé le sel. Du fait de la stœchiométrie, une fraction molaire x de l'ammonium a aussi réagi. À l'équilibre thermodynamique, on a donc

$$K_p = (C^o_{\mathrm{NH_3}} - x)(C^o_{\mathrm{HNO_3}} - x)\,.$$

Il est aisé de montrer, par exemple graphiquement, qu'il existe toujours deux solutions :

$$x_1 \le \min(C^o_{\mathrm{NH_3}}, C^o_{\mathrm{HNO_3}})\,, \quad x_2 \ge \max(C^o_{\mathrm{NH_3}}, C^o_{\mathrm{HNO_3}})\,.$$

La racine x_2 n'est évidemment pas physique. La racine x_1 n'est acceptable que si elle est positive, c'est-à-dire si le produit des racines est positif. On doit donc avoir

$$C^o_{\mathrm{NH_3}} C^o_{\mathrm{HNO_3}} > K_p\,.$$

Cette relation s'interprète comme un excès d'ammonium et de sulfate.

Ces propriétés sont particulièrement importantes pour l'estimation de l'impact radiatif des aérosols (figure 2.18).

5.1.4.4 Nucléation

Pour la nucléation binaire de l'acide sulfurique et de l'eau, des paramétrisations expriment le taux de nucléation J comme une fonction de la température, de l'humidité et de la concentration en acide sulfurique $C_{\mathrm{H_2SO_4}}$ (en molecule cm^{-3}). Pour la nucléation ternaire, la concentration en ammoniac (NH_3) intervient également.

Le diamètre de nucléation est typiquement de l'ordre de quelques nanomètres. Les différentes paramétrisations diffèrent dans le calcul de J, qui peut être plusieurs ordres de grandeur plus grand pour la nucléation ternaire que pour la nucléation binaire.

En général, les paramétrisations sont des fonctions de T, RH, $C_{\mathrm{H_2SO_4}}$ et d'une concentration critique en acide sulfurique. La figure 5.10 donne une illustration de calcul d'un flux de nucléation J pour la paramétrisation binaire [141] : on vérifie que la nucléation est plus forte pour les faibles températures et les fortes humidités.

5.1.4.5 Aérosols organiques secondaires

Principe

Un traitement spécifique doit être appliqué à la matière organique, car les mécanismes en phase gazeuse, habituellement utilisés pour la seule photochimie, ne représentent pas *a priori* de composés organiques à pression de vapeur saturante suffisamment faible pour condenser (seuls les COV, composés organiques *volatils*, sont en général inclus).

L'oxydation des COV conduit à des espèces de plus en plus fonctionnalisées, fortement polarisées et à pression de vapeur saturante plus faible, les

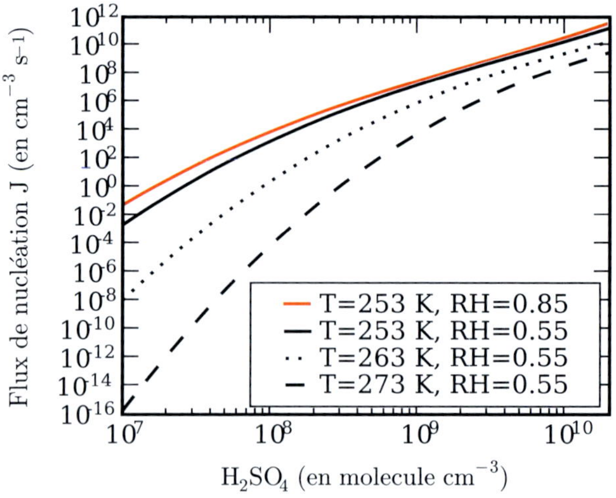

Figure 5.10 – Évolution du taux de nucléation en fonction de la concentration d'acide sulfurique gazeux pour $T = 253$, 263 et 273 K avec une humidité relative $RH = 55$ %, et pour $T = 253$ K avec $RH = 85$ %. Source : [141].

composés organiques semi-volatils (COSV), à même de condenser (figure 5.11). De manière usuelle, la formation des COSV est représentée en incluant dans les réactions d'oxydation par OH, O_3 et NO_3 des « doubles produits » semi-condensables. Les COV précurseurs sont souvent d'origine biogénique (terpènes et limonène) ou des composés aromatiques d'origine anthropique.

Une réaction du type

$$\mathrm{COV} + \mathrm{Ox} \longrightarrow \mathrm{P}$$

avec Ox un oxydant parmi OH, O_3 ou NO_3, sera ainsi modifiée en

$$\mathrm{COV} + \mathrm{Ox} \longrightarrow \mathrm{P} + \alpha_1 \mathrm{P}_1 + \alpha_2 \mathrm{P}_2$$

avec P_1 et P_2 les COSV formés. Les coefficients stœchiométriques α_i (on parle souvent de « rendement ») sont en général calculés à partir d'expériences en chambres atmosphériques (*smog chamber*) et sont très fortement incertains.

De manière générale, les aérosols organiques secondaires sont difficiles à mesurer finement et la compréhension de leur formation reste encore extrêmement limitée (au contraire de celle des aérosols inorganiques).

Partition

En supposant que les phases organiques et inorganiques ne sont pas mélangées (ce qui n'est évidemment pas le cas en pratique), la partition entre phase

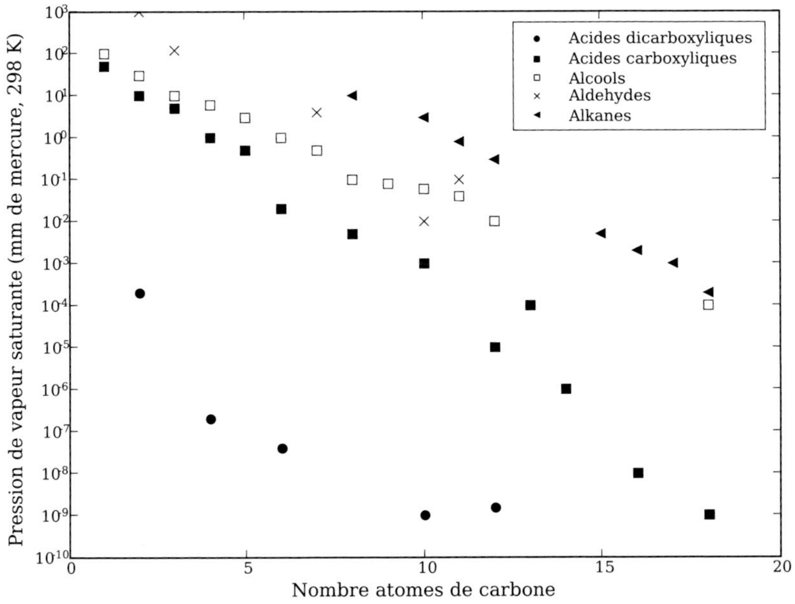

Figure 5.11 – Évolution de la pression de vapeur saturante des composés organiques en fonction du nombre d'atomes de carbone et du degré de fonctionnalisation. On rencontre par ordre croissant de fonctionnalisation : alkanes, aldéhydes, alcools, acides carboxyliques, acides dicarboxyliques. Sources : [45] et communication de Christian Seigneur (AER).

gazeuse et phase particulaire de la matière organique est généralement réalisée de la manière suivante.

Soit n_{OM} le nombre de composés organiques dans la phase particulaire (espèces primaires et secondaires). On suppose que les espèces organiques forment un *mélange idéal.* On a alors pour l'espèce X_i

$$(q_i)_g = (x_i)_a \, q_i^{sat} , \tag{5.21}$$

avec q_i^{sat} la concentration massique saturante de l'espèce i dans un mélange pur, et $(x_i)_a$ la fraction molaire de l'espèce i dans le mélange organique particulaire. Le coefficient d'activité dans la phase organique est ici implicitement pris égal à 1, en l'absence d'autres informations.

La fraction molaire $(x_i)_a$ est calculée par

$$(x_i)_a = \frac{\frac{(q_i)_a}{M_i}}{\frac{q_{OM}}{M_{OM}}} = \frac{\frac{(q_i)_a}{M_i}}{\sum_{j=1}^{j=n_{OM}} \frac{(q_j)_a}{M_j} + \frac{(q_{POA})_a}{M_{POA}}}, \tag{5.22}$$

avec q_{OM} la concentration totale de la matière organique (primaire et secondaire) présente dans la phase particulaire, à même de jouer le rôle de milieu absorbant. La masse molaire M_i du composé i est exprimée en $\mu\mathrm{g\,mol}^{-1}$ (dans le même jeu d'unités que les concentrations massiques q_i) ; M_{OM} est la masse molaire moyenne de la matière organique (en $\mu\mathrm{g\,mol}^{-1}$). POA se rapporte à la matière organique primaire qui est supposée être non volatile.

La pression de vapeur saturante, p_i^{sat}, se calcule à partir de q_i^{sat} *via*

$$q_i^{sat} = \frac{M_i}{RT} p_i^{sat} . \tag{5.23}$$

Elle est également donnée en fonction de la température par la loi de Clausius-Clapeyron,

$$p_i^{sat}(T) = p_i^{sat}(298\,K) \exp\left(-\frac{\Delta H_{vap}}{R} \left(\frac{1}{T} - \frac{1}{298} \right) \right), \tag{5.24}$$

avec ΔH_{vap} l'enthalpie de vaporisation.

5.1.4.6 Réactions hétérogènes

Les réactions à la surface de la matière condensée (particules et gouttelettes de nuage ou de brouillard) peuvent avoir un impact significatif sur l'ozone et les aérosols. Sur la base des travaux de Jacob ([58]), ces processus sont habituellement modélisés sous la forme d'une cinétique du premier ordre pour les réactions suivantes :

$$\mathrm{HO_2} \xrightarrow{\text{matière condensée}} 0.5\,\mathrm{H_2O_2} \tag{R 128}$$

$$\mathrm{NO_2} \xrightarrow{\text{matière condensée}} 0.5\,\mathrm{HONO} + 0.5\,\mathrm{HNO_3} \tag{R 129}$$

$$\mathrm{NO_3} \xrightarrow{\text{matière condensée}} \mathrm{HNO_3} \tag{R 130}$$

$$\mathrm{N_2O_5} \xrightarrow{\text{matière condensée}} 2\,\mathrm{HNO_3} . \tag{R 131}$$

La constante cinétique du premier ordre est modélisée, pour la réaction hétérogène affectant l'espèce gazeuse X_i sur les aérosols de rayon r, par

$$k_i(r) = \left(\frac{r}{D_i^g} + \frac{4}{\bar{v}_i^g \gamma}\right)^{-1} S(r), \tag{5.25}$$

avec D_i^g le coefficient de diffusion moléculaire du gaz dans l'air, $\bar{v}_i^g$ la vitesse moléculaire moyenne du gaz dans l'air, γ la probabilité de la réaction considérée et $S(r)$ la surface de la matière condensée (intégrée sur toutes les particules de rayon r) par volume d'air.

Le coefficient γ dépend fortement de la composition et de la distribution en taille des aérosols et sa valeur est très incertaine (tableau 5.7).

	Valeur par défaut	Plage de variation
γ_{HO_2}	0.2	[0.1, 1]
γ_{NO_2}	10^{-4}	[10^{-6}, 10^{-3}]
γ_{NO_3}	10^{-3}	[2×10^{-4}, 10^{-2}]
$\gamma_{N_2O_5}$	0.03	[0.1, 1]

Tableau 5.7 – Plage de variation pour les valeurs de γ (réactions hétérogènes). Source : [58].

5.2 Aérosols et nuages

Les aérosols jouent un rôle-clé dans la formation des nuages en fournissant des noyaux de condensation à la vapeur d'eau. On présente ici quelques éléments de description de ces processus.

Une seconde interaction entre les nuages et la pollution atmosphérique est donnée par les réactions chimiques qui peuvent avoir lieu au sein des gouttes de nuage. Les nuages peuvent alors être vus comme de véritables réacteurs chimiques. Cette thématique n'est que partiellement introduite, la chimie atmosphérique en phase aqueuse étant abordée de manière plus complète à la section 5.3 pour la description des pluies acides.

5.2.1 Généralités

5.2.1.1 Quelques données

- Les nuages sont difficiles à définir de manière objective. Un indicateur souvent utilisé est le contenu en eau liquide (L ou LWC pour *liquid water content*), défini par la masse d'eau liquide par volume d'air. Au-dessus typiquement de $0.1\,\mathrm{g\,m^{-3}}$, on parle en général de nuage. Le contenu en eau liquide diffère fortement d'un type de nuage à un autre (tableau 5.8). Enfin, les colonnes intégrées de LWC sur une année varient typiquement de $50\,\mathrm{g\,m^{-2}}$ (aux latitudes élevées) à $200\,\mathrm{g\,m^{-2}}$ (aux tropiques).

- La couverture globale nuageuse est en moyenne de l'ordre de 60 % , les nuages occupant en volume 5-10 % de la troposphère (jusqu'à 15 % dans la basse troposphère) et 10 % de la masse totale.
- L'efficacité globale de précipitation est de l'ordre de 50 % : la moitié de l'eau nuageuse précipite lors d'un épisode pluvieux.
- Les nuages sont classifiés schématiquement en dix types de nuage (cumulonimbus, cumulus, stratus, etc.), avec trois classes d'altitude : haute (de 5 à 13 km pour les latitudes tempérées), moyenne (de 2 à 5 km) et basse (de 0 à 2 km). Leurs propriétés microphysiques peuvent être très différentes (tableau 5.8).

Type de nuage	Densité des gouttes (en cm^{-3})	Contenu en eau liquide (en $g\,m^{-3}$)
Stratus	100-500	0.1-0.3
Nimbostratus	300	0.5
Altostratus	50-500	0.05-0.2
Cumulus	100	0.5
Cumulonimbus	70	1-2
Moyenne	-	0.3

Tableau 5.8 – Valeurs typiques des paramètres microphysiques pour des nuages.

5.2.1.2 Temps caractéristiques

Les nuages se forment par condensation de vapeur d'eau sur des particules, les noyaux de condensation (CCN pour *cloud condensation nuclei*). Les temps de résidence atmosphérique des CCN étant de l'ordre de la semaine et un épisode nuageux durant quelques heures, on peut considérer que les CCN vont typiquement « vivre » de cinq à dix cycles de condensation/évaporation.

Par ailleurs, du fait des vitesses verticales rapides au sein des nuages, les temps de résidence de l'air dans un nuage sont faibles : on peut considérer que l'air est plusieurs fois renouvelé lors de la vie d'un nuage.

Quelques constantes de temps sont données dans le tableau 5.9. Le calcul du temps de résidence atmosphérique de l'eau fait l'objet de l'exercice 5.5.

Propriété	Temps caractéristique
Vie d'un cumulus	heure
Lessivage d'une espèce soluble	semaine
Vie d'un CCN	semaine
Temps de résidence de l'eau	deux semaines

Tableau 5.9 – Quelques constantes de temps liées aux nuages.

Exercice 5.5 (Temps de résidence atmosphérique de l'eau)
La masse d'eau dans l'atmosphère est de 1.3×10^{16} kg. Le flux de précipitation moyen au sol est de l'ordre de 2 mm par jour. Quel est le temps de résidence atmosphérique de l'eau ?
Réponse :
Soit m la masse d'eau dans l'atmosphère et p le flux journalier de pluie. La masse d'eau précipitée par jour est $\dot{m} = \rho_{\mathrm{H_2O}} \times 4\pi {R_t}^2 \times p$ avec $\rho_{\mathrm{H_2O}} = 1000\,\mathrm{kg\,m^{-3}}$ la densité de l'eau liquide et $R_t = 6400\,\mathrm{km}$ le rayon de la Terre. Cela correspond à un temps de résidence $m/\dot{m} \simeq 12.6$ jours.

5.2.2 Pression de vapeur saturante de l'eau, humidité relative, point de rosée

On définit d'abord la *pression partielle* d'un composé $\mathrm{X_i}$ en phase gazeuse par $P_{\mathrm{X_i}} = C_{\mathrm{X_i}} P$. On a bien sûr $\sum_i P_{\mathrm{X_i}} = 0$.

La *pression de vapeur saturante* de l'eau, notée $P^{sat}_{\mathrm{H_2O}}$, est définie comme la pression d'équilibre entre l'eau liquide et la vapeur d'eau. La formation d'un nuage a lieu par condensation de la vapeur d'eau dès que la pression partielle de l'eau est supérieure à $P^{sat}_{\mathrm{H_2O}}$. À l'inverse, les gouttes d'eau liquide s'évaporent dès que la pression partielle devient inférieure à $P^{sat}_{\mathrm{H_2O}}$.

De manière intuitive, une augmentation de température va conduire à une plus grande évaporation : $P^{sat}_{\mathrm{H_2O}}$ est effectivement une fonction croissante de la température (figure 5.12). De nombreuses paramétrisations existent comme ([16])

$$P^{sat}_{\mathrm{H_2O}}(T) = 6.11 \times \exp\left(17.3\frac{T - 273.15}{T - 35.86}\right), \tag{5.26}$$

avec T en K et $P^{sat}_{\mathrm{H_2O}}$ en hPa.

On définit l'humidité relative (en %), notée RH, avec

$$RH = 100 \times \frac{P_{\mathrm{H_2O}}}{P^{sat}_{\mathrm{H_2O}}}. \tag{5.27}$$

La condensation a lieu dès que $RH \geq 100$ % et on parle alors de milieu *sursaturé*. La *sursaturation* est définie par ailleurs par $S = RH - 100$ (en %). La notation est potentiellement ambiguë par rapport à celle utilisée pour l'entropie, le contexte permettant par la suite de faire la différence.

À pression partielle de l'eau fixée, on définit la *température de rosée*, T_d[2], comme la température à laquelle la saturation a lieu,

$$P_{\mathrm{H_2O}} = P^{sat}_{\mathrm{H_2O}}(T_d). \tag{5.28}$$

[2] On a gardé la notation anglo-saxonne, *d* pour *dew point*.

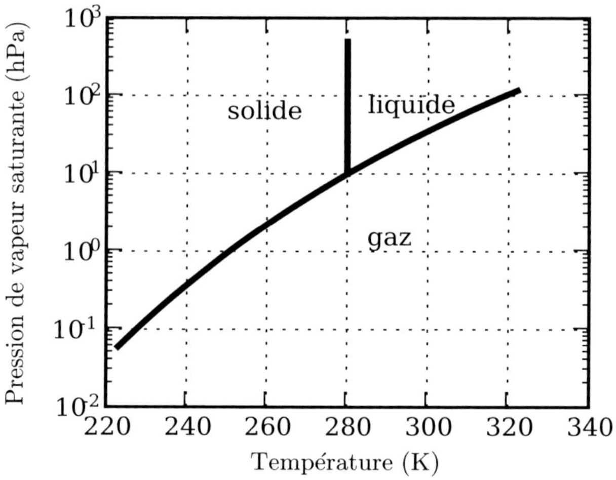

Figure 5.12 – Évolution de la pression de vapeur saturante de l'eau en fonction de la température.

Exercice 5.6 (Calcul du point de rosée)
Calculer, pour une pression donnée, la température du point de rosée.
Réponse :
On utilise (5.26) et on a directement, pour P en hPa,

$$T_d(P) = \frac{273 - 2.1 \ln(P/6.11)}{1 + 0.028 \ln(P/6.11)} \, .$$

5.2.3 Noyaux de condensation

Les aérosols jouent un rôle-clé dans la formation des gouttes de nuage. On présente ici brièvement les bases de la physique de formation des gouttes de nuage.

5.2.3.1 Formation d'une goutte d'eau pure

Cas d'une surface plane

Le premier principe de la thermodynamique s'écrit pour une transformation réversible, ici pour des grandeurs moléculaires (notées en lettres minuscules),

$$du = T ds - P dv + g_l dn_l + g_v dn_v \, , \tag{5.29}$$

avec $\mathrm{d}q_{rev} = T\mathrm{d}s$ la variation de chaleur *réversible* et n_l (respectivement n_v) le nombre de molécules liquides (respectivement gazeuses). L'énergie interne moléculaire est notée u, le volume moléculaire v et l'entropie moléculaire s. De plus, g_l (respectivement g_v) est le potentiel chimique ou l'énergie libre d'une molécule d'eau liquide (respectivement de vapeur d'eau).

La variable thermodynamique appropriée pour décrire la formation d'une goutte d'eau est l'énergie libre de Gibbs, définie par $G = U + PV - TS$. On a aisément pour l'énergie libre moléculaire

$$\mathrm{d}g = v\mathrm{d}P - s\mathrm{d}T + g_l\mathrm{d}n_l + g_v\mathrm{d}n_v\,. \tag{5.30}$$

L'équilibre entre la phase vapeur et la phase liquide est défini par un minimum de g ($\mathrm{d}g = 0$), pour un changement d'état des molécules ($\mathrm{d}n_l = -\mathrm{d}n_v$: une molécule passe d'un état à l'autre) à pression et température constantes (c'est-à-dire avec $\mathrm{d}P = \mathrm{d}T = 0$) :

$$\mathrm{d}g = (g_l - g_v)\mathrm{d}n_l\,. \tag{5.31}$$

L'équilibre permet de définir l'énergie libre à la pression de vapeur saturante (g_v^{sat})

$$g_l = g_v^{sat}\,. \tag{5.32}$$

La condensation de n molécules de vapeur d'eau, à température et pression constantes, est donc associée à une variation de l'énergie libre de Gibbs donnée par

$$\Delta G = n(g_v^{sat} - g_v)\,. \tag{5.33}$$

À température constante, le passage pour la phase vapeur de l'énergie libre, g_v, à l'énergie libre g_v^{sat} est donné par une transformation $\mathrm{d}g = v\mathrm{d}P$, obtenue à partir de (5.30), pour $\mathrm{d}T = \mathrm{d}n_l = \mathrm{d}n_v = 0$. Pour un gaz parfait, le volume moléculaire est défini par $Pv = k_BT$, avec k_B la constante de Boltzmann, et finalement

$$g_v^{sat} - g_v = k_BT\int_P^{P_{\mathrm{H_2O}}^{sat}} \frac{\mathrm{d}P}{P} = k_BT\ln\left(\frac{P_{\mathrm{H_2O}}^{sat}}{P}\right), \tag{5.34}$$

soit

$$\Delta G = nk_BT\ln\left(\frac{P_{\mathrm{H_2O}}^{sat}}{P}\right). \tag{5.35}$$

À l'interface entre l'eau liquide et la vapeur d'eau, on a logiquement à l'équilibre

$$P = P_{\mathrm{H_2O}}^{sat}\,. \tag{5.36}$$

Cas d'une goutte sphérique

L'énergie requise pour former une goutte est, en réalité, plus élevée. Le « prix à payer », du fait de la courbure, est estimé par l'*effet Kelvin.*

On considère à présent une goutte sphérique de rayon r qui résulte de la transformation de n molécules de vapeur d'eau en n molécules d'eau liquide. On a bien sûr

$$n = \frac{4/3\pi r^3}{M_w/\rho_w}\,, \tag{5.37}$$

avec M_w la masse moléculaire de l'eau et ρ_w la masse volumique de l'eau liquide (M_w/ρ_w est le volume moléculaire de l'eau liquide). La formation de la goutte est associée à une variation de l'énergie libre de Gibbs donnée par

$$\Delta G = n(g_l - g_v) + 4\pi r^2 \sigma\,, \tag{5.38}$$

avec σ la tension de surface à l'interface eau/air. Celle-ci est définie comme le travail requis pour créer une unité de surface de la goutte et s'exprime en unité de travail par unité de surface, soit en newton par unité de longueur. Pour l'eau, $\sigma = 72\,\mathrm{dyn\,cm^{-1}}$ (avec $1\,\mathrm{dyn}{=}10^{-5}\,\mathrm{N}$).

À l'interface gaz/liquide, on a $g_l = g_v^{sat}$ et finalement

$$\Delta G = n(g_v^{sat} - g_v) + 4\pi r^2 \sigma\,. \tag{5.39}$$

À température constante, la variation de l'énergie libre associée à la formation d'une goutte de rayon r est donc, en tenant compte de l'équation (5.37),

$$\Delta G(r) = \frac{4/3\pi r^3}{M_w/\rho_w} k_B T \ln\left(\frac{P_{\mathrm{H_2O}}^{sat}}{P}\right) + 4\pi r^2 \sigma\,, \tag{5.40}$$

où $\Delta G(r)$ est de la forme $\alpha r^2 + \beta r^3$, avec $\alpha > 0$ et β du signe de $\ln\left(\frac{P_{\mathrm{H_2O}}^{sat}}{P}\right)$.

- Pour un cas sous-saturé ($P_{\mathrm{H_2O}}^{sat} > P$), les deux termes sont positifs et ΔG est une fonction croissante de r. Le système ne peut donc pas atteindre un équilibre (donné par une réduction d'énergie libre) : la formation d'une goutte n'est pas favorisée puisqu'une goutte doit diminuer de rayon (s'évaporer) afin que l'énergie libre puisse diminuer.
- Pour un cas sursaturé ($P_{\mathrm{H_2O}}^{sat} < P$), il existe un rayon critique donné par $r^\star = -2\alpha/(3\beta)$. Cela définit l'équation de Kelvin,

$$r^\star = \frac{2\sigma M_w}{\rho_w k_B T \ln\left(\frac{P}{P_{\mathrm{H_2O}}^{sat}}\right)}\,. \tag{5.41}$$

  En deçà de $r^\star$, les gouttes ont tendance à s'évaporer (pour diminuer l'énergie libre), au-delà les gouttes ont tendance à grossir. Cet équilibre est donc instable.

  De manière équivalente, on peut écrire pour l'équilibre de la goutte de rayon $r^\star$ avec la vapeur d'eau à pression P,

$$P = P_{\mathrm{H_2O}}^{sat} \exp\left(\frac{2\sigma M_w}{\rho_w k_B T r^\star}\right), \tag{5.42}$$

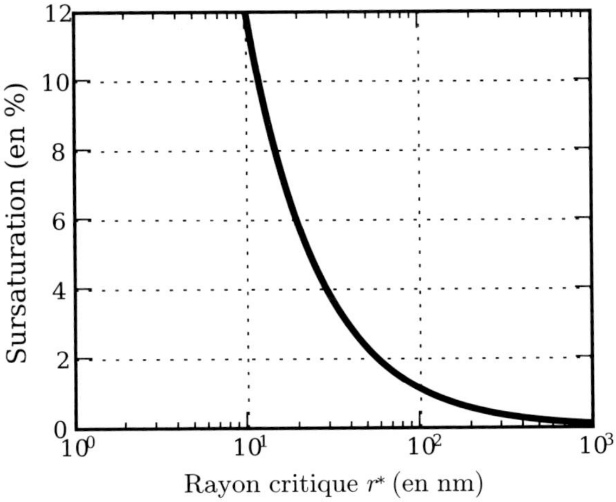

Figure 5.13 – Évolution de la sursaturation en fonction du rayon critique pour $T = 278\,\mathrm{K}$ (goutte d'eau pure).

à comparer avec l'équilibre obtenu pour une surface plane, équation (5.36). Le coefficient correcteur est important pour des petites gouttes (de l'ordre de quelques nanomètres) et devient rapidement négligeable. Une formule similaire avait été utilisée pour la condensation des aérosols avec l'équation (5.17).

La figure 5.13 donne l'évolution de la sursaturation S requise pour atteindre un diamètre critique. Notons que la courbe tracée correspond exactement au coefficient correcteur de Kelvin. Par exemple, l'équilibre d'une gouttelette d'eau pure d'un diamètre de 10 nm nécessite une sursaturation de l'ordre de 112 %. De telles valeurs de sursaturation ne sont en général pas atteintes dans l'atmosphère, et ce processus de formation « spontanée » des gouttes d'eau n'est donc pas efficace. La présence de particules préexistantes (d'*impuretés*) va permettre d'abaisser les sursaturations requises.

5.2.3.2 Condensation de l'eau sur un aérosol

On considère à présent que la goutte d'eau contient des « impuretés » (ce n'est pas une goutte d'eau pure). Pour simplifier, ces impuretés sont supposées être solubles dans l'eau (on parle de *soluté*). Le point-clé est que la pression de vapeur saturante de l'eau est alors diminuée, ce qui va contribuer à favoriser la condensation. La loi de Raoult pour un mélange supposé *idéal* s'écrit

$$P^{sat,solution} = x_w \times P^{sat,pure} , \tag{5.43}$$

avec $P^{sat,solution}$ la pression de vapeur saturante en solution, $P^{sat,pure}$ la pression de vapeur saturante pour une goutte d'eau pure (calculée précédemment) et x_w la fraction molaire de l'eau liquide.

Soit m_s la masse de soluté, de masse molaire M_s. Typiquement, l'aérosol est un aérosol marin (NaCl), continental ou de pollution (par exemple $(NH_4)_2SO_4$). Le composé dissous va se dissocier en plusieurs ions (NaCl en Na^+ et Cl^- ; $(NH_4)_2SO_4$ en $2\times NH_4^+$ et SO_4^{2-}). Soit i le nombre d'ions formés à partir de la dissolution d'une molécule. On a donc au total $i \times m_s/M_s$ moles d'ions de soluté.

La fraction molaire d'eau liquide est définie pour n_w moles d'eau liquide par

$$x_w = \frac{n_w}{n_w + i \times m_s/M_s}, \tag{5.44}$$

soit encore

$$\frac{1}{x_w} = 1 + i\frac{m_s/M_s}{n_w}. \tag{5.45}$$

Par ailleurs, le volume total de la goutte de rayon r est

$$\frac{4}{3}\pi r^3 = n_w \frac{M_w}{\rho_w} + \frac{m_s}{M_s} v_s, \tag{5.46}$$

avec v_s le volume molaire du soluté.

En première approximation, on considère que l'eau constitue la majeure partie du volume de la goutte. On a alors

$$\frac{4}{3}\pi r^3 \simeq n_w \frac{M_w}{\rho_w}, \tag{5.47}$$

et finalement

$$\frac{1}{x_w} = 1 + i\frac{3 m_s M_w}{4\pi M_s \rho_w r^3}. \tag{5.48}$$

En utilisant la loi de Raoult écrite sous la forme

$$\ln\left(\frac{P^{sat,solution}}{P^{sat}_{H_2O}}\right) = \ln\left(\frac{P^{sat,pure}}{P^{sat}_{H_2O}}\right) - \ln\left(\frac{1}{x_w}\right), \tag{5.49}$$

et en effectuant le développement limité $\ln(1+\varepsilon) \simeq \varepsilon$ pour ε assez petit, on obtient finalement

$$\ln\left(\frac{P^{sat,solution}}{P^{sat}_{H_2O}}\right) = \frac{2\sigma M_w}{\rho_w k_B T r} - i\frac{3 m_s M_w}{4\pi M_s \rho_w r^3}. \tag{5.50}$$

Cette équation est une forme des équations de Köhler *pour une solution idéale avec de faibles quantités de soluté.*

On a bien deux effets concurrents : l'effet de courbure qui tend à augmenter la pression de vapeur saturante et l'effet de soluté qui tend à la diminuer. La fonction est de la forme $\alpha/r - \beta/r^3$: le rayon critique, appelé aussi *rayon d'activation*, est $r^\star = \sqrt{3\beta/\alpha}$.

La figure 5.14 donne l'évolution de la sursaturation en fonction du rayon de la goutte pour une goutte d'eau pure et pour une goutte contenant des solutés (NaCl et $(NH_4)_2SO_4$) pour différentes quantités (10^{-18} ou 10^{-19} kg). Au-delà d'un certain rayon, l'effet de soluté ne joue plus et l'effet de courbure l'emporte : on retrouve le comportement d'une goutte d'eau pure. Une augmentation de la masse contribue (ici pour NaCl) à diminuer la valeur de la sursaturation maximale. Enfin, l'évolution de la sursaturation dépend du type de soluté (*via* les valeurs de i et M_s)

Considérons à présent une atmosphère de sursaturation 0.25 % (la ligne horizontale noire dans la figure 5.14).

- Une particule contenant une quantité suffisante de NaCl (par exemple 10^{-18} kg) va grossir par condensation de la vapeur d'eau. À la surface de la goutte, la sursaturation sera toujours inférieure à la sursaturation ambiante : rien ne l'empêchera de grossir jusqu'à devenir une goutte de nuage. On parle alors de *particule activée*.
- À l'inverse, une particule contenant par exemple 10^{-19} kg de NaCl va rencontrer au cours de sa condensation la sursaturation ambiante. Elle ne pourra pas continuer à grossir. Une fois la sursaturation ambiante atteinte, elle se trouve dans un état d'équilibre stable. On parle alors de *particule non activée*. Notons que si la goutte a initialement un rayon supérieur à 0.4 µm (pour la sursaturation ambiante de cet exemple), alors elle pourra grossir par condensation.

La paramétrisation de la fraction activée des aérosols est un problème encore largement ouvert.

5.2.4 Transfert de masse entre la phase gazeuse et les gouttes de nuage

Lorsque se produisent des épisodes nuageux, un transfert de masse a lieu entre la phase gazeuse des espèces et la phase aqueuse (les espèces dissoutes au sein des gouttes de nuage). Les processus suivants sont alors à prendre en compte (figure 5.15) :

- la diffusion moléculaire des espèces gazeuses vers les gouttes ;
- le transfert interfacial à travers la surface de la goutte ;
- la diffusion moléculaire des espèces dissoutes au sein des gouttes ;
- les réactions chimiques en phase aqueuse.

Ces phénomènes sont importants, notamment pour la formation du sulfate (voir la section 5.3 pour les pluies acides).

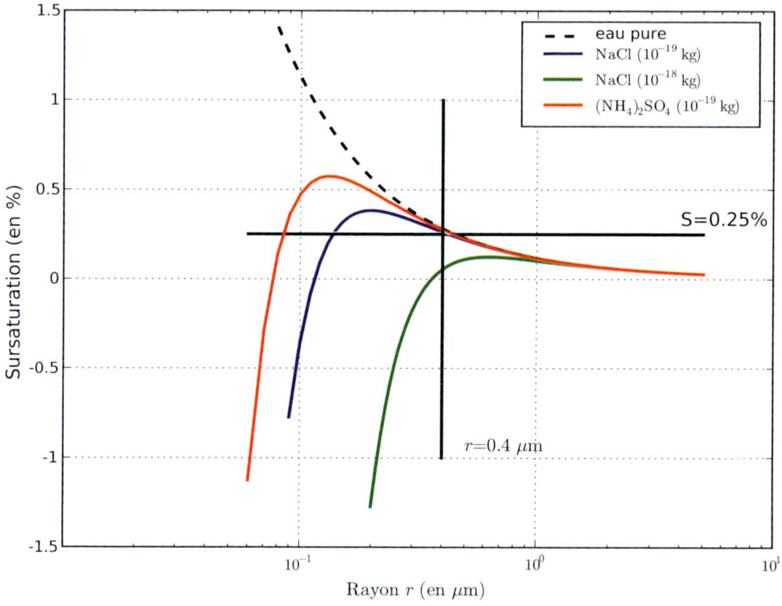

Figure 5.14 – Évolution de la sursaturation en fonction du rayon à $T = 278\,\mathrm{K}$: cas d'une goutte d'eau pure et d'une goutte contenant un soluté (NaCl ou $(NH_4)_2SO_4$). Source : [146].

5.2.4.1 Loi de Henry

La dissolution d'un gaz soluble dans un liquide

$$\mathrm{X} \xrightleftharpoons{\text{dissolution}} (\mathrm{X})_{\mathrm{aq}}\,, \tag{R 132}$$

est définie par l'équilibre de Henry

$$H_{\mathrm{X}} = \frac{[(\mathrm{X})_{aq}]}{p_{\mathrm{X}}}\,, \tag{5.51}$$

avec $[(\mathrm{X})_{aq}]$ la concentration dans la solution liquide (en $\mathrm{mol\,l^{-1}}$, souvent notée M) et p_{X} la pression partielle (en atm). La constante de Henry H_{X} est alors exprimée en $\mathrm{M\,atm^{-1}}$ (tableau 5.10).

Par définition, dans les conditions de pression standard ($P = 1\,\mathrm{atm}$), on a la relation $p_{\mathrm{X}} = 10^{-6} \times C_{\mathrm{X}}$ (exprimée en ppmv).

Par extension, on définit aussi, pour le cas où $(\mathrm{X})_{\mathrm{aq}}$ peut se dissocier, la notion de constante de Henry *efficace*, qui dépend de l'acidité de la goutte d'eau (exercice 5.7).

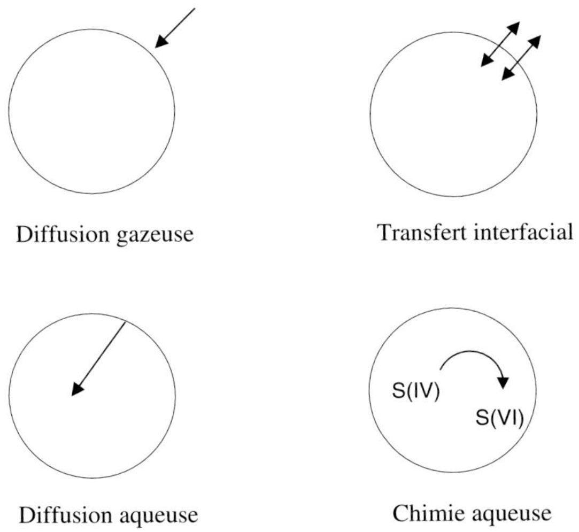

Figure 5.15 – Transfert de masse au niveau d'une goutte de nuage. Les notations S(IV) et S(VI) correspondent respectivement au dioxyde de soufre dissous et à la forme oxydée SO_4^{2-} (section 5.3.1.2).

Exercice 5.7 (Constante de Henry efficace)
On considère une espèce soluble XH (H est ici l'atome d'hydrogène !) et on suppose que l'espèce dissoute $(XH)_{aq}$ peut subir une dissociation en X^- et H^+ donnée par la réaction réversible (R 133). La constante d'équilibre de cet équilibre est donnée par l'équation (5.54)

$$K = \frac{[(XH)_{aq}]}{[X^-][H^+]} ,$$

avec [.] la concentration en $\mathrm{mol\,l^{-1}}$ (de solution). Exprimer la constante de Henry *efficace*, définie par

$$H_{XH}^{eff} = \frac{[(XH)_{aq}^{tot}]}{p_{XH}} ,$$

où $(XH)_{aq}^{tot}=(XH)_{aq}+X^-$ regroupe toutes les formes dissoutes de XH.
Réponse :
Avec $[(XH)_{aq}^{tot}]=[(XH)_{aq}]+[X^-]$, on calcule directement

$$\begin{aligned} [(XH)_{aq}^{tot}] &= \left(1+\frac{1}{K[H^+]}\right)[(XH)_{aq}] \\ &= \underbrace{\left(1+\frac{1}{K[H^+]}\right) H_{XH}}_{H_{XH}^{eff}} \times p_{XH} . \end{aligned}$$

Espèce	H (M atm^{-1}) à 298 K	chaleur de dissolution ΔH (kJ mol^{-1})
SO_2	1.23	-26.2
CO_2	3.4×10^{-2}	-20.3
NH_3	62	-34.2
H_2O_2	7.45×10^{4}	-60.7
O_3	1.1×10^{-2}	-21.1
HNO_3	2.1×10^{5}	-72.2

Tableau 5.10 – Constantes de Henry pour quelques espèces. La valeur à la température T se calcule par $H(T) = H(298)\exp(\Delta H/R(1/298 - 1/T))$. Source : [126].

La constante de Henry efficace est donc une fonction de l'acidité de la goutte (*via* H^+). Cette formule peut se généraliser au cas où X^- est également dissociée.

5.2.4.2 Transfert de masse

Le transfert de masse entre la phase gazeuse et les gouttes de nuage est en général paramétrisé de la manière suivante pour les espèces solubles.

On considère une goutte de nuage de rayon a (supposée sphérique). On suppose que la concentration dans la goutte d'eau, notée c_a, est homogène. Soit c_g la concentration gazeuse (dans la phase gazeuse *interstitielle*). L'évolution de ces concentrations est alors donnée par le système

$$\begin{cases} \dfrac{\mathrm{d}c_g}{\mathrm{d}t} = \chi_g(c_g) - Lk_{mt}\left(c_g - \dfrac{c_a}{HRT}\right) \\ \dfrac{\mathrm{d}c_a}{\mathrm{d}t} = \chi_a(c_a) + k_{mt}\left(c_g - \dfrac{c_a}{HRT}\right), \end{cases} \tag{5.52}$$

avec χ_a et χ_g les termes de cinétique chimique en phases aqueuse et gazeuse, respectivement. Le contenu en eau liquide est noté L. Le coefficient k_{mt} paramétrise les transferts de masse (problème 5.2),

$$k_{mt} = \left(\frac{a^2}{3D_g} + \frac{4a}{3\bar{v}\alpha}\right)^{-1}, \tag{5.53}$$

avec D_g la diffusion en phase gazeuse, $\bar{v}$ la vitesse thermique du gaz et α le coefficient d'accommodation (qui caractérise l'efficacité de la dissolution d'une molécule de gaz qui impacte la goutte : typiquement $\alpha \in [0.01, 1]$).

Des modèles plus complexes permettent de tenir compte de la diffusion en phase aqueuse et des réactions chimiques au sein des gouttes.

5.3 Pluies acides et lessivage

On présente ici brièvement deux interactions entre la pluie et la qualité de l'air : le phénomène de pluie acide d'abord (la pluie est ici vecteur de pollution), le lessivage des particules et des gaz solubles par la pluie ensuite (la pluie contribue ici à diminuer le niveau de pollution atmosphérique).

5.3.1 Pluies acides

Dans les années 60 et 70, des mesures des pluies dans le nord-est des États-Unis et en Europe (essentiellement en Scandinavie) ont pointé une augmentation significative de l'acidité (une augmentation d'un facteur de 3 à 4 sur une vingtaine d'années de l'ion hydronium H^+ dans certains cas). En parallèle, des augmentations de sulfate (SO_4^{2-}) et de nitrate (NO_3^-) ont été mesurées.

Une réduction forte des émissions de SO_2, notamment liée à la production thermique d'électricité en Europe (une division par deux dans les années 80 en Europe de l'Ouest ; voir le tableau 5 du chapitre introductif) a permis de diminuer fortement l'acidité des pluies.

On renvoie à l'exercice 5.10 pour l'illustration de l'impact continental des pluies acides.

5.3.1.1 Quelques rappels sur les solutions acides

La constante d'équilibre d'une réaction de dissociation dans de l'eau, par exemple

$$(XH)_{aq} \rightleftharpoons H^+ + X^- \tag{R 133}$$

est définie par

$$K = \frac{[(XH)_{aq}]}{[X^-][H^+]}, \tag{5.54}$$

avec [.] la concentration en $\mathrm{mol\,l^{-1}}$ (de solution).

Le pH d'une solution aqueuse est défini par pH$= -\log_{10}[H^+]$ et est calculé à partir de la dissociation de $(H_2O)_{aq}$,

$$(H_2O)_{aq} \rightleftharpoons H^+ + OH- . \tag{R 134}$$

Comme on peut considérer que la concentration en H_2O est presque constante dans une solution d'eau (les ions la modifient à la marge), on l'intègre dans la constante d'équilibre pour obtenir $[H^+][OH^+] \simeq 10^{-14}$. Pour une eau sans impureté, par conséquent neutre ($[H^+]=[OH^-]$), le pH vaut donc 7.

La présence d'*acides* (d'espèces qui vont libérer des ions hydronium H^+ en solution) va contribuer à diminuer le pH et à rendre l'eau plus acide. Un bon exemple est donné par le dioxyde de carbone, qui pilote le pH « naturel » des gouttes de pluie (exercice 5.8).

Exercice 5.8 (Calcul du pH « naturel » d'une goutte de pluie)
Le dioxyde carbone CO_2 se dissout dans l'eau pour donner l'ion carbonate (CO_3^{2-}) et l'ion bicarbonate (HCO_3^-) selon le mécanisme :

$$CO_2 \xrightleftharpoons{\text{dissolution}} (CO_2)_{aq} \tag{R 135}$$

$$(CO_2)_{aq} \xrightleftharpoons{K_{a_1}} HCO_3^- + H^+ \tag{R 136}$$

$$HCO_3^- \xrightleftharpoons{K_{a_2}} CO_3^{2-} + H^+ . \tag{R 137}$$

Les constantes d'équilibre sont $K_{a_1} = 4.5 \times 10^{-7}$ M et $K_{a_2} = 4.7 \times 10^{-11}$ M à 298 K. La constante de Henry vaut $H_{CO_2} = 3.4 \times 10^{-2}$ M atm^{-1}. Quel est le pH de l'eau de pluie en considérant que les seules impuretés proviennent de la dissolution de CO_2 ($C_{CO_2} = 365$ ppm pour l'atmosphère actuelle) ? On utilisera la relation d'électroneutralité.
Réponse :
On a directement $p_{CO_2} = C_{CO_2} \times P$ avec P la pression atmosphérique (prise égale à 1 atm). On calcule alors $[(CO_2)_{aq}] = H_{CO_2} p_{CO_2} \simeq 1.24 \times 10^{-5}$ M.

Dans un premier temps, on néglige CO_3^{2-} dans la relation d'électroneutralité, ce qui donne $[HCO_3^-] = [H^+]$. L'équilibre de dissolution conduit à

$$[H^+] = \sqrt{K_{a_1}[(CO_2)_{aq}]} \simeq 2.4 \times 10^{-6}\,\text{M},$$

d'où pH $\simeq$ 5.6. On vérifie *a posteriori* (figure 5.16) que pour cette valeur, CO_3^{2-} est bien négligeable (il faut sinon résoudre une équation du troisième degré en $[H^+]$).

5.3.1.2 Chimie en phase aqueuse

La présence de gaz solubles à même de libérer des ions H^+, une fois dissous, va contribuer à rendre les gouttes d'eau (nuage, pluie, brouillard) plus acides. On parle généralement de pluie acide pour une valeur de pH inférieure ou égale à 5. Une synthèse des principales réactions chimiques à prendre en compte (réactions en phase gazeuse et en phase aqueuse, réactions hétérogènes) peut être trouvée dans le tableau 5.11.

Sulfate
En présence de gouttes d'eau, le dioxyde de soufre émis sous forme gazeuse (SO_2) va se dissoudre et libérer des acides de manière similaire à CO_2 (exercice 5.8) :

$$SO_2 \xrightleftharpoons{\text{dissolution}} (SO_2)_{aq} , \tag{R 138}$$

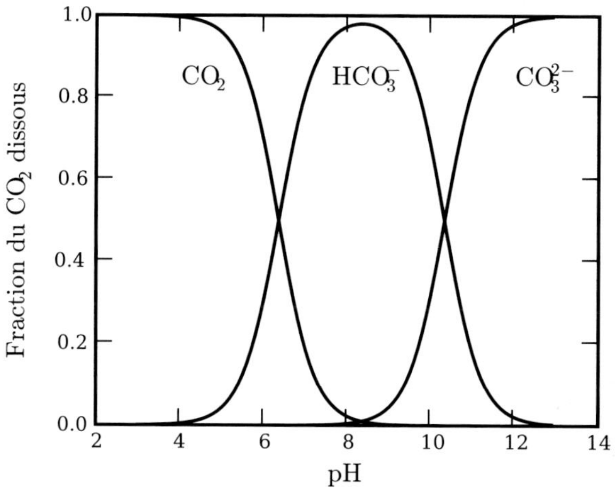

Figure 5.16 – Évolution de la dissolution de CO_2 en fonction du pH (exercice 5.8).

$$(SO_2)_{aq} \rightleftharpoons HSO_3^- + H^+ , \qquad \text{(R 139)}$$

$$HSO_3^- \rightleftharpoons SO_3^{2-} + H^+ . \qquad \text{(R 140)}$$

Cela contribue à l'acidité des gouttes d'eau (exercice 5.9).

Exercice 5.9 (Calcul du pH d'un nuage)
On considère un nuage sur une zone « polluée » avec une fraction molaire de dioxyde de soufre $C_{SO_2} = 10\,\text{ppb}$. En supposant que l'acidité est seulement donnée par la réaction (R 139), quel est le pH du nuage ?
Données :
– la constante d'équilibre vaut $K_{a_1} = 1.2 \times 10^{-2}\,\text{M}$ à 298 K ;
– la constante de Henry est $H_{SO_2} = 1.2\,\text{M}\,\text{atm}^{-1}$.
Réponse :
De même que pour l'exercice 5.8, on a directement $[H^+] = \sqrt{K_{a_1} H_{SO_2} p_{SO_2}}$, d'où un pH valant 4.9.

En réalité, l'oxydation du SO_2 dissous va contribuer à augmenter l'acidité des gouttes d'eau. L'ion HSO_3^- va en effet être oxydé par des oxydants dissous,

Réactions en phase gazeuse	
	$SO_2 + OH \rightarrow H_2SO_4 + HO_2$
	$NO_2 + OH \rightarrow HNO_3$
	$NO_2 + O_3 \rightarrow NO_3$
	$NO_2 + NO_3 \rightarrow N_2O_5$
	$N_2O_5 + H_2O \rightleftarrows 2HNO_3$
	$COV + NO_3 \rightarrow HNO_3 + \ldots$
Réactions hétérogènes	
	$NO_3 \rightarrow HNO_3$
	$N_2O_5 + H_2O \rightleftarrows 2HNO_3$
Réactions en phase aqueuse	
	$S(IV) + H_2O_2 \rightarrow S(VI)$
	$S(IV) + O_3 \rightarrow S(VI)$
	$S(IV) + O_2 \overset{Fe,\ Mn}{\rightarrow} S(VI)$
	$NO_3 \rightarrow NO_3^- + H^+$
	$N_2O_5 + H_2O \rightleftarrows 2(NO_3^- + H^+)$

Tableau 5.11 – Les principales réactions chimiques conduisant à la production de sulfate et de nitrate. Source : [124].

comme l'ozone O_3 ou le peroxyde d'hydrogène H_2O_2. Par exemple, une réaction importante dans les nuages est

$$HSO_3^- + (H_2O_2)_{aq} + OH^- \longrightarrow SO_4^{2-} + H^+ + H_2O + O_2\,. \qquad \text{(R 141)}$$

Cette dernière réaction est catalysée par les acides, une autre manière de la décrire étant

$$HSO_3^- + (H_2O_2)_{aq} + H^+ \longrightarrow SO_4^{2-} + 2\,H^+ + H_2O\,. \qquad \text{(R 142)}$$

On parle souvent d'oxydation du soufre de sa forme S(IV) (c'est-à-dire SO_2) en sa forme S(VI) (c'est-à-dire SO_4^{2-}).

Des éléments métalliques (par exemple le fer ou le manganèse), à l'état de traces au sein des gouttes d'eau, peuvent également jouer un rôle catalytique pour cette oxydation.

Nitrate

L'acide nitrique (HNO_3) est très soluble dans l'eau (tableau 5.10). Il participe également à l'acidité des gouttes de pluie selon les réactions suivantes :

$$HNO_3 \xrightleftharpoons{\text{dissolution}} (HNO_3)_{aq}\,, \qquad \text{(R 143)}$$

$$(HNO_3)_{aq} \rightleftharpoons NO_3^- + H^+\,. \qquad \text{(R 144)}$$

Rappelons que les mécanismes de formation de l'acide nitrique sont complexes (chapitre 4) :

- de jour, par oxydation de NO_2 selon

$$NO_2 + OH + M \longrightarrow HNO_3 + M\,; \qquad (R\,145)$$

- de nuit, par des réactions hétérogènes à la surface des aérosols (voir section 5.1.4.6) et dans des réactions homogènes et hétérogènes impliquant N_2O_5.

Neutralisation par des bases

La présence d'espèces basiques peut neutraliser les ions H^+ et diminuer l'acidité. C'est typiquement le cas de l'ammoniac NH_3 (essentiellement émis par l'activité agricole). Dans une solution, on a

$$NH_3 \xrightleftharpoons{\text{dissolution}} (NH_3)_{aq}\,, \qquad (R\,146)$$

$$(NH_3)_{aq} \rightleftharpoons NH_4^+ + OH-\,. \qquad (R\,147)$$

La présence de l'ion ammonium NH_4^+ neutralise l'acidité des gouttes.

Les autres sources de base sont des ions alcalins (Ca^{2+}, Na^+, K^+) liés essentiellement à la remise en suspension par le vent de poussières ou de sable (aérosols minéraux). Par exemple, dans la comparaison entre les deux sites précisés dans le tableau 5.12, le site « non acide » est déterminé par une forte teneur en Ca^{2+}, les autres concentrations étant relativement homogènes.

Ion	Site non acide	Site acide
Ca^{2+}	1.21	0.2
K^+	0.1	0.19
Mg^{2+}	0.07	0.05
NH_4^+	0.2	0.26
Na^+	0.29	0.26
Cl^-	1.00	0.45
NO_3^-	0.33	0.34
SO_4^{2-}	0.42	0.46
pH	6.19	4.65

Tableau 5.12 – Composition moyenne de l'eau de pluie sur deux sites (moyenne sur l'année 2004) : un site acide (Virolahti, Finlande) et un site non acide (Campisabalos, Espagne). À l'exception du pH, les unités sont en $mg\,l^{-1}$ (par exemple : $0.2\,mg\,l^{-1}$ d'azote, N, pour NH_4^+ sur le site acide). Source : [38].

En pratique, on trouve dans les aérosols des sels de nitrate d'ammonium $(NH_4)NO_3$ et de sulfate d'ammonium $(NH_4)_2SO_4$ ou $(NH_4)HSO_3$. Cela explique la valeur des rapports ammonium sur sulfate, dans les aérosols et dans

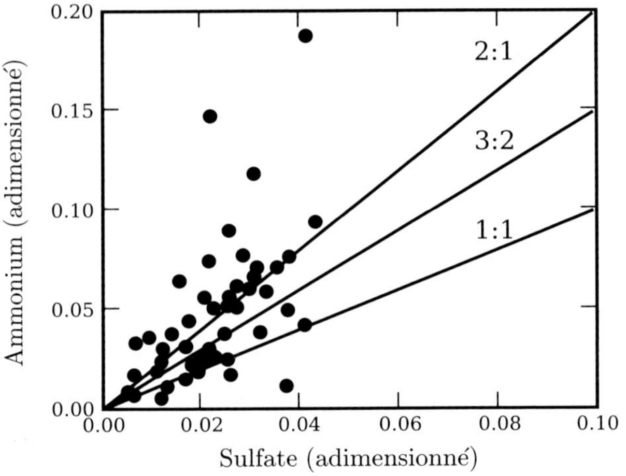

Figure 5.17 – Ratio sulfate/ammonium (dans un jeu d'unités adimensionnées) pour les données du réseau EMEP sur l'Europe (année 2004) : aérosols. Source : [38].

les pluies, qui varie typiquement de 1 à 2 (figures 5.17 et 5.18 pour les données du réseau EMEP sur l'Europe en 2004).

Exercice 5.10 (Transport à longue distance et pluies acides)
On va utiliser un modèle de boîte lagrangienne (section 6.1.5.3) pour étudier l'échelle d'impact d'une émission de soufre.

Une usine émet du dioxyde de soufre (SO_2). Le panache est transporté par un vent horizontal, de vitesse u supposée constante. On suppose que SO_2 a un temps de vie τ_{SO_2} (pour son oxydation en H_2SO_4) et que H_2SO_4 a un temps de vie $\tau_{H_2SO_4}$ (par rapport au lessivage par la pluie). À quelle distance la concentration de H_2SO_4 est-elle maximale ?
Indication : on passera avec profit de la variable temps t à la variable espace x (éloignement à la source).
Données : $u = 5\,\mathrm{m\,s^{-1}}$; $\tau_{SO_2} = 2\,\mathrm{jours}$ et $\tau_{H_2SO_4} = 5\,\mathrm{jours}$.
Réponse :
Avec $x = u \times t$, les concentrations évoluent le long du panache, pour SO_2 selon

$$\frac{\mathrm{d}[SO_2]}{\mathrm{d}x} = -\frac{[SO_2]}{\tau_{SO_2} U},$$

et pour H_2SO_4 selon

$$\frac{\mathrm{d}[H_2SO_4]}{\mathrm{d}x} = \frac{[SO_2]}{\tau_{SO_2} U} - \frac{[H_2SO_4]}{\tau_{H_2SO_4} U}$$

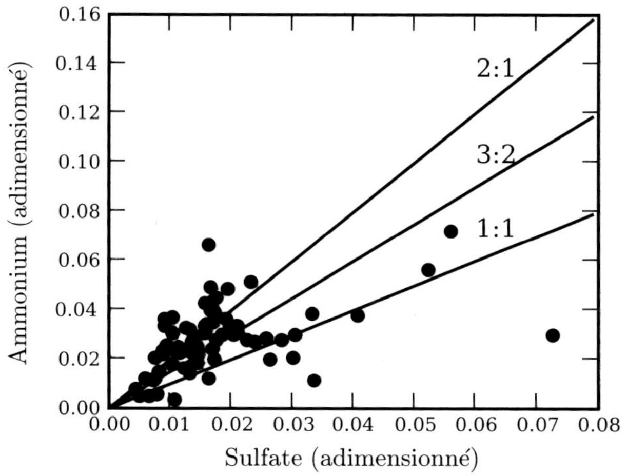

Figure 5.18 – Ratio sulfate/ammonium (dans un jeu d'unités adimensionnées) pour les données du réseau EMEP sur l'Europe (année 2004) : précipitations. Source : [38].

Après calcul, on trouve aisément

$$[H_2SO_4](x) = \frac{\tau_{H_2SO_4}}{\tau_{H_2SO_4} + \tau_{SO_2}} \left[\exp\left(-\frac{x}{\tau_{SO_2} U}\right) - \exp\left(-\frac{x}{\tau_{H_2SO_4} U}\right) \right].$$

Le maximum est atteint en

$$x^\star = U \frac{\tau_{SO_2}\tau_{H_2SO_4}}{\tau_{H_2SO_4} - \tau_{SO_2}} \ln \frac{\tau_{H_2SO_4}}{\tau_{SO_2}}$$

Une application numérique (attention aux unités !) donne une distance de l'ordre de 1300 km à la source. Cela illustre le caractère continental des pluies acides.

5.3.2 Lessivage

Les processus de lessivage jouent un rôle-clé dans les processus de perte pour les espèces gazeuses solubles et les particules, dont ils expliquent le faible temps de résidence atmosphérique (section 5.1). Le dépôt sec (voir le problème 3.1) joue un rôle moins important.

Le lessivage s'exprime par un *coefficient de lessivage*, en général noté Λ, homogène à l'inverse d'une constante de temps. L'évolution en fonction du temps de la concentration lessivée, c, est alors donnée par

$$\frac{\mathrm{d}c}{\mathrm{d}t} = -\Lambda \times c\,. \tag{5.55}$$

Le coefficient Λ paramétrise les divers processus qui conduisent au lessivage. C'est une fonction qui dépend à la fois des caractéristiques de la pluie (intensité de la pluie, distribution en taille des gouttes de pluie) et de l'espèce lessivée (solubilité pour une espèce gazeuse, taille pour une particule).

5.3.2.1 Gaz

Un gaz soluble va être entraîné par la pluie, ce qui va conduire à une diminution de sa concentration dans l'air. On distingue en général deux cas :

- le cas d'une espèce qui se dissout de manière quasi irréversible (il n'y a pas d'évaporation) : c'est typiquement le cas des espèces très solubles, comme l'acide nitrique HNO_3 (voir le tableau 5.10) ;
- le cas d'une espèce modérément soluble.

Dans le premier cas, le coefficient de lessivage s'exprime comme

$$\Lambda = \frac{6 \times 10^{-3} p_0 \; K_c}{U_r \; D_r}\,, \tag{5.56}$$

avec p_0 l'intensité de pluie (en $\mathrm{mm\,h^{-1}}$), K_c un coefficient de transfert de masse (fonction notamment de la taille de la goutte de pluie), U_r la vitesse de chute de la goutte et D_r un diamètre représentatif de la goutte de pluie.

Dans le cas général, il faut tenir compte de l'évaporation du gaz. En effet, une fois atteint un équilibre de dissolution, le transfert de masse n'est plus actif. Une forme paramétrée de cet effet de saturation est donnée par

$$\Lambda = \frac{6 \times 10^{-3} p_0 \; K_c}{U_r \; D_r} \exp\left(-\frac{6 K_c \; z}{D_r \; U_r \; H}\right)\,, \tag{5.57}$$

avec H la constante de Henry du gaz considéré et z la distance à la base du nuage. Plus la goutte avance dans sa chute, plus le coefficient de lessivage est faible (on se rapproche de l'équilibre de dissolution). De plus, le cas $H \to \infty$ permet de retrouver le cas précédent. Pour des gaz peu solubles (H faible), le lessivage est négligeable.

5.3.2.2 Aérosol

Pour un aérosol, le lessivage est une fonction fortement non linéaire de la taille de la particule et de la taille de la goutte de pluie. Ces effets sont en général représentés par la forme suivante du coefficient de lessivage (exercice 5.11),

$$\Lambda(d_p) = \frac{3}{2} \frac{E(D_r, d_p) p_0}{D_r}\,, \tag{5.58}$$

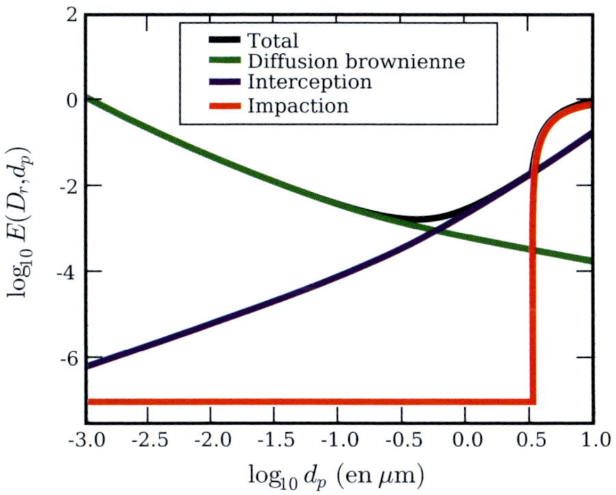

Figure 5.19 – Contributions de la diffusion brownienne, de l'interception et de l'impaction à l'efficacité de collision $E(D_r, d_p)$. Le diamètre représentatif des gouttes de pluie est ici $D_r = 0.1\,\text{mm}$. Source : [131].

avec d_p le diamètre de la particule, D_r un diamètre représentatif des gouttes de pluie (dans $[0.1, 1]$mm), p_0 l'intensité de pluie (exprimée en $\text{mm}\,\text{h}^{-1}$: de 1 à $10\,\text{mm}\,\text{h}^{-1}$) et $E(.,.)$ l'efficacité de collision. L'efficacité de collision dépend de l'ensemble des processus qui participent à la collision : une distribution typique est donnée dans la figure 5.19.

La figure 5.20 illustre la dépendance de l'efficacité de collision en fonction du diamètre représentatif de la pluie. Logiquement, une pluie plus forte conduit à un plus fort lessivage.

On note le faible lessivage des aérosols dans la partie centrale du spectre, pour des diamètres submicroniques. Cette partie du spectre correspond aux aérosols les moins lessivés et en conséquence les plus représentés dans l'atmosphère. Elle est habituellement désignée comme le *Greenfield gap* (du nom du scientifique qui l'a décrite dans les années 50 ; [44]).

De nombreuses mesures conduisent à une paramétrisation du coefficient de lessivage en fonction de l'intensité de pluie sous la forme ([131] et exercice 5.11)

$$\Lambda = A\, p_0^B\,, \tag{5.59}$$

où p_0 est exprimée en $\text{mm}\,\text{h}^{-1}$. Pour la partie grossière du spectre (au-dessus de $1\,\mu\text{m}$), les coefficients prennent pour valeurs typiques $A \in [10^{-5}, 10^{-3}]$ et $B \simeq 0.8$, et pour la partie submicronique $A \in [10^{-8}, 10^{-6}]$ et $B \simeq 0.6$.

Pour une pluie de l'ordre de $1\,\text{mm}\,\text{h}^{-1}$, on a donc comme valeur typique de coefficient de lessivage $10^{-4}\,\text{s}^{-1}$, ce qui correspond à une diminution de la

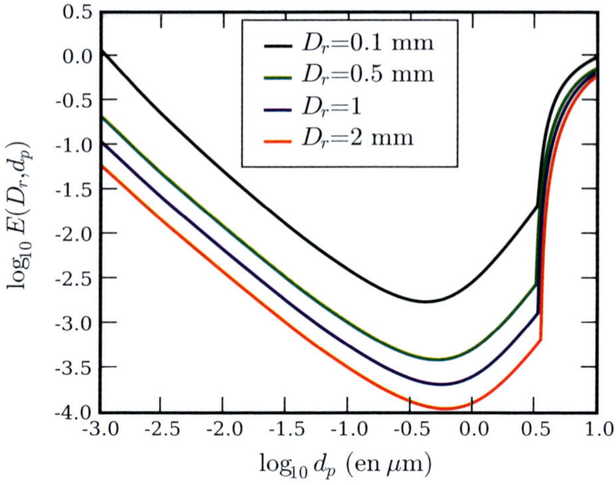

Figure 5.20 – Distribution de $E(D_r, d_p)$ en fonction de d_p pour les diamètres représentatifs de la pluie : $D_r = 0.1\,\mathrm{mm}$, $0.5\,\mathrm{mm}$, $1\,\mathrm{mm}$ et $2\,\mathrm{mm}$. Source : [131].

concentration de près de 30 % en une heure ($\exp(-3600 \times 10^{-4}) \simeq 0.7$).

Exercice 5.11 (Lessivage des aérosols par la pluie)
L'objet de cet exercice est de donner des éléments de justification pour les formulations (5.58) et (5.59) du coefficient de lessivage.

La distribution des gouttes de pluie est supposée monodisperse (une seule classe de taille), donnée par un diamètre représentatif D_r. La pluie est également définie par l'intensité de pluie (p_0), définie comme la hauteur de pluie reçue par une unité de surface au sol par unité de temps.

1. Exprimer p_0 en fonction des paramètres microphysiques qui décrivent la pluie. On introduira la vitesse U_r de chute des gouttes de pluie et n_r la densité de gouttes de pluie (en nombre de gouttes par volume d'air).
2. Montrer (5.58) en introduisant l'efficacité de collision, définie comme la fraction des aérosols qui collisionnent effectivement.
3. Des mesures indiquent que D_r (en mm) est une fonction de l'intensité de pluie selon $D_r = \alpha {p_0}^{\beta}$ (avec p_0 en $\mathrm{mm\,h^{-1}}$), avec $\alpha \in [0.25,\ 1]$ et $\beta \in [0.15,\ 0.25]$. Conclure (on prendra une efficacité de collision $E \simeq 0.1$).

Réponse :

1. Pendant un intervalle de temps Δt, les gouttes qui atteignent une surface S au sol sont dans un volume $U_r \Delta t S$. Cela représente $n_r U_r \Delta t S$ gouttes, de volume

total $n_r U_r \Delta t S \times \pi {D_r}^3/6$. On obtient l'intensité de pluie en divisant par $S\Delta t$,

$$p_0 = n_r U_r \pi {D_r}^3/6\,.$$

2. Le volume de lessivage est défini, pendant l'intervalle de temps Δt, par un cylindre généré par un disque $\pi {D_r}^2/4$ et une hauteur $U_r \Delta t$. Le volume contient donc $n_r \times U_r \Delta t \pi {D_r}^2/4$ gouttes. On obtient le coefficient de lessivage pour les aérosols de diamètre d_p en pondérant par l'efficacité de collision $E(D_r, d_p)$ et en divisant par Δt, soit

$$\Lambda(d_p) = E(D_r, d_p) \times n_r U_r \pi {D_r}^2/4\,,$$

et, en éliminant $n_r U_r$,

$$\Lambda(d_p) = E(D_r, d_p) p_0 \frac{\pi {D_r}^2/4}{\pi {D_r}^3/6} = \frac{3}{2} \frac{E(D_r, d_p) p_0}{D_r}\,.$$

3. On a directement

$$\Lambda = \frac{3}{2\alpha} E {p_0}^{1-\beta}\,.$$

Comme p_0 est exprimée en $\mathrm{mm\,h^{-1}}$, il faut ramener Λ à des $\mathrm{s^{-1}}$ en divisant par 3600. Finalement, on trouve

$$\Lambda = [4.2 \times 10^{-5},\ 1.7 \times 10^{-4}] \times p_0^{[0.75,\ 0.85]}\,.$$

Pour en savoir plus ([131]) :

B. Sportisse. A review of parameterizations for modeling dry deposition and scavenging of radionuclides. *Atmos. Env.*, 41 :2683–2698, 2007

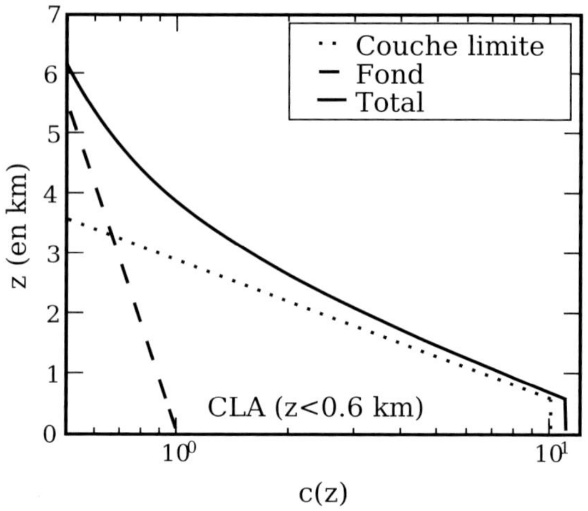

Figure 5.21 – Profil vertical de la concentration d'aérosol marin (en $\mu g\, m^{-3}$). La concentration est tracée en échelle logarithmique. Problème 5.1.

Problèmes se rapportant au chapitre 5

Problème 5.1 (Aérosols marins)

Le profil vertical des aérosols marins peut être approché en considérant que la concentration d'aérosols est donnée comme la somme d'une concentration de couche limite, $c_l(z)$, et d'une concentration de fond, $c_f(z)$. On distingue l'aérosol continental de l'aérosol marin, qui a de fortes concentrations dans les premières centaines de mètres (du fait des émissions de sel marin liées au vent). On néglige par ailleurs les transports entre mer et terre.

Le profil typique des concentrations d'aérosol marin est donné dans la figure 5.21. On distingue deux contributions. La contribution de couche limite est constante jusqu'à 600 mètres ($c_l(0) = 10\, \mu g\, m^{-3}$) puis a une hauteur d'échelle de 1 km (h_l). La contribution de fond part de $c_f(z) = 1\, \mu g\, m^{-3}$ avec une hauteur d'échelle de 8 km (h_f).

1. Donner la forme du profil de concentration d'aérosol marin $c(z)$.
2. Calculer la colonne troposphérique d'aérosol marin.
3. En déduire le temps de résidence de l'aérosol marin troposphérique.

Données :
- les mers couvrent environ 70 % du globe (de rayon $R_t = 6400\, km$) ;
- on estime le flux annuel d'aérosols marins (tableau 5.2) à $E = 3340\, Tg\, an^{-1}$;
- on prendra pour hauteur de la troposphère $z_t = 12\, km$.

Réponse :

1. L'aérosol marin est donné dans les premiers mètres ($z \leq h$ avec $h = 600\,\text{m}$) par $c_m(z) = c_l(0) + c_f(0)\exp(-z/h_f)$ avec $c_l(0) = 10\,\mu\text{g}\,\text{m}^{-3}$ et $c_f(0) = 1\,\mu\text{g}\,\text{m}^{-3}$, puis pour $z \geq h$ par $c_m(z) = c_l(0)\exp(-(z-h)/h_l) + c_f(0)\exp(-z/h_f)$.
2. La colonne troposphérique est pour l'aérosol marin

$$
\begin{aligned}
C &= \int_0^{z_t} c_m(z)\mathrm{d}z \\
&= hc_l(0) + h_l c_l(0)\left[1 - \exp\left(-\frac{z_t - h}{h_l}\right)\right] + h_f c_f(0)\left[1 - \exp\left(-\frac{z_t}{h_f}\right)\right] \\
&\simeq (h + h_l)c_l(0) + h_f c_f(0)\left[1 - \exp\left(-\frac{z_t}{h_f}\right)\right] \\
&\simeq 2.2 \times 10^{-5}\,\text{kg m}^{-2}\,.
\end{aligned}
$$

Les mers couvrant environ 70 % du globe, on obtient alors comme masse totale de l'aérosol troposphérique marin

$$
M = C \times 0.7 \times 4\pi {R_t}^2 \simeq 7.9 \times 10^9\,\text{kg}
$$

3. On trouve un temps de vie $\tau = M/E$ de l'ordre d'un jour (0.88 jour) pour les aérosols marins.

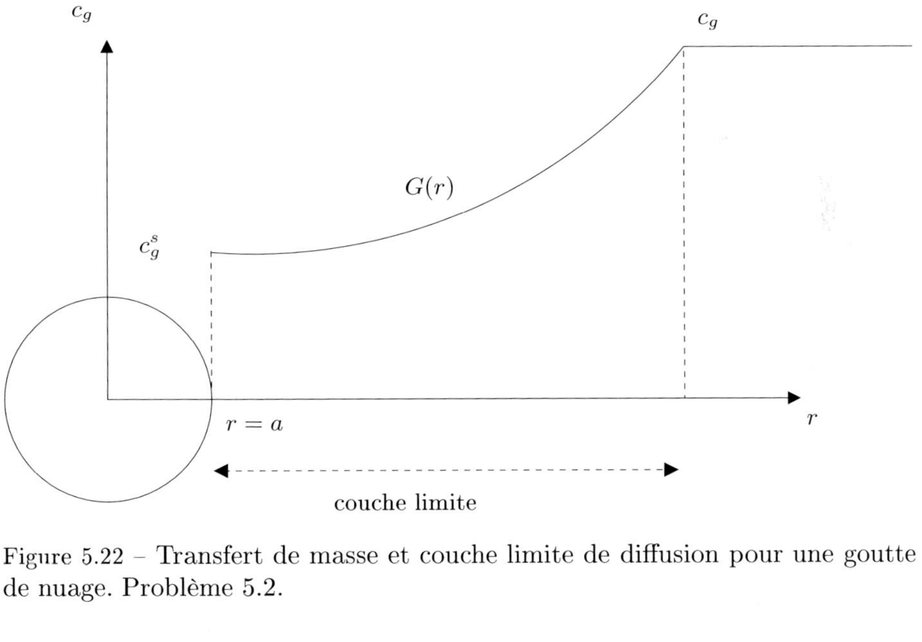

Figure 5.22 – Transfert de masse et couche limite de diffusion pour une goutte de nuage. Problème 5.2.

Problème 5.2 (Paramétrisation des transferts de masse)
L'objet de ce problème est d'obtenir la paramétrisation (5.52-5.53).

L'évolution des concentrations en phases aqueuse (c_a) et gazeuse (c_g) est donnée par le système de réaction-diffusion

$$\begin{cases} \dfrac{\partial c_g}{\partial t} + D_g \Delta c_g = \chi_g(c_g) \text{ sur } \Omega_g \\ \dfrac{\partial c_a}{\partial t} + D_a \Delta c_a = \chi_a(c_a) \text{ sur } \Omega_a \, , \end{cases}$$

avec Ω_g le volume de gaz interstitiel (entre les gouttes) et Ω_a le volume occupé par les gouttes de nuage, supposées être des sphères de rayon a. Le terme source χ_g (respectivement χ_a) décrit les réactions chimiques en phase gazeuse (respectivement en phase aqueuse). D_g (respectivement D_a) est la diffusion moléculaire en phase gazeuse (respectivement en phase aqueuse). Le flux de transfert de masse à la surface Γ des gouttes est par ailleurs donné par

$$D_g \nabla c_g \cdot \vec{n} = -D_a \nabla c_a \cdot \vec{n} = \frac{1}{4} \alpha \bar{v} \left(\frac{c_a}{HRT} - c_g \right) ,$$

où $\vec{n}$ est le vecteur unitaire normal à Γ (orienté vers l'extérieur de la goutte) ; α est le coefficient d'accommodation, $\bar{v}$ est la vitesse d'agitation thermique des espèces chimiques, H est le coefficient de Henry (qui décrit la partition entre phases gazeuse et aqueuse pour une espèce donnée), R est la constante des gaz parfaits et T la température.

On définit les concentrations moyennes des deux milieux par $\bar{c}_g = \int_{\Omega_g} c_g \, \mathrm{d}\omega$ et $\bar{c}_a = \int_{\Omega_a} c_a \, \mathrm{d}\omega$. Soit L le contenu en eau liquide, exprimé en unité de volume d'eau par unité de volume d'air (c'est le ratio du volume en eau liquide, Ω_a, sur le volume de gaz, Ω_g).

On veut montrer que le système diphasique exact peut être paramétrisé par le système homogène

$$\begin{cases} \dfrac{\mathrm{d}\bar{c}_g}{\mathrm{d}t} = \chi_g(\bar{c}_g) - L \; I(\bar{c}_a, \bar{c}_g) \\ \dfrac{\mathrm{d}\bar{c}_a}{\mathrm{d}t} = \chi_a(\bar{c}_a) + I(\bar{c}_a, \bar{c}_g) \, . \end{cases}$$

Le flux de transfert de masse I est défini comme $I(\bar{c}_a, \bar{c}_g) = k_{mt} \left(\bar{c}_g - \dfrac{\bar{c}_a}{HRT} \right)$, avec k_{mt} un coefficient de transfert de masse. Une expression classique de k_{mt} est donnée par

$$k_{mt} = \left(\frac{a^2}{3D_g} + \frac{4a}{3\bar{v}\alpha} \right)^{-1} .$$

1. Calculer Γ / Ω_g en fonction du contenu en eau liquide L et du rayon d'une goutte a. On notera, en variable intermédiaire, n le nombre de gouttes d'eau.

2. En faisant une hypothèse d'homogénéité, construire l'équation d'évolution de $\bar{c}_g(t)$. On notera c_g^s la valeur à la surface de la goutte.
3. L'hypothèse d'homogénéité ne peut pas être valide à proximité de la surface de la goutte, car il existe un fort gradient du fait du transfert de masse (figure 5.22). À proximité de la goutte, on peut supposer que la diffusion est infiniment rapide. En notant r la distance au centre de la goutte (on fait une hypothèse de symétrie sphérique), la concentration gazeuse dans cette couche limite est alors définie par

$$\Delta G = 0 \ , \quad \lim_{r \to \infty} G = \bar{c}_g \ , \quad \lim_{r \to a} G = c_g^s \, .$$

Résoudre, puis calculer c_g^s. Conclure pour la paramétrisation.
Indication : le laplacien se calcule avec $\Delta G(r) = 1/r^2 \times d\left(r^2 \mathrm{d}G/\mathrm{d}r\right)/\mathrm{d}r$.

Réponse :

1. L est défini comme $n \times 4\pi a^3/3\Omega_g$ et la surface Γ est donnée par $n \times 4\pi a^2$. On a donc $\Gamma/\Omega_g = 3L/a$.
2. On a directement, en intégrant sur le volume de la goutte et en faisant une hypothèse d'homogénéité spatiale,

$$\frac{\mathrm{d}\bar{c}_g}{\mathrm{d}t} = \chi_g(\bar{c}_g) - \frac{\Gamma}{\Omega_g}\frac{\alpha\bar{v}}{4}\left(c_g^s - \frac{c_a}{HRT}\right) = \chi_g(\bar{c}_g) - \frac{3L}{a}\frac{\alpha\bar{v}}{4}\left(c_g^s - \frac{c_a}{HRT}\right) .$$

3. Dans la couche limite, on a aisément avec l'expression du laplacien en symétrie sphérique $G(r) = A/r + B$, avec A et B deux constantes à déterminer. Avec la condition en l'infini, $B = \bar{c}_g$, tandis qu'à la surface de la goutte

$$D_g \left(\frac{\mathrm{d}G}{\mathrm{d}r}\right)_{r=a} = \frac{\alpha\bar{v}}{4}\left(c_g^s - \frac{c_a}{HRT}\right) = -D_g \frac{A}{a^2} \, .$$

On a donc $G(r) = \bar{c}_g - \dfrac{\alpha\bar{v}a^2}{4D_g r}\left(c_g^s - \dfrac{c_a}{HRT}\right)$. Évaluée en $r = a$, cette expression conduit à

$$c_g^s - \frac{c_a}{HRT} = \frac{1}{1 + \dfrac{\alpha\bar{v}a}{4D_g}}\left(\bar{c}_g - \frac{c_a}{HRT}\right) .$$

Finalement, l'évolution de $\bar{c}_g$ devient

$$\frac{\mathrm{d}\bar{c}_g}{\mathrm{d}t} = \chi_g(\bar{c}_g) - L \times k_{mt}\left(\bar{c}_g - \frac{c_a}{HRT}\right),$$

avec

$$\frac{1}{k_{mt}} = \frac{a^2}{3D_g} + \frac{4a}{3\bar{v}\alpha} \, .$$

Pour en savoir plus ([133]) :

B. Sportisse, R. Djouad. Mathematical investigation of mass transfer for atmospheric pollutants into a fixed droplet with aqueous chemistry. *J. Geophys. Res.*, 108(D2) :4073, 2003

Problème 5.3 (Distribution verticale des aérosols)
La distribution verticale des aérosols de plus grosse taille (avec un rayon supérieur à 10 µm) est pilotée par la compétition entre la turbulence atmosphérique et la sédimentation gravitationnelle. On note K_z le coefficient de diffusion turbulente verticale et $v_s(r)$ la vitesse de sédimentation, fonction du rayon r de la particule considérée. La vitesse de sédimentation s'applique comme une vitesse de chute de la particule.

1. En supposant un équilibre entre ces deux processus, quelle est l'équation vérifiée par la concentration en particules de rayon r, notée c ?
   On notera ρ la densité de l'air, supposée donnée en fonction de l'altitude z par une hauteur d'échelle H. Au sol ($z = 0$), l'émission des particules (E) et le dépôt sec (donné par une vitesse de dépôt $v_{dep}(r)$) définissent un flux turbulent (chapitre 6)
$$-\rho K_z \frac{\partial}{\partial z}\left(\frac{c}{\rho}\right)_{z=0} = E - v_{dep}(r) c_0 \,,$$
   avec c_0 la valeur de la concentration au sol. De plus, on prendra comme condition aux limites supérieure $\lim_{z\to\infty} c(z) = 0$.
2. Quelle est la hauteur d'échelle $H(r)$ des particules de rayon r ?

Indication : le flux vertical turbulent d'aérosols (chapitres 3 et 6) sera paramétré par
$$\left\langle w' c' \right\rangle = -\rho K_z \frac{\partial}{\partial z}\left(\frac{c}{\rho}\right) ,$$
avec w la composante verticale du vent.

Réponse :

1. À l'aide de la paramétrisation du flux vertical turbulent, on a directement
$$\frac{\partial c}{\partial t} + \frac{\partial}{\partial z}\left(-v_s(r) c\right) = \frac{\partial}{\partial z}\left(\rho K_z \frac{\partial}{\partial z}\left(\frac{c}{\rho}\right)\right) .$$
   L'hypothèse de stationnarité en temps conduit à
$$-v_s(r) c - \rho K_z \frac{\partial}{\partial z}\left(\frac{c}{\rho}\right) = A \,,$$
   avec A une constante à déterminer. La condition au sol ($z = 0$) permet de calculer $A = E - v(r) c_0$, en notant $v(r) = v_s(r) + v_{dep}(r)$.
2. On résout en prenant comme variable le rapport de mélange $q(r) = c(r)/\rho$. En utilisant $\rho(z) = \rho_0 \exp(-z/H)$, on obtient
$$\frac{\partial q}{\partial z} + \frac{v(r)}{K_z} q = \frac{v(r) c_0 - E}{\rho_0 K_z} \exp\left(\frac{z}{H}\right) ,$$
   soit, après intégration,
$$q(z) = B \exp\left(-\frac{v(r)}{K_z} z\right) + \frac{v(r) c_0 - E}{\rho_0 K_z} \frac{1}{\dfrac{1}{H} + \dfrac{v(r)}{K_z}} \exp\left(\frac{z}{H}\right) ,$$

où B est une constante à déterminer. La concentration est alors

$$c(z) = \rho_0 B \exp\left[-\left(\frac{v(r)}{K_z} + \frac{1}{H}\right) z\right] + \frac{v(r)c_0 - E}{K_z} \frac{1}{\dfrac{1}{H} + \dfrac{v(r)}{K_z}} .$$

La condition $\lim_{z \to \infty} c(z) = 0$ donne $c_0 = E/v(r)$, qui est par ailleurs $\rho_0 B$, soit finalement

$$c(z) = \frac{E}{v(r)} \exp\left[-\left(\frac{v(r)}{K_z} + \frac{1}{H}\right) z\right] .$$

3. La hauteur d'échelle pour la particule de rayon r est alors

$$H(r) = \frac{1}{\dfrac{v(r)}{K_z} + \dfrac{1}{H}} = \frac{H}{1 + \dfrac{Hv(r)}{K_z}} .$$

C'est, bien entendu, une fonction décroissante de la vitesse de sédimentation.

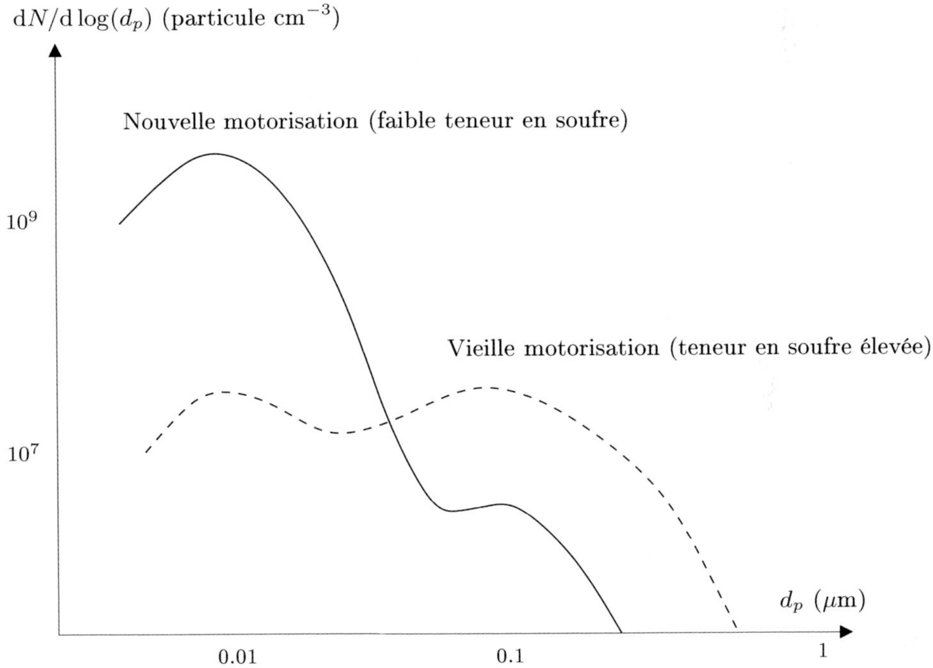

Figure 5.23 – Évolution qualitative de la distribution en taille des particules à proximité d'un tuyau d'échappement de voiture (mesures) : nouvelle motorisation (teneur en soufre faible) *versus* ancienne motorisation (teneur en soufre élevée). Problème 5.4. Source : [74].

Problème 5.4 (Évolution des particules ultrafines à petite échelle)
Les réglementations sur les émissions des voitures ont notamment conduit à une forte diminution des émissions de suie (de diamètre relativement élevé, de l'ordre de quelques dizaines de nanomètres), du fait de l'utilisation de catalyse d'oxydation et de filtres à particules, ainsi que de la diminution du contenu en soufre des carburants. Les effets peuvent néanmoins être pervers, comme on va essayer de l'illustrer avec ce problème.

1. Rappeler brièvement quels sont les processus de production et de croissance des aérosols dans l'atmosphère. À quels processus peut participer l'acide sulfurique H_2SO_4 (un gaz très peu volatil, de pression de vapeur saturante quasi nulle), produit de l'oxydation par OH du SO_2 émis ?
2. Pour simplifier, on ne considère dans la figure 5.23 que deux pics par distribution d'aérosol : un premier pic centré à 10 nm, un second pic à 100 nm. Comment a évolué entre les deux motorisations présentées le nombre de particules ? Et la masse ?
3. Quel processus va être favorisé par une diminution des aérosols de forte taille ? Commenter à présent la figure 5.23.

Réponse :

1. Les processus de croissance qui participent au *vieillissement atmosphérique* des aérosols sont essentiellement la nucléation, notamment sur la base du mélange binaire H_2O-H_2SO_4, et la condensation. H_2SO_4 participe à la fois à la nucléation et à la condensation. Ces deux processus peuvent donc être vus comme concurrents pour l'acide sulfurique disponible en phase gazeuse.
2. Le ratio de la masse d'une particule (supposée sphérique) de diamètre d_p sur celle d'une particule de diamètre $d_p/10$ est de 1000 ($m = \pi d_p^3/6 \times \rho_p$ avec ρ_p la densité des particules supposée constante). Une particule de diamètre 100 nm a donc une masse 1000 fois plus élevée qu'une particule de diamètre 10 nm.

   Le profil qui correspond à l'ancienne motorisation présente des particules décalées vers les plus grosses et donc une plus grande masse. Le profil qui correspond à la nouvelle motorisation présente une plus faible masse, mais un plus grand nombre de particules fines.
3. L'émission primaire de suies fournit des surfaces de condensation pour H_2SO_4. La diminution de la surface de condensation a conduit, pour la nouvelle motorisation, à rendre plus de H_2SO_4 disponible pour la nucléation, donc a favorisé la création de petites particules. La diminution de la masse émise a conduit indirectement à une augmentation du nombre de particules formées dans l'atmosphère (figure 5.24) !

Pour en savoir plus ([74]) :

D. Kittelson, J. Johnson, W. Watts, Q. Wei, M. Drayton, D. Paulsen, N. Bukowiecki. Diesel aerosol sampling in the atmosphere. Technical paper series 2000-01-2212, SAE (Society of Automative Engineers), 2000

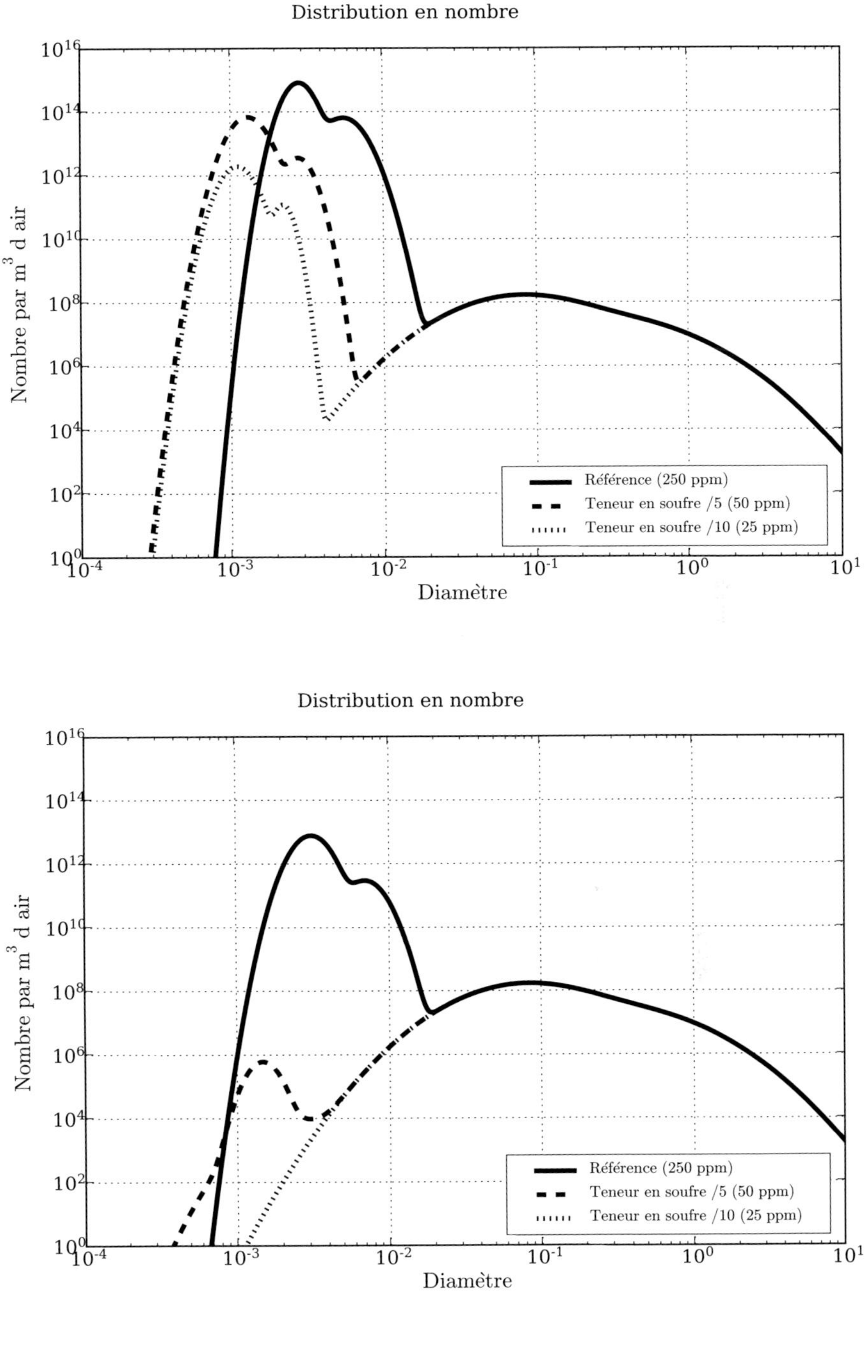

Figure 5.24 – Simulation de l'impact d'une diminution de la teneur en soufre du carburant sur la formation des particules ultrafines dans la traînée d'échappement d'un véhicule. Simulation avec le code CFD Mercure_Saturne et le modèle d'aérosols MAM. Situation de vent fort. En haut : situation hivernale (fort impact de la nucléation) ; en bas : situation estivale (faible impact de la nucléation). Crédit : Bastien Albriet, CEREA.

Chapitre 6

Vers la simulation numérique

L'objectif de ce chapitre, à tonalité plus mathématique, est de présenter les bases de la simulation numérique des processus physiques décrits dans les chapitres précédents.

Du fait de l'hypothèse de dilution, on a pu séparer l'équation d'évolution des champs descriptifs de l'écoulement (vitesse, densité, température, humidité) de celle des espèces chimiques. L'évolution de la concentration d'une espèce chimique est alors donnée par une équation de type advection-diffusion-réaction, l'équation de *dispersion réactive*. L'advection correspond au transport dans le champ de vent, la diffusion au brassage turbulent et les réactions aux processus physico-chimiques. Les modèles numériques tridimensionnels qui résolvent cette équation sont généralement appelés les *modèles de chimie-transport* (CTM pour *Chemistry Transport Models* en anglais). De tels modèles sont la base des systèmes modernes de simulation de la qualité de l'air.

La résolution numérique de l'équation de dispersion réactive soulève de nombreuses difficultés. Par exemple, la taille du système à considérer est élevée (plusieurs dizaines d'espèces chimiques, tableau 6.1). Les échelles de temps caractéristiques des phénomènes physiques sont très dispersées : de quelques fractions de seconde pour les réactions chimiques les plus rapides ou pour la condensation sur les plus petits aérosols à des heures, à des journées ou à des années pour des processus plus lents. Cela induit la *raideur* numérique du système, qui constitue un des principaux obstacles pour la simulation avec de nombreuses implications : coût calcul accru, nécessité d'utiliser des solveurs spécifiques (*implicites*), etc.

Ce chapitre est organisé de la manière suivante. L'équation de dispersion réactive est établie pour des grandeurs moyennes dans la section 6.1. La hiérarchie de modèles utilisés (des modèles gaussiens aux modèles eulériens de chimie-transport) est ensuite présentée. La section 6.2 est consacrée aux modèles de chimie-transport avec les principales problématiques numériques rencontrées : méthodes de *splitting* (découplage des processus) en section 6.2.1, résolution des modèles de cinétique chimique dans la section 6.2.2 puis de l'advection

Application	Nombre d'espèces suivies
Traceur passif	1
Photochimie	50-100
Chimie d'un nuage	10-50
Aérosols	$\geq$ 100 (20 fois, *a minima*, 5 classes de taille)

Tableau 6.1 – Nombre indicatif de variables par maille d'un CTM selon les applications (traceurs accidentels, photochimie, aérosols). Pour un modèle multiphasique, il faut considérer à la fois la chimie des nuages, la photochimie et les aérosols.

en section 6.2.3. La simulation de la dynamique des aérosols fait l'objet de la section 6.3. Enfin, des problématiques plus avancées comme le traitement des incertitudes ou l'assimilation de données (le couplage entre des sorties de modèles et des données mesurées pour contraindre une simulation) sont esquissées dans la section 6.4. Des perspectives concluent ce chapitre.

6.1 Équation de dispersion réactive

6.1.1 Hypothèse de dilution et couplage *off line*

On cherche à décrire l'évolution dans l'atmosphère de la concentration d'un ensemble d'espèces chimiques, radioactives ou biologiques, qui réagissent éventuellement entre elles.

En toute rigueur, l'évolution du système couplé (fluide et espèces) est donnée par les équations de Navier-Stokes réactives (ce qui revient à ajouter une équation pour les concentrations dans le système présenté à la section 3.5). On parle alors de modèle couplé *on line*. On fait néanmoins de manière classique une *hypothèse de dilution* qui consiste à découpler, d'une part, la dynamique du fluide, d'autre part, les concentrations des traceurs. Cela revient notamment à négliger dans l'équation d'évolution de l'énergie interne (ou de la température) la contribution due aux réactions chimiques et à figer l'interaction entre matière et rayonnement (chapitre 2).

Si la première approximation est bien vérifiée dans la troposphère, la seconde approximation revient, en revanche, à négliger un moteur-clé de la dynamique atmosphérique. Elle est valable au premier ordre pour des études de qualité de l'air, mais n'est évidemment plus valide à l'échelle globale pour des études climatiques.

Dans le cadre d'une hypothèse de dilution, les champs dynamiques (vent, température, densité, humidité de l'air, diffusion, etc.) sont donc paramétrisés ou précalculés indépendamment par un code météorologique. Ils sont ensuite utilisés comme des données d'entrée dans l'équation de dispersion pour les espèces étudiées. On parle souvent de couplage *off line*, et c'est dans ce cadre

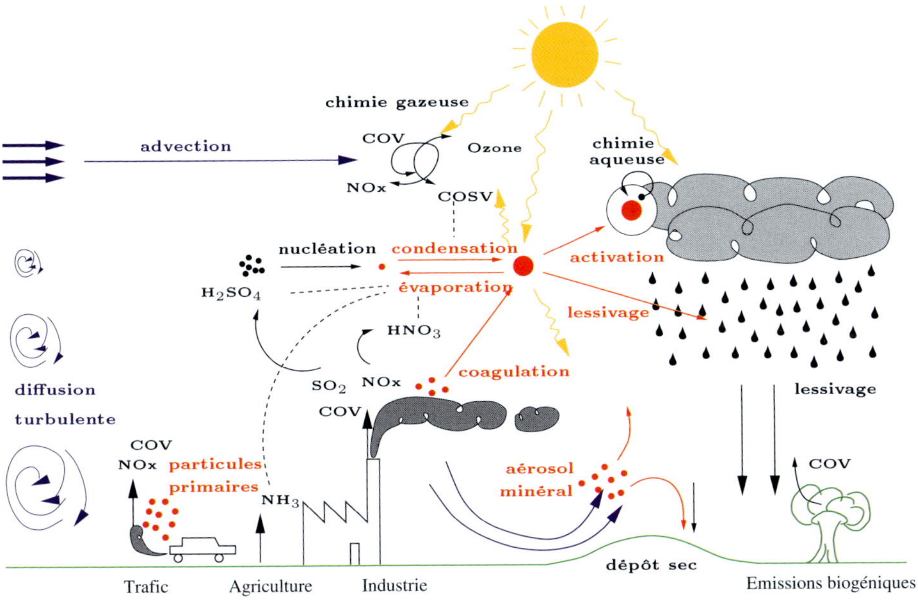

Figure 6.1 – Processus décrits dans un modèle de chimie-transport troposphérique.

que nous nous placerons dans la suite.

6.1.2 Équations d'advection-diffusion-réaction

Concentrations

Les processus qui pilotent l'évolution des espèces sont rappelés dans la figure 6.1. L'espèce X_i est décrite par une concentration en nombre de moles ou de molécules rapporté à un volume, ou par une densité (masse volumique). L'évolution de la concentration c_i de X_i obéit alors à un système d'équations aux dérivées partielles (EDP) donné par

$$\frac{\partial c_i}{\partial t}+\mathrm{div}(V(x,t)c_i) = \mathrm{div}(K_{molec}\nabla c_i)+\chi_i(c,T(x,t),t)+S_i(x,t)-\Lambda_i c_i\,, \quad (6.1)$$

où x et t désignent respectivement les coordonnées d'espace et de temps, et c est le vecteur des concentrations. Les données nécessaires sont de natures différentes :

- *données météorologiques*
  $V(x,t)$ est le champ de vitesse du fluide, K_{molec} est la matrice de diffusion moléculaire (qui doit *a priori* tenir compte de la diffusion intermoléculaire), $T(x,t)$ est le champ de température ;

- *données d'émission*
  $S_i(x,t)$ est le terme source pour l'espèce X_i, qui modélise, le cas échéant, l'émission par une source fixe (typiquement une cheminée d'usine) ;
- *paramétrisations physico-chimiques*
  χ_i désigne le taux de production chimique de l'espèce X_i en phase gazeuse (chapitre 4). Il dépend des concentrations, de la température, de la photolyse et de l'humidité relative (ces deux dernières dépendances ont été omises pour alléger les notations).
  Des termes de lessivage (par la pluie et les nuages) sont en général rajoutés, sous la forme d'un terme de perte $-\Lambda_i c_i$. Le coefficient de lessivage Λ_i est calculé à l'aide d'une paramétrisation en fonction des champs météorologiques et de variables microphysiques (notamment le contenu en eau liquide ou l'intensité de la pluie, section 5.3.2).

Rapport de mélange

Une description alternative est donnée par l'évolution du rapport de mélange, noté $C_i = c_i/\rho$ (par exemple en mol mol^{-1}). La densité du fluide porteur (l'air) vérifie l'équation de continuité (chapitre 3)

$$\frac{\partial \rho}{\partial t} + \mathrm{div}(\rho V) = 0\,. \tag{6.2}$$

Il est alors aisé de montrer (exercice 6.1) que l'évolution de C_i est donnée par

$$\frac{\partial C_i}{\partial t} + V \cdot \nabla C_i = \frac{1}{\rho}\mathrm{div}(K_{molec}\nabla(\rho C_i)) + \frac{\chi_i(\rho C, T(x,t), t) + S_i(x,t)}{\rho} - \Lambda_i C_i\,. \tag{6.3}$$

Exercice 6.1 (Rapport de mélange et consistance en masse)
On se limite au cas de l'advection pure. Démontrer l'équation d'évolution du rapport de mélange. En déduire la propriété de « consistance en masse » : un traceur passif initialement bien mélangé (c'est-à-dire de rapport de mélange homogène) le reste au cours du temps.
Réponse :
Le calcul est direct :

$$\begin{aligned}\frac{\partial C_i}{\partial t} &= \frac{1}{\rho}\frac{\partial c_i}{\partial t} - \frac{c_i}{\rho^2}\frac{\partial \rho}{\partial t} = \frac{-\mathrm{div}(Vc_i)}{\rho} + \frac{c_i}{\rho^2}\mathrm{div}(\rho V) = \frac{-\mathrm{div}(\rho V C_i) + C_i \mathrm{div}(\rho V)}{\rho}\\ &= -\left(V \cdot \nabla C_i + \frac{C_i}{\rho}\mathrm{div}(\rho V)\right) + \frac{C_i}{\rho}\mathrm{div}(\rho V) = -V \cdot \nabla C_i\,.\end{aligned}$$

On vérifie alors la propriété de consistance en masse : si $C_i(t=0) = k$ avec k une constante, $C_i(t) = k$ est solution (par ailleurs unique) de l'équation d'advection.

6.1.3 Modèles moyens et schémas de fermeture

Cette équation d'évolution est valide au niveau « microscopique » mais n'est pas applicable, telle quelle, pour des écoulements turbulents. Comme on a pu le voir au chapitre 3, il est en effet impossible de simuler l'ensemble des échelles en trois dimensions et le recours à des approches de moyennisation est nécessaire.

On suppose donc à présent que les champs étudiés se décomposent selon $\Psi = \langle\Psi\rangle + \Psi^{'}$ avec $\langle\Psi\rangle$ une grandeur moyenne et $\Psi^{'}$ une fluctuation. Parmi les principales propriétés « demandées » à l'opérateur de moyenne (que l'on ne précise pas plus), on rappelle qu'il commute avec les opérateurs de dérivation (en temps et en espace) et que $\left\langle\Psi^{'}\right\rangle = 0$. Cette décomposition s'applique à la fois aux concentrations (ou rapports de mélange) et aux champs dynamiques.

De manière directe, une telle décomposition appliquée à l'équation (6.1) conduit après moyennisation à

$$\begin{aligned}\frac{\partial\langle c_i\rangle}{\partial t} + \mathrm{div}(\langle V(x,t)\rangle\,\langle c_i\rangle) &= \mathrm{div}(K_{molec}\nabla\langle c_i\rangle) + \langle\chi_i(c,T(x,t),t)\rangle \\ &+ \langle S_i(x,t)\rangle - \langle\Lambda_i c_i\rangle - \mathrm{div}\left(\left\langle c_i^{'}V^{'}\right\rangle\right),\end{aligned} \tag{6.4}$$

en utilisant $\left(\left\langle c_i + c_i^{'}\right\rangle\right)\left(\left\langle V + V^{'}\right\rangle\right) = \langle V\rangle\,\langle c_i\rangle + \left\langle c_i^{'}V^{'}\right\rangle$.

Les termes linéaires sont transposés tels quels dans l'équation moyennée. Les termes non linéaires (en l'occurrence quadratiques) font apparaître des corrélations entre variables (une moyenne de produits de fluctuations). La *fermeture* des équations moyennées consiste alors à exprimer ces corrélations en fonction des grandeurs résolues (les valeurs moyennes).

Les deux principaux termes à fermer sont le flux turbulent et le terme de production chimique.

6.1.3.1 Flux turbulents

La moyennisation de l'équation de continuité pour l'espèce $\mathrm{X_i}$ conduit à l'introduction d'un terme de flux turbulent, non spécifié, associé au terme d'advection : $\mathrm{div}\left\langle c_i^{'}V^{'}\right\rangle$.

La fermeture des équations est effectuée de manière classique à l'aide de la théorie du gradient (ou théorie K) qui revient à exprimer le flux turbulent d'une quantité advectée, à l'instar de la diffusion moléculaire, comme proportionnel à l'opposé du gradient de la valeur moyennée (chapitre 3). Pour un champ Ψ, la paramétrisation est donc du type

$$\left\langle\Psi^{'}V^{'}\right\rangle = -K_{turb}^{\Psi}(x,t)\nabla\langle\Psi\rangle, \tag{6.5}$$

avec K_{turb}^{Ψ} la diffusion turbulente dépendant de l'espace et du temps (en pratique donnée en fonction des champs dynamiques et de leurs gradients). L'application de cette paramétrisation à la concentration c_i ou à la fraction molaire

C_i ne conduit pas à la même fermeture. Il est en fait plus cohérent d'appliquer la paramétrisation à la fraction molaire selon

$$\left\langle C_i^{'} V^{'} \right\rangle = -K_{turb} \nabla \left\langle C_i \right\rangle \,. \tag{6.6}$$

On néglige en effet généralement la fluctuation de la densité ($\rho^{'} = 0$), et, avec $c_i = \rho C_i$, on a donc $c_i^{'} V^{'} \simeq \langle \rho \rangle C_i^{'} V^{'}$ et $\langle c_i \rangle \simeq \langle \rho \rangle \langle C_i \rangle$. La paramétrisation donne alors pour la concentration

$$\left\langle c_i^{'} V^{'} \right\rangle = - \langle \rho \rangle K_{turb} \nabla \left(\frac{\langle c_i \rangle}{\langle \rho \rangle} \right) . \tag{6.7}$$

Cette paramétrisation a l'avantage de conserver la propriété de consistance en masse (exercice 6.1). Si $\langle c_i \rangle / \langle \rho \rangle$ est initialement homogène spatialement, la propriété reste vérifiée pour l'équation moyennée (la démonstration est directe en notant que, le flux turbulent étant alors nul, l'équation moyennée a la même forme que l'équation initiale). Cela n'aurait pas été le cas en appliquant directement la paramétrisation à la concentration.

La diffusion turbulente est supposée être la même pour toutes les espèces, la diffusion interespèces n'étant pas prise en compte. La matrice K_{turb} est par ailleurs prise diagonale : on note en général K_x, K_y et K_z les termes associés à la diffusion turbulente selon les directions x, y et z, respectivement.

En pratique, K_{turb} a une valeur beaucoup plus élevée que K_{molec} (de l'ordre de $10^{-5}\,\mathrm{m}^2\,\mathrm{s}^{-1}$) : la diffusion est donc uniquement turbulente en dehors d'une fine couche laminaire à proximité du sol.

Par ailleurs, les termes de diffusion horizontaux sont, d'une part, *a priori* négligeables par rapport au transport horizontal (advection), et, d'autre part, très mal connus. Ils sont également dominés par la diffusion numérique créée par les schémas d'advection (section 6.2.3 et exercice 6.6). Finalement, on ne prendra donc en compte que la diffusion verticale, décrite par K_z (typiquement de l'ordre de 1 à $10\,\mathrm{m}^2\,\mathrm{s}^{-1}$).

6.1.3.2 Effet de ségrégation

Le processus de moyennisation conduit de même à un problème de fermeture pour la chimie non linéaire. La production chimique d'une réaction bimoléculaire de réactants $\mathrm{X_i}$ et $\mathrm{X_j}$ (chapitre 4) est

$$\langle c_i c_j \rangle = \langle c_i \rangle \langle c_j \rangle + \left\langle c_i^{'} c_j^{'} \right\rangle \,, \tag{6.8}$$

où le terme de corrélation $\left\langle c_i^{'} c_j^{'} \right\rangle$ est inconnu. Ce terme est habituellement négligé et on fait l'approximation (dite parfois du *réacteur homogène*)

$$\langle \chi(c) \rangle \simeq \chi(\langle c \rangle) \,. \tag{6.9}$$

Cette approximation n'est valide que lorsque les temps caractéristiques de la chimie sont beaucoup plus grands que ceux associés aux processus d'homogénéisation turbulente (exercice 6.2). Notons que le terme de corrélation négligé correspond à ce qui est appelé un terme de *ségrégation*,

$$\langle c_i c_j \rangle = \langle c_i \rangle \langle c_j \rangle (1 + I_s) \ , \quad I_s = \frac{\left\langle c_i^{'} c_j^{'} \right\rangle}{\langle c_i \rangle \langle c_j \rangle} \ , \tag{6.10}$$

avec I_s l'*intensité de ségrégation* (dont on vérifie immédiatement qu'elle satisfait $I_s \geq -1$).

Exercice 6.2 (Nombre de Damköhler)
On définit *un* nombre de Damköhler, noté Da, comme le ratio d'un temps caractéristique de la turbulence sur un temps caractéristique de la chimie. Commenter selon l'ordre de grandeur de Da. Quelles espèces correspondent aux divers régimes ?

Réponse :
Lorsque $Da \ll 1$ (typiquement pour des COV à grand temps de vie, les PAN, etc.), on peut considérer que le mélange est homogène à l'égard de la cinétique chimique. Si $Da \gg 1$, la cinétique chimique atteint un équilibre avant que la turbulence ne redistribue les polluants : la cinétique chimique va contrôler les espèces concernées (des radicaux, voir exercice 6.5 : typiquement OH et HO_2). Si $Da \sim 1$, les temps caractéristiques sont comparables et les processus sont fortement couplés : l'approximation laminaire n'est plus valide (typiquement pour O_3 et NO_2).
Pour en savoir plus ([143]) :
J. Vila-Guerau de Arellano, A. Dosio, J.F. Vinuesa, A.M. Holtslag, S. Galmarini. The dispersion of chemically reactive species in the atmospheric boundary layer. *Meteor.Atmos.Phys.*, 87(23-38), 2004

Si deux espèces ne sont pas corrélées, $I_s = 0$. Dans le cas contraire, l'hypothèse de réacteur homogène peut conduire à surestimer ou à sous-estimer la production chimique effective *à l'échelle du modèle*. Le cas classique est donné par la réaction de titration de l'ozone par le monoxyde d'azote, clé pour la pollution photochimique (chapitre 4),

$$NO + O_3 \longrightarrow NO_2 + O_2 \ . \tag{R 148}$$

Dans une situation classique, le monoxyde d'azote NO est émis à proximité du sol (environ 90 % des émissions d'oxydes d'azote sont sous cette forme), tandis que l'ozone, espèce à durée de vie plus longue, transportée et formée sur de longues distances, domine au sommet de la couche limite. NO et O_3 ne sont pas en contact de manière homogène, NO étant de manière privilégiée dans des colonnes d'air ascendantes (*updrafts*), O_3 dans des colonnes d'air descendantes

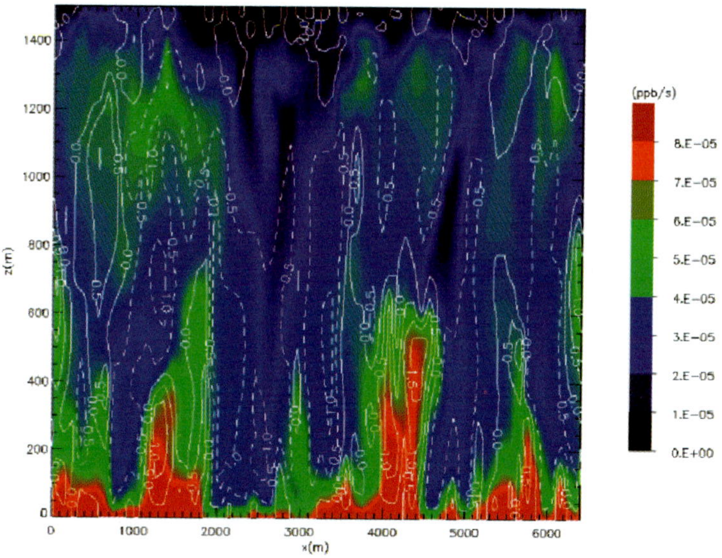

Figure 6.2 – Taux de la réaction de titration NO + O_3 dans la couche limite atmosphérique, estimé par un calcul DNS (*Direct Navier Stokes*). Crédit : Jordi Vila-Guerau de Arellano ([94]).

(*downdrafts*). On va donc se trouver dans la situation où $I_s < 0$ et l'hypothèse homogène va revenir à surestimer la vitesse de la réaction de titration.

La figure 6.2 illustre l'hétérogénéité, dans la couche limite atmosphérique, du taux de réaction estimé par un calcul DNS (*Direct Navier Stokes*), pris comme un calcul « exact ». Les zones où le taux de réaction est élevé (proche du sol) correspondent aux zones effectives de réaction.

De manière similaire, des mesures d'intensité de ségrégation sont montrées dans la figure 6.3. L'évolution en temps montre des pics marqués (en valeur absolue) qui coïncident avec les pics d'émissions de NO_x (le matin et l'après-midi). Les valeurs vont de 0 à -0.65 et sont faibles la nuit.

L'approximation laminaire n'est, de manière générale, plus vérifiée pour les réactions les plus rapides au voisinage des sources fixes. La paramétrisation de I_s reste un sujet complètement ouvert dans les modèles actuels (en 2007).

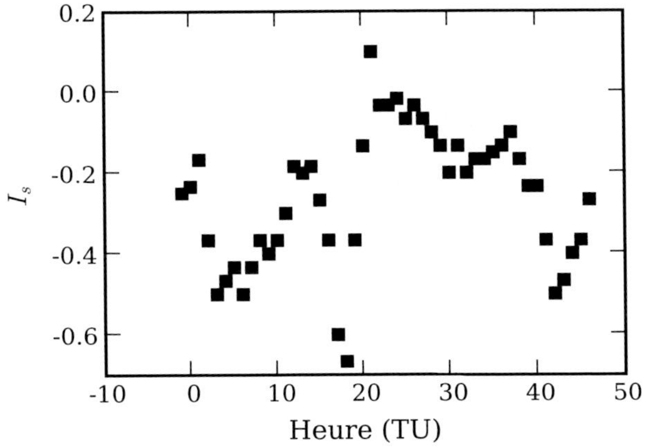

Figure 6.3 – Évolution sur deux jours (15-16 septembre 1989) de l'intensité de ségrégation de la réaction de titration, au sol, calculée à partir d'une méthode de pondération entre des stations de mesures aux Pays-Bas. Source : [144].

6.1.3.3 Équation de dispersion moyennée

Sur la base de ces hypothèses simplificatrices et en négligeant les corrélations pour le terme de lessivage, l'équation de dispersion moyennée devient donc

$$\frac{\partial \langle c_i \rangle}{\partial t} + \text{div}\left(\langle V(x,t)\rangle \langle c_i \rangle\right) = \text{div}\left[\langle \rho \rangle K_{turb} \nabla \left(\frac{\langle c_i \rangle}{\langle \rho \rangle}\right)\right] + \chi_i(\langle c \rangle, \langle T(x,t)\rangle, t) + \langle S_i(x,t)\rangle - \langle \Lambda_i \rangle \langle c_i \rangle \,. \tag{6.11}$$

Dans toute la suite, on omettra de noter $\langle \Psi \rangle$ pour alléger les notations et on conservera la notation Ψ pour la grandeur moyenne.

6.1.4 Conditions aux limites

À ces équations d'advection-diffusion-réaction sont associées des conditions initiales et des conditions aux limites.

On considère habituellement que le transport par le vent est prépondérant horizontalement alors que la diffusion turbulente domine verticalement (chapitre 3). Les conditions aux limites latérales sont donc associées à des situations de vent entrant alors que les conditions aux limites au sol et en haut du domaine portent sur le flux de diffusion.

Les conditions au sol décrivent les processus d'émission et de dépôt sec. Si

z désigne la coordonnée verticale, on a, en $z = 0$,

$$-K_z \frac{\partial c_i}{\partial z} = E_i(x,t) - v^i_{dep}(x,t) c_i \,. \tag{6.12}$$

Le terme d'émission surfacique de l'espèce X_i, E_i, dépend des conditions d'émission (rural, urbain, régional) et comprend une part anthropique, essentiellement liée au trafic routier, et une part biogénique. La vitesse de dépôt sec v^i_{dep} est paramétrisée, par espèce chimique, en fonction des conditions météorologiques dans la couche limite de surface (chapitre 3) et du type de sol. Celui-ci est caractérisé classiquement par son LUC (*land use coverage*) et par une rugosité spécifique (tableau 3.5).

En limite supérieure du domaine ($z = z_H$), au niveau de l'*atmosphère libre*, on a une condition de flux nul pour la diffusion,

$$-K_z(x,t) \frac{\partial c_i}{\partial z} = 0 \,. \tag{6.13}$$

La couche limite atmosphérique et l'atmosphère libre sont donc supposées ne pas communiquer (aux échelles de temps considérées).

6.1.5 Une hiérarchie de modèles

De nombreuses approches sont utilisées pour résoudre l'équation (6.11). La palette de modèles disponibles est donnée de manière indicative dans le tableau 6.2.

Type de modèle	applications et maturité
Gaussien et bouffées	risque industriel
Lagrangien particulaire	risque industriel
Boîte eulérienne	prévision (1980-2000)
Boîte lagrangienne	impact (1980-2000)
Eulérien 3D, CTM gazeux	prévision et impact (1990- .)
Eulérien 3D, CTM multiphasique	prévision et impact (2000- .)
Modèle couplé *on line*	recherche (2000/2005- .)

Tableau 6.2 – Une palette de modèles. Entre parenthèses, des dates indicatives pour la période d'utilisation privilégiée. Quelques modèles couplés *on line* commencent à être utilisés en mode recherche.

6.1.5.1 Modèles gaussiens

Cas académique

Les modèles les plus basiques sont les modèles gaussiens ([10], pour des compléments). On peut les introduire à l'aide d'une remarque de nature académique. On considère un modèle eulérien pour un traceur passif, émis par une source ponctuelle dans un champ de vent constant (u), aligné sur une direction, par exemple l'axe des x, dans un champ de densité constant. L'équation de dispersion pour le rapport de mélange est alors

$$\frac{\partial C}{\partial t} + u\frac{\partial C}{\partial x} = K_x\frac{\partial^2 C}{\partial x^2} + K_y\frac{\partial^2 C}{\partial y^2} + K_z\frac{\partial^2 C}{\partial z^2}\,. \tag{6.14}$$

On étudie une émission ponctuelle à l'origine et instantanée (à $t = 0$). Elle est donnée par la condition initiale $C(x, y, z, 0) = S\delta(x)\delta(y)\delta(z)$, avec $\delta(.)$ la fonction de Dirac en 0. En dimension *infinie* (situation académique), la solution est « gaussienne »,

$$C(x, y, z, t) = \frac{S}{(2\pi\, t)^{3/2}\sqrt{K_x K_y K_z}} \exp\left[-\frac{(x-ut)^2}{4K_x t} - \frac{y^2}{4K_y t} - \frac{z^2}{4K_z t}\right]. \tag{6.15}$$

Le panache a donc un étalement, par exemple dans la direction x, donné par la variance $2K_x t$ (souvent notée σ_x^2).

Ce calcul fournit la base des modèles gaussiens. En pratique, il existe de nombreuses situations, en fonction des hypothèses sur la source et sur les conditions aux limites au sol, pour lesquelles des calculs analytiques sont utilisés à l'échelle locale. Le domaine de validité est de quelques kilomètres au voisinage des sources.

Modèle gaussien rectiligne

Un modèle *gaussien rectiligne* (*Gaussian plume model*, figure 6.4) est un modèle stationnaire qui s'applique au cas d'une source continue en temps émise à l'origine ($x = y = 0$), à la hauteur h, avec une hypothèse de réflexion totale au sol. Il s'écrit

$$C(x, y, z) = \frac{S}{2\pi u \sigma_y \sigma_z} \exp\left(-\frac{y^2}{2\sigma_y^2}\right)\left[\exp\left(-\frac{(z-h)^2}{2\sigma_z^2}\right) + \exp\left(-\frac{(z+h)^2}{2\sigma_z^2}\right)\right]. \tag{6.16}$$

La prise en compte du dépôt au sol est difficile (plusieurs approches existent). Des paramétrisations permettent, selon les divers cas de stabilité atmosphérique, d'exprimer les $\sigma_\star^2$ en fonction des champs météorologiques et de la distance à la source. Ces paramétrisations empiriques peuvent être discrètes (fondées sur des classes de stabilité de l'atmosphère) ou calculées à partir de grandeurs météorologiques, comme la longueur de Monin-Obukhov ou la hauteur de mélange (section 3.5.2.4).

Modèle de bouffées

L'extension logique d'un modèle gaussien rectiligne est un *modèle à bouffées* (*Gaussian puff model*), qui permet de représenter la variation des émissions au cours du temps (ainsi que celle des conditions météorologiques). On suppose qu'une *bouffée* ponctuelle est émise dans N intervalles de temps successifs de durée Δt. Chaque bouffée évolue de manière indépendante des autres bouffées

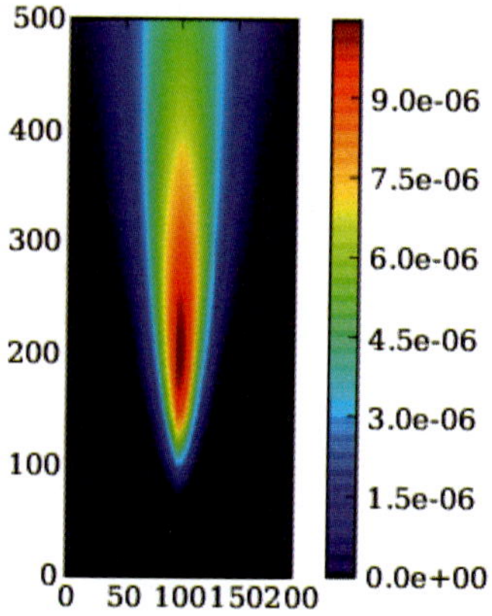

Figure 6.4 – Champ d'activité d'un radionucléide au sol (en Bq) simulé par un modèle gaussien (avec la paramétrisation de Briggs pour les variances $\sigma_\star^2$). Simulation avec le système POLYPHEMUS. Crédit : Irène Korsakissok, CEREA.

selon un modèle gaussien. La concentration est alors calculée en sommant sur l'ensemble des bouffées (figure 6.5),

$$\forall t \geq N\Delta t \,,$$

$$C(x,y,z,t) = \frac{1}{(2\pi)^{3/2}} \sum_{i=1}^{i=N} \frac{S_i \Delta t}{\sigma_x \sigma_y \sigma_z} \exp\left[-\frac{(x - x_i(t))^2}{2\sigma_x^2} - \frac{(y - y_i(t))^2}{2\sigma_y^2}\right] \quad (6.17)$$
$$\times \left[\exp\left(-\frac{(z - z_i(t) - h)^2}{2\sigma_z^2}\right) + \exp\left(-\frac{(z - z_i(t) + h)^2}{2\sigma_z^2}\right)\right],$$

avec $S_i \Delta t$ l'émission à l'origine au temps $t_i = i\Delta t$. La position du centre de masse de la bouffée i est donnée, par exemple pour l'axe des x, par

$$x_i(t) = x_i(t - \Delta t) + u\left(x_i(t - \Delta t), t - \Delta t\right) \Delta t \,, \quad (6.18)$$

avec $u(x,t)$ la composante du vent selon l'axe des x. La modélisation de l'évolution de la taille des bouffées est un des points épineux de tels modèles : de nombreuses paramétrisations décrivent l'évolution de $\sigma_\star^2$ en temps et en espace pour les bouffées ([10]).

Même si ces modèles ont de fortes limitations, leur simplicité de mise en œuvre justifie qu'ils soient encore très utilisés, notamment pour des applications liées à la dispersion de traceurs accidentels *passifs* en champ proche (quelques kilomètres après l'émission ; figure 6.4). L'extension de ces modèles à des cas réactifs est, en revanche, particulièrement périlleuse et peu justifiée rigoureusement.

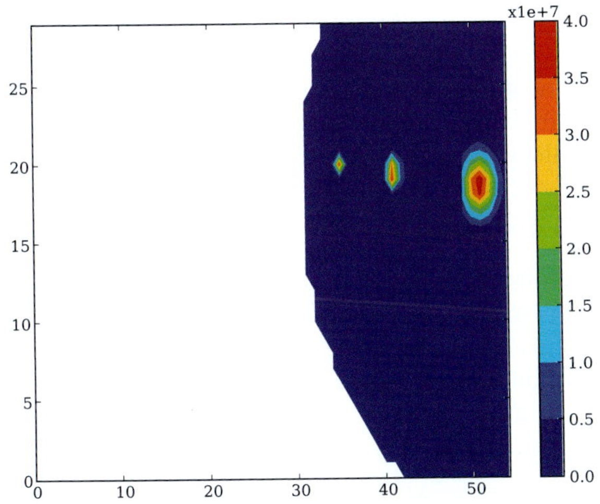

Figure 6.5 – Champ de concentration au sol d'un aérosol de diamètre 1 µm, simulé par un modèle à bouffées. La concentration est sans dimension. Simulation avec le système POLYPHEMUS. Crédit : Irène Korsakissok, CEREA.

6.1.5.2 Modèles lagrangiens particulaires

Un modèle *lagrangien particulaire* est fondé sur le suivi de *particules numériques*. La justification provient de l'interprétation stochastique de l'équation de dispersion passive (équation de Fokker-Planck). Pour un champ de vitesse du vent $\vec{V} = (u, v, w)$ et un champ de diffusion $K = (K_x, K_y, K_z)$, une particule numérique suit la trajectoire $(x(t), y(t), z(t))$. Le passage du temps t_n au temps $t_{n+1} = t_n + \Delta t$ est effectué par

$$\begin{aligned} x(t_{n+1}) &= x(t_n) + \left(u + \frac{\partial K_x}{\partial x}\right)\Delta t + \sqrt{2K_x}\Delta W_x \\ y(t_{n+1}) &= y(t_n) + \left(v + \frac{\partial K_y}{\partial y}\right)\Delta t + \sqrt{2K_y}\Delta W_y \\ z(t_{n+1}) &= z(t_n) + \left(w + \frac{\partial K_z}{\partial z}\right)\Delta t + \sqrt{2K_z}\Delta W_z\,. \end{aligned} \tag{6.19}$$

$\Delta W_\star$ est un « bruit gaussien », un processus stochastique qui suit une loi normale $\mathcal{N}(0, \Delta t)$ (de moyenne nulle et de variance Δt). La concentration c qui en résulte (en comptabilisant toutes les particules dans une maille du domaine) vérifie, en repassant à la limite continue,

$$\frac{\partial c}{\partial t} + \mathrm{div}(\mathrm{Vc}) = \mathrm{div}(\mathrm{K}\nabla\mathrm{c})\,. \tag{6.20}$$

L'avantage d'un modèle particulaire est de pouvoir suivre finement (avec une faible diffusion numérique) une émission ponctuelle. Il nécessite néanmoins un grand nombre de particules numériques pour converger (plusieurs dizaines de milliers ; éventuellement moins en utilisant une méthode de *kernel*, pour laquelle on affecte une densité à chaque particule). Il est difficilement généralisable au cas réactif (il faut alors suivre des corrélations entre particules numériques).

6.1.5.3 Modèles de boîtes

Les modèles de boîtes (*box models*) sont définis en considérant des domaines de grande dimension par rapport à une maille classique (les « boîtes »), dans lesquels les concentrations sont considérées comme homogènes. Pour un modèle de boîte *eulérienne*, on a, en intégrant l'équation (6.11) et en tenant compte des conditions aux limites,

$$\frac{\mathrm{d}\bar{c}_i}{\mathrm{d}t} = \chi_i(\bar{c}) + \frac{1}{z_H}(E_i - v^i_{dep}\bar{c}_i)\,. \tag{6.21}$$

La grandeur suivie est ici $\bar{c} = (\int_0^{z_H} c(z)\mathrm{d}z)/z_H$. On a fait de plus l'hypothèse d'homogénéité pour la chimie avec $(\int_0^{z_H} \chi_i(c(z))\mathrm{d}z)/z_H \simeq \chi_i(\bar{c})$.

Plusieurs boîtes peuvent être connectées entre elles en introduisant des termes de flux entre boîtes. Par exemple, une boîte peut représenter la couche de mélange (et alors z_H est la hauteur de mélange, fonction du temps), une autre boîte la couche résiduelle (exercice 3.3). Très populaires dans les années 90, ces modèles ne sont presque plus utilisés.

Les modèles de boîtes *lagrangiennes* négligent la turbulence et résolvent les équations de la cinétique chimique et les processus de dépôt et de lessivage, le long des caractéristiques de l'écoulement (exercice 6.4). Du fait de leur faible coût de calcul, ces modèles ont été beaucoup utilisés dans les années 90 afin d'estimer les relations sources/récepteurs pour la pollution transfrontière. Ils ne sont pratiquement plus utilisés.

6.1.5.4 Modèles de chimie-transport (CTM)

Les modèles de chimie-transport résolvent directement, par des méthodes numériques appropriées, les équations (6.11). Les méthodes numériques utilisées font l'objet des sections qui suivent. Les paramétrisations physiques pour les divers processus sont les ingrédients-clés d'un CTM (dont un schéma de principe est donné dans la figure 6.6).

Émissions (E_i et S_i)

Elles sont en général fournies par des *inventaires d'émissions*, souvent peu précis, en général par classe d'activités économique (on parle de classe SNAP, pour *selected nomenclature for air pollution*) (tableau 6.3 pour l'Île-de-France). La distribution temporelle des émissions à un niveau de discrétisation utilisable

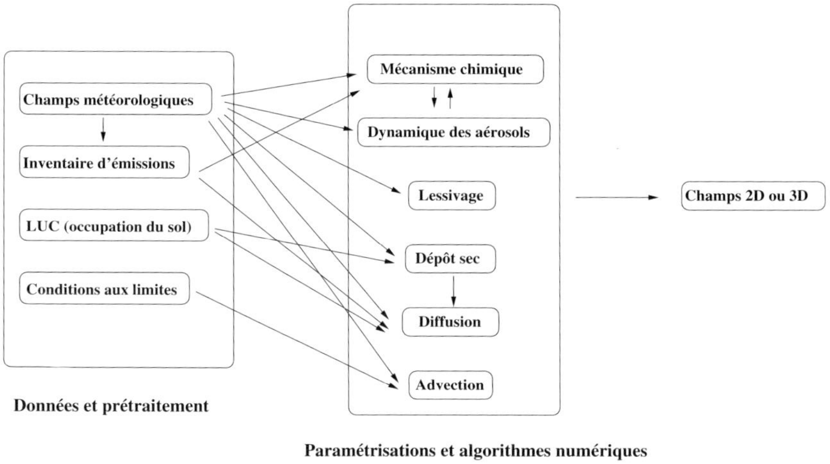

Figure 6.6 – Schéma de principe d'un CTM (couplage *off line*).

par un modèle (de l'ordre de l'heure) est rarement donnée de manière précise et des profils-types sont souvent utilisés. Enfin, un point délicat concerne la composition chimique des émissions (et la distribution en taille pour les particules primaires) : par exemple, les COV sont donnés globalement et il s'agit de les redistribuer selon des espèces réelles (*spéciation*) puis ensuite de les projeter sur les « espèces modèles » effectivement décrites par les mécanismes chimiques (*agrégation*).

Champs météorologiques (V, T, ρ)

Ils sont fournis par des modèles météorologiques et projetés sur les grilles de calcul des CTM. Les procédures de projection et d'interpolation sont délicates et génératrices d'erreurs. Un point spécifique concerne la cohérence avec l'équation de continuité de la densité (exercice 6.7 pour la « consistance en masse »).

Diffusion turbulente (K_z)

La paramétrisation de K_z est un élément déterminant d'un CTM. Plusieurs paramétrisations alternatives existent en fonction des gradients de température potentielle et de vitesse du vent (chapitre 3). Un point sensible est le choix du seuillage de K_z (sa valeur minimale : typiquement 0.5 m^2 s^{-1}), notamment pour la description de la couche limite nocturne, caractérisée par une plus forte stabilité (chapitre 3).

Mécanisme chimique ($\chi_i(.)$)

C'est l'autre élément central d'un CTM. Pour des traceurs passifs (ou des radionucléides), il est remplacé par une paramétrisation du « vieillissement » en fonction d'un temps de vie (ou de la filiation radioactive). Pour des espèces

	SNAP	NO_x	CO	SO_2	COV	PM_{10}	CO_2
1	Énergie et chauffage urbain	10	1	40.5	0.5	9	12
2	Résidentiel	12	17	42	7.5	28.5	46
3	Industrie	4.5	0	10	0	2	5.5
4	Pétrochimie	0	0	1	1	18	0
5	Distribution essence	0	0	0	3.5	0	0
6	Solvants (peintures)	0	0	0	41	0	0
7	Transport routier	52	77	3.5	29.5	36.5	29
8	Autres sources mobiles	9	4	1	2.5	3	3
9	Déchets	4.5	1	2.	1	2.5	4.5
10	Agriculture	8	0	0	0	0.5	0
11	Sources biogéniques	0	0	0	13.5	0	0
	Total ($\mathrm{kT\,an^{-1}}$)	161	398	68	178	22	49567

Tableau 6.3 – Inventaire d'émissions de l'Île-de-France (2006). Le total est en $\mathrm{kT\,an^{-1}}$ (kT pour kilotonne) ; pour chaque SNAP, la contribution est en %. Source : Airparif.

réactives, le mécanisme est fonction des processus considérés et de la partie de l'atmosphère qui est simulée (chapitre 4 pour la distinction entre chimie « troposphérique » et chimie « stratosphérique »). À ce jour, on n'utilise pas de mécanisme « universel » de chimie atmosphérique (on parle de mécanisme *maître* pour les mécanismes extrêmement détaillés).

Un mécanisme chimique décrivant la pollution photochimique met typiquement en jeu une centaine d'espèces et plusieurs centaines de réactions pour la seule phase gazeuse.

Lessivage (Λ_i)

Les processus de lessivage par les nuages ou par les précipitations jouent un rôle déterminant pour les espèces gazeuses solubles et les aérosols (chapitre 5), dont ils déterminent le temps de résidence atmosphérique. Ces processus restent incertains et leur paramétrisation au sein de modèles tridimensionnels demeure un enjeu de la simulation, d'autant plus que les incertitudes sur la microphysique et sur les paramètres qui décrivent une pluie ou un nuage sont fortes.

Dépôt sec (v_i^{dep})

Le dépôt sec dépend à la fois des espèces considérées, des conditions météorologiques qui règnent dans la couche limite de surface et de l'occupation des sols. Il est en général décrit par une vitesse de dépôt sec (équation (6.12)), paramétrée par un modèle de résistances (exercice 3.1). Ce processus est particulièrement difficile à prendre en compte, par exemple du fait des incertitudes sur l'occupation des sols, qui varie au cours des saisons. Des processus, comme la codéposition entre espèces, restent également mal connus.

6.2 Méthodes numériques pour les modèles de chimie-transport

Cette section et la suivante présentent les bases des algorithmes numériques utilisés dans les CTM. Leur contenu est relativement technique (analyse numérique de base). Le lecteur désireux de prendre connaissance de problématiques plus évoluées pour les chaînes modernes de simulation peut directement passer à la section 6.4, en considérant le modèle comme une « boîte noire ».

6.2.1 Méthodes de séparation d'opérateurs

6.2.1.1 Principe

L'équation de dispersion réactive peut être réécrite en distinguant les contributions des divers processus sous la forme

$$\frac{\mathrm{d}c}{\mathrm{d}t} = \sum_{j=1}^{j=n_p} f_j(c)\,, \tag{6.22}$$

avec n_p le nombre de processus et $f_j(c)$ le terme source associé au processus j (advection, diffusion, réaction, etc.). L'ensemble des processus est *a priori* couplé et la résolution de cette équation devrait, en toute rigueur, s'appuyer sur une prise en compte simultanée des processus. En pratique, les méthodes numériques sont souvent fondées sur ce que l'on appelle une méthode de « séparation d'opérateurs » (*opérateurs* est à comprendre au sens de *processus*; *operator splitting* en anglais). Dans la suite, on utilisera, par abus, le terme de *splitting*. Le principe est simplement de résoudre de manière découplée les processus pour n'avoir à traiter que des modèles du type

$$\frac{\mathrm{d}c}{\mathrm{d}t} = f_j(c)\,. \tag{6.23}$$

Les motivations de cette séparation sont de divers ordres :

- des schémas numériques appropriés aux propriétés de chaque processus (voir les sections qui suivent) peuvent être utilisés ;
- les performances en temps calcul d'une approche couplée peuvent être mauvaises (par exemple si un schéma implicite en temps est requis, voir la section 6.2.2) ;
- enfin, de manière très pragmatique, une telle approche permet de récupérer « sur étagère » des modules existants pour chacun des processus (et par là même d'ajouter simplement des processus dans la modélisation).

Découpler numériquement des processus qui sont couplés physiquement a bien entendu une contrepartie en termes de perte de précision. Les diverses méthodes de *splitting* utilisées vont donc chercher à minimiser cette erreur (l'*erreur de splitting*). Dans le cas de processus linéaires ($f_j(c) = A_j c$ avec A_j une matrice), des solutions analytiques existent pour les problèmes couplé et découplé : l'erreur de *splitting* est, en général, simplement estimée dans ce cas-là.

6.2.1.2 Quelques méthodes de *splitting*

Les méthodes de *splitting* sont classiquement présentées pour le cas de deux processus linéaires,

$$\frac{\mathrm{d}c}{\mathrm{d}t} = A_1\, c + A_2\, c\,. \tag{6.24}$$

Soit c_n la solution numérique calculée au temps t_n. Les méthodes de *splitting* permettent de calculer la solution numérique c_{n+1} au temps $t_{n+1} = t_n + \Delta t$ où Δt est appelé classiquement le pas de temps de *splitting*.

***Splitting* de premier ordre**

La méthode la plus simple revient à intégrer de manière séquentielle les deux processus, par exemple le processus A_1 puis le processus A_2 (l'ordre de la séquence peut être inversé). On a alors à résoudre sur un intervalle $[0, \Delta t]$,

$$\frac{\mathrm{d}c^\star}{\mathrm{d}t} = A_1\, c^\star \ , \quad c(0) = c_n\,. \tag{6.25}$$

On obtient une solution intermédiaire $c^\star(\Delta t)$. La seconde étape est alors donnée par la résolution sur $[0, \Delta t]$ de

$$\frac{\mathrm{d}c^{\star\star}}{\mathrm{d}t} = A_2\, c^{\star\star} \ , \quad c^{\star\star}(0) = c^\star(\Delta t)\,. \tag{6.26}$$

La solution à Δt fournit $c_{n+1} = c^{\star\star}(\Delta t)$.

Il est aisé de montrer que l'erreur *locale* de *splitting* (celle réalisée en un pas de temps) est d'ordre 2 en Δt (exercice 6.3). En sommant sur l'intervalle de temps d'intégration, cela génère une *erreur globale* en $O(\Delta t)$. On parle alors logiquement de méthode du premier ordre. On reviendra dans la section 6.2.2 sur les notions d'erreurs locale et globale.

Exercice 6.3 (Erreur de *splitting*)
Montrer que l'erreur locale de *splitting* de premier ordre est en $O(\Delta t^2)$.
Réponse :
On compare la solution exacte $c(t_{n+1})$ et la solution numérique c_{n+1},

$$c(t_{n+1}) = \exp\left[(A_1 + A_2)\Delta t\right] c_n \ , \quad c_{n+1} = \exp(A_2 \Delta t) \exp(A_1 \Delta t) c_n \ ,$$

où exp désigne l'exponentielle de matrice. L'erreur est donc associée à un défaut de commutation des exponentielles de matrices, l'égalité

$$\exp\left[(A_1 + A_2)\Delta t\right] = \exp(A_2 \Delta t) \exp(A_1 \Delta t)$$

n'étant vérifiée que si $A_1 A_2 = A_2 A_1$.

On rappelle le développement limité $\exp(A\Delta t) = I + A\Delta t + A^2\Delta t^2/2 + O(\Delta t^3)$ où I est la matrice *identité*. Il est alors aisé de vérifier par un développement limité en Δt que le terme dominant de l'erreur de *splitting*, $c(t_{n+1}) - c_{n+1}$, est, dans le cas d'une non-commutation, en $(A_1 A_2 - A_2 A_1)\Delta t^2/2$. Cela correspond à une *erreur locale* (effectuée en un pas de temps).

Une autre méthode, parfois appelée *Source Splitting*, est souvent utilisée. L'intégration du premier processus ne conduit pas à modifier la condition initiale, mais à ajouter un terme source supplémentaire dans l'intégration du second processus,

$$\frac{\mathrm{d}c^{\star\star}}{\mathrm{d}t} = A_2\, c^{\star\star} + \frac{c^{\star}(\Delta t) - c_n}{\Delta t}\ , \quad c^{\star\star}(0) = c_n\,. \tag{6.27}$$

Cette méthode est souvent recommandée lorsque le processus A_1 est lent et le processus A_2 comprend des dynamiques rapides (voir la sous-section 6.2.1.3 et la notion de réduction d'ordre).

***Splitting* de second ordre**

Une manière simple d'avoir une méthode de *splitting* plus précise (de « monter en ordre ») est évidemment de supprimer le terme dominant en $O(\Delta t^2)$. Il suffit pour cela de calculer une solution avec la séquence A_1 puis A_2 (disons $c_{A_1-A_2}$) puis avec la séquence à ordre inversé (disons $c_{A_2-A_1}$). L'erreur locale associée à la solution $(c_{A_1-A_2} + c_{A_2-A_1})/2$ est alors d'ordre 4.

Cette approche nécessite de résoudre en tout *quatre* sous-problèmes. Une manière plus efficace de procéder est donnée par ce que l'on appelle souvent le *splitting de Strang*[1]. Le défaut de symétrie de la méthode du premier ordre est évité en intégrant sucessivement A_1 sur $[0, \Delta t/2]$, A_2 sur $[0, \Delta t]$ puis de nouveau A_1 sur $[0, \Delta t/2]$. Chaque processus est donc intégré sur un intervalle de temps $[0, \Delta t]$.

La solution obtenue est $c_{n+1} = \exp(A_1\Delta t/2)\exp(A_2\Delta t)\exp(A_1\Delta t/2)c_n$. On montre par développement limité que l'erreur locale est d'ordre 3 en Δt, ce qui définit une méthode d'ordre 2. L'avantage est que seulement *trois* sous-problèmes ont été résolus.

6.2.1.3 Compléments

Application à l'équation de dispersion réactive

L'analyse d'erreur est généralement effectuée pour des problèmes linéaires. L'extension au cas non linéaire est plus technique et va bien au-delà de cette présentation ([79]). Néanmoins, les calculs se font aisément dans le cas d'une équation d'advection-diffusion-réaction (l'équation de dispersion réactive) et on

[1] En l'honneur du mathématicien américain Gilbert Strang.

peut montrer le résultat suivant (l'exercice 6.4 traite du cas de l'advection et de la chimie).

Théorème 6.2.1
Les couples suivants de processus n'ont pas d'erreur de splitting *:*

- *l'advection et la chimie si le vent est à divergence nulle et si la chimie ne dépend pas de la position spatiale ;*
- *la diffusion et l'advection si le vent et la diffusion ne dépendent pas de la position spatiale ;*
- *la diffusion et la chimie si la chimie est linéaire et ne dépend pas de la position spatiale.*

La non-dépendance spatiale est *localement* crédible. En revanche, l'hypothèse de chimie linéaire est associée à une cinétique monomoléculaire, ce qui n'est évidemment pas réaliste. L'erreur de *splitting* va donc essentiellement provenir du découplage entre chimie et diffusion verticale. Le traitement des conditions aux limites est également une source potentielle d'erreurs.

Exercice 6.4 (Modèle d'advection-réaction)
On néglige la diffusion et on suppose que la cinétique chimique ne dépend pas de la position spatiale. Le modèle de dispersion devient donc pour la concentration

$$\frac{\partial c}{\partial t} + \mathrm{div}(\mathrm{Vc}) = \chi(\mathrm{c}) \,.$$

En supposant que $\mathrm{divV} = 0$, montrer que l'on peut séparer les processus. Ce résultat peut être interprété en termes de *splitting*. Il fournit également la base des modèles de boîtes lagrangiennes (pour lesquels on résout la cinétique chimique le long des caractéristiques, $\mathrm{d}X/\mathrm{d}t = V$).

Réponse :
On note $\bar{c}(t) = c(X(t), t)$ la solution le long de la caractéristique $X(t)$. On a directement

$$\frac{\mathrm{d}\bar{c}}{\mathrm{d}t} = \frac{\partial c}{\partial t} + \frac{\mathrm{d}X}{\mathrm{d}t}\frac{\partial c}{\partial x} = \frac{\partial c}{\partial t} + V\frac{\partial c}{\partial x} = \chi(\bar{c}) \,,$$

car $\mathrm{div(Vc)} = \mathrm{V} \cdot \nabla\mathrm{c}$ comme $\mathrm{div\ V} = 0$. La solution exacte peut donc se calculer par *splitting* en intégrant la chimie le long de la courbe caractéristique. Cela montre que l'erreur de *splitting* est nulle.

Réduction d'ordre

L'analyse d'erreur est fondée sur des développements asymptotiques en Δt. En pratique, le pas de temps n'est évidemment jamais proche de 0 : il vaut typiquement quelques centaines de secondes pour un CTM. Parler de « petits » pas de temps nécessite d'avoir une mesure de référence et d'adimensionner par rapport aux temps caractéristiques du modèle.

On verra dans la section 6.2.2 que les modèles de cinétique chimique se caractérisent par une grande dispersion des temps caractéristiques. Si τ_r est le temps caractéristique des processus les plus *r*apides, les méthodes numériques recherchées pour l'intégration de la cinétique chimique (donc du sous-problème associé) vont toutes avoir pour objectif d'utiliser un pas de temps bien supérieur à τ_r (pour ne pas résoudre toutes les échelles). Cela est vrai *a fortiori* pour Δt, qui définit la longueur de l'intervalle sur lequel l'intégration a lieu. On est donc toujours en pratique dans la configuration $\Delta t/\tau_r \gg 1$!

On est ainsi loin du compte pour effectuer un développement limité. L'analyse d'erreur doit être reprise de manière plus précautionneuse, notamment en « filtrant » les processus les plus rapides ([130]). Deux résultats sont à retenir :

- l'ordre des méthodes est parfois réduit (on parle classiquement de *réduction d'ordre*) et dépend des temps caractéristiques des espèces (les espèces rapides sont logiquement les plus impactées) ;
- la place des processus dans la séquence joue un rôle lorsque les processus n'ont pas les mêmes temps caractéristiques. En pratique, l'advection et la diffusion sont des processus lents tandis que la cinétique chimique comprend à la fois des processus lents et rapides. Il vaut toujours mieux finir par les processus les plus rapides qui contribuent à stabiliser le système.

6.2.2 Résolution des équations de la cinétique chimique

Une brique essentielle d'un CTM est constituée par la résolution des équations de la cinétique chimique,

$$\frac{\mathrm{d}c}{\mathrm{d}t} = \chi(c, T, h\nu) \,, \tag{6.28}$$

où l'on a marqué la dépendance en la température pour les réactions thermiques, en le rayonnement pour les réactions photolytiques. Ce système d'équations différentielles ordinaires (EDO) se caractérise en général par sa grande taille (une centaine d'espèces typiquement), son caractère non linéaire (les équations sont couplées) et la dispersion des échelles de temps.

Dans toute la suite, on va chercher à intégrer un système d'EDO écrit sous la forme générique

$$\frac{\mathrm{d}c}{\mathrm{d}t} = f(c) \;, \quad c(0) = c_0 \,. \tag{6.29}$$

Les algorithmes proposés vont être définis de manière itérative. On suppose qu'une solution numérique $(c_k)_{k=1,\dots,n}$ a été calculée aux instants discrets $(t_k)_{k=1,\dots,n}$ (l'indice correspond ici, par abus de notation, au temps et non à l'espèce). On cherche alors à calculer la solution c_{n+1} au temps $t_{n+1} = t_n + \Delta t$ en fonction des solutions aux pas précédents (éventuellement seulement en fonction de c_n). Dans cette section, Δt désigne le pas de temps pour l'intégration de la cinétique chimique : on parle parfois de *sous-cyclage* (le pas de temps est inférieur ou égal au pas de temps de *splitting* qui est le pas de temps d'une itération complète, impliquant tous les processus).

6.2.2.1 Définition des échelles de temps

Pour le système scalaire $\mathrm{d}c/\mathrm{d}t = \lambda c$ (ici $c \in \mathbb{R}$ correspond à une seule espèce), la solution est évidemment de la forme $c(t) = \exp(\lambda t)c(0)$ et le temps caractéristique est $1/\lambda$.

Pour un système linéaire, $\mathrm{d}c/\mathrm{d}t = Ac$, avec $c \in \mathbb{R}^{n_e}$ (vecteur des concentrations), les temps caractéristiques sont définis par les inverses des valeurs propres $\{\lambda_i\}_i$ de la matrice A. On suppose pour simplifier que celle-ci est diagonalisable dans $\mathbb{R}$, de valeurs propres non nulles.

Pour un système non linéaire, $\mathrm{d}c/\mathrm{d}t = f(c)$, le système linéarisé pour de petites perturbations est donné par

$$\frac{\mathrm{d}\,(\delta c)}{\mathrm{d}t} = \frac{\partial f}{\partial c}\delta c\,, \tag{6.30}$$

avec $\partial f/\partial c$ la *matrice jacobienne* du système, souvent notée J. Par extension, les temps caractéristiques sont définis *localement* par les inverses des valeurs propres de J.

6.2.2.2 Schémas implicites *versus* schémas explicites

Schémas explicites

L'algorithme de base est le schéma d'Euler *explicite* (*forward Euler*). La dérivée en temps est approchée par une différence finie, et le terme source est calculé *explicitement* au temps t_n,

$$\frac{c_{n+1} - c_n}{\Delta t} = f(c_n)\,, \tag{6.31}$$

ce qui conduit au calcul itératif

$$c_{n+1} = c_n + \Delta t\, f(c_n)\,. \tag{6.32}$$

Schémas implicites

Dans le schéma d'Euler *implicite* (*backward Euler*), le terme source est évalué au temps t_{n+1},

$$\frac{c_{n+1} - c_n}{\Delta t} = f(c_{n+1})\,. \tag{6.33}$$

On ne peut donc pas calculer directement c_{n+1} qui est donné implicitement comme la solution d'un système d'équations. Dans le cas d'un système linéaire, avec $f(c) = Jc$, on obtient aisément

$$(I - J\Delta t)c_{n+1} = c_n\,, \tag{6.34}$$

avec I la matrice identité. La solution peut être calculée *modulo* l'inversion de la matrice $I - J\Delta t$.

Dans le cas d'un système non linéaire, un algorithme, en général itératif, doit être utilisé pour résoudre le système algébrique. On peut, par exemple, chercher c_{n+1} comme solution d'un problème de point fixe,

$$c_{n+1} = g(c_{n+1}), \tag{6.35}$$

avec $g(c) = c_n + \Delta t\, f(c)$. L'algorithme de point fixe permet alors de définir une suite d'itérations indicées par k selon

$$c_{n+1}^{k+1} = g(c_{n+1}^k) = c_n + \Delta t\, f(c_{n+1}^k). \tag{6.36}$$

Après convergence (pour k assez grand), on récupère une estimation de c_{n+1}. Si une seule itération est appliquée, on retrouve le schéma explicite.

Une solution alternative est d'utiliser un algorithme de type Newton en réécrivant le problème sous la forme de la recherche du zéro d'une fonction,

$$g(c_{n+1}) = 0, \tag{6.37}$$

avec $g(c) = c - \Delta t\, f(c) - c_n$ (par abus de notation, on conserve la notation g). L'algorithme de Newton s'obtient alors en linéarisant le problème avec pour schéma itératif

$$0 = g(c_{n+1}^{k+1}) \simeq g(c_{n+1}^k) + \frac{\partial g}{\partial c}(c_{n+1}^k)\left(c_{n+1}^{k+1} - c_{n+1}^k\right), \tag{6.38}$$

Avec $\partial g/\partial c = I - \Delta t\, \partial f/\partial c$, on obtient

$$\left(I - J(c_{n+1}^k)\Delta t\right)\left(c_{n+1}^{k+1} - c_{n+1}^k\right) = -\left(c_{n+1}^k - \Delta t\, f(c_{n+1}^k) - c_n\right), \tag{6.39}$$

où $J(c_{n+1}^k)$ est la matrice jacobienne de f au point c_{n+1}^k. Notons que pour réduire les calculs on peut approcher cette matrice par $J(c_n)$, l'algorithme nécessitant alors l'inversion de $I - J(c_n)\Delta t$.

Pour un pas de temps fixé, une méthode explicite est donc toujours plus facile à mettre en œuvre (et à coût calcul moindre) qu'une méthode implicite. Le choix d'un schéma implicite plutôt que d'un schéma explicite est déterminé par les contraintes de stabilité.

6.2.2.3 Précision et stabilité

Le choix du pas de temps est conditionné par l'analyse de l'erreur. Celle-ci est en général menée sur des systèmes linéaires. On écrit les deux algorithmes précédents sous la forme générique

$$c_{n+1} = c_n + (1-\theta)\Delta t f(c_n, t_n) + \theta \Delta t f(c_{n+1}, t_{n+1}), \tag{6.40}$$

où θ est un indicateur du degré d'implicitation. Si $\theta = 0$ (respectivement 1), on retrouve la méthode d'Euler *explicite* (respectivement *implicite*).

L'application de ce schéma itératif à la solution exacte, $c(t_n)$, définit le résidu η_n (on parle aussi d'erreur de troncature),

$$c(t_{n+1}) = c(t_n) + \Delta t(1-\theta)f(c(t_n), t_n) + \Delta t\theta f(c(t_{n+1}), t_{n+1}) + \eta_n \,, \quad (6.41)$$

car la solution exacte n'a aucune raison de vérifier l'algorithme discret. Après développement de Taylor, on obtient aisément

$$\eta_n = \left[\frac{1}{2}(1-2\theta)\frac{\mathrm{d}^2 c}{\mathrm{d}t^2}\right]\Delta t^2 + O(\Delta t^3) \,, \quad (6.42)$$

avec $\mathrm{d}^2c/\mathrm{d}t^2 = (\partial f/\partial c)\, f + \partial f/\partial t$. Un point-clé est bien entendu la propagation de cette erreur lors des pas de temps ultérieurs. On note $\varepsilon_n = c(t_n) - c_n$ *l'erreur globale* (résultant des erreurs locales antérieures et de leur propagation). Pour le cas linéaire (ou linéarisé) $f(c) = \lambda c$, on obtient en retranchant (6.40) à (6.41)

$$\varepsilon_{n+1} = \varepsilon_n + (1-\theta)\lambda\Delta t\varepsilon_n + \theta\lambda\Delta t\varepsilon_{n+1} + \eta_n \,. \quad (6.43)$$

En notant $R(z) = (1 + (1-\theta)z)/(1-\theta z)$, l'erreur se propage donc selon

$$\varepsilon_{n+1} = R(\lambda\Delta t)\varepsilon_n + \delta_n \,, \quad (6.44)$$

avec $\delta_n = (1-\theta\lambda\Delta t)^{-1}\eta_n$. Il y a de manière logique deux contributions à l'erreur :

- une contribution *locale* (liée à l'erreur de troncature), δ_n, qui correspond à l'erreur effectuée sur un pas de temps, en supposant la solution exacte à t_n ;
- une contribution liée à la propagation des erreurs précédentes, donnée par $R(\lambda\Delta t)$, et qui définit la stabilité ou non du schéma.

Avec une terminologie évidente, $R(z)$ est appelée la *fonction de stabilité*. C'est une fonction de la variable complexe $z \in \mathbb{C}$, les valeurs propres de J étant en toute généralité complexes. On a alors directement

$$\varepsilon_n = (R(\lambda\Delta t))^n\varepsilon_0 + \sum_{i=0}^{i=n-1}(R(\lambda\Delta t))^i\delta_{n-1-i} \,. \quad (6.45)$$

La contrainte de stabilité doit garantir que l'erreur reste bornée. Elle est donc donnée par $|R(\lambda\Delta t)| < 1$. On obtient alors

$$|\varepsilon_n| \leq |\varepsilon_0| + \sum_{i=0}^{i=n-1}|\delta_i| \,. \quad (6.46)$$

Pour une erreur locale $\delta_i = O(\Delta t^{p+1})$ ($p = 1$ ou $p = 2$ ici), on a donc avec $T = n\Delta t$ une erreur contrôlée, hors la partie relative aux conditions initiales, par $n \times O(\Delta t^{p+1}) = T \times O(\Delta t^p)$, ce qui illustre la perte d'ordre lors du passage de l'erreur locale à l'erreur globale.

6.2.2.4 Systèmes raides

On considère à présent des systèmes physiquement stables (c'est le cas de la cinétique chimique atmosphérique) : les valeurs propres de J sont alors de partie réelle négative et le système linéarisé s'écrit $\mathrm{d}c/\mathrm{d}t = -|\lambda|c$.

La condition de stabilité s'écrit $1/(1 + |\lambda\Delta t|) < 1$ pour le schéma d'Euler implicite, ce qui est bien entendu toujours vérifié. Le schéma est dit *inconditionnellement stable.*

La condition de stabilité est $|(1 - |\lambda\Delta t|)| < 1$ pour le schéma d'Euler explicite, soit $|\lambda\Delta t| \leq 2$. Le choix du pas de temps Δt est donc contraint par les temps caractéristiques du système : $\Delta t \leq 2/|\lambda|$.

Les systèmes *raides* se caractérisent par une grande dispersion des échelles de temps : des processus sont très rapides ($|\lambda| \gg 1$) tandis que certains sont très lents ($|\lambda| \sim 1$). La condition de stabilité est évidemment la plus restrictive pour les processus rapides : pour un schéma explicite, le pas de temps d'intégration est donc contraint à être de l'ordre de grandeur des plus petits pas de temps caractéristiques. Cela n'est pas réalisable en pratique (par exemple en cinétique chimique, les processus les plus rapides sont bien inférieurs à une seconde) et des schémas implicites, généralisations du schéma d'Euler implicite, doivent être utilisés.

Des schémas numériques faciles à mettre en œuvre restent encore très populaires parmi les modélisateurs. Ils ont l'avantage d'être aisés à implémenter et sont apparemment rapides, en comparaison des méthodes implicites (qui nécessitent l'inversion de matrices de grande taille). Néanmoins, les comparaisons rigoureuses (c'est-à-dire en traçant des diagrammes temps calcul/précision, par exemple [121]) ont toujours montré, qu'à précision *donnée*, ces schémas n'étaient pas performants. On les rappelle donc ici à simple titre d'exhaustivité.

On reprend la forme « production/consommation » de l'évolution de la concentration de l'espèce chimique $\mathrm{X_i}$ (section 4.1.4). Le terme source est alors $f_i(c) = P_i(c) - L_i(c)c_i$. Les schémas asymptotiques sont fondés sur une hypothèse de *linéarisation* du terme source. En considérant en première approximation que P_i et L_i sont constants sur un intervalle de temps de longueur Δt, on a aisément

$$c_i^{n+1} = \exp(-L_i^n\Delta t)c_i^n + (1 - \exp(-L_i^n\Delta t))\frac{P_i^n}{L_i^n}\,, \tag{6.47}$$

en notant $c_i^n = c_i(t_n)$, $c^n = c(t_n)$, $L_i^n = L_i(c^n)$ et $P_i^n = P_i(c^n)$.

Le schéma QSSA (pour *quasi steady state assumption*, section 4.1.4) revient à partitionner les espèces selon leur temps de vie $\tau_i^n = (L_i^n)^{-1}$ en un jeu d'espèces lentes et un jeu d'espèces rapides. On approche, par exemple, pour $\tau_i^n/\Delta t \ll 1$, $c_i^{n+1} = P_i^n/L_i^n$.

En pratique, de nombreuses implémentations existent avec un recours fréquent à des règles *ad hoc*. L'exercice 6.5 donne une illustration de l'approche

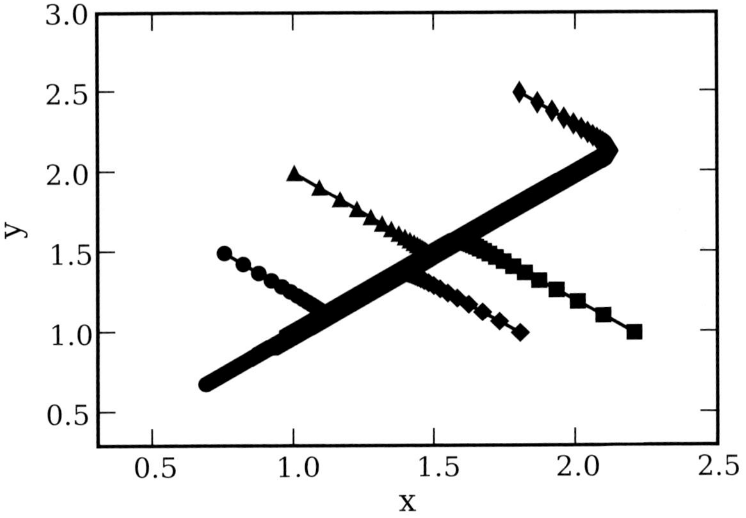

Figure 6.7 – Exercice 6.5 : convergence des trajectoires vers le modèle réduit défini par $x = y$. Chaque trajectoire est paramétrée par le temps et est définie par une condition initiale différente. Le pas de temps entre deux symboles d'une même trajectoire est constant (10^{-3}). Le ratio des échelles de temps est $\varepsilon = 10^{-2}$.

rigoureuse sous-jacente.

Exercice 6.5 (Modèles lent/rapide)
La dispersion des temps caractéristiques des différents processus conduit à la raideur. Elle est fondamentalement associée à l'existence de modèles *réduits*. L'exemple le plus simple est fourni par le mécanisme chimique

$$\mathrm{X} \xrightarrow{1/\varepsilon} \mathrm{Y}\,, \quad \mathrm{Y} \xrightarrow{1/\varepsilon} \mathrm{X}\,, \quad \mathrm{Y} \xrightarrow{1} \mathrm{Z}\,.$$

Les valeurs sur les flèches réactionnelles correspondent aux constantes cinétiques. L'équilibre entre X et Y est donné par des constantes cinétiques très grandes ($1/\varepsilon$ avec $\varepsilon \simeq 0$) tandis que la réaction de production de Z est lente (de constante cinétique de l'ordre de 1).

Donner les équations d'évolution des concentrations. On notera x et y les concentrations respectives de X et Y. Quel est le modèle réduit obtenu asymptotiquement avec $\varepsilon \to 0$? On changera avec profit de base en utilisant les variables (u, y) où $u = x + y$ (*lumping d'espèces*).

Réponse :
On a directement

$$\varepsilon \frac{\mathrm{d}x}{\mathrm{d}t} = y - x\,, \quad \varepsilon \frac{\mathrm{d}y}{\mathrm{d}t} = x - y - \varepsilon y\,.$$

Avec le *lumping* $u = x + y$, on a, dans la base (u, y),

$$\frac{\mathrm{d}u}{\mathrm{d}t} = -y\,, \quad \varepsilon \frac{\mathrm{d}y}{\mathrm{d}t} = u - 2y - \varepsilon y\,.$$

Asymptotiquement, pour $\varepsilon \to 0$, l'équation d'évolution de y peut être remplacée par la contrainte algébrique $y = u/2$, et le système devient

$$\frac{\mathrm{d}u}{\mathrm{d}t} = -\frac{u}{2}\,, \quad y = \frac{u}{2}\,.$$

Le modèle sous-jacent est ce que l'on appelle un modèle *réduit*. Il ne décrit plus que la dynamique des espèces *lentes* (ici u), les espèces *rapides* (y) étant à l'équilibre. Toutes les trajectoires correspondant à des conditions initiales différentes convergent rapidement vers le modèle réduit défini par $x = y = u/2$ (figure 6.7).

Il est à noter que le changement de base (avec le *lumping* d'espèce) est capital. L'analyse asymptotique sur le système initial aurait conduit à remplacer les deux équations d'évolution par une contrainte algébrique identique pour les deux espèces ($x = y$, équivalente à $y = u/2$). Le système aurait été alors sous-déterminé (une équation pour deux variables) et on n'aurait pas pu conclure.

Pour en savoir plus ([132]) :
B. Sportisse, R. Djouad. Reduction of chemical kinetics in air pollution modelling. *J.Comp.Phys.*, 164 :354–376, 2000

6.2.3 Schémas d'advection

Une deuxième brique importante d'un CTM est l'advection,

$$\frac{\partial c}{\partial t} + \mathrm{div}(V\,c) = 0\,. \tag{6.48}$$

Elle est d'autant plus importante pour un traceur passif comme un radionucléide, qui ne participe pas *a priori* à des réactions chimiques.

Les espèces sont prises en compte une par une et on considère donc l'advection d'*une* seule espèce. Cette étape est difficile à résoudre, car des propriétés qualitatives strictes doivent être respectées numériquement, comme la conservation de la masse, la positivité ou la monotonie (le respect des *maxima*), ces deux dernières propriétés étant équivalentes dans le cas linéaire.

6.2.3.1 Approches lagrangiennes *versus* approches eulériennes

La *méthode des caractéristiques* appliquée à (6.48) permet d'avoir directement une solution exacte. Pour une condition initiale $c_0(x)$, en supposant pour

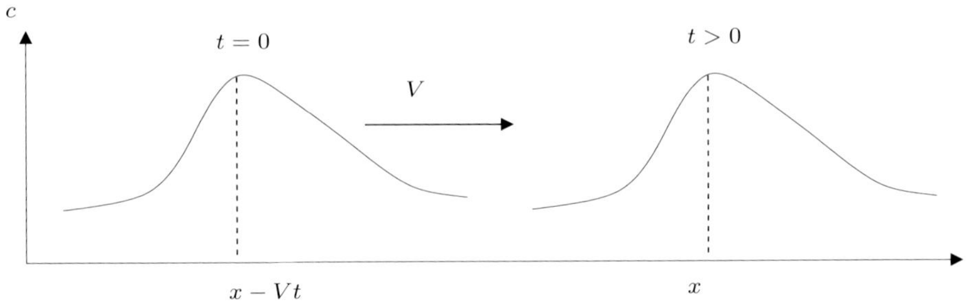

Figure 6.8 – Advection d'un traceur dans un champ de vent supposé constant. Le profil des concentrations initiales est conservé au cours du temps.

simplifier le champ de vent constant, on a directement : $c(x,t) = c_0(x - Vt)$ (figure 6.8). De manière équivalente, la solution est constante le long des courbes caractéristiques définies par $\mathrm{d}X/\mathrm{d}t = V$. Avec $\bar{c}(t) = c\,(X(t), t)$, on vérifie

$$\frac{\mathrm{d}\bar{c}}{\mathrm{d}t} = \frac{\partial c}{\partial t} + \frac{\partial c}{\partial x}\frac{\mathrm{d}X}{\mathrm{d}t} = 0\,. \tag{6.49}$$

Dans le cas général (V non constant), la bonne variable à considérer est le rapport de mélange C dont l'équation d'advection est $\partial C/\partial t + V \cdot \nabla C = 0$.

Sur cette base, on distingue généralement les méthodes *lagrangiennes* (ou *semi-lagrangiennes*), fondées sur cette propriété, et les méthodes *eulériennes* qui résolvent directement l'EDP. Les méthodes lagrangiennes ont le désavantage de ne pas conserver la masse. On présente dans la suite les approches eulériennes classiques, avec l'exemple des schémas aux différences finies.

6.2.3.2 Quelques schémas aux différences finies

On se donne une discrétisation de l'axe des x selon (x_i) avec un pas de maillage supposé constant Δx (figure 6.9). On discrétise le temps selon une suite (t_n) avec un pas de temps Δt également supposé constant.

Discrétisation spatiale

On va dans un premier temps construire des schémas numériques avec la *méthode des lignes*, en discrétisant d'abord le problème en espace avant d'intégrer en temps l'EDO qui en résulte. On notera par abus $c_i(t) \simeq c(x_i, t)$, l'indice i correspondant ici à un point de maille et non à une espèce (on advecte en parallèle les diverses espèces).

Une forme *conservative* du schéma numérique est définie par

$$\frac{\mathrm{d}c_i}{\mathrm{d}t} = \frac{f_{i-1/2} - f_{i+1/2}}{\Delta x}\,, \tag{6.50}$$

où $f_{i-1/2}$ approche le flux (entrant) au niveau de la facette $x_{i-1/2}$, donné par

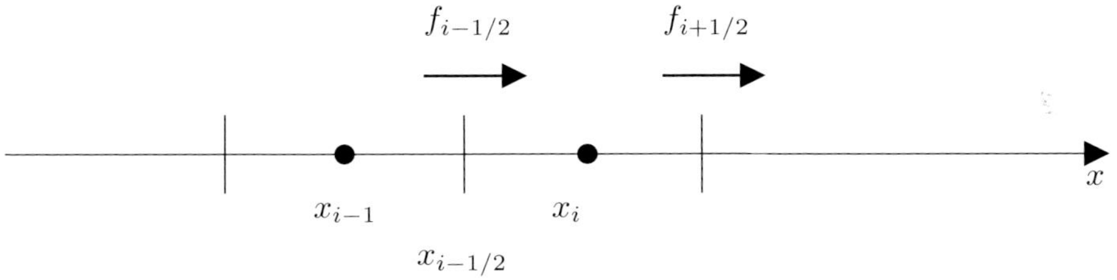

Figure 6.9 – Schéma aux différences finies pour un problème d'advection. Le flux $f_{i-1/2}$ est défini sur l'interface $x_{i-1/2}$ entre la maille de centre x_{i-1} et la maille de centre x_i.

$Vc(x - \Delta x/2, t)$. Cette forme garantit bien évidemment la conservation de la masse.

Un premier schéma évident, en supposant $V > 0$, est de faire l'approximation pour le flux $f_{i-1/2} = Vc_{i-1}$. Il est équivalent d'approcher par différences finies le gradient spatial selon $\mathrm{d}c/\mathrm{d}x(x) \simeq (c(x) - c(x - \Delta x))/\Delta x$. Cela définit le schéma *upwind*, *décentré* ou encore *donor-cell* (chacune des terminologies étant évidente),

$$\frac{\mathrm{d}c_i}{\mathrm{d}t} = V\frac{c_{i-1} - c_i}{\Delta x}\,. \tag{6.51}$$

Une seconde méthode est d'approcher le flux entrant au niveau de la facette en $x_{i-1/2}$ par $f_{i-1/2} = V(c_{i-1} + c_i)/2$ ou, de manière équivalente, d'utiliser le développement de Taylor $\mathrm{d}c/\mathrm{d}x(x) \simeq (c(x + \Delta x) - c(x - \Delta x))/(2\Delta x)$. On obtient alors le *schéma centré*,

$$\frac{\mathrm{d}c_i}{\mathrm{d}t} = V\frac{c_{i-1} - c_{i+1}}{2\Delta x}\,. \tag{6.52}$$

Discrétisation temporelle

On notera c_i^n la solution au temps t_n et en x_i. Par exemple, pour le flux *upwind* défini précédemment, plusieurs discrétisations en temps sont possibles, parmi lesquelles le schéma *upwind* explicite obtenu avec un schéma d'Euler explicite,

$$\frac{c_i^{n+1} - c_i^n}{\Delta t} = V\frac{c_{i-1}^n - c_i^n}{\Delta x}\,. \tag{6.53}$$

Notons que l'on aurait pu directement proposer ce schéma de discrétisation en discrétisant de manière conjointe temps et espace (on parle alors souvent de schéma DST pour *direct space time*). Une manière simple de procéder est de partir de la relation exacte le long des courbes caractéristiques,

$$c(x_i, t_{n+1}) = c(x_i - V\Delta t, t_n)\,. \tag{6.54}$$

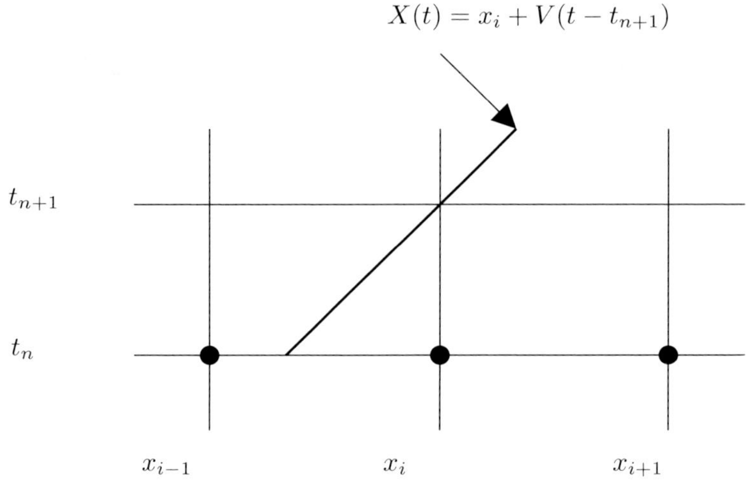

Figure 6.10 – Le long de la courbe caractéristique $\mathrm{d}X/\mathrm{d}t = V$, $c(X(t), t)$ est constant. Les cercles noirs indiquent les valeurs connues à t_n. Dessin réalisé pour $V\Delta t/\Delta x < 1$.

La concentration $c(x_i - V\Delta t, t_n)$ est alors à interpoler en fonction des valeurs connues (c_j^n) aux points de discrétisation (x_j). Dans le cas du schéma *upwind*, si $V > 0$ et $V\Delta t \leq \Delta x$ (on reviendra sur cette condition par la suite), il est licite d'interpoler $x_i - V\Delta t$ entre x_{i-1} et x_i (figure 6.10). Une interpolation linéaire donne directement le schéma *upwind* écrit sous la forme

$$c_i^{n+1} = (1-a)c_i^n + ac_{i-1}^n\,, \tag{6.55}$$

avec $a = |V|\Delta t/\Delta x$ le nombre de Courant-Friedrichs-Lewy (CFL).

Notons que l'équation (6.55) a été obtenue sous la condition $a < 1$.

6.2.3.3 Quelques questions épineuses : condition CFL, diffusion numérique et consistance en masse

La mise en œuvre des schémas numériques qui viennent d'être proposés rencontre en pratique plusieurs difficultés, notamment :

- le respect de la condition CFL pour garantir la stabilité : $a < 1$;
- l'impact de la diffusion numérique artificiellement créée par la discrétisation spatiale ;
- la perte éventuelle de consistance en masse, du fait de l'interpolation des champs météorologiques sur la grille du CTM.

Stabilité et condition CFL

De manière identique à ce qui a été présenté pour la cinétique chimique (section 6.2.2), l'erreur de discrétisation numérique a deux composantes :

- une erreur locale liée à l'erreur de discrétisation sur un pas de temps (fonction de l'*ordre* du schéma) ;
- une erreur globale liée à la propagation des erreurs antérieures (dont le comportement est donné par une étude de ***stabilité***).

L'erreur locale se calcule en remplaçant dans l'algorithme itératif la solution approchée c_i^n par la solution exacte $c(x_i, t_n)$. Par exemple, pour le schéma *upwind* (6.53), le résidu η_i^n permet d'évaluer l'erreur effectuée en un pas de temps selon

$$\frac{c(x_i, t_{n+1}) - c(x_i, t_n)}{\Delta t} + V \frac{c(x_i, t_n) - c(x_{i-1}, t_n)}{\Delta x} = \eta_i^n \,. \tag{6.56}$$

Par développement limité, on obtient aisément $\eta_i^n = O(\Delta t) + O(\Delta x)$. Après soustraction, l'erreur globale $\varepsilon_i^n = c(x_i, t_n) - c_i^n$ vérifie donc

$$\frac{\varepsilon_i^{n+1} - \varepsilon_i^n}{\Delta t} + V \frac{\varepsilon_i^n - \varepsilon_{i-1}^n}{\Delta x} = \eta_i^n \,, \tag{6.57}$$

ce qui fait clairement apparaître deux contributions à l'erreur. Une étude de stabilité (une démonstration est également donnée, incidemment, dans l'exercice 6.6) conduit à la *condition de Courant-Friedrichs-Lewy* (condition CFL),

$$a = \frac{|V|\Delta t}{\Delta x} \leq 1 \,. \tag{6.58}$$

Cette condition est équivalente à la contrainte de positivité de la solution écrite sous la forme (6.55).

La condition CFL est d'autant plus pénalisante pour le choix des pas de temps ($\Delta t < \Delta x / |V|$) que le champ de vitesse est élevé et surtout que le maillage est fin. En pratique, la condition CFL est contraignante pour les applications à petite échelle ($\Delta x \simeq 1\,\text{km}$ à l'échelle régionale, $\Delta x \simeq 10\,\text{km}$ à l'échelle continentale).

Exercice 6.6 (Diffusion numérique et condition CFL)
L'objet de cet exercice est d'étudier la stabilité et la diffusion numérique.

1. On se place dans un cas monodimensionnel avec V constant. Montrer, en utilisant un développement d'ordre plus élevé du résidu η, que la solution du schéma *upwind* est une approximation de l'EDP

$$\frac{\partial c}{\partial t} + V \frac{\partial c}{\partial x} = \frac{V \Delta x}{2} (1 - a) \frac{\partial^2 c}{\partial x^2} \,.$$

2. Cette EDP est appelée *l'EDP équivalente* du schéma : le comportement du schéma numérique est plus proche de celui de cette EDP que de celui de l'advection, les termes négligés étant d'ordre 2. Commenter. Que vaut la diffusion numérique à l'échelle continentale ?

Données : pour l'advection horizontale, $V \simeq 5\,\mathrm{m\,s^{-1}}$, $\Delta x \simeq 10\,\mathrm{km}$; pour l'advection verticale, $V \simeq 0.1\,\mathrm{cm\,s^{-1}}$, $\Delta x \simeq 50\,\mathrm{m}$; dans les deux cas, $\Delta t \simeq 900\,\mathrm{s}$.

Réponse :

1. On remplace c_i^n par une solution continue $c(x_i, t_n)$ dans la définition du schéma et on effectue un développement de Taylor du résidu en négligeant les termes d'ordre 2,

$$\eta_i^n \simeq \left(\frac{\partial c}{\partial t} + V\frac{\partial c}{\partial x}\right) + \frac{1}{2}\left(\Delta t \frac{\partial^2 c}{\partial t^2} - V\Delta x \frac{\partial^2 c}{\partial x^2}\right).$$

L'EDP obtenue pour un résidu nul est l'EDP qui approche le mieux le schéma numérique. À l'ordre 1, on retrouve évidemment l'équation d'advection. À l'ordre 2, on obtient des termes supplémentaires. Si $\partial c/\partial t + V\partial c/\partial x = 0$, il est direct de vérifier (en dérivant indépendamment par rapport à x et par rapport à t puis en égalant les résultats) que l'on a aussi $\partial^2 c/\partial t^2 = V^2 \partial^2 c/\partial x^2$. Si $\partial c/\partial t + V\partial c/\partial x = 0(\Delta t, \Delta x)$, ce résultat reste valable à $0(\Delta t, \Delta x)$ près. Finalement, le résidu devient, en négligeant les termes d'ordre 2,

$$\eta_i^n = \left(\frac{\partial c}{\partial t} + V\frac{\partial c}{\partial x}\right) - \underbrace{\frac{V\Delta x}{2}(1-a)}_{K_{num}} \frac{\partial^2 c}{\partial x^2},$$

avec $a = V\Delta t/\Delta x$. On retrouve l'EDP proposée.

2. Cette EDP comporte un terme de diffusion : c'est la diffusion numérique, donnée par K_{num}. Notons que la diffusion numérique est logiquement plus forte pour des discrétisations grossières (Δx grand). Par ailleurs, une équation de diffusion nécessite une constante de diffusion positive pour être stable (sinon, les gradients s'amplifieraient) : on a donc $a < 1$ (condition CFL).

   À l'échelle continentale, on a pour l'advection horizontale $K_{num} \sim 10^4\,\mathrm{m^2\,s^{-1}}$ et pour l'advection verticale $K_{num} \sim 10^{-1}\,\mathrm{m^2\,s^{-1}}$ (à comparer avec les valeurs de K_z de l'ordre de 1 à $10\,\mathrm{m^2\,s^{-1}}$). La diffusion numérique n'est donc importante que pour le transport horizontal.

Diffusion numérique

Une des difficultés de la simulation de l'advection est la *diffusion numérique*. Celle-ci est en effet bien supérieure à la diffusion physique horizontale, qui est souvent négligée. Une conséquence directe de l'interpolation réalisée le long de la courbe caractéristique est de diffuser les valeurs de la concentration sur plusieurs mailles.

Minimiser la diffusion numérique est évidemment important pour les applications à la dispersion de polluants émis accidentellement par des sources industrielles ponctuelles. Les champs de concentrations se caractérisent alors par de forts gradients : il y a un nuage de polluants dans une atmosphère « propre » (voir la figure 7 dans le chapitre introductif). Pour la pollution photochimique, les champs sont naturellement beaucoup plus diffus. L'exercice 6.6 introduit un outil élégant d'interprétation de l'erreur de diffusion numérique.

Exercice 6.7 (Consistance en masse)
L'objet de cet exercice est de proposer des méthodes afin de garantir la consistance en masse. L'approche numérique la plus simple est une technique de « renormalisation ». Soit $c^{n+1} = \mathcal{S}(c^n, V^n)$ la solution définie par le schéma d'advection du CTM (on suppose ici que le schéma est explicite, ce qui est le cas en pratique). Soit $\tilde{\rho}^{n+1} = \mathcal{S}(\rho^n, V^n)$ la densité calculée avec ce schéma : ce n'est pas la « vraie » densité calculée avec le modèle météo, ρ^{n+1}. Proposer une correction pour garantir la consistance en masse.
Réponse :
La correction $c^{n+1} = (\rho^{n+1}/\tilde{\rho}^{n+1})\mathcal{S}(c^n, V^n)$ convient. En effet, si $c^n = \rho^n$, on a directement $c^{n+1} = (\rho^{n+1}/\tilde{\rho}^{n+1})\mathcal{S}(\rho^n, V^n) = \rho^{n+1}$. L'inconvénient de cette approche (simpliste) est que l'on peut créer artificiellement de la masse et d'autres approches alternatives existent.
Pour en savoir plus ([134]) :
B. Sportisse, D. Quélo, V. Mallet. Impact of mass consistency errors for atmospheric dispersion. *Atmos. Env.*, 41 :6132–6142, 2007

Couplage *off line* et consistance en masse
On a déjà montré dans l'exercice 6.1 la propriété de *consistance de masse* : un traceur passif initialement bien mélangé (de rapport de mélange $C(t = 0)$ homogène) le reste ultérieurement.

Cette propriété repose sur la consistance entre les champs de vitesse utilisés respectivement pour le calcul de ρ et de c. En pratique, dans le cas d'un couplage *off line* entre modèle météorologique et CTM, ces deux champs sont différents : la différence résulte des erreurs d'interpolation, des différences de discrétisation et de schémas numériques entre le modèle météorologique (qui calcule les champs de vent) et le CTM (qui calcule les concentrations).

L'impact sur la simulation numérique peut être important, notamment dans le cas des traceurs accidentels, pour lequel l'advection est le processus déterminant. On renvoie à l'exercice 6.7 pour une méthode simple qui garantit la consistance en masse.

6.3 Résolution numérique de l'équation générale de la dynamique des aérosols (GDE)

La simulation numérique de la dynamique des aérosols (chapitre 5) est un « gros morceau » des CTM. On présente ici brièvement les bases des algorithmes utilisés classiquement.

Les difficultés rencontrées ont plusieurs origines :

- les échelles temporelles et spatiales sont très dispersées (par exemple, les diamètres des particules à considérer s'échelonnent de quelques nanomètres à une dizaine de micromètres) ;

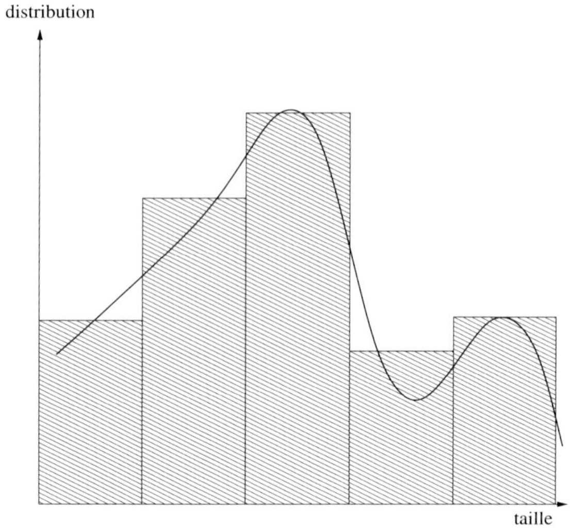

Figure 6.11 – Description modale (courbe) *versus* description résolue (grisée ; ici 5 sections) d'une distribution d'aérosol en fonction d'un paramètre de taille (masse, volume, diamètre).

- les modèles sont de très grande dimension (le nombre de composés chimiques par aérosol multiplié par le nombre de degrés de liberté utilisés pour décrire la distribution en taille, par type de famille d'aérosols considérée – un seul type pour une hypothèse de *mélange interne* –) ;
- les processus qui pilotent l'évolution de la taille et de la composition sont non linéaires et présentent éventuellement des discontinuités (transitions de phase pour la thermodynamique ou hystérésis de cristallisation/déliquescence).

6.3.1 Représentations de la distribution en taille

On distingue généralement deux types d'approches (figure 6.11) :

- les méthodes *modales* fondées sur une décomposition *a priori* en trois ou quatre modes, généralement log-normaux (section 5.1 du chapitre 5) : les variables sont alors les paramètres qui déterminent les modes (des moments de la distribution) ;
- les méthodes *résolues* qui résolvent directement la GDE, sans forme *a priori* de distribution.

Parmi les méthodes résolues, on compte :

- les méthodes *sectionnelles*, qui sont l'analogue des méthodes aux différences finies : la distribution en taille est discrétisée en *sections* et les variables sont les quantités relatives aux aérosols sur chaque section ;

- les méthodes *variationnelles* dans lesquelles les distributions sont décomposées sur des bases de fonctions (éléments finis ou collocation spectrale ; problème 6.1).

On a fait le choix de présenter les méthodes résolues, car les problèmes numériques à traiter sont plus délicats que pour un modèle *modal*, un des points-clés étant la représentation de la distribution en taille. Enfin, on mettra l'accent sur les méthodes sectionnelles, plus classiques et plus robustes.

On considère donc que les distributions d'aérosols sont discrétisées en un nombre fini de *sections* (on parle aussi parfois de *bins* dans la terminologie anglo-saxonne), disons n_b. L'objectif est alors de calculer Q_i^j et N^j, les valeurs intégrées sur la section j des distributions, respectivement de la concentration pour l'espèce $\mathrm{X_i}$ et du nombre de particules par unité de volume.

On utilise généralement un *splitting* de la coagulation et de la condensation/évaporation, ce qui justifie une présentation distincte des deux processus. La nucléation est, par ailleurs, aisée à intégrer (un simple terme source). L'exercice 6.8 illustre, à l'aide de solutions analytiques pour des cas académiques, les propriétés dynamiques des processus.

Exercice 6.8 (Solutions analytiques de la GDE)
La GDE admet des solutions analytiques dans des cas académiques.

1. On se place dans le cas d'un noyau de coagulation constant, K_0, en variable de volume v. L'équation de coagulation est alors

$$\frac{\partial n(v,t)}{\partial t} = \frac{1}{2} K_0 \int_0^v n(u,t)n(v-u,t)\mathrm{d}u - K_0 n(v,t) \int_0^\infty n(u,t)\mathrm{d}u\,.$$

   Calculer l'évolution du nombre total d'aérosols $N(t)$. Commenter.

2. On considère à présent l'équation de condensation/évaporation pour la distribution en variable de masse m,

$$\frac{\partial n(m,t)}{\partial t} + \frac{\partial\,[I(m)n(m,t)]}{\partial m} = 0\ ,\quad n(m,0) = n_0(m)\,.$$

   On se place dans le cas d'un noyau de condensation $I(m) = \lambda m^{1/3}$ (le taux de grossissement dépend linéairement du diamètre). Résoudre en évaporation ($\lambda < 0$).
   Indication : passer d'abord en variable $\Psi = I(m)n$ (flux) puis intégrer le long des caractéristiques.

Réponse :

1. En intégrant l'équation de coagulation, on a $\mathrm{d}N(t)/\mathrm{d}t = -(K_0/2)N^2$, car

$$\int_0^\infty \int_0^v n(v-u,t)n(u,t)\mathrm{d}u = \left(\int_0^\infty n(u,t)\mathrm{d}u\right)^2 = N(t)^2\,.$$

Finalement, $N(t) = N(0)/(1+t/\tau)$ avec $\tau = 2/(K_0 N(0))$ comme temps caractéristique. La coagulation tend à faire décroître le nombre des particules. Dans des cas analytiques plus généraux, on utilise classiquement la transformée de Laplace pour calculer les distributions.

2. Le flux Ψ vérifie
$$\frac{\partial \Psi}{\partial t} = I(m)\frac{\partial n}{\partial t} = -I(m)\frac{\partial \Psi}{\partial m}.$$
On définit les courbes caractéristiques
$$\frac{\mathrm{d}\bar{m}}{\mathrm{d}t} = I(\bar{m}) = \lambda \bar{m}^{1/3}, \quad \bar{m}(0) = \bar{m}_0,$$
soit $(\bar{m})^{2/3}(t) = (\bar{m}_0)^{2/3} + 2\lambda t/3$. Il est direct de vérifier que Ψ est conservé le long des caractéristiques. On a donc $\bar{m}_0^{1/3} \times n_0(\bar{m}_0) = m^{1/3} \times n(m,t)$ avec $\bar{m}_0$ la condition initiale de la caractéristique qui passe à t en m, soit
$$n(m,t) = n_0\left((m^{2/3} - 2\lambda t/3)^{3/2}\right)\left(\frac{(m^{2/3} - 2\lambda t/3)^{3/2}}{m}\right)^{1/3}.$$
Le calcul est légèrement plus difficile en condensation (car il nécessite de se donner une condition aux limites en $m = 0$, donnée par un flux de nucléation).

6.3.2 Coagulation

Coefficients de partition

On donne ici, pour simplifier la présentation, seulement les équations pour la distribution en nombre (équation de Smoluchowski, [145]). L'intégration de l'équation (5.7) du chapitre 5 (en ne considérant que la coagulation) conduit à
$$\frac{\mathrm{d}N^j}{\mathrm{d}t}(t) = \frac{1}{2}\sum_{j_1=1}^{j}\sum_{j_2=1}^{j} X_{j_1 j_2}^{j} N^{j_1} N^{j_2} - N^j \sum_{j_1=1}^{n_b} X_{j j_1} N^{j_1}. \tag{6.59}$$
Les coefficients $X_{j_1 j_2}^{j}$ sont les composantes essentielles des méthodes sectionnelles pour la coagulation. Ils décrivent la fraction des aérosols issus de la coagulation des sections j_1 et j_2, qui est localisée dans la section j (figure 6.12). $X_{j_1 j_2}$ est défini en sommant sur l'ensemble des sections : $X_{j_1 j_2} = \sum_{j=1}^{j=n_b} X_{j_1 j_2}^{j}$.

On se réfère à [32] pour une synthèse des méthodes existantes et un travail de clarification rigoureuse, les approches étant en général fortement heuristiques. Le point-clé est le choix du schéma de fermeture utilisé pour décrire *a priori* la forme de la distribution à l'intérieur de chaque section.

Intégration en temps

Dans un second temps, le système d'EDO est intégré par un schéma numérique d'intégration en temps. Cela ne présente pas de difficulté spécifique et des méthodes explicites peuvent être utilisées.

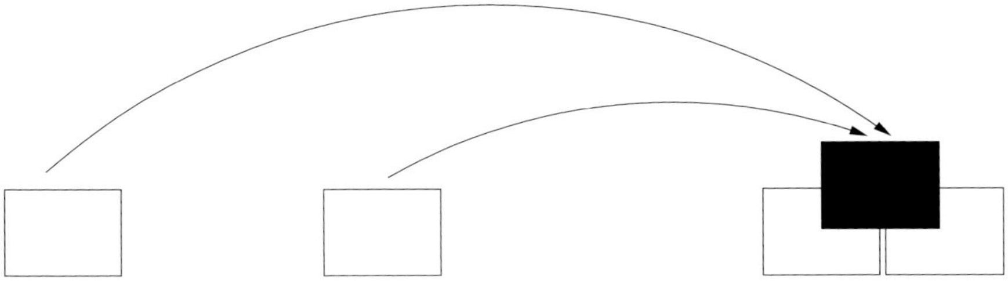

Figure 6.12 – Coagulation des aérosols issus des sections j_1 et j_2. Les aérosols qui en résultent (en noir) doivent être redistribués dans les sections de la grille fixe.

6.3.3 Condensation/évaporation

L'équation de condensation/évaporation correspond à un problème hyperbolique, analogue à l'équation d'advection (l'espace physique est remplacé par le spectre des tailles). C'est le processus le plus difficile à résoudre pour la dynamique des aérosols, du fait notamment de la dispersion des échelles de temps (la condensation est très rapide sur les petits aérosols submicroniques ; exercice 6.9).

Comme pour l'advection, on a donc deux types d'approches possibles :

- les approches eulériennes fondées sur une discrétisation *fixe* de la distribution des tailles et un calcul des flux entre sections ;
- les approches lagrangiennes où l'on suit les aérosols lors du processus de transfert de masse.

Du fait du faible nombre de points de discrétisation dans un CTM, une méthode eulérienne va être très diffusive (voir exercice 6.6). On préfère donc en général les approches lagrangiennes.

On parle souvent de *moving sectional algorithm* dans le contexte des aérosols ([73, 65]). Un point délicat est alors la projection de la distribution lagrangienne sur une grille fixe utilisée pour le transport des aérosols dans un CTM.

À partir de la définition de la vitesse de condensation/évaporation (équation (5.15) du chapitre 5), on obtient un système d'EDO qui donne l'évolution en temps des variables lagrangiennes, par exemple pour les distributions en masse des n_e espèces chimiques des aérosols,

$$\frac{\mathrm{d}Q_i^j}{\mathrm{d}t} = N^j I_i(Q_1^j, \ldots, Q_{n_e}^j)\,, \tag{6.60}$$

où i décrit les espèces chimiques et j les sections.

La vitesse de condensation/évaporation dépend de l'ensemble des espèces *via* l'équilibre thermodynamique des aérosols. Un point délicat est la résolution de cet équilibre thermodynamique qui rend le calcul de I_i particulièrement lourd : le coût calcul des modèles thermodynamiques est une part majeure du coût calcul total d'un CTM multiphasique.

Ce système d'EDO est, de plus, particulièrement raide du fait de la dispersion des temps caractéristiques en fonction de la taille (exercice 6.9). L'utilisation de méthodes implicites est difficile, car elle nécessiterait le calcul de la matrice jacobienne du terme source (quasi impossible à réaliser, car nécessitant de nombreux appels au module thermodynamique). Une alternative est fournie par les approches dites *hybrides*. À l'instar des approches QSSA, la partie rapide des variables (pour les petits aérosols) est mise à l'équilibre thermodynamique tandis que la partie lente (pour les plus gros aérosols) est résolue en transfert de masse dynamique avec un schéma explicite, les temps caractéristiques étant plus élevés.

Exercice 6.9 (Temps caractéristique de condensation/évaporation)
L'équation (5.19) du chapitre 5 définit la vitesse de condensation/évaporation. Estimer de manière approchée un ordre de grandeur des temps caractéristiques en fonction de la taille des aérosols.

Réponse :
Pour une composition chimique fixée, $I_i(d_p) \sim d_p \times f(Kn, \alpha)$. Si $K_n \gg 1$, on obtient $I_i(d_p) \sim d_p^2$, si $K_n \ll 1$, $I_i(d_p) \sim d_p$. On définit de manière approchée le temps caractéristique par $\tau \simeq m_i(d_p)/I_i$ avec $m_i(d_p)$ la masse de l'espèce X_i dans les aérosols de diamètre d_p. Avec $m_i(d_p) \sim d_p^3$, on trouve finalement $\tau \sim d_p$ pour $K_n \gg 1$, $\tau \sim d_p^2$ pour $K_n \ll 1$. Le transfert de masse est donc très rapide pour les petits aérosols qui sont vite à l'équilibre.
Pour en savoir plus ([30]) :
E. Debry, B. Sportisse. Reduction of the condensation/evaporation dynamics for atmospheric aerosols : theoretical and numerical investigation of hybrid methods. *J. Aerosol Sci.*, 37(8) :950–966, 2006

6.4 Chaînes modernes de simulation

6.4.1 Simulation directe

On suppose à présent que le CTM est construit (paramétrisations physiques et schémas numériques). Le CTM est à voir comme une fonction (une « boîte noire ») qui permet de calculer l'ensemble des sorties y (concentrations, flux de dépôt, etc.) à partir des entrées x (données, conditions initiales, conditions aux limites, paramétrisations, paramètres numériques) selon

$$y = F(x)\,. \tag{6.61}$$

Cela définit une *simulation directe* : pour x connu, on calcule *directement* y.

6.4.2 Incertitudes

Si les entrées étaient « fiables » (précises pour ce qui relève de la physique, ne générant pas de grosses erreurs pour ce qui relève du numérique), on pourrait se contenter d'utiliser les modèles en mode direct. En réalité, les CTM se caractérisent par de nombreuses incertitudes (tableau 6.4) :

- les données d'entrées sont souvent de faible qualité (un point limitant est la qualité des inventaires d'émission) ;
- les champs de forçage météorologiques ont leurs propres incertitudes qui vont se répercuter sur le modèle de dispersion ;
- les paramétrisations sous-mailles (liées aux changements d'échelle) induisent des erreurs, rarement contrôlées ;
- du fait de la complexité (taille) des systèmes à simuler, la discrétisation numérique est souvent grossière (notamment pour la discrétisation en taille des aérosols) ;
- et enfin, les codes numériques, de plus en plus complexes, ne sont pas exempts de « bugs » informatiques ou d'utilisations erronées.

Une complexification des processus décrits dans les CTM (notamment *via* les couplages) conduit à utiliser des données de plus en plus fines et de moins en moins précises. De manière un peu formelle, il convient de garder à l'esprit la nécessité de conserver un équilibre entre la qualité des données disponibles (pour les entrées mais également pour l'observation des sorties) et la complexité du modèle (figure 6.13). Une chaîne moderne de simulation va, dans ce contexte, bien au-delà de la simulation directe.

Données	Incertitudes relatives
Atténuation nuageuse	±30%
Vitesse de dépôt sec (O_3 et NO_2)	±30%
Conditions aux limites (O_3)	±20%
Émissions anthropiques	±50%
Émissions biogéniques	±100%
Constante photolytique	±30%

Tableau 6.4 – Incertitudes typiques des entrées d'un CTM à l'échelle régionale. Source : [49].

6.4.3 Méthodes avancées

6.4.3.1 Analyse de sensibilité

On considère une entrée qui a des valeurs continues, typiquement un paramètre de paramétrisation, ou une composante de conditions initiales ou de conditions aux limites. Une évaluation de l'incertitude est donnée par la

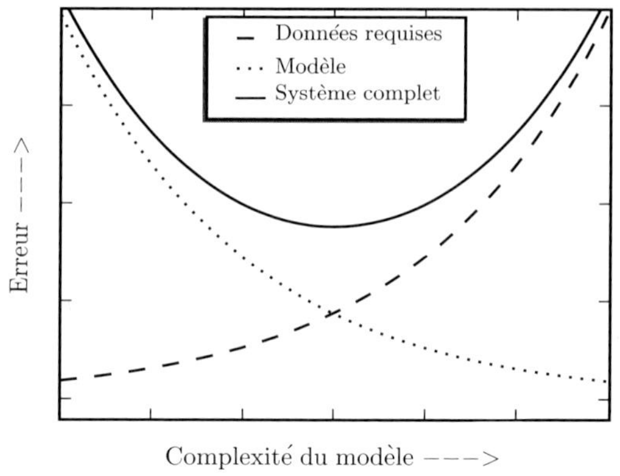

Figure 6.13 – Évolution des erreurs liées au modèle et aux données en fonction de la complexité (résolution) du modèle. Un modèle complexe est exact, mais il nécessite des données très détaillées (et donc en général incertaines) ; un modèle simple est peu exact, mais il nécessite des données aisées à obtenir (en général assez précises). L'erreur du système complet est ici simplement évaluée en sommant les erreurs liées au modèle et aux données.

sensibilité des sorties aux entrées,

$$s = \frac{\partial F}{\partial x}. \tag{6.62}$$

On parle souvent de mode *linéaire tangent*. Pour une *petite* perturbation sur une entrée, notée δx ($\in \mathbb{R}$), on peut calculer la propagation sur les sorties, $s\delta x$. Pour un modèle non linéaire, cette évaluation n'est valable que *localement* (au voisinage de la valeur x).

De la même manière, on peut chercher à évaluer l'impact d'une perturbation d'un ensemble d'entrées sur une sortie fixée. La sensibilité de la concentration moyenne de mercure en des zones (espace et temps) fixées à l'égard des émissions de mercure est ainsi donnée dans la figure 6.14. Les calculs sont réalisés à l'aide d'un *modèle adjoint* (problème 6.2). Des études de ce type sont bien entendu très utiles dans le cadre du suivi de la pollution transfrontière, où l'on cherche à établir des relations entre sources d'émission et milieux récepteurs. Une matrice sources/récepteurs peut être construite à partir des sensibilités $\partial F/\partial x$, avec ici F le vecteur des concentrations (ou des dépôts) des milieux récepteurs et x le vecteur des émissions.

6.4.3.2 Méthodes de Monte Carlo

Pour avoir une évaluation de l'incertitude globale relative à une entrée continue, on utilise des méthodes de Monte Carlo. Sur la base d'une densité de probabilité $P(x)$ (PDF pour *probability density function*), on estime, par exemple,

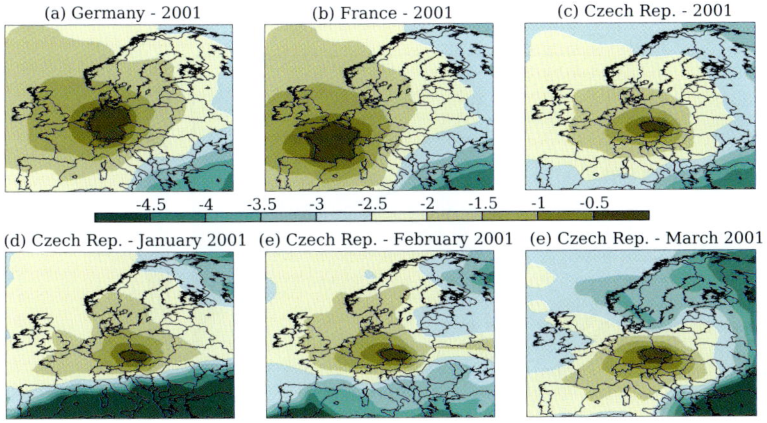

Figure 6.14 – Cartes des sensibilités (logarithme en base 10) aux émissions de mercure de la concentration moyenne au sol du mercure sur une zone donnée pour une période donnée (indiquées au-dessus de chaque carte). Crédit : Yelva Roustan et Marc Bocquet, CEREA. Source : [119].

la valeur moyenne des sorties $\langle y \rangle = \int P(x)\mathrm{d}x$ en effectuant N tirages de x, avec les valeurs $(x_i)_i$,

$$\langle y \rangle \simeq \frac{1}{N} \sum_{i=1}^{i=N} F(x_i)\,. \tag{6.63}$$

On peut avoir plus généralement une estimation de la PDF pour y (figure 6.15). La vitesse de convergence est en $\mathrm{Var}(y)/\sqrt{N}$ avec $\mathrm{Var}(y)$ la variance de y vue comme une variable stochastique, ce qui implique qu'un grand nombre de tirages doit être utilisé. La convergence de la méthode est donc relativement lente (même si des méthodes de réduction de variance permettent de l'accélérer).

6.4.3.3 Simulation d'ensemble : multimodèles ou multiconfigurations

Il existe en pratique plusieurs paramétrisations alternatives pour un même processus. *A priori*, il n'y a pas de raison de privilégier une paramétrisation spécifique. Les paramétrisations peuvent générer des entrées différentes $(x_i)_i$ ou définir des modèles différents $(F_i)_i$.

Un système multimodèles est capable de fournir un *ensemble* de réponses, $(F(x_i))_i$, $(F_i(x))_i$ ou $(F_i(x_j))_{i,j}$. Cela permet d'évaluer la dispersion des résultats et de donner une indication sur les incertitudes (figure 6.16).

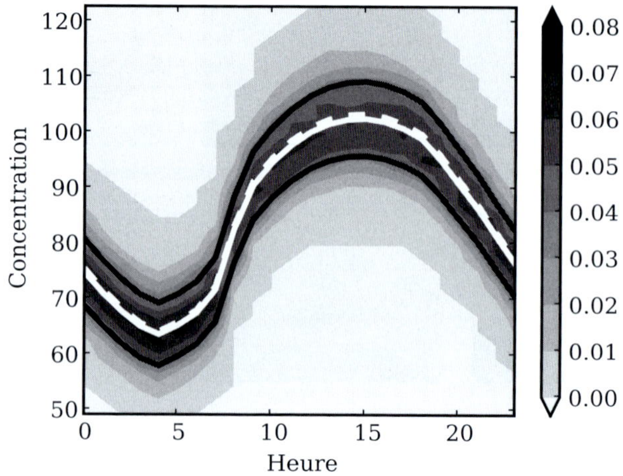

Figure 6.15 – Évolution sur une journée de la densité de probabilité des concentrations moyennes de l'ozone sur le continent européen (été 2001). Simulation POLYPHEMUS ; crédit : Vivien Mallet, CEREA. La densité de probabilité est calculée par une approche Monte Carlo appliquée à plusieurs paramètres d'entrée continus du modèle avec $N = 800$ simulations.

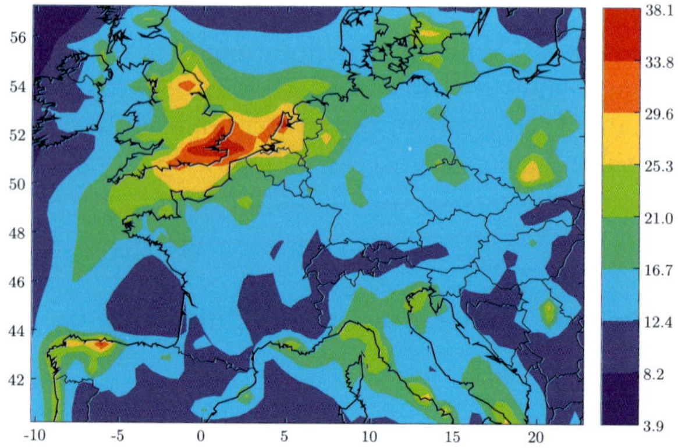

Figure 6.16 – Variance de l'ozone (incertitude relative) dans une simulation d'ensemble du système POLYPHEMUS (été 2001). Un ensemble de 48 configurations de modèles est utilisé. Crédit : Vivien Mallet, CEREA.

6.4.3.4 Prévision d'ensemble

Dans un contexte de prévision, on souhaite, au-delà de l'estimation de l'incertitude, fournir la prévision la meilleure possible. Les méthodes de ***prévision d'ensemble*** sont fondées sur des combinaisons des N sorties des divers modèles ou configurations disponibles, notées $(y_i)_{i=1,\ N}$ (figure 6.17). Plusieurs approches peuvent être utilisées :

- la plus simple est la *moyenne d'ensemble* avec $y = (\sum_{i=1}^{N} y_i)/N$;
- pour des applications liées aux risques accidentels, on utilise couramment la valeur médiane, prise parmi les sorties classées par ordre croissant ;
- une approche plus sophistiquée et plus rigoureuse est fondée sur une combinaison linéaire des sorties de modèles,

$$y = \sum_{i=1}^{N} \alpha_i y_i \,. \tag{6.64}$$

  Le vecteur des poids α est estimé en comparant aux observations disponibles : on cherche à minimiser une fonction coût qui évalue l'écart aux observations passées (la fonction doit bien sûr être précisée). D'une certaine manière, le système va donner de plus en plus de poids aux *bons* modèles, au fur et à mesure que des observations sont disponibles. De telles méthodes ont de forts potentiels, notamment pour la prévision de la pollution photochimique. Elles peuvent aussi être rattachées aux méthodes d'assimilation de données (section suivante).

Pour en savoir plus ([90]) :
V. Mallet, B. Sportisse. Ensemble-based air quality forecasts : a multi-model approach applied to ozone. *J. Geophys. Res.*, 111(D18) :18302, 2006

6.4.3.5 Assimilation de données et modélisation inverse

Quelques bases

Les systèmes modernes de simulation sont fondés sur ce que l'on appelle classiquement des procédures d'*assimilation de données.* Une source d'information complémentaire des modèles est en effet fournie par les observations délivrées par les réseaux de mesures existants ou à venir : réseaux terrestres de la surveillance de la qualité de l'air, plates-formes satellitaires dédiées à l'observation de la composition chimique de l'atmosphère (dans un proche avenir), voire réseaux urbains sans fil constitués de centaines ou de milliers de capteurs (à plus long terme).

Une méthode d'assimilation de données permet de coupler les modèles et les observations. Elle peut être interprétée comme l'application aux sorties du modèle d'une contrainte par les mesures ou, de manière symétrique, comme une interpolation des mesures (qui sont incomplètes) sous la contrainte des modèles (qui respectent la physique). L'exercice 6.10 illustre l'algorithme le plus simple.

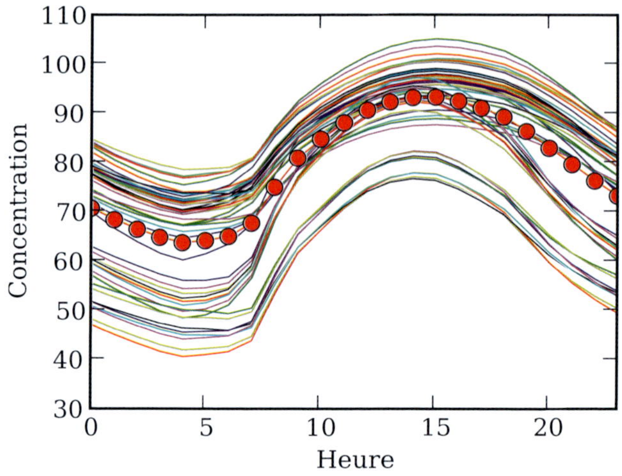

Figure 6.17 – Un *ensemble* de 48 simulations de l'ozone avec le système POLYPHEMUS (évolution journalière moyenne, été 2001). Les points correspondent à la moyenne d'ensemble. Crédit : Vivien Mallet, CEREA.

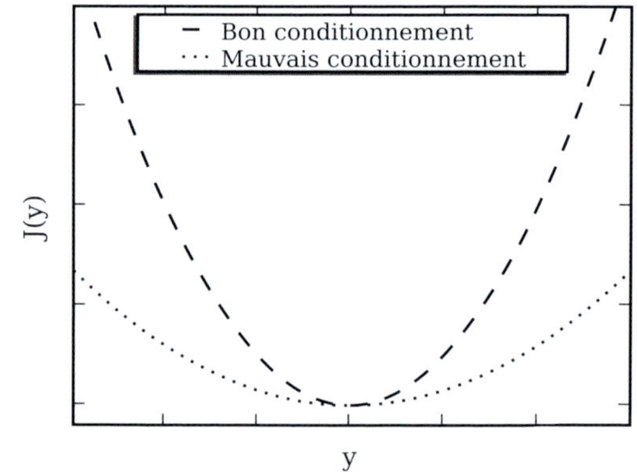

Figure 6.18 – Conditionnement à l'inversion de la fonction coût J. Le conditionnement est directement lié à la matrice hessienne de J (dérivée seconde) qui est à inverser.

Exercice 6.10 (Méthode d'interpolation optimale)
Soit y_m et obs les valeurs respectivement modélisée et observée d'une concentration. Les deux valeurs sont incertaines et on note σ_m^2 et σ_o^2 les variances estimées, respectivement pour y_m et obs. La quantité $1/\sigma_\star^2$ peut donc être vue comme une confiance accordée à la variable considérée. Pour estimer la concentration y en tenant compte des sources d'information dont on dispose, on va minimiser la *fonction coût*, habituellement notée J,

$$J(y) = \frac{1}{2\sigma_m^2}(y - y_m)^2 + \frac{1}{2\sigma_o^2}(y - obs)^2 .$$

J décrit l'écart aux deux sources d'information, pondéré par la confiance qu'on leur accorde. Estimer la valeur de *l'analyse*, y_a, qui réalise le minimum de J. Commenter.
Réponse :
J est une fonction convexe dont le minimum vérifie $\partial J/\partial y = 0$, soit

$$y_a = \frac{\dfrac{y_m}{\sigma_m^2} + \dfrac{obs}{\sigma_o^2}}{\dfrac{1}{\sigma_m^2} + \dfrac{1}{\sigma_o^2}} .$$

Les commentaires selon les ordres de grandeur respectifs des variances sont directs. Cette approche a, par ailleurs, une interprétation probabiliste que l'on ne détaille pas ici. Il est à noter que la qualité de la solution (la confiance que l'on peut lui accorder) est donnée par la capacité à calculer le minimum de J : plus le minimum est marqué, plus la confiance peut être élevée (figure 6.18). La méthode revient fondamentalement à inverser la matrice hessienne de J.

Modélisation inverse

Une application intéressante, formellement similaire, est la *modélisation inverse* (on parle aussi d'*identification de paramètres*). L'objectif est d'estimer une variable d'entrée *incertaine* du modèle, dont la connaissance a un intérêt en tant que tel. C'est typiquement le cas d'un flux d'émission, par exemple pour affiner un inventaire d'émission, vérifier le respect d'un traité de limitation des émissions ou localiser une source accidentelle inconnue mais détectée par un réseau de mesures.

Le cas le plus simple est donné par le modèle linéaire $y = Ax$, où $x \in \mathbb{R}^p$ correspond aux entrées du modèle que l'on cherche à contrôler. On observe, *via* un *opérateur d'observation* H (que l'on supposera linéaire), les sorties du modèle, ce qui délivre des observations $obs = Hy$. Pour une station de mesure terrestre, H est défini par un échantillonnage en temps, en espace et en espèce (on observe une espèce à un temps donné et en une position donnée). L'observation est en général *incomplète*, et $obs \in \mathbb{R}^m$ avec $m \ll p$.

Si l'observation était complète ($m = p$) et parfaite (sans erreur), on aurait

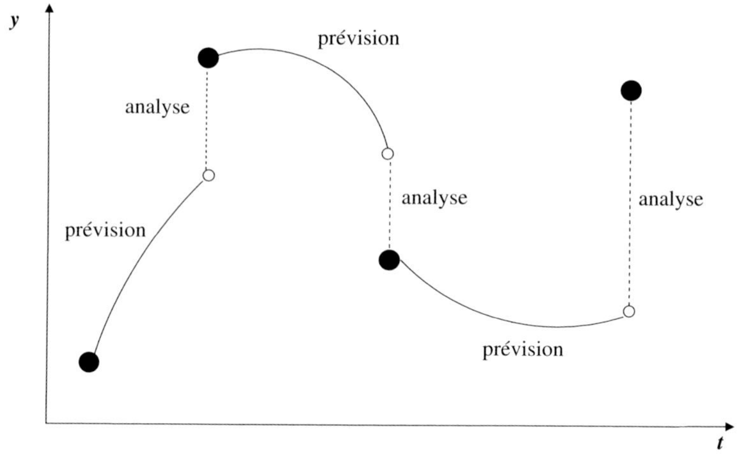

Figure 6.19 – Assimilation de données par une méthode séquentielle. À chaque instant auquel une observation est disponible, une *analyse* est effectuée afin de corriger l'état (avec une méthode similaire à celle présentée dans l'exercice 6.10). L'analyse est ensuite utilisée comme condition initiale du modèle en prévision.

$obs = HAx$ et il suffirait d'inverser ce système linéaire pour connaître x. En pratique, les valeurs sont incertaines et le système est sous-déterminé. On ajoute de l'information en considérant une valeur estimée *a priori* de x, notée x_b (*b* pour ébauche ou *background*). À l'instar de l'approche précédente, on va alors chercher à minimiser la fonction coût

$$J(x) = \frac{1}{2}(obs - HAx)^T R^{-1}(obs - HAx) + \frac{1}{2}(x - x_b)^T B^{-1}(x - x_b)\,, \quad (6.65)$$

où l'on a noté R et B les matrices de covariances d'erreur d'observation et d'ébauche, respectivement. Par exemple, R peut être diagonale avec des éléments de la forme σ_o^2. La transposée de la matrice M est notée M^T.

On parle généralement de *méthode 3D-Var*, « 3D » se rapportant à la seule prise en compte de l'espace (voir le point suivant pour la prise en compte du temps).

De telles méthodes sont utilisées pour inverser les émissions de méthane (par exemple [14]), de CO ([23] à l'échelle régionale, [13] à l'échelle globale), de NO_x ([112], figure 6.20), de composés organiques volatils ([22]), etc. Dans le cas de la dispersion de polluants liés à des accidents industriels, la source d'émission est alors ponctuelle, contrairement aux cas précédents qui correspondent à des sources diffuses. Un problème associé est alors celui de la *localisation* de la source (par exemple pour l'application à la dispersion accidentelle des radionucléides ; figure 6.21).

Les modèles numériques vont être de plus en plus utilisés pour de telles applications, en complément de traités de réglementation des émissions.

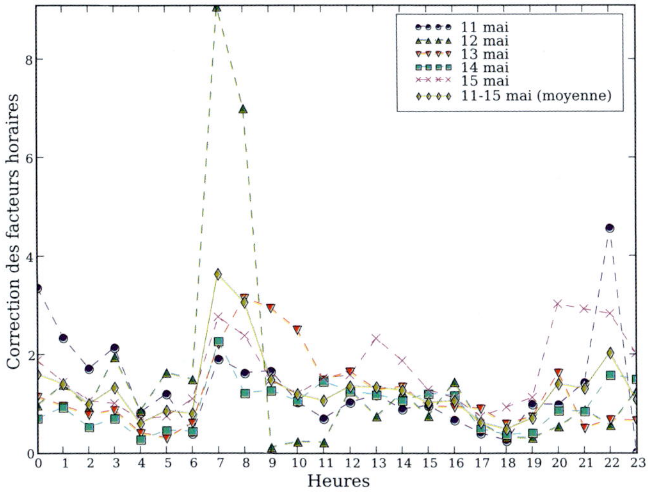

Figure 6.20 – Correction des facteurs horaires d'émission pour les NO_x après modélisation inverse (simulation de la qualité de l'air sur Lille). Dans l'inventaire de référence, le facteur est égal à 1. Source : [112].

Évolution en temps

Ces cadres s'étendent à des modèles d'évolution en temps, pour lesquels on dispose aux instants (t_i) d'une suite de valeurs observées (obs_i) et modélisées $(y(t_i))$. On note également H_i l'opérateur d'observation au temps t_i, qui permet de passer des valeurs simulées aux valeurs observées.

On distingue alors classiquement les méthodes *séquentielles*, fondées sur la théorie de l'estimation (filtre de Kalman, figure 6.19), des méthodes *variationnelles*, fondées sur la minimisation d'une fonction coût sur un intervalle de temps (prise en compte simultanée de plusieurs observations).

On considère, par exemple, que le paramètre à contrôler est un flux d'émission, noté x. On suppose que le modèle permet de calculer une suite de valeurs $y(t_{i+1}) = F(y(t_i), x)$. Une formulation variationnelle (*méthode 4D-Var*) revient alors à minimiser la fonction coût

$$J(x) = \frac{1}{2}\sum_{i=1}^{i=n} [obs_i - H_i y(t_i)]^T R_i^{-1} [obs_i - H_i y(t_i)] + \frac{1}{2}(x - x_b)^T B^{-1}(x - x_b)\,, \tag{6.66}$$

où les notations sont cohérentes avec ce qui a déjà été utilisé. Le point-clé est que la suite de valeurs simulées (y_i) est contrainte par le modèle et dépend donc de x. On minimise généralement $J(x)$ par une méthode de type gradient. La

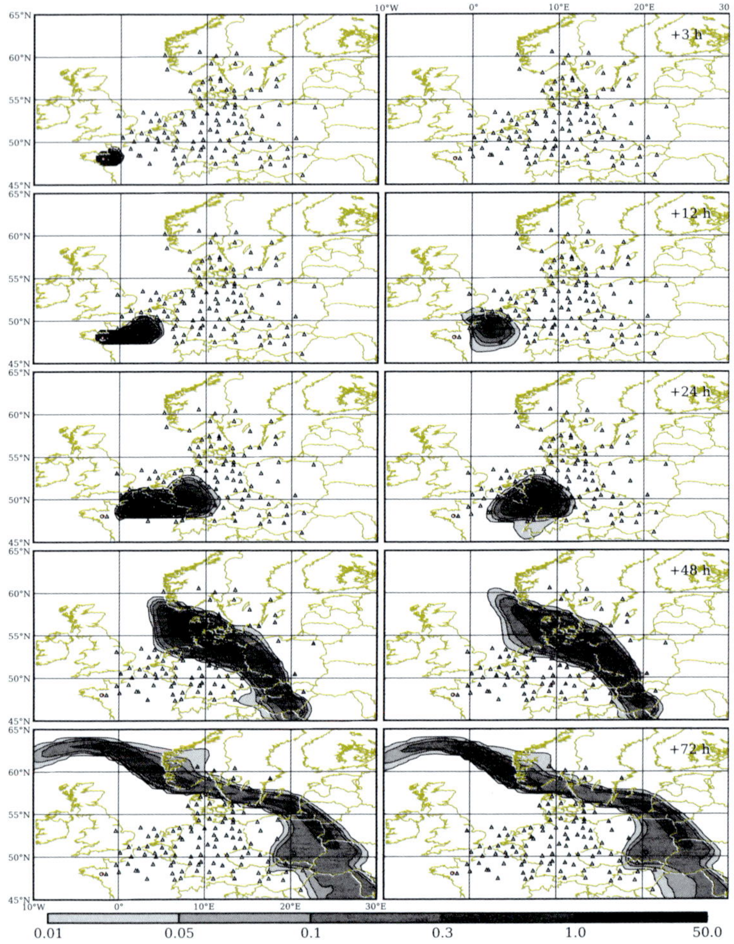

Figure 6.21 – Reconstruction d'une source à partir d'un réseau de mesures puis prévision de la dispersion des polluants. Les données utilisées sont celles de la campagne ETEX (*European Tracer EXperiment*, 1994, [98]), pendant laquelle un traceur avait été relâché dans l'atmosphère près de Rennes. À gauche : simulation « réelle » du panache (avec la connaissance de la source). À droite : simulation du panache après la reconstruction de la source, sur la base des données mesurées en temps réel (les stations sont indiquées par les triangles). Il faut l'acquisition d'environ une dizaine d'heures de mesures, pour cette expérience, pour arriver à bien localiser la source (et donc à bien simuler le panache). L'unité est le ng m^{-3}. Crédit : Marc Bocquet, CEREA. Source : [15].

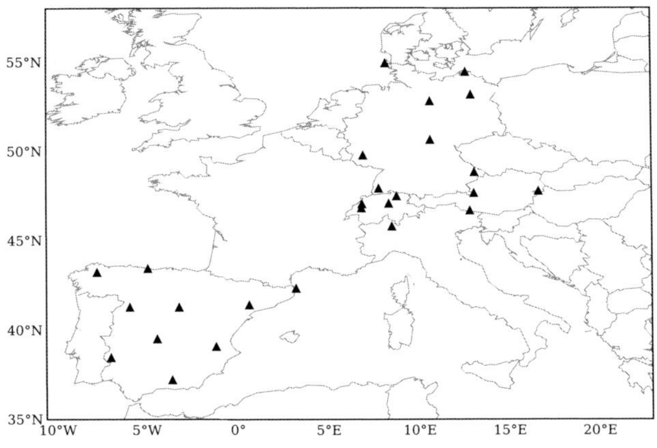

Figure 6.22 – Localisation des stations EMEP de mesures des PM_{10}. Crédit : Yelva Roustan, CEREA.

méthode la plus simple calcule une suite d'itérations $x^{k+1} = x^k - \alpha_k \nabla_x J(x^k)$ ($\alpha_k > 0$ est un paramètre numérique), la solution étant obtenue à convergence.

Le calcul de $\nabla_x J$ est malheureusement loin d'être aussi aisé que pour le cas de l'interpolation optimale (exercice 6.10) ! On se réfère au problème 6.2 pour l'introduction d'une méthode puissante, fondée sur la notion de *modèle adjoint*.

6.4.4 Comparaison aux données et validation

Les modèles développés font évidemment l'objet de nombreuses validations fondées sur des jeux d'observations les plus diversifiés possibles (zones géographiques, périodes en temps, variables chimiques ou radiatives ; stations au sol, profils verticaux, mesures aéroportées, données satellitaires). Il convient néanmoins d'être conscient de la relativité de la « validation » : par exemple, seul un nombre très restreint d'espèces chimiques est mesuré, les aérosols sont en général mesurés en masse agrégée (PM_{10}), la plupart des observations sont au sol (alors que les champs sont 3D) et parfois mal distribuées (figure 6.22), etc..

Les protocoles d'évaluation des performances des modèles sont assez stricts, sous l'impulsion notamment de l'US EPA (*Environmental Protection Agency*) qui propose des indicateurs statistiques afin de définir ce qu'est un « bon » modèle. Tout dépend bien sûr du type de modèle et des situations physiques décrites :

- dans le contexte accidentel (rejet ponctuel d'un polluant normalement absent de l'atmosphère), les indicateurs vont mettre l'accent sur la capacité à reproduire des *temps d'arrivée* des nuages de polluants sur des stations

de mesure, des durées de passage ou encore des valeurs maximales ;
- à l'inverse, pour la pollution chronique (photochimie), les champs de concentration sont nettement plus diffus et de nombreuses mesures existent. Les indicateurs classiques sont fondés sur des critères statistiques (tableau 6.5). Par exemple, les recommandations de l'US EPA portent sur des limites des valeurs de MNBE (à ±5 %), MNGE (à ±30 %) et UPA (à ±15 %) pour des concentrations d'ozone qui dépassent un seuil fixé (typiquement de 40 à 60 ppb). Les résultats sont toutefois extrêmement sensibles aux réseaux de mesure utilisés (tableaux 6.6 et 6.7), un point capital étant la *représentativité* des stations de mesure ponctuelles (à comparer à une maille de calcul d'un CTM).

Indicateur (nom anglais)	Notation	Formule
Root Mean Square Error	RMSE	$\sqrt{\frac{1}{n}\sum_{i=1}^{i=n}(y_i - obs_i)^2}$
Bias	Bias	$\frac{1}{n}\sum_{i=1}^{i=n}(y_i - obs_i)$
Mean Fractional Bias	MFB	$\frac{1}{n}\sum_{i=1}^{i=n}\frac{(y_i - obs_i)}{(y_i + obs_i)/2}$
Mean Fractional Error	MFE	$\frac{1}{n}\sum_{i=1}^{i=n}\frac{\lvert y_i - obs_i\rvert}{(y_i + obs_i)/2}$
Correlation	Corr	$\frac{\sum_{i=1}^{i=n}(y_i - \overline{y})(obs_i - \overline{obs})}{\sqrt{(y_i - \overline{y})^2}\sqrt{(obs_i - \overline{obs})^2}}$
Mean Normalized Bias Error	MNBE	$\frac{1}{n}\sum_{i=1}^{i=n}\frac{y_i - obs_i}{obs_i}$
Mean Normalized Gross Error	MNGE	$\frac{1}{n}\sum_{i=1}^{i=n}\frac{\lvert y_i - obs_i\rvert}{obs_i}$
Unpaired Peak Prediction Accuracy	UPA	$\frac{y_{max} - obs_{max}}{obs_{max}}$

Tableau 6.5 – Quelques indicateurs statistiques pour la comparaison de la série temporelle simulée, (y_i), avec celle des observations correspondantes, (obs_i). Le nombre d'éléments de chaque série est n ; la moyenne du champ Ψ est notée $\overline{\Psi}$. Source : [120].

Espèce	Réseau	Stations	$\overline{obs}$	$\overline{y}$	RMSE	Corr	MFB	MFE
NO_2	EMEP	35	7.5	9.0	5.7	50.0	22	59
	AirBase	1049	23.9	15.3	14.2	57.2	-37	62
	BDQA	75	22.1	13.4	14.6	55.9	-47	70
NH_3	EMEP	3	7.4	6.3	5.5	28.8	12	52
	AirBase	7	12.7	6.6	13.7	27.3	-23	101
HNO_3	EMEP	7	0.7	1.3	1.4	26.2	40	89
SO_2	EMEP	43	2.0	5.3	4.9	46.7	97	106
	AirBase	992	6.5	7.3	6.6	44.2	25	70
	BDQA	10	7.8	6.8	6.5	35.7	-13	59

Tableau 6.6 – Statistiques de comparaison modèles/mesures obtenues pour le système POLYPHEMUS sur l'Europe en 2001 pour quelques espèces gazeuses : nombre de stations (selon le réseau de mesures : EMEP, Airbase ou Banque de données de la qualité de l'air –BDQA), moyenne observée ($\mu g\, m^{-3}$), moyenne modélisée ($\mu g\, m^{-3}$), RMSE ($\mu g\, m^{-3}$), corrélation (%), MFB (%), MFE (%). Source : [122].

Espèce	Réseau	Stations	$\overline{obs}$	$\overline{y}$	RMSE	Corr	MFB	MFE
PM_{10}	EMEP	26	16.9	15.4	12.5	55.1	-9	50
	AirBase	537	25.4	15.2	17.0	44.9	-45	59
	BDQA	23	19.8	15.5	9.6	57.7	-27	41
$PM_{2.5}$	EMEP	17	12.6	8.3	8.6	54.4	-40	61
Sulfate	EMEP	57	2.5	2.0	1.7	55.6	-6	50
	AirBase	11	1.9	2.3	1.7	49.4	39	65
Nitrate	EMEP	14	2.6	4.0	3.1	41.3	30	75
	AirBase	8	3.5	4.3	2.7	71.7	6	54
Amm.	EMEP	9	1.8	2.0	1.3	51.9	19	49
	AirBase	8	1.8	2.0	0.9	74.4	14	36
Sodium	EMEP	3	1.3	2.4	2.2	62.8	47	68
Chloride	AirBase	7	0.9	3.1	3.5	69.8	83	102

Tableau 6.7 – Statistiques identiques à celles de la figure 6.7 pour les aérosols et les espèces liées.

6.4.5 Quelques applications

Les modèles numériques répondent à un nombre croissant de sollicitations et la quasi-totalité des problématiques abordées dans cet ouvrage (notamment à travers les exercices) fait l'objet de simulations numériques. On citera, pour structurer les divers types d'application des modèles, au-delà de l'étude des processus :

- la prévision, notamment des risques accidentels
  Les modèles doivent alors être *robustes*, n'utiliser que de petites bases de données aisément accessibles et être rapides. Cela justifie l'utilisation encore largement répandue des modèles gaussiens. Pour la prévision de la photochimie, les CTM utilisés doivent être très fortement validés, voire *ajustés* sur les cibles de la prévision (typiquement les pics d'ozone).
  Dans ce contexte, l'évaluation des incertitudes et le recours à des méthodes d'assimilation de données sont également fréquents, un système de prévision combinant modèles numériques et réseaux de mesures (figure 6.21).
  Les modèles peuvent aussi fournir des outils d'aide à la décision, par exemple pour le dimensionnement d'un réseau de mesures dédié à la surveillance de la qualité de l'air ou d'un risque accidentel (on parle de *network design*). Le modèle est alors utilisé comme un générateur d'accidents numériques, la définition du réseau optimal se faisant sur la base d'une fonction qui évalue la performance de divers réseaux (en détection ou en assimilation de données).
  Un exemple récent est celui du *Comprehensive Nuclear Test Ban Treaty* (CTBT ; ouvert à signature en 1996). Le suivi de l'interdiction des essais nucléaires doit évidemment s'accompagner de la mise en place d'un réseau de surveillance pour détecter puis localiser une explosion potentielle ([154]). La figure 6.23 donne, dans un autre contexte, des résultats d'optimisation d'un réseau de mesures pour la surveillance des sites nucléaires français. Les enjeux de sécurité et les enjeux financiers sont bien sûr extrêmement importants pour de telles thématiques.
- les études d'impact ou de scénario
  Dans ce contexte, les modèles doivent être à même de simuler une situation sur de longues périodes en temps. De plus, ils doivent être capables de bien restituer la réponse de l'atmosphère à un changement des émissions. Cela plaide pour l'utilisation de modèles détaillés, avec une exhaustivité des processus physiques décrits. Il n'est pas garanti que les modèles de prévision (ajustés sur quelques cibles, éventuellement au détriment de la physique) soient les plus appropriés.
  De plus en plus, les modèles de dispersion vont être insérés dans des chaînes de *modélisation intégrée* fournissant une évaluation, par exemple monétarisée, de divers scénarios d'activité économique. L'exemple typique est le modèle RAINS (*Regional Air pollution INformation and Simulation* (à présent GAINS, *Greenhouse Gas and Air Pollution Interactions and*

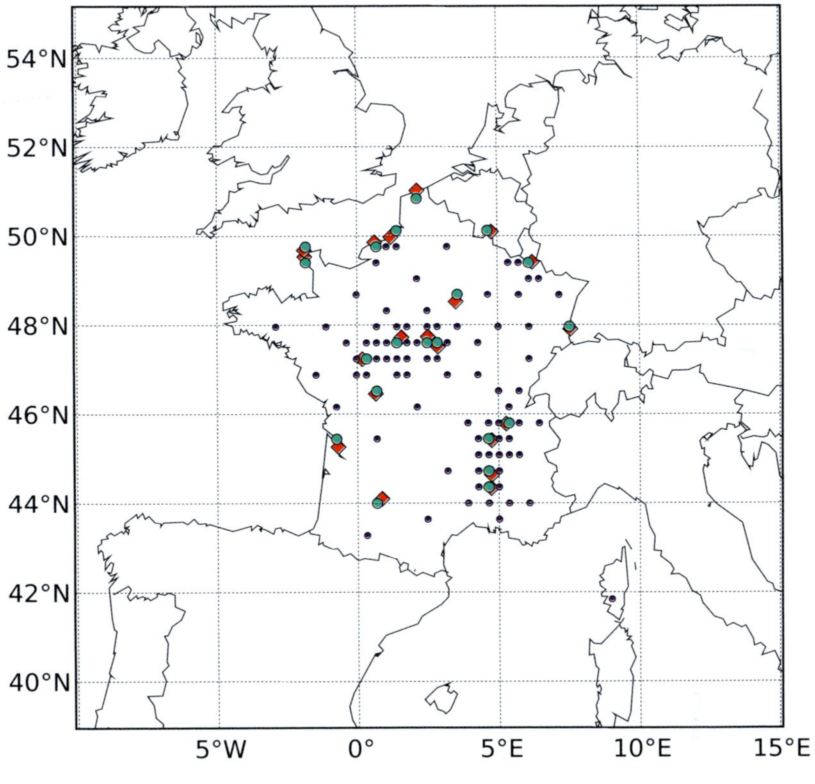

Figure 6.23 – Optimisation d'un réseau de mesures pour la surveillance des sites nucléaires français. Un réseau de 100 stations de mesure est construit (à partir d'une fonction optimisée par la méthode du recuit simulé) : les 20 losanges sont les centrales, les 20 ronds en bleu clair sont les stations de mesure attachées, les 80 ronds en bleu foncé sont les stations optimisées. Les accidents hypothétiques sont simulés à l'aide du système POLYPHEMUS. Crédit : Rachid Abida et Marc Bocquet, CEREA.

Synergies; [7]) qui a fourni à l'Union européenne les outils d'expertise dans le cadre du processus CAFE (chapitre introductif). L'enjeu, pour la modélisation physique, est alors de construire des modèles *réduits* fiables représentant des modèles physiques détaillés (dont l'utilisation reste très onéreuse en temps calcul sur de longues périodes).

6.5 Perspectives

Comme les applications précédentes peuvent en témoigner, la simulation numérique de la qualité de l'air est un outil puissant qui est en pleine évolution. Au moins cinq thèmes peuvent marquer dans un proche avenir des ruptures.

Le premier thème est lié à la *résolution spatiale* des modèles de chimie-transport. Les CTM ont actuellement une résolution spatiale relativement faible (d'une à quelques dizaines de kilomètres pour la dimension horizontale). À court terme, la résolution va descendre à quelques kilomètres, en cohérence avec les modèles météorologiques à mésoéchelle (le futur modèle opérationnel de Météo France, AROME, aura une résolution horizontale de 2.5 km). Cela aura plusieurs impacts pour les CTM. De nombreuses paramétrisations vont devoir être revisitées pour être pertinentes avec ce degré de résolution. Des données plus fines vont être également nécessaires : un enjeu capital est, par exemple, la disponibilité d'inventaires d'émissions fins (l'« inventaire national spatialisé » français, prévu pour 2008, aura ainsi une résolution kilométrique). Pour mener des calculs à cette échelle de résolution (avec des maillages de l'ordre de quelques millions de mailles), le recours à des moyens de calcul « haute performance » va aller en croissant.

Le deuxième thème est lié à la *résolution chimique* des mécanismes chimiques (le degré de précision de la description du mélange multiphasique). Les mécanismes chimiques actuels ne représentent pas la matière organique de manière fine : les *espèces modèles* sont ou des agrégats d'espèces, ou des espèces représentatives d'une fonction chimique. Une meilleure description de la manière organique, que ce soit pour un suivi des espèces ayant un impact sanitaire ou pour celui des espèces semi-volatiles, précurseurs des aérosols organiques secondaires, entraînera une augmentation drastique du nombre d'espèces chimiques à prendre en compte. Cela ira de pair avec une description plus fine de processus actuellement paramétrisés de manière grossière. On peut citer notamment les réactions hétérogènes à la surface des aérosols ou encore les réactions chimiques à l'intérieur des aérosols, comme la polymérisation. De nouvelles méthodes numériques vont devoir être utilisées. Il y a dix ans (dans les années 90), les schémas numériques étaient un enjeu pour les mécanismes en phase gazeuse; ils le sont partiellement restés pour les modèles multiphasiques décrivant finement la dynamique des aérosols. Il est vraisemblable que les schémas numériques redeviendront, à court terme, un point bloquant pour de tels modèles détaillés.

Un troisième point est lié aux *couplages de modèles*. Une première illustration est bien entendu l'achèvement de l'intégration des CTM au sein de chaînes de calcul (couplage *on line*) décrivant le transfert radiatif et les champs météorologiques, et les rétroactions qui en résultent. Une seconde illustration, à vocation plus finalisée, est le couplage avec des modèles multimilieux (sol, eau) pour une évaluation globale des impacts des émissions sur l'environnement.

Les trois points précédents relèvent d'une forte complexification des chaînes de modélisation (la « course aux armements »). La recherche de *bons* modèles de complexité intermédiaire, à même de pouvoir être utilisés pour la *modélisation intégrée* de la qualité de l'air, va devenir un enjeu pour la crédibilisation de l'utilisation des modèles en appui des décisions publiques. Pour simplifier, des modèles complexes et pour partie « validés » (comparés à des données) sont développés, mais la modélisation intégrée continue à ce jour à s'appuyer sur des modèles bas de gamme (typiquement linéaires). Arriver à construire un outil de modélisation intégrée s'appuyant sur l'état de l'art des CTM nécessite probablement de remettre à plat l'ensemble de la chaîne de modélisation.

Enfin, le dernier point concerne la prise en compte de l'*incertitude*. Une évolution souhaitable de la pratique de la simulation est d'aller vers des systèmes de prévision multimodèles. Fonder des estimations sur un nombre restreint de modèles est dangereux, d'autant plus que les CTM existants sont en pratique tous construits à partir des mêmes « paradigmes » physiques et numériques. Cela implique un changement des pratiques, en passant de modèles « tout-en-un » à de vraies plates-formes de modèles ou de configurations de modèles. Un des enjeux est notamment la capacité à délivrer, pour l'aide à la décision, une évaluation des « risques atmosphériques », par exemple à l'aide de densités de probabilités.

Problèmes se rapportant au chapitre 6

Problème 6.1 (Méthodes variationnelles pour la GDE)
L'objet de ce problème est d'introduire les méthodes variationnelles pour la résolution de la GDE. On se restreint à l'équation de coagulation pour la distribution en nombre (avec un seuil de nucléation $m_0 = 0$),

$$\begin{aligned}\frac{\partial n}{\partial t} &= \frac{1}{2}\int_0^m K(\tilde{m}, m-\tilde{m}) n(\tilde{m},t) n(m-\tilde{m},t) \mathrm{d}\tilde{m} \\ &- n(m,t)\int_0^m K(m,\tilde{m}) n(\tilde{m},t)\mathrm{d}\tilde{m} \\ &\triangleq f(n,m,t)\,.\end{aligned}$$

Soit V un espace de fonctions de m, muni d'un produit scalaire approprié $\langle .,. \rangle$. On définit alors la formulation faible en effectuant le produit scalaire par des fonctions *tests* v :

$$\forall v \in V,\ \left\langle \frac{\mathrm{d}n}{\mathrm{d}t}, v \right\rangle = \langle f(n,m,t), v \rangle\ .$$

La solution numérique va être cherchée comme la *projection* de la solution sur un sous-espace de V de dimension finie N, V_N, dont une base est donnée par les fonctions $(L_1(m), \ldots, L_N(m))$, soit

$$\Pi n(m,t) = \sum_{j=1}^{j=N} n^j(t) L_j(m)\,.$$

Si les fonctions $L_j(m)$ sont des fonctions polynomiales par morceaux, on parle de *méthodes des éléments finis*; si elles sont définies sur $[0, \infty[$, on parle de *méthodes spectrales.*

1. On étudie une méthode de *collocation spectrale.* On se donne une discrétisation $(m_i)_{i=1,\ N}$ des tailles. On prend comme fonctions de base les polynômes de Lagrange : L_j est alors de degré N et vérifie $L_j(m_i) = \delta_{ij}$. Donner le système d'EDO que vérifie $(n^j)_j$.
2. Comment compléter l'algorithme et l'étendre à la GDE ?

Réponse :

1. Les fonctions *tests* v qui permettent de calculer les degrés de liberté $n^j(t)$ sont les fonctions de Dirac $v_i(m) = \delta(m - m_i)$ et on obtient aisément

$$\begin{aligned}\frac{\mathrm{d}n^i}{\mathrm{d}t} = \sum_{j_1=1}^{N}\sum_{j_2=1}^{N} n^{j_1}(t) n^{j_2}(t) \underbrace{\left[\frac{1}{2}\int_0^{m_i} K(\tilde{m}, m_i - \tilde{m}) L_{j_1}(\tilde{m}) L_{j_2}(m_i - \tilde{m})\,\mathrm{d}\tilde{m}\right]}_{A^i_{j_1 j_2}} \\ - n^i(t) \underbrace{\left[\sum_{j_1=1}^{N}\int_0^{m_i} K(m_i, \tilde{m}) L_{j_1}(\tilde{m}, t)\,\mathrm{d}\tilde{m}\right]}_{B_{ij_1}}\,.\end{aligned}$$

En écriture vectorielle (par abus de notation, n désigne le vecteur de composantes n^i), on obtient donc $\mathrm{d}n/\mathrm{d}t = A(n)n - \mathrm{diag}(Bn)n$ où l'on a noté $[A(n)n]_i = n^T A^i n$. Les matrices $(A^i)_i$ et B peuvent être précalculées.

2. La méthode s'étend aisément à l'ensemble de la GDE. Il faut compléter l'algorithme en utilisant un schéma d'intégration en temps, probablement implicite du fait de la raideur de la condensation. Une méthode de *splitting* peut être ou non appliquée pour les trois termes sources (coagulation, condensation/évaporation, nucléation).

   Ce cadre est *a priori* plus puissant que les méthodes sectionnelles, car il permet d'avoir une description fonctionnelle de $n(m,t)$: dans une méthode sectionnelle, on dispose seulement des valeurs numériques aux points de discrétisation $(m_i)_i$ (et non pour m quelconque).

Pour en savoir plus ([31]) :
E. Debry, B. Sportisse. Numerical simulation of the General Dynamics Equation (GDE) for aerosols with two collocation methods. *Appl. Numer. Math.*, 457 :885–898, 2007

Problème 6.2 (Modèle adjoint pour l'équation de dispersion)
L'objectif de ce problème est d'illustrer la notion de *modèle adjoint* sur un cas simple (linéaire). On considère la dispersion d'un traceur passif (radionucléide). Sa fraction molaire vérifie

$$\frac{\partial C}{\partial t} + V\nabla C = \frac{1}{\rho}\mathrm{div}\,(\rho \mathrm{K}\nabla \mathrm{C}) - \lambda \mathrm{C} + \mathrm{S}$$

où S est un terme source ponctuel. Le coefficient λ décrit tous les processus de perte linéaires (lessivage, filiation). On suppose de plus que $C(t=0)=0$ et que $\nabla C = 0$ au bord du domaine spatial Ω. L'intervalle de temps est $[0,T]$.

Pour marquer la dépendance de C en S, on notera C_S la solution de l'équation de dispersion. On parlera de *modèle direct* (pour une source donnée, on calcule la concentration). On cherche alors à étudier une observable de C_S,

$$J(S) = \iint e(x,t)\rho(x,t)C_S(x,t)\,\mathrm{d}x\mathrm{d}t\,,$$

avec $e(x,t)$ une fonction d'échantillonnage en temps et en espace. L'intégration est effectuée sur $\Omega \times [0,T]$. J peut être une mesure en un point à un instant donné, ou une valeur moyenne.

1. Montrer que J est une fonction linéaire de S.
2. On veut calculer la sensibilité de J aux émissions (par exemple pour réaliser des inversions). Comment calculer $\nabla_S J$, défini pour tout champ de perturbation des émissions, δS, par

$$J(S+\delta S) = J(S) + \iint \rho(x,t)\nabla_S J\,\delta S(x,t)\,\mathrm{d}x\mathrm{d}t\,?$$

Est-ce efficace ?

3. Le petit calcul formel qui suit permet de proposer une méthode plus puissante. Soit $\langle .,. \rangle$ le produit scalaire de fonctions défini par la densité ρ : $\langle f, g\rangle = \iint \rho f g \, \mathrm{d}x\mathrm{d}t$.

   Le modèle de dispersion définit un opérateur linéaire M qui s'applique au terme source, tel que $C_S = MS$. On a alors aisément

$$J(S) = \langle MS, e\rangle = \langle S, M^T e\rangle \, ,$$

   où l'on utilise formellement la notion de transposée (*adjoint*) d'une matrice. Comme $J(S) = \langle S, \nabla_S J\rangle$, on a donc par identification $\nabla_S J = M^T e$, ce qui permet de calculer directement le gradient.

   On va donner à présent un sens au *modèle adjoint* $e \longrightarrow M^T e$. On se donne un champ $C^\star$. En intégrant l'équation de dispersion multipliée par $\rho C^\star$, proposer une équation d'évolution pour $C^\star$ (*la variable adjointe*) afin que

$$J(S) = \langle C^\star, S\rangle = \iint \rho C^\star S \, \mathrm{d}x\mathrm{d}t \, .$$

   Indications : utiliser massivement l'intégration par parties en négligeant tous les termes de « bord » (nuls *via* des conditions sur $C^\star$) et l'équation de continuité pour la densité ρ.

4. Commenter. Est-il possible de réutiliser le modèle initial pour calculer $C^\star$? Conclure pour le calcul des sensibilités.

Réponse :

1. C_S est une fonction linéaire de S, J l'est donc aussi.

2. On a directement

$$\begin{aligned} \iint \rho(x,t) \nabla_S J \, \delta S(x,t) \, \mathrm{d}x\mathrm{d}t &= J(S + \delta S) - J(S) \\ &= \iint \rho(x,t) \, e(x,t) \, C_{\delta S}(x,t) \, \mathrm{d}x\mathrm{d}t \, , \end{aligned}$$

   avec $C_{\delta S} = C_{S+\delta S} - C_S$ qui vérifie le modèle de dispersion (linéaire).

   Cette approche n'est pas très puissante, car on ne calcule pas directement $\nabla_S J$. On sait juste évaluer, pour chaque perturbation δS, $\iint \rho \nabla_S J \, \delta S \, \mathrm{d}x\mathrm{d}t$, en résolvant à chaque fois le modèle. Autrement dit, après discrétisation, si on a n mailles au sol d'émissions possibles, il faudra n calculs pour avoir $\nabla_S J$ (une évaluation du modèle par composante) !

3. On a, en intégrant par parties,

$$\begin{aligned} \langle C^\star, S\rangle &= \iint \rho C^\star \left(\frac{\partial C}{\partial t} + V\nabla C - \frac{1}{\rho} \mathrm{div}\,(\rho \mathrm{K} \nabla \mathrm{C}) + \lambda \mathrm{C} \right) \mathrm{d}x\mathrm{d}t \\ &= \iint \left(-\frac{\partial (\rho C^\star)}{\partial t} C - \mathrm{div}(\rho \mathrm{V} \mathrm{C}^\star)\mathrm{C} - \mathrm{C}\mathrm{div}\,(\rho \mathrm{K} \nabla \mathrm{C}^\star) + \rho\lambda \mathrm{C}^\star \mathrm{C} \right) \mathrm{d}x\mathrm{d}t \, , \end{aligned}$$

soit

$$\langle C^\star, S\rangle = \iint \underbrace{-\left(\frac{\partial\rho}{\partial t} + \mathrm{div}(\rho \mathrm{V})\right)}_{=0} C^\star C \,\mathrm{d}x\mathrm{d}t$$

$$+ \iint \rho C \left(-\frac{\partial C^\star}{\partial t} - V\nabla C^\star - \frac{1}{\rho}\mathrm{div}\,(\rho \mathrm{K}\nabla \mathrm{C}^\star) + \lambda \mathrm{C}^\star\right) \mathrm{d}x\mathrm{d}t$$

$$= \left\langle C, -\frac{\partial C^\star}{\partial t} - V\nabla C^\star - \frac{1}{\rho}\mathrm{div}\,(\rho \mathrm{K}\nabla \mathrm{C}^\star) + \lambda \mathrm{C}^\star\right\rangle .$$

On a négligé tous les termes de bord en imposant $C^\star(t = T) = 0$ et $\nabla C^\star = 0$ au bord du domaine. Comme $J(S) = \langle C, e\rangle$ par définition, on a $J(S) = \langle C^\star, S\rangle$ si $C^\star$ vérifie

$$-\frac{\partial C^\star}{\partial t} - V\nabla C^\star = \frac{1}{\rho}\mathrm{div}\,(\rho \mathrm{K}\nabla \mathrm{C}^\star) - \lambda \mathrm{C}^\star + \mathrm{e(x,t)}\,.$$

C'est une EDP rétrograde en temps (ce qui justifie que l'on impose une condition en $t = T$). On vient donc de donner un sens à $M^T e$: c'est $C^\star$.

4. L'équation de dispersion pour $C^\star$ peut être résolue à l'aide du modèle direct : il suffit d'inverser les séries chronologiques (pour les champs précalculés), de prendre l'opposé du champ de vitesse du vent et d'imposer comme terme source $e(x, t)$ pour calculer $C^\star$.

   Le calcul de sensibilité est beaucoup plus aisé puisqu'un *seul* calcul est nécessaire pour obtenir $\nabla_S J = C^\star$. Ce résultat est indépendant de la dimension de S !

Cette approche se généralise dans le cas non linéaire, mais les calculs ne sont plus vrais que localement autour d'une trajectoire linéarisée. Le modèle adjoint est l'outil indispensable pour calculer efficacement des gradients d'une observable (qui peut être une fonction coût dans le contexte de l'assimilation de données). Obtenir le *code adjoint* d'un code direct n'est néanmoins pas sans difficulté technique, car le modèle adjoint ne se déduit pas du modèle direct comme dans le cas linéaire. Des techniques de calcul formel (*différentiation automatique*) sont alors souvent utilisées.

Pour en savoir plus ([92, 53]) :

G.I. Marchuk. *Mathematical models in environmental problems*, volume 16. North Holland, 1986

F. Hourdin, J.-P. Issartel. Sub-surface nuclear tests monitoring through the CTBT ^{133}Xe network. *Geophys. Res. Lett.*, 27 :2245–2248, 2000

Annexes

Annexe A

Unités, constantes et données de base

Quantité	Unité		Définition	Conversion
Longueur	Mètre	m		
Masse	Kilogramme	kg		
Temps	Seconde	s		
Température	Kelvin	K		$0°C=273.15\,K$
Force	Newton	N	$kg\,m\,s^{-2}$	$1\,dyn=10^{-5}\,N$
Pression	Pascal	Pa	$N\,m^{-2}$	$1\,atm=1.013\times10^{5}\,Pa$
Énergie	Joule	J	$kg\,m^{2}\,s^{-2}$	
Puissance	Watt	W	$J\,s^{-1}$	$1\,cal=4.19\,J$

Tableau A.1 – Système international d'unités.

	Nom	Valeur
$\mathcal{A}_v$	Nombre d'Avogadro	6.022×10^{23} molecule mol^{-1}
G	Constante de gravitation universelle	$6.67\times10^{-11}\,m^{3}\,kg^{-1}\,s^{-2}$
R	Constante des gaz parfaits	$8.314\,J\,mol^{-1}\,K^{-1}$
σ	Constante de Stefan-Boltzmann	$5.67\times10^{-8}\,W\,m^{-2}\,K^{-4}$
c	Vitesse de la lumière dans le vide	$3.0\times10^{8}\,m\,s^{-1}$
h	Constante de Planck	$6.63\times10^{-34}\,J\,s$
k_B	Constante de Boltzmann ($R/\mathcal{A}_v$)	$1.38\times10^{-23}\,J\,K^{-1}$

Tableau A.2 – Constantes physiques.

	Nom	Valeur
M_t	masse de la Terre	6×10^{24} kg
R_t	rayon de la Terre	6370 km
S	constante solaire	1368 W m^{-2}
g	constante de gravité au sol	9.81 m $^{-2}$
r	distance moyenne de la Terre au Soleil	1.496×10^{11} m
c_p	chaleur spécifique de l'air sec (à P constant)	1005 J kg^{-1} K^{-1}
ν_{air}	diffusion moléculaire (dynamique)	1.6×10^{-5} m^2 s^{-1}
$c_{p,v}$	chaleur spécifique de la vapeur d'eau	1952 J kg^{-1} K^{-1}
L_v	chaleur latente de vaporisation de l'eau à 0 K	2.5×10^6 J kg^{-1}

Tableau A.3 – Quelques données sur la Terre, l'air et l'eau.

	Nom	M		Nom	M
H	hydrogène	1	F	fluor	19
C	carbone	12	S	soufre	32
N	azote	14	Cl	chlore	35.5
O	oxygène	16	Ar	argon	40
OH	hydroxyle	17	HO_2	hydropéroxyle	33
CO	monoxyde de carbone	28	CO_2	dioxyde de carb.	44
NO	monoxyde d'azote	30	NO_2	dioxyde d'azote	46
O_2	oxygène moléculaire	32	O_3	ozone	48
SO	monoxyde de soufre	48	SO_2	dioxyde de soufre	64
CH_4	méthane	16	HNO_3	acide nitrique	63
NH_3	ammonium	17	H_2SO_4	acide sulfurique	98
H_2O	eau	18	$CFCl_3$	CFC-11	137.5
HONO	acide nitreux	47	CF_2Cl_2	CFC-12	121

Tableau A.4 – Données molaires pour quelques espèces. Les masses molaires, M, sont exprimées en g mol^{-1}.

Préfixe	Symbole	Facteur multiplicatif
téra	T	10^{12}
giga	G	10^9
méga	M	10^6
micro	μ	10^{-6}
nano	n	10^{-9}
pico	p	10^{-12}
angström	Å	10^{-10} m

Tableau A.5 – Quelques préfixes et définition de l'angström.

Références

[1] EMEP Assessment Report, 2004. Chapter 2 : Sulphur.

[2] Mise en œuvre de la stratégie communautaire de réduction des émissions de CO_2 des voitures. Communication de la Commission au Conseil et au Parlement européen, 2005. COM(2005) 269.

[3] An assessment of Tropospheric Ozone pollution : a North American perspective. NARSTO Assessment, 2006. Disponible sous `http ://www.narsto.org`.

[4] La qualité de l'air en Île-de-France en 2006, 2007. Rapport Airparif.

[5] Scientific assessment of ozone depletion : 2006. Chapter 8 : Halocarbon Scenarios, Ozone Depletion Potentials, and Global Warming Potentials, 2007. World Meteorological Organization.

[6] ACEA. European Automobile Industry United in Approach towards Further Reducing CO_2 Emissions from cars, June 2007.

[7] M. Amann *et al.* RAINS Review 2004. Report International Institute for Applied Systems Analysis, 2004.

[8] M. Andreae. *World survey of climatology : future climates of the world*, volume XVI, chapter Climatic effects of changing atmospheric aerosol levels. Elsevier, 1995.

[9] S. Arrhénius. On the Influence of Carbonic Acid in the Air upon the Temperature of the Ground. *Philosophical Magazine*, 41 :237–276, 1896.

[10] S.P. Arya. *Air pollution meteorology and dispersion.* Oxford University Press, 1999.

[11] B. Aumont, S. Szopa, S. Madronich. Modelling the evolution of organic carbon during its gas-phase tropospheric oxidation : development of an explicit model based on a self generating approach. *Atmos. Chem. Phys.*, 5 :2497–2517, 2005.

[12] J. Baker, J.E Thornes. Solar position within Monet's Houses of Parliament. *Proceedings of the Royal Society A*, 462(2076) :3775–3788, 2006.

[13] P Bergamaschi, R. Hein, M. Heimann, P.J. Crutzen. Inverse modeling of the global CO cycle. 1. Inversion of CO mixing ratios. *J. Geophys. Res.*, 105(D2) :1909–1927, 2000.

[14] P. Bergamaschi, M. Krol, F. Dentener, A. Vermeulen, F. Meinhardt, R. Graul, M. Ramonet, W. Peteres, E.J. Dlugokencky. Inverse modelling of national and European CH_4 emissions using the atmospheric zoom model TM5. *Atmos. Chem. Phys.*, 5 :2431–2460, 2005.

[15] M. Bocquet. High resolution reconstruction of a tracer dispersion event : application to ETEX. *Quart. J. Roy. Meteor. Soc.*, 133(625) :1013–1026, 2007.

[16] D. Bolton. The computation of equivalent potential temperature. *Mon. Wea. Rev.*, 108 :1046–1053, 1980.

[17] P. Bousquet, D.A Hauglustaine, P. Peylin, C. Carouge, P. Ciais. Two decades of OH variability as inferred by an inversion of atmospheric transport and chemistry of methyl chloroform. *Atmos. Chem. Phys.*, 5 :2635–2656, 2005.

[18] G.P. Brasseur, J.J. Orlando, G.S. Tyndall. *Atmospheric chemistry and Global Change.* Oxford University Press, 1999.

[19] M. Brauer, C. Avila-Casado, T.I. Fortoul, S. Vedal, B. Stevens, A. Churg. Air pollution and retained particles in the lung. *Environmental Health Perspectives*, 109(10) :1039–1043, 2001.

[20] P. Brimblecombe. *The Big Smoke : A History of Air Pollution in London since Medieval Times.* Routledge Kegan & Paul, 1987.

[21] N. Carslaw. A new detailed chemical model for indoor air pollution. *Atmos. Env.*, 41(6) :1164–1179, 2007.

[22] M.E. Chang, D.E Hartley, C. Cardelino, W.-L. Chang. Inverse modeling of biogenic emissions. *Geophys.Res.Lett.*, 23 :3007, 1996.

[23] M.E. Chang, D.E. Hartley, C. Cardelino, D. Haas-Laursen, W.-L. Chang. On using inverse methods for resolving emissions with large spatial inhomogeneities. *J. Geophys. Res.*, 102(D13) :16023–16036, 1997.

[24] R.J. Charlson, J. Langner, H. Rodhe, C.B. Leovy, S.G. Warren. Perturbation of the northern hemisphere radiative balance by backscattering from anthropogenic sulfate aerosols. *tellus*, 43AB :152–163, 1991.

[25] P.J. Crutzen. New directions : the growing urban heat and pollution "island" effect - impact on chemistry and climate. *Atmos. Env.*, 38 :3339–3340, 2004.

[26] P.J. Crutzen. Albedo enhancement by stratospheric sulfur injections : a contribution to resolve a policy dilemma ? *Climatic Change*, 77 :211–219, 2006.

[27] P.J. Crutzen, J.W. Birks. The atmosphere after a nuclear war. Twilight at noon. *Ambio*, 11 :114–125, 1982.

[28] B. Dahneke. *Theory of Dispersed Multiphase Flow.* Academic press, New York, 1983.

[29] G. De Moor, P. Veyre. Les bases de la météorologie dynamique. Cours École Nationale de la Météorologie, 1991.

[30] E. Debry, B. Sportisse. Reduction of the condensation/evaporation dynamics for atmospheric aerosols : theoretical and numerical investigation of hybrid methods. *J. Aerosol Sci.*, 37(8) :950–966, 2006.

[31] E. Debry, B. Sportisse. Numerical simulation of the General Dynamics Equation (GDE) for aerosols with two collocation methods. *Appl. Numer. Math.*, 457 :885–898, 2007.

[32] E. Debry, B. Sportisse. Solving aerosol coagulation with size-binning methods. *Appl. Numer. Math.*, 47 :1008–1020, 2007.

[33] P. Denton. Puffs of smoke, puffs of praise : reconsidering John Evelyn's Fumifugium (1661). *Canadian Journal of History*, 2000.

[34] B. Dousset, F. Gourmelon. Satellite multi-sensor data analysis of urban surface temperatures and landcover. *J. Photogrammetry and Remote Sensing*, 58 :43–54, 2003. Disponible sous `http ://www.satlab.hawaii.edu/papers/jprs/`.

[35] B. Dousset, F. Gourmelon, E. Mauri. Application of satellite remote sensing for urban risk analysis : a case study of the 2003 extreme heat wave in Paris. In *Proceedings of the 2007 Urban Remote Sensing Joint Event*. I.E.E.E., 2007. Disponible sous `www.satlab.hawaii.edu/papers/noref/Dousset-URS-07.pdf`.

[36] AEA Energy and Environment. Evaluation of the national plans submitted in 2006 under the National Emission Ceilings Directive 2001/81/EC, April 2007. Interim report to the European Commission. Version 1.7.

[37] J.C. Farman, B. G. Gardiner, J.D. Shanklin. Large losses of total ozone in Antartica reveal seasonal ClO_x/NO_x interactions. *Nature*, 315 :207–210, 1985.

[38] A.-M. Fjaeraa. Data Report 2004. Acidifying and eutrophying compounds. Technical report, EMEP, 2006.

[39] P. Francis, J. Taylor, P. Hignett, A. Slingo. On the question of enhanced absorption of solar radiation by clouds. *Quart. J. Roy. Meteor. Soc.*, 123 :419–434, 1997.

[40] N.A. Fuchs. *Mechanics of Aerosols*. Pergamon,N.Y., 1964.

[41] J.R. Garrat. *The Atmospheric Boundary Layer*. Cambridge University Press, 1992.

[42] R.M. Goody, Y.L. Yung. *Atmospheric Radiation. A theoretical basis.* Oxford University Press, 1986.

[43] E. Gorham. Robert Angus Smith, F.R.S., and Chemical Climatology. *Notes and Records of the Royal Society of London*, 36(2) :267–272, 1982.

[44] S. Greenfield. Rain scavenging of radioactive particulate matter from the atmosphere. *J.Meteorol.*, 14 :115–125, 1957.

[45] D. Grosjean. Secondary organic aerosol : identification and mechanisms of formation. In *Carboneous particles in the Atmosphere Conference*. NSF, March 1978. Berkeley, Californy.

[46] G. Guerova, I. Bey, J.L. Attié, J. Cui, M. Sprenger. Impact of transatlatic transport episodes on summertime ozone in Europe. *Atmos. Chem. Phys.*, 6(2057-2072), 2006.

[47] J.C. Guibet. *Carburants et moteurs. Technologies, énergie, environnement*, volume 1. Editions TECHNIP, 1997.

[48] J.C. Guibet. *Carburants et moteurs. Technologies, énergie, environnement*, volume 2. Editions TECHNIP, 1997.

[49] Steven R. Hanna, Joseph C. Chang, Mark E. Fernau. Monte Carlo estimates of uncertainties in predictions by a photochemical grid model (UAM-IV) due to uncertainties in input variables. *Atmos. Env.*, 32(21) :3,619–3,628, 1998.

[50] K.M. Hansen, J.H. Christensen, J. Brandt, L.M. Frohn, C. Geels. Modelling atmospheric transport of α-hexachlorocyclohexane in the Northern Hemisphere with a 3-D dynamical model : DEHM-POP. *Atmos. Chem. Phys.*, 4 :1125–1137, 2004.

[51] M. Hess, P. Koepke, I. Schult. Optical properties of aerosols and clouds : the software package OPAC. *Bull. Amer. Meteor. Soc.*, 79 :831–844, 1998.

[52] J.R. Holton. *An introduction to dynamic meteorology.* Academic Press, 1992.

[53] F. Hourdin, J.-P. Issartel. Sub-surface nuclear tests monitoring through the CTBT ^{133}Xe network. *Geophys. Res. Lett.*, 27 :2245–2248, 2000.

[54] R.C. Hudman et al. Ozone production in transpacific Asian pollution plumes and implications for ozone in air quality in California. *J. Geophys. Res.*, 109(D23S10), 2004.

[55] R.B. Husar, J.M. Prospero, L.L. Stowe. Characterization of tropospheric aerosols over the oceans with the NOAA advanced very high resolution radiometer optical thickness operational product. *J. Geophys. Res.*, 102 :16889–16909, 1997.

[56] D. J. Jacob, J. Logan, P. Murti. Effect of rising Asian emissions on surface ozone in the United States. *Geophys. Res. Lett.*, 26 :2175–2178, 1999.

[57] D.J. Jacob. *Introduction to Atmospheric chemistry.* Princeton University Press, 1999.

[58] D.J. Jacob. Heterogeneous chemistry and tropospheric ozone. *Atmos. Env.*, 34 :2131–2159, 2000.

[59] D.J. Jacob, M.J. Prather, S.C. Wofsy, M.B. McElroy. Atmospheric distribution of ^{85}Kr simulated with a general circulation model. *J. Geophys. Res.*, 22(D6) :6614–6626, 1987.

[60] Mark Z. Jacobson. *Fundamentals of atmospheric modeling.* Cambridge University Press, Oxford, 1999.

[61] M.Z. Jacobson. A physically-based treatment of elemental carbon optics : implications for global direct forcing of aerosols. *Geophys. Res. Lett.*, 27(2) :217–220, 2000.

[62] M.Z. Jacobson. Strong radiative heating due to the mixing state of black carbon in atmospheric aerosols. *Nature*, 409, 2001.

[63] M.Z. Jacobson. Effects of Ethanol (E85) versus Gasoline Vehicles on Cancer and Mortality in the United States. *Environ. Sci. Tech.*, 2007.

[64] M.Z. Jacobson, J.H. Seinfeld, G.R. Carmichael, D.G. Streets. The effect on photochemical smog of converting the US fleet of gasoline vehicles to modern diesel vehicles. *Geophys. Res. Lett.*, 31(L02116), 2004.

[65] M.Z. Jacobson, R.P. Turco. Simulating condensational growth, evaporation and coagulation of aerosols using a combined moving and stationary size grid. *Aerosol Sci. and Technol.*, 22 :73 :92, 1995.

[66] R. Jaenicke. *Physical and Chemical Properties of the Air*, volume XV, chapter Properties of atmospheric aerosols. Springer Verlag, 1988.

[67] J.H. Jeans. *The dynamical theory of gases.* Cambridge University Press, 1985.

[68] M. Jenner. The politics of London Air John Evelyn's Fumifugium and the Restoration. *The Historical Journal*, 38(3) :525–551, 1995.

[69] L. Jestin. Communication personnelle. Directeur technique EDF Polska, 2006.

[70] J.E. Jonson, D. Simpson, H. Fagerli, S. Solberg. Can we explain the trends in European ozone levels ? *Atmos. Chem. Phys.*, 6 :51–66, 2006.

[71] M. Kanakidou, P.J. Crutzen. The photochemical source of carbon monoxide : importance, uncertainties and feedbacks. *Chemosphere : Global Change Science*, 1 :91–109, 1997.

[72] J.T. Kiehl, K. Trenberth. Earth's Annual Global Mean Energy Budget. *Bull. Amer. Meteor. Soc.*, 78 :197–208, 1997.

[73] Y.P. Kim, J.H. Seinfeld. Simulation of multicomponent aerosol condensation by the moving sectional method. *J. Colloid Interface Sci.*, 135(1) :185–199, March 1990.

[74] D. Kittelson, J. Johnson, W. Watts, Q. Wei, M. Drayton, D. Paulsen, N. Bukowiecki. Diesel aerosol sampling in the atmosphere. Technical paper series 2000-01-2212, SAE (Society of Automative Engineers), 2000.

[75] L. Kleinman. Low and high NO_x tropospheric photochemistry. *J. Geophys. Res.*, 99(D8) :16831–16838, 1994.

[76] P.W. Krey, B. Krajewski. Comparison of atmospheric transport model calculations with observations of radioactive debris. *J. Geophys. Res.*, 75 :2901–2908, 1970.

[77] J.E. Kristjansson, J. Kristiansen, E. Kaas. Solar activity, cosmic rays, clouds and climate : an update. *Adv. Space Science*, 2004.

[78] R.G. Lamb. Note on the application of K-Theory to diffusion problems involving nonlinear chemical reactions. *Atmos. Env.*, 7 :257–263, 1973.

[79] L. Lanser, J.G. Verwer. Analysis of operator splitting for advection-diffusion-reaction problems from air pollution modelling. In *Proceedings 2nd Meeting on Numerical methods for differential equations*. Coimbra, Portugal, February 1998.

[80] S. Larson, G. Cass, K. Hussey, F. Luce. Visibility model verification by image processing techniques. Final report to the California Air Resources Board, 1984.

[81] M.G. Lawrence, P. Jöckel, R. von Kuhlmann. What does the global mean OH concentration tell us ? *Atmos. Chem. Phys. Discuss.*, 1 :43–74, 2001.

[82] J. Lelieveld *et al.* Watching over tropospheric hydroxyl (OH). *Atmos. Env.*, 40 :5741–5743, 2006.

[83] G. Lesins, P. Chylek, U. Lohmann. A study of internal and external mixing scenarios and its effect on aerosol optical properties and direct radiative forcing. *J. Geophys. Res.*, 107(D10), 2002.

[84] I. Levin, V. Hesshaimer. Refining of atmospheric transport model entries by the globally observed passive tracer distributions of ^{85}krypton and sulfur hexafluoride (SF_6). *J. Geophys. Res.*, 101(D11) :16745–16755, 1996.

[85] Q. Li, D. Jacob, I. Bey, P. Palmer, B. Duncan, B. Field, R. Martin, A. Fiore, R. Yantosca, P. Simmonds, S. Oltmans. Transatlantic transport of pollution and its effects on surface ozone in Europe and North America. *J. Geophys. Res.*, 107, 2002.

[86] Z. Li, T.P. Ackerman, W. Wiscombre, G.L. Stephens. Have clouds darkened since 1995 ? *Science*, 302, 2003. Letters.

[87] K.N. Liou. *Radiation and cloud processes in the atmosphere*, volume 20. Oxford Monograph on Geology and Geophysics, 1992.

[88] U. Lohmann, J. Feichter. Global indirect aerosol effects : a review. *Atmos. Chem. Phys.*, 5 :717–737, 2005.

[89] V. Mallet, D. Quélo, B. Sportisse, M. Ahmed de Biasi, E. Debry, I. Korsakissok, L. Wu, Y. Roustan, K. Sartelet, M. Tombette, H. Foudhil. Technical Note : The air quality modeling system Polyphemus. *Atmos. Chem. Phys. Discuss.*, 7(3) :6,459–6,486, 2007.

[90] V. Mallet, B. Sportisse. Ensemble-based air quality forecasts : a multimodel approach applied to ozone. *J. Geophys. Res.*, 111(D18) :18302, 2006.

[91] F. Marano. *Pollution par les particules atmosphériques : état des connaissances et perspectives de recherche*, chapter Impacts sur la santé, aspects toxicologiques. Documentation Française, 2005.

[92] G.I. Marchuk. *Mathematical models in environmental problems*, volume 16. North Holland, 1986.

[93] R. P. Mason, W.F. Fitzgerald, F.M.M Morel. The biogeochemical cycling of elemental mercury. Anthropogenic influences. *Geochim. Cosmochim. Acta*, 58 :3191–3198, 1994.

[94] M.J. Molemaker, J. Vila-Guerau de Arellano. Control of chemical reactions by convective turbulence in the boundary layer. *J. Atmos. Sci.*, 55 :568–579, 1998.

[95] B. Nemery, P. Hoet, A. Nemmar. The Meuse Valley fog of 1930 : an air pollution disaster. *Lancet*, 357 :704–708, 2001.

[96] S. Nemesure, R. Wagener, S.E. Schwartz. Direct shortwave forcing of climate by the anthropogenic sulfate aerosol : sensitivity to particle size, composition, and relative humidity. *J. Geophys. Res.*, 100(D12) :26105–26116, 1995.

[97] A. Nenes, S.N. Pandis, C. Pilinis. ISORROPIA : A new thermodynamic equilibrium model for multicomponent inorganic aerosols. *Aquatic geochemistry*, 4 :123–152, 1998.

[98] K. Nodop, editor. *ETEX symposium on long-range atmospheric transport, model verification and emergency response*, May 1997. Vienna (Austria).

[99] E. Näslund, L. Thaning. On the settling velocity in a nonstationary atmosphere. *Aerosol Sci. and Technol.*, 14 :247–256, 1991.

[100] Office of Air and US EPA Radiation. Performance of selective catalytic reduction on coal-fired steam generating units. Acid Rain Program, June 1997. Final Report.

[101] T.R. Oke. City size and the urban heat island. *Atmos. Env.*, 7 :769–779, 1973.

[102] T.R. Oke. *Boundary layer Climates*. Routledge, 1987.

[103] Intergovernmental Panel on Climate Change. Climate Change 2001. IPCC Third Assessment Report. The Scientific Basis, 2001. WMO and UNEP.

[104] C. Papastefanou. Residence time of tropospheric aerosols in association with radioactive nuclides. *Applied Radiation and Isotopes*, 64 :93–100, 2006.

[105] R.J. Park, D.J. Jacob, N. Kumar, R.M. Yantosca. Regional visibility statistics in the United States : Natural and transboundary pollution influences, and implications for the Regional Haze Rule. *Atmos. Env.*, 40 :5405–5423, 2006.

[106] S.H. Park, S.N. Rogak, W.K. Bushe, J.Z. Wen, M.J. Thomson. An aerosol model to predict size and structure of soot particles. *Combust. Theory Model.*, 9(3) :499 :513, 2005.

[107] R. Pielke. *Mesoscale Meteorological Modelling*. Academic Press, 1984.

[108] N. Poisson, M. Kanakidou, P.J. Crutzen. Impact of non-methane hydrocarbons on tropospheric chemistry and the oxidizing power of the global troposphere : 3-dimensional modelling results. *J. Atmos. Chem.*, 36 :157–230, 2000.

[109] J.P. Putaud, R.V. Dingenen, U. Baltensperger *et al.* A European Aerosol Phenomenology. Technical report, Joint Research Centre, Institute for Environment and Sustainability, 2003.

[110] M. Quante. Urban Climate : an example for a significant anthropogenic modification. European Research Course on Atmospheres, 2004.

[111] D. Quélo, M. Krysta, M. Bocquet, O. Isnard, Y. Minier, B. Sportisse. Validation of the POLYPHEMUS system : the ETEX, Chernobyl and Algeciras cases. *Atmos. Env.*, 41 :5300– 5315, 2007.

[112] D. Quélo, V. Mallet, B. Sportisse. Inverse modeling of NO_x emissions at regional scale over Northern France. Preliminary investigation of the second-order sensitivity. *J. Geophys. Res.*, 110(D24310), 2005.

[113] F. Raes, R.V. Dingenen, E. Vignati, J. Wilson, J-P. Putaud, J.H. Seinfeld, P. Adams. Formation and cycling of aerosols in the global troposphere. *Atmos. Env.*, 34 :4215–4240, 2000.

[114] V. Ramanathan *et al.* Indian Ocean Experiment (INDOEX) : an integrated analysis of the climate forcing and effects of the great Indo-Asian haze. *J. Geophys. Res.*, 106(D22) :28371–28398, 2001.

[115] V. Ramanathan, P.J. Crutzen. Atmospheric Brown Clouds. *Atmos. Env.*, pages 4033–4035, 2003.

[116] E.R. Reiter. Stratospheric-tropospheric exchange processes. *Rev. Geophys. Space. Phys.*, 13 :459–474, 1975.

[117] A. Robock, L. Oman, G.L. Stenchikov. Nuclear winter revisited with a modern climate model and current nuclear arsenals : still catastrophic consequences. *J. Geophys. Res.*, 112(D13) :13107, 2007.

[118] F. Rosner. The life of Moses Maimonides, a prominent medieval physician. *Einstein Quart.J.Bio.Med.*, 19 :125 :128, 2002.

[119] Y. Roustan, M. Bocquet. Sensitivity analysis for mercury over Europe. *J. Geophys. Res.*, 111(D14304), 2006.

[120] A. Russell, R. Dennis. NARSTO critical review of photochemical models and modeling. *Atmos. Env.*, 34 :2,283–2,234, 2000.

[121] A. Sandu, J.G. Verwer, M. Van Loon, G. Carmichael, F.A. Potra, D. Dabdub, J.H. Seinfeld. Benchmarking stiff ODEs solvers for atmospheric chemistry problems I : implicit versus explicit. *Atmos. Env.*, 31 :3151–3166, 1997.

[122] K. Sartelet, E. Debry, K. Fahey, M. Tombette, Y. Roustan, B. Sportisse. Simulation of aerosols and related species over Europe with the POLYPHEMUS system. Part I : model-to-data comparison for year 2001. *Atmos. Env.*, 2007.

[123] S.E. Schwartz. The whitehouse effect : Shortwave radiative forcing of climate by anthropogenic aerosols. An overview. *J. Aerosol Sci.*, 27 :359–382, 1996.

[124] C. Seigneur. Current status of air quality modeling for particulate matter. *J. Air Waste Manage. Assoc.*, 51 :1508–1521, 2001.

[125] S. Seigneur, P. Karamchandani, K. Lohman, K. Vijayaraghavan. Multiscale modeling of the atmospheric fate and transport of mercury. *J. Geophys. Res.*, 106 :27795–27809, 2001.

[126] J.H. Seinfeld, S.N. Pandis. *Atmospheric Chemistry and Physics.* Wiley-interscience, 1998.

[127] N.E. Selin, D.J. Jacob, R.J. Park, R.M. Yantosca, S. Strode, L. Jaegle, D. Jaffe. Chemical cycling and deposition of atmospheric mercury : global constraints from observations. *J. Geophys. Res.*, 112(D02308), 2007.

[128] F. Selsis. Évaporation planétaire. In *Formation planétaire et exoplanètes*, école CNRS de Goutelas XXVIII, 2005. Édité par J.L. Halbwachs, D. Egret et J.M. Hameury.

[129] C.M. Sorensen. Light scattering by fractal aggregates : a review. *Aerosol Sci. and Technol.*, 35 :648–687, 2001.

[130] B. Sportisse. An analysis of operator splitting techniques in the stiff case. *J. Comp. Phys.*, 161 :140–168, 2000.

[131] B. Sportisse. A review of parameterizations for modeling dry deposition and scavenging of radionuclides. *Atmos. Env.*, 41 :2683–2698, 2007.

[132] B. Sportisse, R. Djouad. Reduction of chemical kinetics in air pollution modelling. *J.Comp.Phys.*, 164 :354–376, 2000.

[133] B. Sportisse, R. Djouad. Mathematical investigation of mass transfer for atmospheric pollutants into a fixed droplet with aqueous chemistry. *J. Geophys. Res.*, 108(D2) :4073, 2003.

[134] B. Sportisse, D. Quélo, V. Mallet. Impact of mass consistency errors for atmospheric dispersion. *Atmos. Env.*, 41 :6132–6142, 2007.

[135] R.B. Stull. *An introduction to Boundary Layer Meteorology.* Kluwer Academic Publishers, 1988.

[136] H. Svensmark, E. Friis-Christensen. Variation of cosmic ray flux and global cloud coverage : a missing link in solar-climate relationships. *J. Atmos. Solar-Terr. Phys.*, 59 :1225–1232, 1997.

[137] G.E. Thomas, K. Stamnes. *Radiative transfer in the atmosphere and ocean.* Cambridge University Press, 1999.

[138] F. Troussier. *Evolution spatio-temporelle des teneurs en composés organiques volatils en atmosphère urbaine et périurbaine, et contribution de leurs sources.* PhD thesis, Université des Sciences et Technologies de Lille, 2006.

[139] R.P. Turco. Air pollution : a Los Angeles case study, 2003. Teaching notes.

[140] National Research Council USA. Rethinking the Ozone Problem in Regional and Urban Pollution, 1991.

[141] H. Vehkamäki, M. Kulmala, I. Napari, Lehtinen K.E.J., C. Timmreck, M. Noppel, A. Laaksonen. An improved parameterization for sulfuric acid-water nucleation rates for tropospheric and stratospheric conditions. *J. Geophys. Res.*, 107(D22) :4622, 2002.

[142] A. Venkatram, J. Pleim. The electrical analogy does not apply to modeling dry deposition of particles. *Atmos. Env.*, 33 :3075–3076, 1999.

[143] J. Vila-Guerau de Arellano, A. Dosio, J.F. Vinuesa, A.M. Holtslag, S. Galmarini. The dispersion of chemically reactive species in the atmospheric boundary layer. *Meteor.Atmos.Phys.*, 87(23-38), 2004.

[144] J. Vila-Guerau de Arellano, P.G. Duynkerke, P.J. Jonker, P.J.H. Builtjes. An observational study on the effects of time and space averaging in photochemical models. *Atmos. Env.*, 27A(3) :353–362, 1993.

[145] M. von Smoluchowski. Versuch einer mathematischen Theorie des koagulationskinetic kolloider Losunggen. *Z. Phys. Chem. (Leipzig)*, 92(129), 1917.

[146] J.M. Wallace, P.V. Hobbs. *Atmospheric Science : an introductory survey.* Academic Press, second edition, 2006.

[147] F. Wania, D. Mackay. Tracking the distribution of persistent organic pollutants. *Environ. Sci. Tech.*, 30(9) :390–396, 1996.

[148] P. Warneck. *Chemistry of the natural atmosphere.* Academic Press, 1999.

[149] C.J. Weschler. Ozone-initiated reaction products indoors may be more harmful than ozone itself. *Atmos. Env.*, 38 :5715–5716, 2004.

[150] L.E. Whitehouse, A.S. Tomlin, M.J. Pilling. Systematic lumping of complex tropospheric chemical mechanisms : a time-scale based approach. *Atmos. Chem. Phys. Discuss.*, 4 :3785–3834, 2004.

[151] J. Wieringa. Representative roughness parameters for homogeneous terrain. *Boundary-Layer Meteor.*, 63(4) :323–364, 1993.

[152] E.T. Wilkins. Air pollution aspects of the London fog of December 1952. *Quart. J. Roy. Meteor. Soc.*, 80(344) :267–271, 2006. From the initial article in 1954.

[153] M. Williams. Air pollution and policy : 1952-2002. *Science of the Total Environment*, 334 :15–20, 2004.

[154] G. Wotawa, L.E. De Geer, P. Denier, M. Kalinowski, H. Toivonen, R. D'Amours, F. Desiato, J.-P. Issartel, M. Langer, P. Seibert, A. Frank, C. Sloan, H. Yamazawa. Atmospheric transport modelling in support of CTBT verification - overview and basic concepts. *Atmos. Env.*, 37(18) :2529–2537, 2003.

Index

Achevé d'imprimer sur les presses de l'Imprimerie BARNÉOUD
B.P. 44 - 53960 BONCHAMP-LÈS-LAVAL
Dépôt légal : octobre 2007 - N° d'imprimeur : 708027
Imprimé en France